科学出版社“十三五”普通高等教育本科规划教材
国家级物理实验教学示范中心系列教材

大学物理实验

（第三版）

主　编　徐建强　韩广兵

副主编　齐元华　张晓茹　宋洪晓　司书春

山东大学出版基金资助教材
山东大学物理学院教学改革立项教材

科学出版社

北　京

内 容 简 介

本书是山东大学国家级物理实验教学示范中心系列教材之一，是总结长期的实验教学经验编写而成．本书介绍了有关测量误差和数据处理的基础知识、常用测量器具及物理实验基本方法和技术，按基础性实验、提高性实验及综合和设计性实验三个层次收录了46个实验．本书强调实验理论、方法和技能综合应用，注意学生实际能力的培养．书中配有大量实验仪器及实验现象照片，并附有实际应用介绍．

本书可作为高等学校工科各专业和理科非物理专业的物理实验课程指导书，也可作为教学、科研等人员的参考书．

图书在版编目(CIP)数据

大学物理实验/徐建强，韩广兵主编．—3版．—北京：科学出版社，2020.7
科学出版社“十三五”普通高等教育本科规划教材·国家级物理实验教学示范中心系列教材
ISBN 978-7-03-063691-1

Ⅰ.①大…　Ⅱ.①徐…　②韩…　Ⅲ.①物理学-实验-高等学校-教材
Ⅳ.①O4-33

中国版本图书馆CIP数据核字(2019)第280806号

责任编辑：窦京涛／责任校对：杨聪敏
责任印制：赵　博／封面设计：华路天然工作室

科学出版社 出版
北京东黄城根北街16号
邮政编码：100717
http://www.sciencep.com
北京富资园科技发展有限公司印刷
科学出版社发行　各地新华书店经销
*
2006年8月第　一　版　　开本：787×1092 1/16
2020年7月第　三　版　　印张：21 1/2
2025年2月第二十五次印刷　　字数：510 000

定价：59.00元
（如有印装质量问题，我社负责调换）

《大学物理实验(第三版)》编委会名单

主　编	徐建强	韩广兵		
副主编	齐元华	张晓茹	宋洪晓	司书春
编委会	司书春	刘文利	齐元华	孙建刚
	李　蕾	李　辉	李冬梅	宋洪晓
	张　弢	张晓茹	周灿林	赵丽生
	俞　琳	袁庆华	徐荣历	徐建强
	高成勇	黄拯平	韩广兵	

前　　言

科学实验是有目的地去尝试实践，是对自然的积极探索，可以说科学实验是人类文明发展的积极推动力之一，其重要性是不言而喻的. 物理学是实验科学，实验是物理学的基础，自然物理实验也雄居要位.

大学物理实验在人才科学素质培养中起着十分重要的作用. 物理实验课是理、工、农、医、商等各类专业的必修课程，是培养和提高学生科学素质和能力的重要课程之一. 学生通过这类课程的学习积累大量实验知识，并沉淀为科学素质的提高，进而转化为自身能力的提高，这正是学好物理实验课首先要明确的学习目的和意义.

但是，目前许多学生没有认识到学习物理实验的意义和重要性，对物理实验课缺乏兴趣，因而对这门课程不重视，学习效果比较差. 我们从自身分析，感到实验内容缺乏吸引力和传统的实验教材缺乏新颖性、实用性是两个重要原因. 近几年来，国家对基础实验教学投入了大量经费，物理实验的实验项目和仪器大量更新，而实验教材体系却还没有根本改变. 为此，我们希望能够编写一套打破传统实验教材结构、具有较强趣味性和实用性的物理实验教材.

新教材的改革思路是在保持现行教材原理叙述严谨、步骤全面的基础上，在教材的趣味性和实用性上有所突破. 同时，根据实验课学生实验循环不能同步的特点，对实验理论在各实验中的分布、应用进行论述的尝试. 具体的做法：一是对实验的发展历程进行趣味性较强的简述，并增加网络版实验原理和现象的动画，提高学生看教材的兴趣，学生有了看教材的兴趣，才有可能看进去，才能对实验产生兴趣；二是增加实验中所用方法、仪器在实际工程中应用的介绍，不仅使学生学到物理实验的一般知识，而且为学生将所学知识应用在今后工作中提供一定的帮助.

本书在绪论中除对物理实验课的地位、作用和任务作论述外，还重点介绍了如何上好物理实验课，详细地介绍了如何做好课前预习、课堂实验和书写实验报告(研究论文)三个环节；在第 1 章中，阐述了实验的误差及数据处理基础知识；第 2 章是常用测量器具及物理实验基本方法和技术，主要包括物理实验常用测量器具、物理实验基本方法和物理实验基本技术，其中调整技术和操作技术是提高实验操作能力的重要方面，结合实际经验进行总结阐述. 之后，将教材中实验所涉及的实验方法及技术进行总结，归纳于一张表中，使读者对此有较系统和快速的了解. 第 3 章是基础性实验，主要是原理、方法或仪器相对简单的必做实验，此外，考虑到目前许多学生中学期间实验做得比较少的实际情况，保留了部分与中学有一定衔接的简单的验证性实验供学生选做；第 4 章是提高性实验，基本都是必做实验；第 5 章是综合和设计性实验，主要包括以下几部分：一是给出较详细的原理和主要实验方法，由学生补充实验步骤和设计数据表格及处理方法的实验，二是综合性比较强的实验，三是仿真实验(主要是近代物理实验)，四是只提出实验要求，实验方法和步骤完全由学生自己设计的完全设计性实验.

仿真实验可以用比较少的硬件投入，开发出众多的实验项目，从而较好地克服设备经费不足、实验场地紧张的困难. 本书中的仿真实验，软件采用高等教育出版社出版、由中国科学技术大学研制的《大学物理仿真实验 2.1 for Windows》，根据使用经验和学生的具体情况，对实验内容等作了调整修改,重新进行编写.

物理实验课程包含内容众多,有较完整的理论、实验及相关知识体系,为尽可能保证这一体系的完整性,本书保持有较多的实验项目.这样,在保证完成计划学时课内实验项目数的基础上,随着实验室开放程度的不断提高,学生会有更多的自选实验余地.

为了使学生在课前预习时就能对实验仪器和实验现象有一直观的了解,本书中的所有实验仪器设备基本都配有实物照片,许多实验现象也采用照片或较逼真的图片来进行描述,这是本书的又一特色.另外,作者制作了配合本书的多媒体课件,除有比本书中更丰富的照片、图画外,还有大量动画,可通过扫描书本上的二维码直接观看服务器上的 H5 动画,特别是实验操作过程的录像演示,总信息量达数吉比特.更多信息可与作者联系,或浏览山东大学物理学院物理实验教学示范中心网站.

全书第一版由徐建强、夏思淝、徐荣历组稿和审稿,由徐建强进行最后的修订和统稿.第二版由徐建强、徐荣历组稿和审稿,由徐建强进行最后的修订和统稿.第三版由徐建强、韩广兵组稿并进行全书最后的修订和统稿.徐建强进行第 2 章和第 5 章部分实验的修订,韩广兵进行第 1 章和第 3、4 章部分实验修订,张晓茹进行第 4 章部分实验和附表的修订,宋洪晓负责二维码对应网络动画的制作,司书春修订第 5 章的部分实验,齐元华进行实验应用部分的修订,最后由徐建强进行全书的修订和统稿.本书编写过程中参阅了以前出版的大学物理实验教材和许多兄弟院校的有关教材,吸取了宝贵经验.本书的编写工作得到山东大学物理学院的大力支持,被列为学院教学改革项目,获学校出版基金的资助,2008 年获得山东大学教学成果二等奖,第三版编写得到学校教育教学改革研究项目“学术性物理实验技能培养模式的探索”和“大学物理基础实验教学质量国家标准的制定与实施相关研究”的资助,本书 HTML5 动画由山东大学实验室建设与管理研究项目“移动互联网+学习”时代的云端虚拟实验资源建设资助完成.在此我们特一一表示衷心的感谢.

由于实验项目和仪器的更新一直在进行,整个教材的趣味性和实际应用介绍还有所不足.恳请广大读者提出好的建议,并对书中漏误之处给予批评指正.我们将尽快完善教材内容,达到上述教材改革目标.

编　者

2019 年 4 月于济南

目　　录

绪　　论

一、物理实验课程的地位、作用和任务

物理学从本质上说是一门实验科学. 物理规律的研究都是以实验事实为基础的,并不断接受实验的检验. 物理实验在物理学的发展过程中起着十分重要的作用,在现在和今后探索与开拓新的科技领域中都是有利的工具. 物理实验已列为我国高校理工科各专业的一门独立的必修基础课程,与理论课教学具有同等重要的地位. 两者既有深刻的内在联系,又有各自的任务和作用.

物理实验是对理工科大学生系统地进行实验方法和实验技能训练的开端,也是对学生进行科学实验训练的重要基础. 实际上,多数院校只在物理实验课中进行严格的基础实验方法和技能训练,特别是有效数字概念的严格要求和训练. 本课程应在中学物理实验的基础上,按照循序渐进的原则,指导学生学习物理实验知识、方法和技术,使学生初步掌握实验的主要程序与基本方法,熟练掌握基本测量仪器的使用方法和常用的数据处理方法,并初步了解误差的有关知识和系统误差的消减方法,为后续课程的学习和今后的工作奠定良好的实验基础. 在此基础上,初步掌握各种物理实验方法和技术的实际应用能力,以及物理实验方法的初步创新能力.

由于学生在小学和中学阶段缺乏基本的实验训练,没有形成良好的实验习惯和研究素质,在大学期间的各种实验课程中,不能很快适应课程要求. 因此,作为实验能力培养的最基础课程的"大学物理实验",就成为对大学生基本科学素质培养的开端和主要课程,而"大学物理实验"课程中各方面严谨的要求及训练,也能承担培养大学生优良科研素质的重任.

本课程的具体任务:

(1)通过对实验现象的观察、分析和对物理量的测量,学习物理实验基础知识.

① 学习常用物理量的基本测量方法、常用实验方法、常用测量仪器的原理及应用等,这些测量及有关仪器在科学实验或日常工作中会经常遇到.

② 学习正确分析实验误差和正确处理实验数据,学习提高精度和减小误差的常用方法与技巧. 例如,学会分析哪些误差是主要的,哪些可以减小或忽略,在满足精度要求的前提下,能够提出初步的最简便、最经济的方案,包括选择恰当的仪器和测量步骤等.

③ 了解理论知识的有关应用,包括最新应用. 这不但能加深对物理学原理的理解,反过来还可以增加理论课学习的主动性及兴趣,同时可以拓宽知识面,开阔思路,增加应用经验.

(2)培养和提高学生的科学实验能力,其中包括:

① 独自阅读实验教材,查阅相关参考资料,做好实验前的准备;

② 借助于教材或仪器说明书尽快学会正确使用常用仪器;

③ 初步学会常见物理量的测量方法,初步掌握常见实验方法、仪器的操作规程;

④ 运用物理学理论及相关知识对实验现象进行初步分析判断;

⑤ 对实验过程中遇到的一般问题能独立进行简单处理,排除简单故障;

⑥ 正确记录和处理实验数据,绘制曲线,说明实验结果,撰写合格的实验报告;

⑦ 完成简单的设计性实验;

⑧ 灵活运用物理实验方法和技能,进而进行实验方法的创新.

(3)培养与提高学生的科学实验素养.

科学素质是指当代人在社会生活中参与科学活动的基本条件.包括:理解科学知识、掌握科学思想、运用科学方法、拥有科学精神、具备解决科学问题的能力.综合表现为学习科学的欲望、尊重科学的态度、探索科学的行为和创新科学的成效.

"大学物理实验"课程中有具体的实验内容和要求与培养"科学素质"相对应,如:尊重客观事实、如实记录实验现象及数据就是培养实事求是的科学作风;认真、细致做好实验中的每一件事、每一个过程、每一个步骤就是建立认真严谨的科学态度;很好地理解和运用公式、定理,按照规程、满足实验条件操作就是养成尊重规律、遵守规程的良好实验习惯;在掌握相关理论和一定实践经验的基础上,修订理论、改进实验(包括操作规程等),以获得更好的结果,就是训练积极主动的探索精神等.

因此,把科学素质的培养融入实验技能培养过程中,实现在综合实验能力的提高的同时,培养良好科学素质.

以上三项任务是不能由物理学理论课程代替完成的.此课程对基本实验理论、方法、技能和实验研究素养做系统的培养,是其他实验课程不能比拟的.通过实验过程,较系统地培养大学生优良的科学素质,是大学物理实验课程的主要任务.

毋庸置疑,对于工程技术人员来说,只有既具备较为深广的理论知识,又有足够的现代科学实验能力,尤为重要的是具备优良的科研素质,才能适应科学技术的飞速发展,担负起更快提高我国科学技术水平,建设社会主义祖国的重任.

二、如何学好物理实验课

要想实现培养目标,完成上述任务,学生可根据物理实验课的特点和要求,认真对待实验教学的各个环节、潜心钻研,以能达到更好的效果.

物理实验课一般分三个阶段(环节)进行.

1. 实验前的预习

实验课前,学生必须认真阅读实验教材,最好能查阅一些相关资料,以便更好地理解实验的基本原理,掌握实验关键,进而能自如地控制实验过程,及时、迅速、准确地测得实验数据.通过预习,还要了解仪器的工作原理和用法.将一些疑问列出来,等到实验时依据实物解决或向教师提问解决.在预习中要认真回答预习思考题,切记注意事项及安全操作规程.对设计实验,还要在课前参考有关资料,设计实验方案.由于实验课时间有限,因此,课前预习的好坏是能否完成实验,能否取得较好效果的前提.要写好预习报告,否则不准做实验.预习报告的内容为:

(1)目的要求.说明所做实验的目的和学习要求.

(2)实验原理.对本实验所依据的实验原理和采用的主要方法进行归纳,简单推导出本实验中获得实验结果所依据的主要公式,并说明公式中各物理量的意义、单位和公式适用的条件及测量方法.必要时应画出所需的原理图(如电路图、光路图或装置系统示意图等).

(3)所用仪器.列出本实验所用的主要仪器(应对其结构、原理及性能有初步的了解).

(4)实验步骤. 写出本实验的实验内容、操作步骤(可以参照实验教材抄写实验步骤).

(5)数据表格. 在了解相应的实验步骤的基础上,画好记录各项实验数据的表格,列出数据处理所需要的所有物理量(包括常数),并自己推导处理数据所需的公式. 在条件允许的情况下,课外开放实验室,使学生能对照仪器仔细阅读有关资料,进一步熟悉仪器使用方法和理解实验原理,以便能更加主动地、独立地做好实验.

(6)问题讨论. 包括在预习过程中碰到的不清楚的地方,或有自己的见解但还不确定是否正确的地方,希望在课堂上与老师和同学讨论的问题.

2. 课堂实验

课堂实验是实验课的最重要的环节.

(1)学生应根据课表,按时进入实验室,交实验预习报告,按分组就位,熟悉实验条件,认真听取教师对本实验的有关原理、要求、重点、步骤、难点和注意事项的讲解,然后检查仪器、材料是否完好、齐备,筹划仪器的布局和操作的分工(当有合作者时).

(2)根据实验要求正确地将有关仪器组成所需的测试系统. 经检查确保无误(需经教师认可),便可按步骤进行实验操作.

(3)仪器(或实验装置)的调节. 在力学、热学实验中,一些仪器的使用应根据需要调至水平或垂直状态,如杨氏模量仪需调垂直等. 要注意调整测量仪器的零点,若某些仪器不能调零,则要记录仪器的零点值,以便以后修正. 电磁学实验中,在连接电路前,应考虑仪器设备的合理摆放及正负极性,电路连接好后,还要注意把仪器调节到"安全待测状态"(一般是将调节旋钮逆时针旋到底),然后请教师检查,确定电路连接正确无误后方可接通电源进行实验. 光学实验的仪器调节尤为重要,它决定了实验能否顺利进行和测量结果是否精确可靠,一定要细心调节仪器至要求的工作状态(如分光计的调节等).

(4)观测. 实验中必须仔细观察、积极思考、认真操作、防止急躁. 要在实验所具备的客观条件(如温度、压力、仪器精度等)下,进行认真的、实事求是的观察和测量. 要初步学会分析实验,遇到问题时应冷静地分析和处理;仪器发生故障时,也要在教师指导下学习排除故障的方法;在实验中有意识地培养自己的独立工作能力.

(5)记录. 实验记录是计算结果和分析问题的依据,在实际工作中则是宝贵的资料. 要养成完整、全面记录实验数据和现象的习惯. 要把实验数据细心地记录在预习报告的数据表格内,要根据仪器的精度和实验条件正确运用有效数字. 记录时要用钢笔或圆珠笔,不要轻易涂改,对认为错误的数据,应轻轻画上一道,在旁边写上正确值,使正误数据都能清晰可辨,以供在分析测量结果和误差时参考. 读取数据时必须十分认真、仔细. 一要保证数据的真实性,二要保证应有的精确度. 当对测量结果不满意时,应分析原因,改善条件,重新测量,不允许无根据地修改实验数据. 实验的环境温度、湿度、气压等实验条件,仪器型号规格与编号等也应记录,对一些实验现象,特别是那些异常现象更不应放过.

两人合作时,要合理分工,适当轮流,配合得当,协调一致,共同达到实验要求,切忌一人懈怠或一人包办. 实验中对预习和实验中遇到的问题应随时与同学或老师交流讨论.

实验完毕,应将所测得的数据交给教师检查. 经教师认可、签字后,再细心收拾仪器,保持整洁,保证不留任何事故隐患,然后才能离开实验室. 对要求课内处理数据的实验,应立即进行数据处理,写出完整的数据处理过程,并给出相关结论和分析,向教师口头汇报和讨论.

3. 写实验报告(研究论文)

实验报告是对实验过程及结果的全面总结,要用简明的形式将实验结果完整而又真实地表达出来.实验报告要用统一规格的纸张书写(可加附页),必须各自独立地及时完成.要做到文字通顺、表述明确、字迹端正、图表规范、结果正确和讨论认真.好的实验报告应作为研究资料保存.

实验报告的内容与预习报告的多数项目相同,但具体内容有所不同,通常包括:

(1)实验名称、实验者姓名、同组者姓名、实验日期.

(2)实验目的.

(3)实验原理.

用自己的语言对实验所依据的理论等做简要叙述,不要照抄书本,给出实验所依据的定律、公式、线路、光路或其他依据,以及有关实验条件等.与预习报告基本一样,但要更详尽一些.

(4)实验方法或步骤.

叙述用什么方法、仪器、步骤完成实验所需的环节和包括的内容,必要时可论证其可行性.本项目应与预习报告有所不同,应当写实际操作的情况,而不应再完全重复教材上的内容.

(5)数据记录及其说明.

实验数据的记录应尽量详尽,并注明单位.对有疑问的数据不要轻易去掉,可作一些必要的标记,在以后的数据处理时再判断取舍.实验过程中的一些异常现象也应尽量详尽地记录下来.数据记录还应包括有关的常数.

(6)数据处理及实验结果.

含有计算、实验曲线、表格、误差分析、最后结果等内容.计算按照有效数字的运算法则进行,并求出结果的不确定度,正确运用不确定度表示实验结果.

(7)实验讨论.

实验讨论内容不限,如实验中观察到的现象分析、误差来源分析、实验中存在的问题讨论、回答实验思考题等,也可对实验本身的设计思想、实验仪器的改进等提出建设性意见.

综上所述,实验的三个环节各有侧重且有不同的具体要求.

(1)预习重点是在阅读教材、查阅其他相关资料的基础上,对实验的原理和方法进行归纳,梳理实验过程和步骤,并设计数据表格,列出所有处理过程所需要的测量量和常数.

(2)实验操作则是依据实验原理和要求,合理选用实验仪器进行实验操作,在实验过程中,应思考如何充分发挥仪器设备的性能、如何更合理地使用仪器设备、如何减少测量误差等.

(3)实验报告是总结实验的原理依据、陈述实验内容和过程、处理实验数据并对其不确定度(可信程度)进行分析、对实验中的问题进行分析.实验课中还会要求其他格式的实验报告,如学术论文、技术研究报告等,应按相应格式要求书写.

三、学生实验制度

(1)学生要遵守学校及实验室的有关规定,服从任课教师的安排.

(2)要遵守实验室纪律.请假必须有盖章的假条,否则按旷课论处.迟到超过 15 分钟、实验后未经任课教师检查签字而离开者,均按旷课论处.旷课则本次实验按零分计.

(3)预习报告、测量原始数据和要求在课堂处理的数据都应写在专用的物理实验记录本上,否则任课教师不予签字并酌情减扣实验成绩.

(4)实验小组按学号顺序分,且在整个学期中不得更换.每组必须在相应编号的仪器上做实验,未经教师同意不得更换仪器.

(5)教师讲授结束前,不得动实验仪器.

(6)实验报告上要写上同组者姓名.实验报告不得抄袭,雷同报告均判为零分.

(7)实验时对于各种光学器件表面严禁用手或其他物品触摸和擦拭.对于易损或较贵的小仪器和器件应小心使用,注意保护.实验后应交给任课教师.丢失或损坏仪器,按学校有关规定赔偿.

(8)实验结束后,把使用的仪器整理好,关闭有关电源.值日生要打扫实验室.

第 1 章　实验的误差及数据处理基础知识

1.1　测量、误差的基本知识

一、测量与误差

1. 测量

测量就是将待测物理量与选做标准单位的物理量进行比较，得到此待测物理量的测量值. 测量结果数值的大小与所选用的单位有关. 因此，表示一个被测对象的测量值必须包括数值和单位. 如测量课桌的长度，估计为 1.2m，只写成 1.2 是不行的.

物理实验　就是以不同方式对各种物理现象和物理量进行观察和测量. 对物理量的测量按测量方式通常可分为直接测量和间接测量.

直接测量　可以用测量仪器或仪表直接读出待测量量值的测量称为直接测量，相应的物理量称为直接测量量. 例如，用米尺量长度，用天平称质量，用伏特计测电压等.

间接测量　则是指被测量的量值要用相关的直接测量量值通过公式运算间接地获得，相应的物理量称为间接测量量. 例如，用单摆测某地重力加速度 g，先直接测得摆长 l 和单摆周期 T，然后由公式 $T=2\pi\sqrt{l/g}$ 算出重力加速度，因此 g 为间接测量量.

组合测量　需利用多个直接测量量和间接测量量，利用测量量与参数间的函数关系求得未知物理量.

等精度测量和不等精度测量　如对某一物理量进行多次重复测量，而且每次测量的条件都相同(同一测量者，同一组仪器，同一种实验方法，温度和湿度等环境也相同)，那么我们就没有任何依据可以判断某一次测量一定比另一次更准确，所以每次测量的精度只能认为是具有同等级别的. 我们把这样进行的重复测量称为等精度测量. 在诸测量条件中，只要有一个发生了变化，这时所进行的测量就称为不等精度测量. 一般在进行多次重复测量时，要尽量保持为等精度测量.

就测量而言，除上面的按数据处理方式的不同分为直接测量、间接测量和组合测量，按测量精度的不同分为等精度测量和非等精度测量外，还常依测量方式、被测物状态的不同而有多种分类方法，如绝对测量与相对测量，单项测量与综合测量，接触测量与非接触测量，主动测量与被动测量，静态测量与动态测量等.

2. 误差

如果测量对象本身不变，那么对于一个被测的物理量，客观上存在一个真实的量值，称为真实值或真值. 实际上，不管使用多么精密的仪器，测量出来的结果只是真值的近似值.

绝对误差　若某物理量的测量值为 x，真值(客观实在值)为 a，则测量误差定义为

$$\delta = x - a \tag{1.1.1}$$

式(1.1.1)所定义的测量误差反映了测量值偏离真值的大小和方向，因此称 δ 为绝对误差.

真值　一般来说，真值仅是一个理想的概念，要由完善的测量获得. 实际测量中，一般只能根据测量值确定测量的最佳值. 通常取多次重复测量的平均值作为最佳值.

相对误差　绝对误差可以表示某一测量结果的优劣，但在比较不同测量结果时则不适用，需要用相对误差表示. 例如，测量 10m 长相差 1mm 与测量 1m 长相差 1mm，两者绝对误差相同，而相对误差不同. 相对误差定义为

$$\text{相对误差} = \frac{\text{绝对误差}}{\text{测量最佳值}} \times 100\% \tag{1.1.2}$$

有时被测量有公认值或理论值，还可用“百分误差”来表征

$$\text{百分误差} = \frac{\text{测量最佳值} - \text{公认值}}{\text{公认值}} \times 100\% \tag{1.1.3}$$

测量不确定度　由于被测量的真值不可测得，测量误差也不可得. 只能给出被测量的最佳估计值及对其不确定范围做出近似估计. 测量不确定度表征被测量值的分散性.

二、误差的分类

误差存在于一切科学实验和测量过程的始终. 受实验的方法、仪器的精度、环境条件的影响，实验数据处理中都可能存在误差，因此深入分析测量中可能产生误差的原因和种类，就会尽可能在实验过程中消除其影响，并对最后结果中未能消除的误差做出合理估计. 为此，必须对误差的性质和来源有一定的了解.

误差按其性质和产生原因可分为系统误差、随机误差和粗大误差三类.

1. 系统误差

在一定条件下，对同一物理量进行多次重复测量时，误差的大小和符号均保持不变；而当条件改变时，误差按某种确定的规律变化(如递增、递减、周期性变化等)，则这类误差称为系统误差.

1)系统误差的来源

(1)仪器的结构和标准不完善或使用不当引起的误差. 包括标准器误差，如标准电池、标准电阻的误差等；天平不等臂造成的误差；分光计读数装置的偏心差；电表的示值与实际值不符等. 它们属于仪器缺陷，在使用时可采用适当测量方法加以消除. 诸如仪器设备安装调整不妥，不满足规定的使用状态，如不水平、不垂直、偏心、零点不准等使用不当的情况应尽量避免.

(2)理论或方法误差. 它是由测量所依据的理论公式为近似式或实验条件达不到理论公式所规定的要求等引起的. 如单摆测重力加速度时所用公式的近似性；伏安法测电阻时不考虑电表内阻的影响等.

(3)环境误差. 它是由于实验的外部环境(如温度、湿度、光照等)与仪器要求的环境条件不一致而引起的误差.

(4)实验人员的生理或心理特点所造成的误差. 如用停表计时时，总是超前或滞后；用仪表读数时总是偏向一方斜视等.

2)系统误差的分类

(1)定值系统误差和变值系统误差(按系统误差特性来分).

定值系统误差，在测量过程中其大小和符号恒定不变. 例如，千分尺没有零点修正，天平砝码的标称值不准确等.

变值系统误差，在测量过程中呈现规律性变化. 这种变化，有的可能随时间而变，有的可能随位置变化. 例如，分光计刻度盘中心与望远镜转轴中心不重合，存在偏心差所造成的读数误差就是一种周期性变化的系统误差.

(2)可定系统误差与未定系统误差(按掌握程度来分).

可定系统误差，在测量过程中，能确定其大小和方向，可以进行修正和消除.

未定系统误差，在实验中不能确定其大小和方向. 在数据处理中，常用估计误差限的方法得出，并与随机误差相似，用统计方法处理. 如一个 0.5 级电流(压)表，最大值误差为：量程×0.5%，这属于未定系统误差，表示指针在任何刻度处的示值误差不会超过此值.

3)系统误差的处理

在科学实验中，有时系统误差是影响实验结果准确性的主要因素. 因此，如何发现系统误差，估计它对结果的影响，进而设法修正、减少，甚至消除它的影响，是实验中整个误差分析的一个非常重要的内容. 在以后的内容里还将对系统误差的处理做较详细的介绍.

2. 随机误差

在测量过程中，即使消除了系统误差，在等精度条件下测量同一物理量时，仍不能得到完全相同的结果，其测量值分散在一定的范围内，所得误差时正、时负，绝对值时大、时小，既不能预测，也无法控制，呈现无规则的起伏. 这类误差称为随机误差.

随机误差的产生，一方面是由测量过程中一些随机的未能控制的可变因素或不确定的因素引起的. 例如，人的感官灵敏度以及仪器精密度的限制，使平衡点确定不准或估计读数有起伏等；周围环境干扰导致读数的微小变化，以及随测量而来的其他不可预测的随机因素的影响等. 另一方面是由被测对象本身的不稳定性引起的. 例如，加工零件或被测样品本身存在的微小差异，这时被测量就没有明确的定义值，这也是引起随机误差的一个原因.

随机误差就个体而言是不确定的，但其总体服从一定的统计规律，因此可以用统计方法估算其对测量结果的影响.

3. 粗大误差

明显地歪曲了测量结果的误差称为粗大误差. 它是由实验者使用仪器的方法不正确，粗心大意读错、记错、算错测量数据或实验条件突变等原因造成的. 含有粗大误差的测量值称为坏值或异常值，正确的结果中不应包含过失错误. 在实验测量中要极力避免过失错误，在数据处理中要尽量剔除坏值. 坏值的一种判断方法可参见 1.2 节.

通常用精度反映测量结果中误差大小的程度. 误差小时精度高，误差大时精度低. 但这里精度却是个笼统的概念，它并不明确表明描写的是哪一类误差. 为了使精度具体化，精度又可分为：

精密度　表示测量结果中随机误差大小的程度. 它是指在规定条件下对被测量进行多次测量时，所得结果之间符合的程度，简称为精度.

正确度　表示测量结果中系统误差大小的程度. 它反映了在规定条件下，测量结果中所有系统误差的综合.

准确度　表示测量结果与被测量的“真值”之间的一致程度. 它反映了测量结果中系统误差与随机误差的综合. 准确度又称精确度.

以打靶为例子来说明，如图 1.1.1 所示.

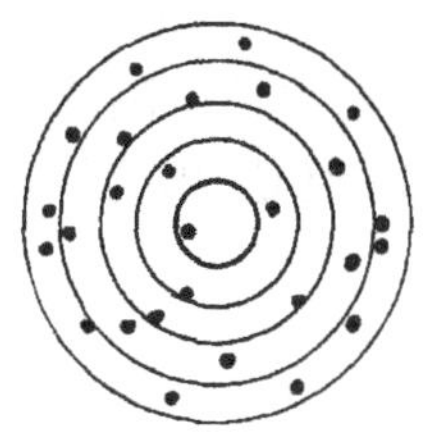
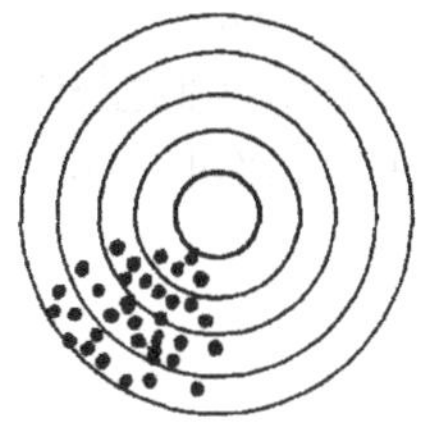

(a) 正确度高，精密度低　　(b) 精密度高，准确度低　　(c) 精密度、正确度和准确度皆高

图 1.1.1　测量精度的意义

1.2　随机误差的估算

一、随机误差的分布规律与特性

随机误差的出现，就某单一测量值来说是没有规律的，其大小和方向都是不能预知的，但对同一物理量进行多次重复测量时，则发现随机误差的出现服从某种统计规律.

大多数随机误差服从正态分布（高斯分布）规律. 下面简要讨论正态分布的特点及特性参量.

如果以误差 Δx 为横坐标，以误差出现的概率密度（即相应的测量值出现的概率密度）$f(\Delta x)$ 为纵坐标，则多次测量结果的随机误差概率密度可用图 1.2.1 所示的正态分布曲线表示.

$$f(\Delta x)=\frac{1}{\sigma\sqrt{2\pi}}\mathrm{e}^{\frac{-(\Delta x)^2}{2\sigma^2}} \tag{1.2.1}$$

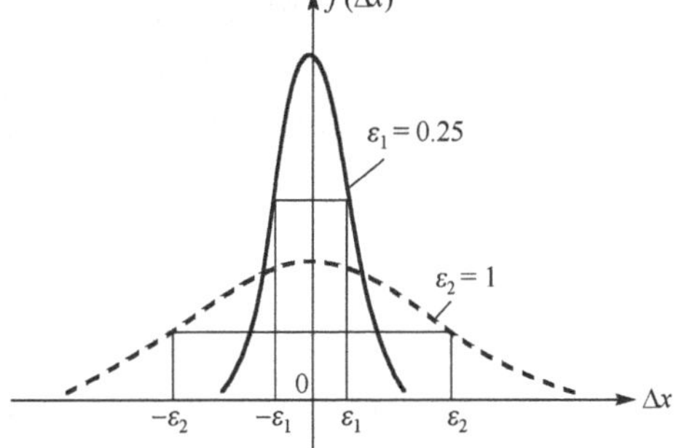

图 1.2.1　正态分布曲线

不难看出随机误差有如下特点：

(1) 有界性. 在一定的客观条件下随机误差的绝对值不会超过一定的界限.

(2) 单峰性. 绝对值小的误差出现的概率比绝对值大的误差出现的概率高. 非常大的误差出现的概率趋于零.

(3) 对称性. 绝对值相等的正误差和负误差出现的概率相等.

(4) 抵偿性. 相同条件下对同一待测量进行多次测量时，其误差的算数平均值随着测量次数 n 趋于无限而趋于零，即

$$\lim_{n\to\infty}\frac{1}{n}\sum_{i=1}^{n}\Delta x_i=0 \tag{1.2.2}$$

由此可见，随机误差虽因不可预知而无法避免，但却可以通过多次测量，利用其统计规律性而达到互相抵偿，因而能找到真值的最佳近似值（又叫最佳估计值或最近真值）.

正态分布函数(1.2.1)从 $-\sigma$ 到 $+\sigma$ 的积分可得（查拉普拉斯积分表）

$$p=\int_{-\sigma}^{+\sigma}f(\Delta x)\mathrm{d}\Delta x=68.3\%$$

即测量值的误差落在[$-\sigma$,$+\sigma$]范围内的概率为 68.3%,称置信概率为 68.3%.同理可得测量误差落在[-2σ,$+2\sigma$]范围内的概率为 95.1%,落在[-3σ,$+3\sigma$]范围内的概率为99.7%,即误差超过$\pm 3\sigma$ 的概率只有 0.3%.在一般的有限次测量中测量值超出该范围的情况几乎是不可能出现的.因此,可以用 3σ 作为误差的极限,超过 3σ 的误差都是坏值,即为粗大误差.

二、直接测量中随机误差的估算

1)多次测量的算术平均值 $\bar{x}$

在相同条件下对一物理量进行了 n 次独立的直接测量,所得 n 个测量值为 $x_1,x_2,\cdots,x_n$,称其为测量列,其算数平均值为

$$\bar{x}=\frac{1}{n}\sum_{i=1}^{n}x_i \tag{1.2.3}$$

在无系统误差或已消除系统误差的前提下,当测量次数 $n\to\infty$时,由随机误差的抵偿性可知

$$\bar{x}\to a$$

即多次测量的算数平均值 $\bar{x}$ 是真值 a 的最佳估计值.

根据误差的定义,误差应是测量值与真值之差.但由于实际实验中真值一般不可知,因此通常用测量的算数平均值代替真值,这样测量值与算数平均值之差称为残差.在本书以后的叙述中,一般误差的计算都用残差,但仍用误差一词.

2)多次测量结果的随机误差(标准误差)σ_x 、$\sigma_{\bar{x}}$

对某一物理量 X 进行有限次(设为 n 次)等精度测量,所得测量列中任一测量结果的标准误差为

$$\sigma_x=\sqrt{\frac{\sum\limits_{i=1}^{n}(x_i-\bar{x})^2}{n-1}} \tag{1.2.4}$$

σ_x表征了这一测量列的误差情况,但σ_x并不表示测量列中任一测量结果的测量误差为σ_x,它是一个概率的概念:任一测量结果的误差落在[$-\sigma_x$,σ_x]范围内的概率为 68.3%.从图 1.2.1 可知,σ_x小表示大多数的测量结果的误差聚集在较小的范围内,即测量结果比较集中,精密度高.而 σ_x大表示大多数的测量结果的误差分散在较大的范围内,即测量结果分散,精密度低.显然,测量结果精密度越高越好.

测量 X 的算数平均值 $\bar{x}$ 的标准误差为

$$\sigma_{\bar{x}}=\frac{\sigma_x}{\sqrt{n}}=\sqrt{\frac{\sum\limits_{i=1}^{n}(x_i-\bar{x})^2}{n(n-1)}} \tag{1.2.5}$$

$\sigma_{\bar{x}}$的意义与σ_x的意义相似,它表示测量量的算数平均值与真值的误差落在[$-\sigma_{\bar{x}}$,$\sigma_{\bar{x}}$]范围内的概率为 68.3%.显然 $\sigma_{\bar{x}}<\sigma_x$,所以测量量的算数平均值比测量列中任一个测量值都更可靠.我们也可以这样来理解它:由于算术平均值已经对单次测量的随机误差有一定的抵消,因而平均值就更可能接近真值,它们的随机误差分布离散性就会小得多,所以平均值的标准误差要比单次测量值的标准误差小得多.

由式(1.2.5)可知,随着测量次数 n 的增加,测量结果的误差越小.但测量次数 n 增加带来

的好处并不是无限的，一般当 $n>10$ 时，测量误差随 n 的增加而减小的幅度已很小. 因此，在大学物理实验中，通常取 $5\leqslant n\leqslant 10$.

3）单次测量结果标准误差的估算

对有些测量量，由于使用的仪器精度足够高，并不需要进行多次测量. 设仪器的最大读数误差为 Δ_{ins}，则单次测量结果的标准误差为

$$\sigma=\frac{\Delta_{\text{ins}}}{k} \tag{1.2.6}$$

式中 k 为分布系数，若认为单次测量时符合均匀分布，则 k 取为 $\sqrt{3}$，而若认为符合正态分布，则 k 取为 3.

4）测量结果的表示

测量结果的完整表示除了测量值以外，还应包括测量误差——标准误差和相对误差. 这样，测量结果的表达式为

$$\begin{cases}x=\bar{x}\pm\sigma_{\bar{x}} & (\text{单位})\\ E=\dfrac{\sigma_{\bar{x}}}{\bar{x}} & (\%)\end{cases} \tag{1.2.7}$$

上式表示真值 x_0 以多大的概率(68.3%)落在 $(\bar{x}-\sigma_{\bar{x}})$ 到 $(\bar{x}+\sigma_{\bar{x}})$ 的数值范围内.

例 1.2.1　设用一螺旋测微器对一钢球的直径进行了六次测量. 消去零点偏差后，所得测量值分别为：$d_1=2.003\text{mm}$，$d_2=2.001\text{mm}$，$d_3=1.996\text{mm}$，$d_4=1.998\text{mm}$，$d_5=2.004\text{mm}$，$d_6=1.997\text{mm}$，则其算术平均值为

$$\bar{d}=\frac{1}{6}\sum_{i=1}^{6}d_i=2.000(\text{mm})$$

各次测量的绝对偏差(残差)为

$$\Delta_{d_1}=0.003\text{mm},\qquad \Delta_{d_2}=0.001\text{mm}$$
$$\Delta_{d_3}=-0.004\text{mm},\qquad \Delta_{d_4}=-0.002\text{mm}$$
$$\Delta_{d_5}=0.004\text{mm},\qquad \Delta_{d_6}=-0.003\text{mm}$$

则测量平均值的标准误差为

$$\sigma_{\bar{d}}=\sqrt{\frac{\sum\limits_{i=1}^{n}(d_i-\bar{d})^2}{n(n-1)}}=\sqrt{\frac{\sum\limits_{i=1}^{6}\Delta_{d_i}^2}{6(6-1)}}=0.002(\text{mm})$$

于是测量结果为

$$d=\bar{d}\pm\sigma_{\bar{d}}=2.000\pm0.002(\text{mm})$$

$$E=\frac{\sigma_{\bar{d}}}{\bar{d}}\times100\%=\frac{0.002}{2.000}\times100\%=0.10\%$$

三、间接测量结果标准误差及其表示——标准误差的传递与合成

在实验中，某些物理量通常只能进行间接测量. 直接测量是间接测量的基础，由于直接测量量存在误差，由直接测量量算出的间接测量量不可避免地引入误差，由直接测量量的误差引起间接测量量的误差称为误差传递.

1)间接测量量标准误差的传递公式

设间接测量量 N 是由相互独立的直接测量量 $x,y,z,\cdots$ 通过函数关系 $N=f(x,y,z,\cdots)$ 计算得到的. 设 $x,y,z,\cdots$ 的标准误差分别为 $\sigma_x,\sigma_y,\sigma_z,\cdots$. 由于误差是微小的量,相当于数学中的“增量”,因此,间接测量量的标准误差的计算公式与数学中的全微分公式类似. 误差传递公式与全微分公式的不同之处是:①用标准误差 σ_x 代替微分 $\mathrm{d}x$ 等,②要用到标准误差合成的统计性质. 于是,可得到间接测量量平均值 $\bar{N}$ 的标准误差 $\sigma_{\bar{N}}$ 及相对误差 E 传递公式

$$\sigma_{\bar{N}}=\sqrt{\left(\frac{\partial N}{\partial x}\right)^2\sigma_{\bar{x}}^2+\left(\frac{\partial N}{\partial y}\right)^2\sigma_{\bar{y}}^2+\left(\frac{\partial N}{\partial z}\right)^2\sigma_{\bar{z}}^2+\cdots} \tag{1.2.8}$$

$$\begin{aligned}E=\frac{\sigma_{\bar{N}}}{\bar{N}}&=\frac{1}{N}\sqrt{\left(\frac{\partial N}{\partial x}\right)^2\sigma_{\bar{x}}^2+\left(\frac{\partial N}{\partial y}\right)^2\sigma_{\bar{y}}^2+\left(\frac{\partial N}{\partial z}\right)^2\sigma_{\bar{z}}^2+\cdots}\\&=\sqrt{\left(\frac{\partial N}{\partial x}\right)^2\left(\frac{\sigma_{\bar{x}}}{N}\right)^2+\left(\frac{\partial N}{\partial y}\right)^2\left(\frac{\sigma_{\bar{y}}^2}{N}\right)^2+\left(\frac{\partial N}{\partial z}\right)^2\left(\frac{\sigma_{\bar{z}}^2}{N}\right)^2+\cdots}\\&=\sqrt{\left(\frac{\partial \ln N}{\partial x}\right)^2\sigma_{\bar{x}}^2+\left(\frac{\partial \ln N}{\partial y}\right)^2\sigma_{\bar{y}}^2+\left(\frac{\partial \ln N}{\partial z}\right)^2\sigma_{\bar{z}}^2+\cdots}\end{aligned} \tag{1.2.9}$$

在使用以上两式计算间接测量量时,应根据间接测量量的计算公式选择不同的计算顺序:

(1)如果间接测量量计算公式是以多个直接测量量的加减运算为主,则先用(1.2.8)式计算绝对标准误差,再用(1.2.9)式计算相对误差比较简便.

(2)如果间接测量量计算公式是以多个直接测量量的乘除或乘方等运算为主,则先用(1.2.9)式计算相对标准误差,再用 $\sigma_{\bar{N}}=\bar{N}E$ 计算绝对误差比较简便.

一些常见函数单次标准误差传递公式如表 1.2.1 所示.

表 1.2.1

函数表达式	标准误差传递公式
$N=x+y$	$\sigma_N=\sqrt{\sigma_x^2+\sigma_y^2}$, $E=\frac{\sigma_N}{N}$
$N=xy$ 或 $N=\frac{x}{y}$	$E=\sqrt{\left(\frac{\sigma_x}{x}\right)^2+\left(\frac{\sigma_y}{y}\right)^2}$, $\sigma_N=N\cdot E$
$N=kx$	$\sigma_N=k\cdot\sigma_x$, $E=\frac{\sigma_N}{N}=\frac{k\sigma_x}{kx}=E_x$
$N=lx^k$	$E=k\cdot\frac{\sigma_x}{x}$, $\sigma_N=N\cdot E=lkx^{k-1}\sigma_x$
$N=\frac{x^m y^n(w-q)}{z^l}$	$E=\sqrt{\left(m\frac{\sigma_x}{x}\right)^2+\left(n\frac{\sigma_y}{y}\right)^2+\left(\frac{\sigma_{(w-q)}}{w-q}\right)^2+\left(l\frac{\sigma_z}{z}\right)^2}$, $\sigma_N=E\cdot N$, $\sigma_{(w-q)}=\sqrt{\sigma_w^2+\sigma_q^2}$
$N=\sin x$	$\sigma_N=\lvert\cos x\rvert\cdot\sigma_x$, $E_N=\frac{\sigma_N}{N}$
$N=\ln x$	$\sigma_N=\frac{\sigma_x}{x}$, $E_N=\frac{\sigma_N}{N}$

在实际计算时,若直接测量量中有多次测量量,且在计算间接测量量时用的是直接测量量的算数平均值,则直接得到间接测量量的算数平均值 $\bar{N}$. 计算间接测量量的标准差时,也应用直接测量量平均值的标准差.

2)间接测量量标准误差的表示

间接测量结果的表示方法与直接测量结果的表示方法相似,一般使用下列方式:

$$\begin{cases} N = \bar{N} \pm \sigma_{\bar{N}} \quad (\text{单位}) \\ E = \dfrac{\sigma_{\bar{N}}}{\bar{N}} \times 100\% \end{cases} \tag{1.2.10}$$

间接测量结果的标准误差的意义与直接测量结果的标准误差的意义相似,表示待测量有多大的概率(68.3%)落在 $(\bar{N}-\sigma_{\bar{N}})$ 到 $(\bar{N}+\sigma_{\bar{N}})$ 的数值范围内.

例 1.2.2　一铁圆柱体,用感量为 0.02g 的天平称量其质量 m 一次,m=279.68g,用分度值为 0.02mm 的游标卡尺测量其高度 H 八次,用千分尺测量其直径 D 六次(测量数据填在表 1.2.2 和表 1.2.3 中),求该铁圆柱体的密度.

解　测量数据

表 1.2.2

次数	1	2	3	4	5	6	7	8	平均值 $\bar{H}$
H/mm	90.46	90.26	90.36	90.38	90.28	90.42	90.34	90.30	90.35
$\Delta H = H_i - \bar{H}$ /mm	0.11	−0.09	0.01	0.03	−0.07	0.07	−0.01	−0.05	$\sum \Delta^2 H$
$\Delta^2 H$/mm^2	0.0121	0.0081	0.0001	0.0009	0.0049	0.0049	0.0001	0.0025	0.0336

表 1.2.3

次数	1	2	3	4	5	6	平均值 $\bar{D}$
D/mm	22.456	22.457	22.454	22.451	22.459	22.453	22.455
$\Delta D = D_i - \bar{D}$ /mm	0.001	0.002	−0.001	−0.004	0.004	−0.002	$\sum \Delta^2 D$
$\Delta^2 D$/mm^2	0.000001	0.000004	0.000001	0.000016	0.000016	0.000004	0.000046

(1)计算质量的标准误差

$$\sigma_m = \frac{\Delta_m}{\sqrt{3}} = \frac{0.02}{\sqrt{3}} = 0.012(\text{g})$$

(2)计算高度的标准误差

$$\sigma_{\bar{H}} = \sqrt{\frac{\sum_{i=1}^{8} \Delta^2 H}{n(n-1)}} = \sqrt{\frac{0.0336}{8 \times 7}} = 0.025(\text{mm})$$

(3)计算直径的标准误差

$$\sigma_{\bar{D}} = \sqrt{\frac{\sum_{i=1}^{8} \Delta^2 \bar{D}}{n(n-1)}} = \sqrt{\frac{0.000046}{6 \times 5}} = 0.0013(\text{mm})$$

(4)圆柱体的密度

$$\bar{\rho} = \frac{4m}{\pi \bar{d}^2 \bar{H}} = \frac{4 \times 279.68}{3.14159 \times 22.455^2 \times 90.35} = 7.817(\text{g/cm}^3)$$

根据标准误差传递(1.2.9)式,分别推导出各直接测量量对密度 ρ 的偏导数

$$\frac{\partial\rho}{\partial m}=\frac{4}{\pi D^2 H},\quad \frac{\partial\rho}{\partial D}=\frac{-8m}{\pi D^3 H},\quad \frac{\partial\rho}{\partial H}=\frac{-4m}{\pi D^2 H^2}$$

将以上偏导数代入(1.2.9)式,整理得间接测量量密度 ρ 的相对误差

$$E_{\overline{\rho}}=\sqrt{\left(\frac{\sigma_m}{m}\right)^2+\left(\frac{\sigma_{\overline{H}}}{\overline{H}}\right)^2+\left(2\frac{\sigma_{\overline{D}}}{\overline{D}}\right)^2}$$

$$=\sqrt{\left(\frac{0.012}{279.68}\right)^2+\left(\frac{0.025}{90.35}\right)^2+\left(2\times\frac{0.0013}{22.455}\right)^2}=0.031\%$$

$$\sigma_{\overline{\rho}}=\rho\cdot E_{\overline{\rho}}=7.817\times 0.031\%=0.003(\mathrm{g/cm^3})$$

结果表达

$$\begin{cases}\rho=\overline{\rho}\pm\sigma_{\overline{\rho}}=7.817\pm 0.003(\mathrm{g/cm^3})\\ E=0.031\%\end{cases}$$

1.3　测量结果不确定度的估计

一、不确定度

1. 为什么要引入不确定度

前面我们明确了误差的概念,了解了什么是系统误差、随机误差,以及系统误差中有可定系统误差和未定系统误差之分. 但是误差是一个理想的概念,它本身就是不确定的. 根据误差的定义,由于真值一般不可能准确地知道,因而误差也不可能确切获知. 现实可行的办法就只能是根据测量数据和测量条件进行推算(包括统计推算和其他推算),去求得误差的估计值. 误差的估计值或数值指标应采用另一专门名称,这个名称就是不确定度.

引入不确定度可以对测量结果的准确程度作出科学合理的评价. 不确定度愈小,表示测量结果与真值愈靠近,测量结果愈可靠. 反之,不确定度愈大,测量结果与真值的差别愈大,测量的质量愈低,它的可靠性愈差,使用价值就愈低.

2. 不确定度的概念

不确定度是表征测量结果具有分散性的一个参数,是被测物理量的真值在某个量值范围内的一个评定. 或者说,它表示由于测量误差的存在而对被测量值不能确定的程度.

不确定度反映了可能存在的误差分布范围,即随机误差分量和未定系统误差分量的联合分布范围.

不确定度一般包含多个分量,按其数值的评定方法可归并为两类:

A 类不确定度:在同一条件下多次重复测量时,由一系列观测结果用统计分析评定的不确定度,用 U_A 表示.

B 类不确定度:用其他方法(非统计分析)评定的不确定度,用 U_B 表示.

上述两类不确定度采用方和根合成

$$U=\sqrt{U_A^2+U_B^2} \tag{1.3.1}$$

合成不确定度 U 并非简单地由 U_A 分量和 U_B 分量线性合成或简单相加而成,而是服从

"方和根合成",这是由于决定合成不确定度的两种误差——随机误差和不确定系统误差是两个互相独立而不相关的随机变量,其取值都具有随机性,因而它们之间具有相互抵偿性.

3. 不确定度与误差的关系

不确定度是在误差理论的基础上发展起来的.不确定度和误差既是两个不同的概念,有着根本的区别,又是相互联系的,都是由测量过程的不完善性引起的.

应当指出,不确定度概念的引入并不意味着误差一词需放弃使用.实际上,误差仍可用于定性地描述理论和概念的场合.例如,我们没有必要将误差理论改为不确定度理论,或将误差源改为不确定度源;误差仍可按其性质分为随机误差、系统误差等.不确定度则用于给出具体数值或进行定量运算、分析的场合.例如,在评定测量结果的准确度和计量器具的精度时,应采用不确定度来表述;需要给出具体数字指标的各种不确定度分析时不宜用误差分析一词代替等.还需注意,某些术语,如误差合成和不确定度合成,误差分析和不确定度分析等是可以并存的,但应了解其之间的区别.在叙述误差的分析方法、合成方法和误差传递的一般原理和公式时,可以保留原来的名称,而在具体计算和表示计算结果时,应改为不确定度.总之,凡是涉及具体数值场合均应使用不确定度来代替误差,以避免出现将已知值赋予未知量的矛盾.不确定度与误差的关系,可以简单归纳如下:

(1)误差与不确定度是两个不同的概念.

如上所述,误差是一个理想的概念.根据传统的误差定义,由于真值一般是未知的,则测量误差一般也是未知的,是不能准确得知的.因此,一般无法表示测量结果的误差."标准误差""极限误差"等词,也不是指具体的误差值,而是用来描述误差分布的数值特征、表征和与一定置信概率相联系的误差分布范围的.不确定度则是表示由于测量误差的存在而对被测量值不能确定的程度,反映了可能存在的误差分布范围,表征被测量的真值所处的量值范围的评定,所以不确定度能更准确地用于测量结果的表示.一定置信概率的不确定度是可以计算出来(或评定)的,其值永远为正值.而误差可能为正,可能为负,也可能十分接近于零,而且一般是无法计算的.因此,可以看出误差和不确定度是两个不同的概念.

(2)误差和不确定度是互相联系的.

误差和不确定度都是由测量过程的不完善引起的,而且不确定度概念和体系是在现代误差理论的基础上建立和发展起来的.在估算不确定度时,用到了描述误差分布的一些特征参量,因此两者不是割裂的,也不是对立的.

二、标准不确定度

用标准误差表示的不确定度称为标准不确定度,用 U_s 表示.测量不确定度所包含的若干不确定度分量均为标准不确定度分量,用 U_{si} 表示.标准差的基本求法在1.2节详细介绍过.标准不确定度评定方法如下.

1. 标准不确定度的A类评定 U_{sA}

A类评定是用统计方法评定,一般取多次测量(6~10次)平均值的标准差为标准不确定度,即 $U_{sA} - \sigma_{\bar{x}}$,其置信概率为 $P=68.3\%$.

2. 标准不确定度的B类评定 U_{sB}

B类不确定度评定是用非统计方法计算的分量，主要考虑仪器误差，一般取为(1.2.6)式，即 $U_{sB}=\Delta_{ins}/k$，k 为仪器误差分布因子，对正态分布 $k=3$，对均匀分布 $k=\sqrt{3}$．对单次测量的物理量只有B类不确定度．一般常见仪器的 Δ_{ins} 数值如表1.3.1所示．

表 1.3.1

仪器名称	Δ_{ins}	仪器名称	Δ_{ins}
米尺	0.5mm	计时器	仪器最小读数
卡尺	0.05mm或0.02mm	物理天平	0.05g
千分尺	0.005mm	电桥	S%R(S等级或准确度，R为示值)
分光计	1′或30′(最小分度)	电势差计	S%V(S等级或准确度，V为示值)
读数显微镜	0.005(最小)	电阻箱	S%R(S等级或准确度，R为示值)
数字仪表	仪器最小读数	电表	S%M(S等级或准确度，M为量程)

3. 标准不确定度的合成 U_s

将直接待测量 X 的两类不确定度求方和根合成不确定度

$$U_s=\sqrt{U_{sA}^2+U_{sB}^2}=\sqrt{\sigma_{\bar{x}}^2+(\Delta/k)^2} \tag{1.3.2}$$

若仪器误差为均匀分布，合成不确定度的置信概率在0.683～0.577.

对间接测量量 $N=f(x,y,z,\cdots)$，要先测出各个直接测量量的 U_{sx}，U_{sy} 等，则

$$U_s=\sqrt{\left(\frac{\partial N}{\partial x}\right)^2U_{sx}^2+\left(\frac{\partial N}{\partial y}\right)^2U_{sy}^2+\left(\frac{\partial N}{\partial z}\right)^2U_{sz}^2+\cdots} \tag{1.3.3}$$

$$E=\sqrt{\left(\frac{\partial N}{\partial x}\right)^2\left(\frac{U_{sx}}{N}\right)^2+\left(\frac{\partial N}{\partial y}\right)^2\left(\frac{U_{sy}}{N}\right)^2+\left(\frac{\partial N}{\partial z}\right)^2\left(\frac{U_{sz}}{N}\right)^2+\cdots} \tag{1.3.4}$$

测量结果用合成标准不确定度表示为

$$\begin{cases} N=\bar{N}\pm U_s \quad (\text{单位}) \\ E=\dfrac{U_s}{\bar{N}}\times 100\% \end{cases} \tag{1.3.5}$$

综上所述，物理实验中的标准不确定度可简化计算为：对直接单次测量，$U_{sA}=0$，$U_{sB}=\Delta_{ins}/\sqrt{3}$，因此 $U_s=U_{sB}$；对直接多次测量，先求测量列算术平均值 $\bar{x}$，再求平均值的实验标准偏差 $\sigma_{\bar{x}}$，因此 $U_s=\sqrt{U_{sA}^2+U_{sB}^2}=\sqrt{\sigma_{\bar{x}}^2+(\Delta_{ins}/\sqrt{3})^2}$；对间接测量，先求各直接测量量的标准不确定度，再由(1.3.3)式计算 U_s；最后把结果表示成 $N=\bar{N}\pm U_s$ 的形式．常见函数标准不确定度传递公式与标准误差传递类似，如表1.2.1所示(σ 换为 U_s)．无特殊说明，本教程实验测量结果均采用标准不确定度来评估.

例 1.3.1　用螺旋测微器测量某一铜环的厚度7次，测量数据如下：

i	1	2	3	4	5	6	7
H_i/mm	9.515	9.514	9.518	9.516	9.515	9.513	9.517

求 H 的算术平均值和标准不确定度，并写出测量结果.

解　(1)求厚度 H 的算术平均值

$$\overline{H} = \frac{1}{7}\sum_{i=1}^{7} H_i = \frac{1}{7}(9.515 + 9.514 + \cdots + 9.517) = 9.515(\text{mm})$$

(2)计算 B 类标准不确定度

螺旋测微器的仪器误差为 $\Delta_{\text{ins}} = 0.005\text{mm}$，则

$$U_{\text{sB}} = \Delta_{\text{ins}}/\sqrt{3} = 0.003\text{mm}$$

(3)计算 A 类标准不确定度

$$\begin{aligned} U_{\text{sA}} = \sigma_{\overline{H}} &= \sqrt{\frac{1}{n(n-1)}\sum_{i=1}^{7}(H_i - \overline{H})^2} \\ &= \sqrt{\frac{1}{7\times 6}[(9.515 - 9.515)^2 + \cdots + (9.517 - 9.515)^2]} \\ &= 0.0007(\text{mm}) \end{aligned}$$

(4)计算 H 的合成标准不确定度

$$U_{\text{s}} = \sqrt{U_{\text{sA}}^2 + U_{\text{sB}}^2} = 0.004\text{mm}$$

$$H = \overline{H} \pm U_{\text{s}} = (9.515 \pm 0.004)\text{mm}$$

计算结果表明，H 的真值以 68.3%的置信概率落在(9.511mm，9.519mm)区间内.

三、扩展不确定度

合成标准不确定度可以表示测量结果的不确定度，但它仅对应于标准误差. 由其表示的结果包含被测量真值的概率仅为 68.3%，然而在高精度测量中要求被测量以高置信概率位于其中，因此需要扩展不确定度表示测量结果. 将合成标准不确定度 U_{s} 乘以给定概率 P 的包含因子 m，得到扩展不确定度，即为 $U_p = m_p U_{\text{s}}$，则真值处在$(x-U_p, x+U_p)$的置信概率为 P. 如果测量次数 n 充分大，测量值才近似为正态分布. 在测量次数较小时，测量值呈 t 分布. 此时包含因子 m 采用 t 分布因子 $m_p = t_p(n-1)$，是与测量次数 n 和概率 P 有关的量. P 和 n 固定后，其值也就定了，可以从专门表格中查得. 如 $n=10$，$t_{0.95}(10-1) = 2.26$. 当 n 充分大时，$m_{0.95} = t_{0.95}(10-1) \approx 2$，$m_{0.99} = t_{0.99}(10-1) \approx 3$. 我国的国家计量技术规范 JJG1027—91《测量误差及数据处理》中把置信概率 $P=0.95$ 作为广泛采用的约定概率，当 $P=0.95$ 时，可以不必注明，此时的扩展不确定度可简称为不确定度. 表 1.3.2 给出了 $P=0.95$ 时，$t_p(n-1)$ 和 $t_p(n-1)/\sqrt{n}$ 的值.

表 1.3.2

测量次数 n	2	3	4	5	6	7	8	9	10	20
$t_p(n-1)$	12.7	4.30	3.18	2.78	2.57	2.45	2.36	2.31	2.26	2.09
$t_p(n-1)/\sqrt{n}$	8.98	2.48	1.59	1.24	1.05	0.93	0.84	0.77	0.72	0.47

1. A 类不确定度的估算

通常物理实验课中的不确定度采用简化的表示方式. 一般对物理量的测量次数 n 在 6～

10 时,可近似认为 $t_p(n-1)/\sqrt{n}\approx 1$,此时测量值的 A 类不确定度可写作

$$U_A = m_p U_{sA} = t_{0.95}(n-1)\sigma_{\bar{x}} = t_{0.95}(n-1)\sigma_x/\sqrt{n} \approx \sigma_x \tag{1.3.6}$$

有关计算也表明,在 $n=6\sim8$,U_A 取 σ_x 时,置信概率近似为 0.95 或更大. 可以把 σ_x 的值当作测量结果总不确定度的 A 类分量 U_A.

2. B 类不确定度的估算

在大多数情况下,用仪器误差来表示 B 类不确定度. 仪器误差一般是指误差限,即在正确使用仪器的条件下,测量结果与真值之间可能产生的最大误差,用 Δ_{ins} 表示. 大多数情况下简单地把仪器误差 Δ_{ins} 直接当作总不确定度中用非统计方法估计的 B 类分量 U_B,即

$$U_B = \Delta_{ins} \tag{1.3.7}$$

3. 不确定度的合成

当取 $P=0.95$, $n=6\sim8$ 时,合成不确定度可表示为

$$U = \sqrt{\sigma_x^2 + \Delta_{ins}^2} \tag{1.3.8}$$

此式是物理实验中常用的不确定度估算公式.

对于间接测量量 $N=f(x,y,z,\cdots)$,设各直接测量结果为 $x=\bar{x}\pm U_x$, $y=\bar{y}\pm U_y$, $z=\bar{z}\pm U_z$,…, 则间接测量结果的不确定度 U_N 可套用标准偏差传递公式进行估算,即

$$U_N = \sqrt{\left(\frac{\partial f}{\partial x}\right)^2 U_x^2 + \left(\frac{\partial f}{\partial y}\right)^2 U_y^2 + \left(\frac{\partial f}{\partial z}\right)^2 U_z^2 + \cdots} \tag{1.3.9}$$

如果先对间接测量量 $N=f(x,y,z,\cdots)$ 函数式两边取自然对数,再求全微分,可得到计算相对不确定度的公式如下:

$$E = \frac{U_N}{N} = \sqrt{\left(\frac{\partial \ln f}{\partial x}\right)^2 U_x^2 + \left(\frac{\partial \ln f}{\partial y}\right)^2 U_y^2 + \left(\frac{\partial \ln f}{\partial z}\right)^2 U_z^2 + \cdots} \tag{1.3.10}$$

4. 测量结果的表示

$$\begin{cases} N = \bar{N} \pm U_N \quad (\text{单位}) \\ E = \dfrac{U_N}{\bar{N}} \times 100\% \end{cases} \tag{1.3.11}$$

此式的意义是 N 的真值处在 $(\bar{N}-U_N, \bar{N}+U_N)$ 的置信概率为 95%.

由于不确定度本身只是一个估计值,因此,在一般情况下,表示最后结果的不确定度只取一位有效数字,最多不超过两位(第一位为 1,2 时). 在本课程实验中,扩展不确定度一般取一位有效数字,只进不舍,相对不确定度一般取两位有效数字,四舍五入,用百分数表示.

例 1.3.2 用量程 0~25mm 的千分尺($\Delta_{ins}=0.005$mm)测量一铁块的长度,测量 6 次的结果如下表所示:

	1	2	3	4	5	6
L_i/mm	3.782	3.786	3.778	3.781	3.780	3.779

长度算术平均值

$$\bar{L} = \frac{1}{6}\sum_{i=1}^{6} L_i = 3.781\text{mm}$$

标准偏差

$$\sigma_L = \sqrt{\frac{1}{6-1}\sum_{i=1}^{6}(L_i - \bar{L})^2} = 0.003\text{mm}$$

测量次数为 6，t 修正近似为 1

$$U_{\text{A}} = \sigma_L = 0.003\text{mm}$$

$$U_{\text{B}} = \Delta_{\text{ins}} = 0.005\text{mm}$$

总不确定度

$$U = \sqrt{S_l^2 + \Delta_{\text{ins}}^2} = 0.006\text{mm}$$

所以长度为 $L = \bar{L} \pm U = (3.781 \pm 0.006)\text{mm}$，置信概率 $P = 0.95$，不确定度的相对值

$$E_L = \frac{U}{\bar{L}} \times 100\% = 0.16\%$$

1.4　有效数字及其运算规则

由于物理测量中总存在误差，因而直接测量的数值只能是一个近似值. 由直接测量量通过计算求得的间接测量量也只能是一个近似值，而测量误差决定了测量值的位数只能是有限值，测量结果数字的最后一位应与误差相对应，不能随意取舍. 因此，在物理测量中，必须按照一定的表示方法和运算规则来正确表达和计算测量结果.

一、有效数字的概念

1. 有效数字的定义及其基本性质

通过图 1.4.1 所示的长度测量的例子，可以帮助理解有效数字的概念. 用分度值（最小刻度值）为 1mm 的米尺来测量物体的长度 L 时，一般是将被测物的一端和米尺的“0”刻度线对齐，而读出物体另一端所对应的刻度值. 图中（Ⅰ）的物体长度 L 在 4.2cm 和 4.3cm 之间，凭经验可将其估读为 4.27cm 或 4.28cm. 显然，在所得读数中，“4.2”是准确的，而最后一位数字“7”或“8”则是估计的，含有误差，故称为存疑数字. 读数应尽可能符合实际，读出存疑数字比不读合理. 因此，全部准确数字（如 4.2）加上一位存疑数字（如 7 或 8）所组成的一串数字就有效而合理地表示了测量值的大小，人们称这种数字串为有效数字. 需要强调指出的是，有效数字中除全部准确数字外，还必须含有一位存疑数字，且只许末尾一位为存疑数字；有效数字的末位应是误差所在数位. 因此，当图中物体（Ⅱ）的右端恰好与 15cm 刻度线对齐时，准确数字为“15.0”，再加上对毫米分格内的估读数“0”，则物体长度 L 的有效数字应记为 15.00cm，而不能记为 15cm 或 15.0cm（因为它们所反映的误差不同）. 以单一的单位表示的测量数字中，从数量级最大的那个非零数字开始，直至误差所在数位，每个数字都是有意义的，包括末尾的“0”在内，都不可省略，也不可凭空加上去. 有效数字（串）中数字的个数可粗略地反映相对误差的大小.

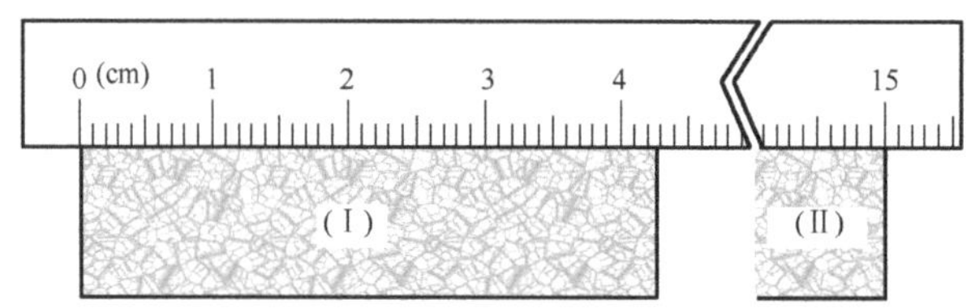

图 1.4.1　用米尺测量物体长度

例如:15,15.0 和 15.00,它们的相对误差分别不超过十分之一,百分之一和千分之一.人们常把由几个数字组成的有效数字相应地称为几位(的)有效数字.例如,108.00 是 5 位有效数字;0.45 是 2 位有效数字;0.0005 是 1 位有效数字.有效数字位数的多少是测量准确度的一个标志,必须如实地表达.

任何测量仪器总存在仪器误差,在仪器设计中一般使仪器标尺和最小分度值与仪器误差的数值相对应,两者基本上保持在同一数位上.在使用仪器对被测量进行测量读数时,只能准确读到仪器的最小分度值,所得数字是准确的数字,称为可靠数字;然后在最小分度值以下还可再估读一位数字,一般也就是仪器误差或相应的仪器不确定度所在的那一位数字,它具有不确定性,其估读会因人而异,通常称为可疑数字.测量中,测量数据要用有效数字表示,最末位为存在误差的估计值,一般为最小分度值的 1/10 的整数倍.根据刻度情况也可由最小分度值的 1/5 或 1/2 读出.有效数字定义:测量结果中所有可靠数字加上末位的可疑数字统称为测量结果的有效数字.

有效数字的位数是指从一个有效数字的左侧的第一个非零数字数起到右侧所有数字.例如,123.4 有 4 位有效数字,0.01234 也有 4 位有效数字,23.6 有 3 位有效数字.

有效数字具有以下基本特性:

(1)有效数字的位数与仪器精度(最小分度值)有关,也与被测量的大小有关.

对于同一被测量,如果使用不同精度的仪器进行测量,则测得的有效数字的位数是不同的.例如,用最小分度值 0.01mm 的千分尺测量一物体的长度读数为 8.344mm,其中前三位数字“8.34”是可靠数字,末位“4”是在最小分度值内估读的数字,为可疑数字,所以该测量值有 4 位有效数字.如果改用最小分度值(游标精度)为 0.02mm 的游标卡尺来测量,其读数为 8.34mm,测量值就只有三位有效数字.游标卡尺没有估读数字,其末位数字“4”为可疑数字,它与游标卡尺的误差极限 0.02mm 在同一数位上的.仪器精度(最小分度值)决定测量结果有效数字最末位的位置.

有效数字的位数还与被测量本身的大小有关.若用同一仪器测量大小不同的被测量,其有效数字的位数也不相同.被测量越大,测得结果的有效数字位数也就越多.

(2)有效数字的位数与小数点的位置无关,单位换算时有效数字的位数不应发生变化.

例如,重力加速度 980cm/s^2、9.80m/s^2 或 0.00980km/s^2 都是三位有效数字.也就是说,采用不同单位时,小数点的位置移动而使测量值的数值大小不同,但测量值的有效数字位数不变.必须注意:用以表示小数点位置的“0”不是有效数字,“0”在数字中间或数字后面都是有效数字,不能随意增减.

(3)有效数字位数反映测量的误差.

有效数字的末位是估读数字,存在不确定性.对于间接测量量也是如此,其结果的最后一位应与标准误差所在的那一位对齐. 如在 1.3 节圆柱体密度的例子中，$\rho=7.817\text{g/cm}^3$，$\sigma_\rho=0.003\text{g/cm}^3$，测量值的末位“7”刚好与标准误差 0.003 的“3”对齐，结果写成 $\rho=(7.817\pm0.003)\text{g/cm}^3$. 如果写成 $\rho=(7.8172\pm0.003)\text{g/cm}^3$ 或 $\rho=(7.817\pm0.0025)\text{g/cm}^3$ 都是错误的.

由于有效数字的最后一位是误差所在位，因此有效数字或有效位数在一定程度上反映了测量值的误差限值. 测量值的有效数字位数越多，测量的相对误差就越小；有效数字位数越少，相对误差就越大. 一般来说，两位有效数字对应于 $10^{-2}\sim10^{-1}$ 的相对误差；三位有效数字对应于 $10^{-3}\sim10^{-2}$ 的相对误差，依次类推. 可见，有效数字可以粗略地反映测量结果的误差.

2. 数值的科学表示法

对同一测量值，当单位选取不同时，数字的书写形式会有所不同，会出现数值大小与有效位数发生矛盾的情形. 例如，234cm 写成 2.34m 是正确的，若写成 2340mm 则是错误的. 为了解决此矛盾，通常采用科学记数法，即用有效数字乘以 10 的幂指数的形式来表示. 如 $234\text{cm}=2.34\text{m}=2.34\times10^3\text{mm}$. 又如某人测得钢的杨氏模量为 $2.18\times10^{11}\text{N/m}^2$，标准误差为 $3\times10^9\text{N/m}^2$，这个结果写成 $(2.18\pm0.03)\times10^{11}\text{N/m}^2$，表示标准误差取一位，测量值的有效数字为 3 位，测量值的最后一位与标准误差对齐.

二、有效数字的运算规则

间接测量量是由直接测量量经过一定函数关系计算出来的. 而各直接测量量的大小和有效数字位数一般都不相同，间接测量量的有效数字的确定就比较麻烦. 另外，间接测量结果的误差也是由各直接测量结果的误差通过误差传递公式求出来的，计算中也会出现如何确定有效位数的问题.

对各直接测量量和间接测量量的有效数字，在运算前后，都需要进行适当的取位和数值的舍入修约，以符合误差理论的要求.

1. 数值的舍入修约规则

为保证在对大量数据进行舍入的情况下，不出现舍入不均衡的现象，在对数据进行舍入修约时，一般采用“五下舍，五上入，整五凑偶”的规则.

(1)拟舍弃数字的最左一位数字小于 5 时，则舍去，即保留的各位数字不变.

(2)拟舍弃数字的最左一位数字大于 5，或者是 5 而其后跟有非 0 的数字时，则进 1，即保留的末位数字加 1.

(3)拟舍弃数字的最左一位数字为 5，而右面无数字或皆为 0 时，若所保留的末位数字为奇数则进 1，为偶数或 0 则舍弃，即“奇进偶不进”.

根据上述规则，要将下列各数据保留四位有效数字，舍入后的数据为

$$3.14159\rightarrow3.142;\quad 2.71729\rightarrow2.717;$$
$$4.51050\rightarrow4.510;\quad 3.21550\rightarrow3.216;$$
$$6.378501\rightarrow6.379;\quad 7.691499\rightarrow7.691$$

对于测量结果的标准误差的有效数字，规定采取只进不舍的规则，且只保留一位有效数字. 例如，1.3 节的实例中，密度的误差计算结果为 0.0024675g/cm^3，结果表示中写为 $\sigma=0.003\text{g/cm}^3$. 当欲保留的数位为 1 或 9 时，可以保留两位，如 0.001 23 写为 0.0013，0.0962写为 0.10.

2. 有效数字运算规则

有效数字的运算规则为:准确数字与准确数字的运算结果仍为准确数字,准确数字与非准确数字或非准确数字与非准确数字的运算结果为非准确数字. 运算结果只保留一位非准确数字.

下面通过一些具体例子说明有效数字的运算规则.

1)加减法

运算结果的最后一位(非准确位)与参与运算的所有数字中非准确位数值最大者相同.

例 1.4.1　求 $N=X+Y+Z$,其中 $X=(98.7\pm0.3)$cm,$Y=(6.238\pm0.006)$cm,$Z=(14.36\pm0.08)$cm.

解　$N=X+Y+Z=98.7+6.238+14.36=119.298(\text{cm})$

$$\sigma_N=\sqrt{\sigma_X^2+\sigma_Y^2+\sigma_Z^2}=\sqrt{0.3^2+0.006^2+0.08^2}=0.31=0.4(\text{cm})$$

所以

$$N=(119.3\pm0.4)\text{cm}$$

从计算结果中可以看出,结果的标准误差的非零位与分量中误差最大的一致.

$$\begin{array}{r} 98.\underline{7} \\ 6.23\underline{8} \\ +\ 14.3\underline{6} \\ \hline 119.\underline{298} \end{array}$$

保留一位非准确数字,结果为 $119.\underline{3}$.

2)乘除法

运算结果的位数与所有参与运算的数字中有效数字位数最少的相同.

例 1.4.2　求圆柱体的密度,其中 $D=(22.455\pm0.002)$mm,$H=(90.35\pm0.03)$mm,$m=(279.68\pm0.012)$g.

解　计算间接测量量的标准误差(由例 1.3.2 知)

$$\sigma_{\bar{\rho}}=0.003\text{g/mm}^3$$

计算间接测量量

$$\bar{\rho}=\frac{4m}{\pi\bar{D}^2\bar{H}}=\frac{4\times279.68}{3.14159\times22.455^2\times90.35}=0.007\ 816\ 595\cdots(\text{g/mm}^3)$$

$$=7.816\ 595\cdots(\text{g/cm}^3)$$

根据标准误差的有效数字,判断间接测量量结果的有效数位应保留到 $0.001(\text{g/cm}^3)$ 位,即

$$\bar{\rho}=7.817\text{g/cm}^3$$

可见,结果的有效数字位数(4)与直接测量量中位数最少的(H)一样. 当直接测量数据没有给出误差时,结果的有效数字位数一般就直接取与各分量中有效数字位数最少者相同.

在运算中,常遇到一些物理常数和纯数学数字(如 π, $\sqrt{2}$ 等),它们通常被看成有无限多位的有效数字,不影响运算结果的有效数字位数. 但某些常数若只写出有限位时,则不再有无限多位的有效数字,如当把 π 写成 3.14 时,就只有 3 位有效数字.

3)函数运算的有效数字取值

对某一函数进行运算时,可以利用微分运算推出该函数的误差传递公式,再将直接测量值

的误差代入公式,求出函数的误差,从而可以确定函数的有效位数.若直接测量值没有给出误差,则可在直接测量值准确数字的最后一位数取 1 作为误差代入误差传递公式.

下面通过举例说明上述函数运算的有效数字取位方法的应用.

例 1.4.3　已知 $x=65.2$,求 $\ln x$.

解　对 $\ln x$ 求微分得误差公式为

$$\Delta(\ln x) = \Delta x / x$$

由于直接测量值 x 没有标明误差,故在直接测量值的倒数第二位(对应准确位的最后一位或仪器的最小分度值所在位)上取 1 作为最大误差,即 $\Delta x=1$,将 x、Δx 代入上式得

$$\Delta(\ln x) = 0.02$$

因此,$\ln x$ 的尾数应保留到小数点后两位,即

$$\ln x = \ln 65.2 = 4.18$$

一般情况下,对 x 的自然对数 $\ln x$,其尾数部分的位数取与该数 x 的有效数字位数相同.

例 1.4.4　已知 $x=38°24'\pm1'$,求 $\sin x$.

解　对 $\sin x$ 求微分得出误差公式为

$$\Delta(\sin x) = \cos x \cdot \Delta x$$

将 x 用角度代入,Δx 化为弧度代入得

$$\Delta(\sin x) = \cos 38°24' \times \frac{\pi}{180} \times \frac{1}{60} = 0.0003$$

所以 $\sin 38°24'=0.6211$,为 4 位有效数字(最后位与 $\Delta(\sin x)$ 的非零位对齐).

例 1.4.5　已知 $x=7.85\pm0.05$,求 e^x.

解　对 e^x 求微分得到 e^x 的误差为

$$\Delta(e^x) = e^x \cdot \Delta x = e^{7.85} \cdot 0.05 = 2.566 \times 10^3 \times 0.05 = 0.13 \times 10^3$$

故

$$e^x = (2.57 \pm 0.13) \times 10^3$$

为 3 位有效数字.

必须指出,测量结果的有效数字位数取决于测量,而不取决于运算过程.因此在运算时,尤其是使用计算器时,不要随意扩大或减少有效数字位数,更不要认为算出结果的位数越多越好.

4)测量最终结果的有效数字

用计算公式计算间接测量量时,其计算结果的有效数字根据以上的有效数字计算规则和函数运算的有效数字取值规则进行取舍.多数的间接测量量都是由直接测量量通过乘除、乘方、开方运算得到,对于这样的间接测量量,结果的有效数字位数可暂取为与参与运算的直接测量量中有效位数最少的一样.在求得间接测量量的标准误差后,再根据其标准误差进行最后的取舍.

结果的不确定度一般只保留一位有效数字.相对不确定度保留两位有效数字.直接测量量的不确定度作为中间结果时,可以保留两位.

结果的不确定度求出后,其最后的非零位与测量量结果进行比较,如最后位没有对齐,应将右侧多的位数根据前面叙述的规则进行修约(不确定度修约时要只进不舍),使测量量和不确定度的最后(右)位对齐.

如测量杨氏模量时,直接测量量中有效位数最少的为 3 位有效数字,则由公式求得的杨氏

模量保留 3 位有效数字，$Y=2.18\times10^{11}\,\mathrm{N/m^2}$. 根据误差传递公式求得标准误差为 $\sigma_Y=2.3\times10^9\,\mathrm{N/m^2}$. 则根据上述规则，最终结果为 $Y=(2.18\pm0.03)\times10^{11}\,\mathrm{N/m^2}$，$E=1.4\%$.

1.5　实验数据处理的一般方法

物理实验的数据处理不单纯是取得数据后的数学运算，而是要以一定的物理模型为基础，以一定的物理条件为依据，通过对数据的整理、分析和归纳计算，得出明确的实验结论. 因此，实验中的数据记录、整理、计算或作图分析都必须具有条理性和严密的逻辑性. 图表的建立应易于直观地对数据进行分析和处理，计算过程应充分考虑误差的消除与传递的基本理论，方法得当，条理分明.

数据处理的方法较多，从低年级学生的实际情况出发，这里只介绍物理实验中常用的列表法、作图法、逐差法和回归法.

一、列表法

直接从仪器或量具上读出的、未经任何数学处理的数据称为实验测量的原始数据，它是实验的宝贵资料，是获得实验结果的依据. 正确完整地记录原始数据是顺利完成实验的重要保证.

在记录数据时，把数据列成表格形式，既可以简单而明确地表示出有关物理量之间的对应关系，便于分析和发现数据的规律性，也有助于检验和发现实验中的问题.

列表的具体要求：

(1)表格设计合理，最好呈“横平竖直”，便于看出相关量之间的对应关系，便于分析数据之间的函数关系和数据处理.

(2)标题栏中写明代表各物理量的符号和单位，单位不要重复记在各数值上.

(3)表中所列数据要正确反映测量结果的有效数字.

(4)实验室所给出的数据或查得的单项数据应列在表格的上部.

二、作图法

作图法是将一系列数据之间的关系或其变化情况用图线直观地表示出来，是一种最常用的数据处理方法. 它可以研究物理量之间的变化规律，找出对应的函数关系求取经验公式. 如果图线是依据许多测量数据点描述出来的光滑曲线，则作图法有多次测量取其平均效果的作用；能简便地从图线上求出实验需要的某些结果，绘出仪器的校准曲线；在图线范围内可以直接读出没有进行观测的对应于某 x 的 y 值(即内插法)，在一定条件下，也可以从图线的延伸部分读到测量范围以外无法测量的点的值(即外推法). 图线还可以帮助发现实验中个别的测量错误，并可通过图线进行系统误差分析.

虽然作图法有简便、形象、直观等许多优点，但它只是一种粗略的数据处理方法. 因为它不是建立在严格的统计理论基础上，且还受坐标纸及人为因素的影响. 尽管如此，作图法仍不失为一种重要而常用的数据处理方法.

1. 作图步骤与要求

1) 选用合适的坐标纸

应根据物理量之间的函数性质合理选用坐标纸的类型. 例如，函数关系为线性关系时选用直角坐标纸，为对数关系时可选用对数坐标纸.

2) 坐标轴的比例与标度

坐标纸的大小及坐标轴的比例，应根据测量数据的有效数字位数及测量结果的需要来确定. 原则上，数据中的可靠数字在图中也应是可靠的. 数据中有误差的一位，即不确定值所在位，在图中应是估计的，即坐标中的最小格对应测量值可靠数字的最后一位，一般选为测量仪器的最小分度值. 对于非直接测量量，或测量数据范围比较大时，可根据情况选择这一位的“1”、“2”或“5”，不要选择其他的数字. 这样，在确定数据点的位置或由图中读数时，就像从普通仪器上读数一样简单、方便.

以横轴代表自变量，纵轴代表因变量，不能随意交换. 要用粗实线在坐标纸上描出坐标轴. 两个轴都要标明所代表的物理量名称(或符号)及单位. 横轴以向右为正方向，最右端应用箭头表示出正方向；纵轴以向上为正方向，最上端应用箭头表示出正方向.

为使图线布局合理，应当合理选取比例，使图线比较对称地充满整个图纸，而不是偏向一边. 布局应合理、美观. 纵横两坐标轴的比例可以不同，坐标轴的起点也不一定从零开始.

用选好的比例，在轴上等间距地、按图上所能读出的有效数字位数表示分度(坐标轴所代表的物理量数值)，称为标度. 标度一般用整数，不能用测量值进行标度. 对于数据特别大的或特别小的，则可以用科学记数法，如用$\times 10^{m}$或$\times 10^{-n}$表示，并放在坐标轴最大值的右边(或上方).

3) 标实验点

根据测量数据，用削尖的铅笔在坐标纸上以“+”“×”“⊙”等符号标出实验点，不能使用单纯的圆点. 应使各测量数据对应的坐标准确地落在所标符号的中心. 一条实验曲线用同一种符号. 当一张图纸上要画几条曲线时，各条曲线应分别用不同的符号标记，以便区别.

4) 连图线

各实验点的连线绝不能随手画，要用直尺或曲线板等作图工具，根据不同情况把点连成直线或光滑曲线. 由于测量存在不确定度，因此图线并不一定通过所有的点，但要求数据点均匀地分布在图线两旁. 如果个别点偏离太大，应仔细分析后决定取舍或重新测定. 连线要细而清晰，连线过粗会因作图带来附加误差. 用来对仪表进行校准时使用的校准曲线要通过校准点连成折线.

5) 写(标)明实验图线特征

选择图中合适的空白位置注明实验条件. 由于通常要根据图线进行分析，得出某些参数，因此，可在图中标出一些特征点或特征线等，如截距、斜率、极大极小值、拐点、渐近线以及为计算某一物理量在图线上所取的点等.

6) 标明图名

作好实验图线后，应在图纸适当位置标明图线的名称、实验日期等.

2. 图解法求直线的斜率和截距

用作图法处理数据时，一些物理量之间为线性关系，其图线为直线，通过求直线的斜率和截距,可以方便地求得相关的间接测量的物理量.在许多实验中要研究的两个物理量之间虽然不是线性关系,但可以通过某些变换实现曲线改直,最终仍通过绘制直线表现物理量间的关系,当然也需要求直线的斜率和截距.

1)直线斜率的求法

若图线类型为直线方程 $y=a+bx$,可在图线上测量范围内靠近两端任取两相距较远的点,如 $P_1(x_1,y_1)$和 $P_2(x_2,y_2)$,其 x 坐标最好为整数,以减少误差(注意不得用原始实验数据点,必须从图线上重新读取).

可用一些特殊符号(如 Δ)标明所取点 P_1、P_2,以区别原始采集的实验点.然后用两点式求出该直线的斜率,即

$$b=\frac{y_2-y_1}{x_2-x_1} \tag{1.5.1}$$

注意 在物理实验中,坐标系中的纵坐标和横坐标代表不同的物理量,分度值与空间坐标均不同,故不能用量取直线倾角求正切值的办法求斜率.

2)直线截距的求法

一般情况下,如果横坐标 x 的原点为零,直线(或其延长线)与纵坐标 y 轴的交点即为截距(即 $x=0$,$y=a$).否则,将在图线上再取一点 $P_3(x_3,y_3)$(即所谓的三点法),利用点斜式求得截距

$$a=y_3-\frac{y_2-y_1}{x_2-x_1}x_3 \tag{1.5.2}$$

利用描点作图求斜率和截距仅是粗略的方法,严格的方法应该用最小二乘法线性拟合,后面将予以介绍.

3. 作图举例

例 1.5.1 在刚体转动实验中,在保持塔轮半径 r 不变的情况下,悬挂砝码质量 m 与下落时间 t 的关系为

$$m=\frac{2hI_1}{gr^2}\cdot\frac{1}{t^2}+\frac{M_1'}{gr}=K_1\frac{1}{t^2}+C_1$$

上式表明,m 与 t 不为线性关系,但利用曲线改直的有关知识知,m 与 $1/t^2$ 呈线性关系,即测出不同 m 时的 t,作 m-$1/t^2$ 关系曲线,应得一直线.测量数据如表 1.5.1 所示.

表 1.5.1

m/g	t_1/s	t_2/s	t_3/s	$\bar{t}$ /s	$1/\bar{t}^2$ /($\times10^{-3}\text{s}^{-2}$)
5.00	16.02	15.60	15.42	15.68	4.07
10.00	10.62	10.81	10.23	10.55	8.98
15.00	8.40	8.47	8.31	8.39	14.19
20.00	6.92	7.02	6.92	6.95	20.68
25.00	6.12	6.32	6.15	6.19	26.04
30.00	5.74	5.64	5.73	5.70	30.74
35.00	5.14	5.28	5.16	5.19	37.08

注:r=2.50cm,h=89.50cm.

按图示法有关要求作 m-$1/t^2$ 关系曲线如图 1.5.1 所示.

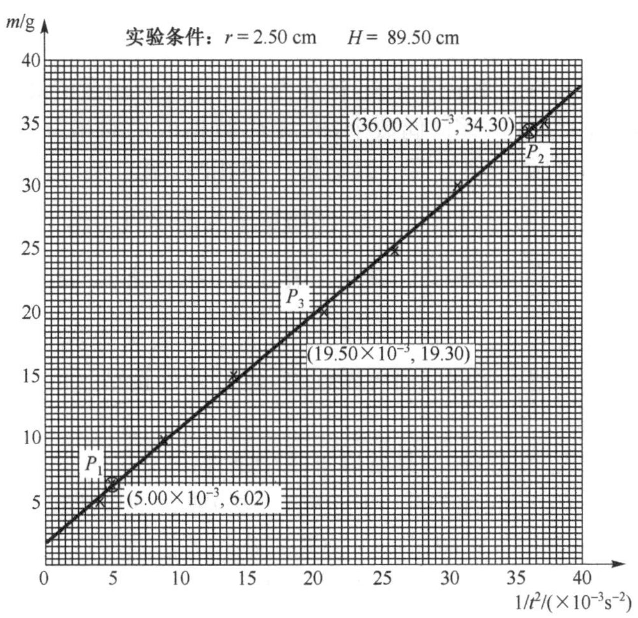

图 1.5.1　m-$1/t^2$ 关系曲线

在直线上(实验范围的两端内侧)取两点 P_1、P_2，读出坐标为

$$P_1(x_1,y_1)=(5.00\times10^{-3},6.02),\quad P_2(x_2,y_2)=(36.00\times10^{-3},34.30)$$

则直线的斜率为

$$k_1=\frac{y_2-y_1}{x_2-x_1}=\frac{34.30-6.02}{(36.00-5.00)\times10^{-3}}=9.123\times10^2(\mathrm{g\cdot s^2})$$

在图中读出直线与纵轴的交点得直线的截距为 $C_1=1.65\mathrm{g}$.

还可在直线的中部取第三点 P_3，读出其坐标为 $P_3(x_3,y_3)=(19.50\times10^{-3},19.30)$，代入直线方程，得截距

$$C_1=y_3-k_1\cdot x_3=19.30-9.123\times10^2\times19.50\times10^{-3}=1.51(\mathrm{g})$$

三、逐差法

1. 逐差法及其适用条件

若一物理量(看成自变量)作等间隔改变时测得另一物理量(看成函数)一系列的对应值，两物理量之间呈线性关系，为求它们的函数关系，我们除了可以采用图解法、最小二乘法以外，还可采用逐差法.

比如，杨氏模量的测量、弹簧劲度系数的测量等，每次加载相等质量的砝码，测量标尺读数 R_i，然后再逐次减砝码，测量对应标尺读数为 R'_i. 取 R_i 和 R'_i 的平均值 $\bar{R}_i$，若求每增(减)一个砝码引起读数的平均值 $\bar{b}$，则有

$$\bar{b}=\frac{1}{n}\sum_{i=1}^{n-1}(\bar{R}_{i+1}-\bar{R}_i)=\frac{1}{n}[(\bar{R}_2-\bar{R}_1)+(\bar{R}_3-\bar{R}_2)+\cdots+(\bar{R}_n-\bar{R}_{n-1})]$$

$$=\frac{1}{n}(\bar{R}_n-\bar{R}_1)$$

从上式可知,结果只与首末两个测量值有关,这显然失去了多次测量的好处.

为避免这种情况,通常把这一组(偶数个,$n=2p$)数据前后对半分成两组($R_1,\cdots,R_p$)和($R_{p+1},\cdots,R_{2p}$),用第二组的第一项与第一组的第一项相减,第二项与第二项相减,…,即顺序逐项相减,$\bar{b}_j=(\bar{R}_{p+j}-\bar{R}_j)$,$j=1,2,\cdots,p$,然后取平均值求得结果

$$\bar{b}=\frac{1}{p}\sum_{j=1}^{p}\bar{b}_j=\frac{1}{p}\left[(\bar{R}_{p+1}-\bar{R}_1)+\cdots+(\bar{R}_{2p}-\bar{R}_p)\right] \tag{1.5.3}$$

相应地,它们对应砝码质量为 $m_{p+j}-m_j$,$j=1,2,\cdots,p$. 这样会保持多次测量的优越性.

这就称为一次逐差法. 把一次逐差值再做逐差,然后才计算结果的称为二次逐差法,依次类推.

一般情况下,用逐差法处理数据要具备以下两个条件:

(1)函数具有 $y=a+bx$ 的线性关系(用一次逐差法)或 x 的多项式形式

$$y=a+bx+cx^2 \quad (\text{用二次逐差法处理})$$

有些函数经过改变能分解成上面形式时,也可用逐差法处理. 如弹簧振子的周期公式

$$T=2\pi\sqrt{\frac{m}{k}}$$

可写成

$$T^2=\frac{4\pi^2}{k}m$$

即 T^2 是 m 的函数.

(2)自变量 x 是等间距变化的.

2. 逐差法应用举例

例 1.5.2 求焦利氏秤弹簧的劲度系数. 在外挂砝码质量 m(g)的作用下(每次增加 1g),焦利氏秤弹簧的伸长量为 x(cm),其数据如表 1.5.2 所示. 试用逐差法求弹簧的劲度系数 k.

表 1.5.2

序　号	1	2	3	4	5	6	7	8	9	10
m/g	1.00	2.00	3.00	4.00	5.00	6.00	7.00	8.00	9.00	10.00
x/cm	1.50	3.02	4.54	5.97	7.53	9.03	10.46	12.00	13.55	15.01

解 已知弹簧的伸长量与所受外力成正比,根据逐差法的要求,将测量数据对分成两组,序号 1～5 为第一组,6～10 为第二组. 再将两组中的对应数据两两相减,得到砝码质量变化 $\Delta m=10.00\text{g}/2=5.00\text{g}$ 时的弹簧伸长量 Δx,如表 1.5.3 所示.

表 1.5.3

序　号	6	7	8	9	10	
x_i/cm	9.03	10.46	12.00	13.55	15.01	
序　号	1	2	3	4	5	
x_j/cm	1.50	3.02	4.54	5.97	7.53	$\Delta\bar{x}$/cm
$\Delta x=(x_i-x_j)$	7.53	7.44	7.46	7.58	7.48	7.50

则弹簧的劲度系数为

$$\bar{k}=\frac{\Delta m}{\Delta \bar{x}}=\frac{5.00}{7.50}=0.667(\mathrm{g/cm})$$

3. 累加法

从逐差法的使用条件和具体方法可看出，在实际应用中有不方便之处. 一是自变量必须等间隔变化，这在一些实验中是难以控制的；二是测量次数改变后，需全部重新计算. 在自变量难于控制等间隔变化，或测量次数不定的实验中，可以采用累加法来处理数据.

当自变量与因变量均从零开始线性增加时，欲测其线性比例系数，可采用累加法处理数据. 设 y、x 满足线性关系 $y=kx$，求比例系数 k. 共测出 n 组 x、y 对应值，即 $x_1, x_2, \cdots, x_n$ 和 $y_1, y_2, \cdots, y_n$，因有

$$y_1=kx_1$$
$$y_2=kx_2$$
$$\cdots\cdots$$
$$y_n=kx_n$$

于是得

$$k=\frac{y_1+y_2+\cdots+y_n}{x_1+x_2+\cdots+x_n}$$

这种方法的好处是充分使用 x 和 y 的测量值，从而减小了相对误差.

累加法与逐差法相比，除自变量无需等间隔变化外，在测量次数改变时，只需将新增的测量数据分别加到分子、分母上即可，无需像逐差法必须要偶数个数据，且要重新分组计算. 累加法的特点及使用方法可参考“应变片式电阻传感器测应变及质量”实验.

四、回归法

作图法虽然能将实验中各物理量之间的关系、变化规律用图像直观地表示出来，但在图线的绘制过程，人为因素的影响往往会引入很大的附加误差，即使同一组数据，不同的人可能会绘出不同的曲线. 根据实验数据用函数解析形式求出经验公式，既无人为因素影响，也更为明确和快捷. 这个过程称为回归分析. 它包括两类问题：第一类是函数关系已经确定，但式中的系数是未知的，利用测量的 n 对 (x_i, y_i) 值，求确定系数的最佳估计值；第二类问题是 y 和 x 之间的函数关系未知，需要从 n 对 (x_i, y_i) 测量数据中寻找出它们之间的函数关系式，即经验方程式. 第一类问题中的最简单的函数关系是一元线性方程的回归问题(或称直线拟合问题). 在许多实际问题中，回归函数往往是较复杂的非线性函数. 非线性函数中一部分可将其转化成线性求解，许多则不能变换成线性函数，需要进行非线性回归.

1. 一元线性回归

常用的线性回归方法是以最小二乘法原理为基础的实验数据处理方法.

若已知函数的形式为

$$y=a+bx$$

实验测得数据 (x_i, y_i)，$i=1,2,\cdots,n$. 显然，从上述测量列中任取两组数据就可得出一条直线，

只不过这条直线的误差有可能很大.直线拟合(线性回归)的任务就是用数学分析的方法从这些观测到的数据中求出一个误差最小的最佳经验公式 $y=a+bx$(由 n 对(x_i,y_i)求 a,b).根据这一最佳经验公式作出的图线虽然不一定能通过每一个实验观测点,但是它以最接近这些实验点的方式平滑地穿过它们.因此,对应于每一个 x 值,观测值 y'和最佳经验公式的 y 值之间存在一个偏差 Δy,即

$$\Delta y = y' - y = y' - (a + bx)$$

显然,Δy 的值与 a 和 b 的取值有关.为使偏差的正负和不抵消,且考虑所有实验值的影响,我们计算各偏差的平方和$\sum(\Delta y_i)^2$的大小.所谓最小二乘法,就是求适当的 a 和 b,使$\sum(\Delta y_i)^2$最小.而由 a 和 b 所确定的经验公式就是最佳经验公式.

为使

$$S = \sum_{i=1}^{n} (\Delta y_i)^2 = \sum_{i=1}^{n} [y'_i - (a + bx_i)]^2 \tag{1.5.4}$$

最小,则其对 a 和 b 的一阶偏导数应分别等于零,即

$$\frac{\partial S}{\partial a} = -2\sum_{i=1}^{n}(y'_i - a - bx_i) = 0 \tag{1.5.5}$$

$$\frac{\partial S}{\partial b} = -2\sum_{i=1}^{n}(y'_i - a - bx_i)x_i = 0 \tag{1.5.6}$$

记

$$n\bar{x} = \sum_{i=1}^{n} x_i,\quad n\bar{y} = \sum_{i=1}^{n} y_i,\quad n\overline{xy} = \sum_{i=1}^{n} x_i y_i,\quad n\overline{x^2} = \sum_{i=1}^{n} x_i^2$$

上述两方程的解为

$$a = \bar{y} - b\bar{x} \tag{1.5.7}$$

$$b = \frac{\bar{x} \cdot \bar{y} - \overline{xy}}{\bar{x}^2 - \overline{x^2}} \tag{1.5.8}$$

不难证明,S 对 a 和 b 的二阶偏导均大于零,故求得的 a 和 b 使 S 取最小值.将求得的 a 和 b 值代入直线方程,就可得到最佳经验公式

$$y = a + bx \tag{1.5.9}$$

上面介绍的用最小二乘原理求经验公式中常数 a 和 b 的方法,是基于实验测得数据(x_i,y_i)满足线性关系的假设.这种假设是否合理,需要用相关系数来判断.一元回归的相关系数定义为

$$\gamma = \frac{\overline{xy} - \bar{x} \cdot \bar{y}}{\sqrt{(\overline{x^2} - \bar{x}^2)(\overline{y^2} - \bar{y}^2)}} \tag{1.5.10}$$

γ 的值在-1～$+1$.通过对 γ 取值的分析,可以在不作图的情况下,判断实验数据的线性程度:$|\gamma|$的值接近 1,说明实验数据点聚集在一条直线附近,用线性回归是合理的;相反,$|\gamma|$的值接近 0,则说明实验数据对直线来讲是分散的,不宜用直线回归,应换用其他形式的曲线回归.

2. 能化为线性回归的非线性回归——曲线改直

非线性回归是一个复杂的问题,并无固定的解法,但一些非线性函数经过适当变换后可变为线性关系(称为曲线改直),这样仍可用线性回归方法进行处理,得到有关参数.

对不同的非线性函数,要采取不同的曲线改直方法.常用的曲线改直的方法有变量代换

法、函数变换法、非等直角坐标图等.

例 1.5.3　弹簧振动周期 T 与悬挂砝码质量 m 的关系为

$$T = 2\pi\sqrt{\frac{m+m_0}{k}}$$

显然,T 与 m 不是线性关系.但将上式两边平方,得

$$T^2 = \frac{4\pi^2}{k}m + \frac{4\pi^2}{k}m_0 = am + b$$

式中 $a=4\pi^2/k$,$b=4\pi^2 m_0/k$,皆为常数.若把 T^2 看成一个变量 y,则 y(即 T^2)与 m 呈线性关系.

例 1.5.4　指数函数 $y=ae^{bx}$(式中 a 和 b 为常数)等式两边取对数可得

$$\ln y = \ln a + bx$$

令 $\ln y=y'$,$\ln a=a_0$,即得直线方程

$$y' = a_0 + bx$$

这样便可把指数函数的非线性回归问题变为一元线性回归问题.

例 1.5.5　对幂函数 $y=ax^b$ 来说,等式两边取对数,得

$$\ln y = \ln a + b\ln x$$

令 $\ln y=y'$,$\ln a=a_0$,$\ln x=x'$,即得直线方程

$$y' = a_0 + bx'$$

同样转化成了一元线性回归.

任何一个非线性函数只要能设法将其转化成线性函数,就能用线性回归方法处理.

3. 非线性回归

非线性方程的种类繁杂,其回归方法也千差万别.

一元非线性回归分析的是两个被测物理量间为曲线关系,回归分析步骤为:①根据实测数据散点图和以往经验,先选取合理的函数公式.②求方程中待定系数.如前所述,对可变为线性方程的,按前述曲线改直的方法求出变换后直线方程的待定系数,最后根据方程变换中待定系数变换式求出所选曲线的待定系数,得到所选曲线的回归方程;对于不易曲线改直的可直接采用非线性回归算法,显然比线性回归要复杂.③作剩余标准离差分析,若感到精度不够理想,可另选曲线,重新进行回归分析,直到满意为止.

非线性回归处理与线性回归比较要复杂得多,直接运算比较麻烦,现在通常采用数学工具软件进行处理则方便得多,像 Excel、MATLAB、Origin、SPSS 等都可以方便地进行回归运算.

例如,用 Excel 数据表格进行多项式回归:

(1)将测量的一组 x,y 数据输入到 Excel 数据表格中,x,y 各占一列;

(2)成对选择数据列,选择菜单中的“插入图表”的“xy 散点图”,制成散点图;

(3)将鼠标放到散点图中的数据点上,单击右键,选择“添加趋势线”,在“类型”栏中选择“多项式”并调整“阶数”(当然也可选择其他类型的回归曲线),在“选项”栏中勾选“显示公式”和“显示 R 平方值”,就可得到拟合的曲线及相关公式和相关系数.

五、用计算器处理数据举例

大学物理实验中,实验数据量相对不太大,一般计算器就可完成数据处理,下面以 CA-

SIO-fx-991CN X为例简单介绍.

在计算器上按“菜单”“6”进入统计计算模式,统计、回归分析等计算需要在这个模式中进行.数据的标准差、方差、回归模型的系数都需要使用这个模式来计算.

进入统计模式之后,计算器提供单变量统计功能以及七种回归计算的功能.无论是单变量统计还是回归计算的功能,基本的操作步骤都是以下几个:

(1)按“菜单”“6”进入统计模式;

(2)选择计算类型(单变量统计“1”或回归模型);

(3)在表格中输入数据(依次输入数据+“=”);

(4)按“AC”退出统计数据编辑;

(5)按“OPTN”选择统计“2”或回归计算“3”的菜单,执行统计或回归计算.

从统计量列表中首先可以得到平均值和标准偏差(Sx,即为前文的 σ_x).计算器都没有平均值标准偏差的计算功能,可以通过手动计算的方式得到.而回归计算的结果直接显示出各个系数的数值.

1.6 系统误差的处理

在多数实验中,系统误差通常不是明显地表现出来,但它却是影响测量结果精确度的主要因素,系统误差会给实验结果带来严重影响.而依靠多次重复测量一般无法判断系统误差是否存在.因此,发现系统误差,并设法修正、减小或消除它的影响,是误差分析与处理的一个很重要的内容.由于系统误差的处理涉及较深的知识,这里只作初步介绍.

1. 发现系统误差的方法

1)数据分析法

对于随机误差比较小的测量,可将待测量的绝对误差($\Delta x_i = x_i - \bar{x}$)按测量的先后次序排列,观察其变化.若绝对误差 Δx_i 不是随机变化而是呈规律性变化,如线性增大或线性减小,或呈周期性变化等,则可断定此测量中一定存在着系统误差.

2)理论分析法

分析实验依据的理论公式所要求的条件在实验测量过程中是否得到满足.例如,单摆实验中要求摆角小于5°,若在实验中摆角超过此值,则会引入系统误差.如果不想使实验带来明显的系统误差,就应使用对单摆运动方程求解得到的准确公式.

分析仪器要求的使用条件是否得到满足.实验时不满足仪器的使用条件时也会产生系统误差.如要求水平使用的电表使用时垂直放置,这种不符合实验条件的使用必然会引起系统误差.

3)对比法

这种方法适合于对固定的系统误差分析.

(1)实验方法对比.用不同方法对同一物理量进行测量,在随机误差允许的范围内观察结果是否一致.如不一致,则其中某种方法存在系统误差.例如,测量重力加速度,用单摆测量的结果为 $g=(9.800\pm0.002)\mathrm{m/s^2}$;用自由落体测量的结果为 $g=(9.77\pm0.02)\mathrm{m/s^2}$.两个结果不一致,显然至少其中一个存在系统误差.

(2)仪器对比.用两个以上的仪器,在相同的条件下对同一待测量进行测量,比较测量结果,在随机误差允许的范围内结果不一致,则至少其中一个仪器存在系统误差.例如,用两个电表接入同一电路,对比两个表的读数,如果其中一个是标准表,就可得出另一个表的修正值.

(3)改变测量条件进行对比.例如,电流正向与电流反向读数,在增加砝码过程与减少砝码过程中读数,观察结果是否一致.

另外,还可以改变实验中的某些参数的数值、改变实验条件或换人测量等方法分析系统误差.

2. 系统误差的消除与修正

任何的实验仪器、理论模型、实验条件,都不可能理想到不产生系统误差的程度.因此,实验中必须对系统误差进行分析,设法对系统误差进行修正,争取消除其影响.

1)消除产生系统误差的根源

1.1节中讨论了系统误差的来源,以此为出发点,如果能够找到产生系统误差的根源,无论是理论模型、实验仪器还是实验条件,都可以帮助我们使实验更完善,从而减小系统误差的影响.例如,是否采用了近似公式或近似计算;测量环境是否有可能影响实验仪器性能或待测量本身量值的温度、湿度、气压、电磁场、振动等的变化等.经分析研究,如确认有系统误差的话,应针对具体原因,采取相应的措施,努力减少甚至消除系统误差的影响.

2)用修正值对测量结果进行修正

利用标准仪器对测量仪器进行校准,找出修正值或校准曲线,对结果进行修正.对由理论公式的近似造成的误差,找出修正值进行修正.

3)选择适当的测量方法,减小和消除系统误差

(1)交换法.在测量过程中对某些条件(如被测物的位置)进行交换,使产生系统误差的原因对测量结果起相反的作用.例如,为了消除天平不等臂而产生的系统误差,可将被测物和砝码交换位置进行测量.设天平的左、右臂长度分别为 l_1、l_2,物体的质量为 m,先将物体置于左盘,砝码置于右盘进行称量.天平平衡时砝码的质量为 m_1,则有 $ml_1=m_1l_2$.将物体和砝码交换位置,天平平衡时砝码的质量为 m_2,则有 $m_2l_1=ml_2$.根据两式可得 $m=\sqrt{m_1m_2}$.

(2)替换法.测量被测量时,调整仪器至一适当状态,保持测量条件不变,选择一个大小适当的已知量(通常是可调的标准量)替代被测量而不引起测量仪器示值(或实验状态)的改变,则被测未知量就等于这个已知量,读出已知量即得待测量.由于在替代的两次测量中,测量仪器的状态和示值都相同,从而可以消除测量过程带来的系统误差.例如,用自组电桥测量电阻时,可以先将待测电阻接入电桥,调整其他电阻使电桥平衡;然后,用一标准电阻箱替换待测电阻,调整标准电阻箱使电桥重新平衡,则此时标准电阻箱的值即是待测电阻的值.

(3)抵消法.改变测量中的某些条件进行两次测量,使两次测量中误差的大小相等、符号相反,取其平均值作为测量结果以消除系统误差.例如,测量杨氏模量实验中,取增重和减重时读数的平均值作为其荷重时的位置读数,可以消除砝码托挂杆与平台圆孔之间摩擦产生的误差.

此外,"等时距对称观测法"可消除按线性规律变化的变值系统误差;"半周期偶数测量法"可消除按周期性变化的变值系统误差.如分光计的读数盘相对 180°设置两个游标,任一位置用两个游标读数的平均值作为望远镜或工作台的位置读数,可以消除刻度盘圆心与仪器转轴不同心而产生的偏心差.

对于初学者来说,不可能一下子就把系统误差问题弄清楚. 本节只要求初步建立系统误差的概念,并在以后的一些实验中使用一些消除系统误差的方法. 同学们可以在实验中注意观察和分析实验系统误差,总结有关规律,减少系统误差的影响.

物理实验实际是一个复杂的过程,它的要求是多方面的,除了符合一定的物理规律之外,还特别强调要尽量准确、可信. 即做物理实验要采取一切可能的措施,合理选择仪器、方法和步骤,以期获得所能达到的最高测量精度. 因此,应该通过物理实验课程逐步建立这一理念,要在实验的每一环节都努力做好.

第 2 章　常用测量器具及物理实验基本方法和技术

2.1　物理实验常用测量器具

实验中要测量各种各样的物理量，其中基本物理量如长度、质量、时间、温度、电阻、电流、电压等的测量最为常见. 基本物理量的测量是物理实验的基础，了解常用测量器具的性能特点，掌握测量这些基本物理量的器具的原理和正确的实验方法是做好物理实验的良好开端，是物理实验教学的基本要求之一，也是进行专业实验、从事科学研究等工作的基础. 本节仅对测量以上基本物理量的常用仪器作一简单介绍，更多的使用方法和技巧希望同学们在实验中不断学习、摸索.

一、长度测量

米尺、游标卡尺和螺旋测微器是最常用的测长度的仪器. 表征这些仪器主要规格的有量程和分度值等. 量程是测量范围；分度值是仪器所标示的最小量度单位，分度值的大小反映仪器的精密程度.

1. 米尺

米尺是最简单和最常用的测长仪器. 实验室常用的米尺分直尺、钢卷尺等，有 30cm，50cm，100cm，200cm，500cm 等规格. 米尺的分度值是 1mm，即只能准确地读到毫米位，毫米以下的位是估读位，测量时根据实际可能和要求，估读出最小分度值的 1/10，1/5，甚至 1/2. 当测量长度不太大时，米尺的仪器误差一般可取最小分度值的一半，即最大估计误差不会超过 0.5mm.

测量时可不用米尺的一端做测量起点，通常选择某个整数刻度值与被测物体一端对齐，读出物体另一端对应的刻度值，两刻度值之差即为待测物体的长度.

测量时应使米尺贴近被测物体或尽量靠近，垂直于米尺刻度盘读数，防止视差造成读数误差.

另外，对于钢卷尺应注意尺头的正确使用. 为了能准确测量外尺寸和内尺寸，钢卷尺的头部设计为松动. 测量外尺寸时，如桌面长度，尺头勾住桌边缘测量，此时尺头因拉伸，其尺头内侧为零位置. 测量内尺寸时，如室内距离，尺头顶住墙边测量，尺头回缩到最内侧，其外沿为零位置.

2. 游标卡尺

游标卡尺是由主尺（米尺）和附加在主尺上的能沿主尺滑动的副尺（游标尺）构成的.

利用游标卡尺可以把米尺估读的那一位准确地读出来，得到比米尺更高的精度. 如图 2.1.1

所示,游标卡尺主要由两部分组成,一部分是与量爪1、3相连的主尺5;另一部分是与量爪2、4及深度尺相连的游标(副尺)6.游标可紧贴在主尺上滑动,内量爪3、4用来测量内径,外量爪1、2用来测量外径或厚度,深度尺(尾尺)7用来测量孔槽的深度.

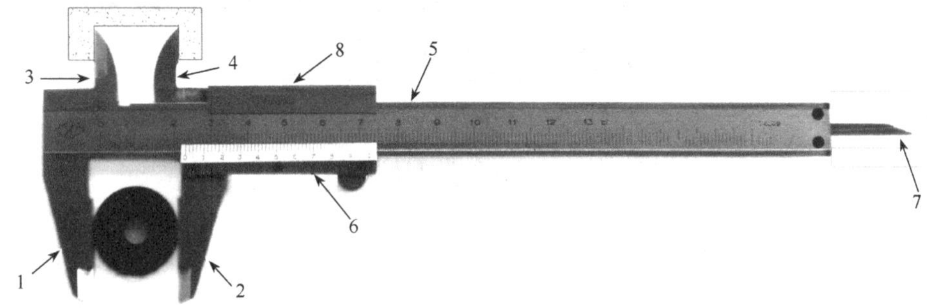

图2.1.1　游标卡尺

1、2.外量爪;3、4.内量爪;5.主尺;6.副尺;7.尾尺;8.紧固螺钉

不同分度数(即格数)的游标,测量精确度不同.若用a表示主尺的最小分度值(即最小格数),n表示游标的分度数,使n个游标分度的长度与主尺的$n-1$个最小格的长度相等,则每一个游标分度的长度b为

$$b=\frac{(n-1)a}{n}$$

游标卡尺的读数

显然,主尺最小分度值与游标分度值之差为

$$a-b=a-\frac{n-1}{n}a=\frac{a}{n}$$

该差值称为游标常量,也即游标的最小读数值,它等于主尺最小刻度的$1/n$.

a为定值时,游标的格数n越大,其分度值就越小,游标卡尺的精确度也越高.若主尺的最小分度值为1mm,游标分度数为10,20,50时(分别叫作10分游标尺、20分游标尺、50分游标尺),相应的最小读数分别为0.1mm,0.05mm和0.02mm.除游标卡尺外,其他有游标的仪器分度值判断和读数方法均与此相同.

以50分游标卡尺为例介绍其读数方法,主尺的分度值为$a=1$mm,副尺上有50格($n=50$),其总长度为49mm,游标的分度值为$a/n=0.02$mm.

测量时先将游标卡尺合拢,游标的0刻线应与主尺的0刻线对齐,如图2.1.2所示.若不对齐,应记下此初始读数,以作测量数据修正用.记被测物体的长度为l,则游标0刻度与主尺0刻度的距离也是l,如图2.1.3所示.取mm为单位,可从主尺上直接读出长度l的整数部分,记为l_0,从游标上读取余下部分的数值,记为Δl.方法为:先判定游标上哪条刻线与主尺的一条刻线对齐得最好,就以该游标刻线为准,从游标上读出Δl,Δl即游标最小格值0.02mm乘以格数.参见图2.1.3,$l_0=21$mm,$\Delta l=0.02$mm/格×24格$=0.48$mm,则被测长度的测得值$l=l_0+\Delta l=21.48$mm.

测量时,量爪要卡正被测物体,松紧适当.勿用游标卡尺测表面粗糙的硬物,勿使量爪中卡住的被测物挪动,以免磨损量刃.用毕卡尺,勿使量爪紧闭,并锁住紧固螺钉,以避免因热膨胀效应损坏卡尺.

为了使用方便,现在许多厂家生产了指针式和数字式游标卡尺,如图2.1.4所示.

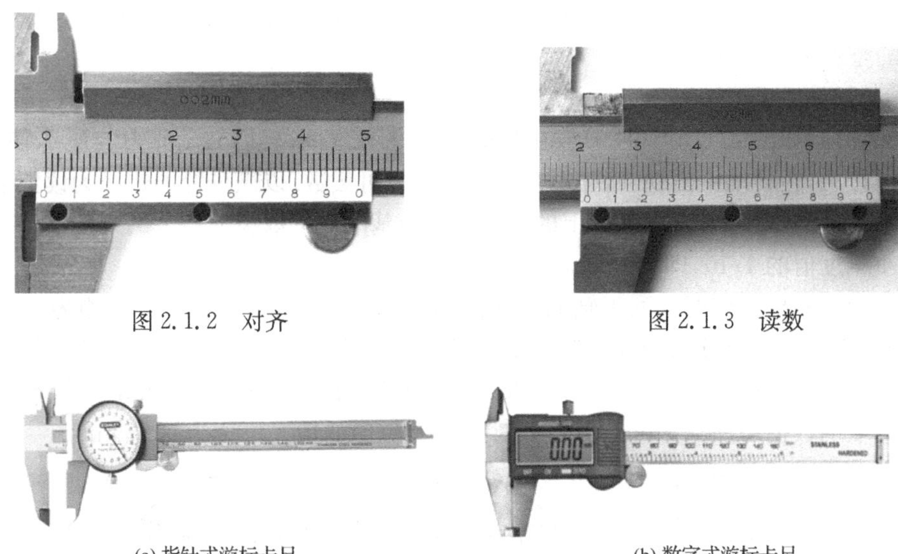

图 2.1.2　对齐

图 2.1.3　读数

(a) 指针式游标卡尺

(b) 数字式游标卡尺

图 2.1.4　指针式和数字式游标卡尺

3. 螺旋测微器

螺旋测微器也称千分尺，是比游标卡尺更精密的长度测量仪器. 常用螺旋测微器的量程为 25mm，分度值为 0.01mm，准确度可达 0.01mm.

1) 结构与测量原理

螺旋测微器的主要部分是测微螺旋，如图 2.1.5 所示. 图中 5 为精密测微螺杆，10 是与之配合的螺母套管，螺距为 0.5mm. 测微螺杆的后端套装一个 50 分度的微分筒 8，当微分筒相对螺母套管 10 转过一周时，测微螺杆沿轴向移动一个螺距 0.5mm. 显然，当微分筒转过一个分度时，测微螺杆则移动 0.5/50=0.01(mm). 因此，读取的微分筒转过的刻度值就是测微螺杆沿轴向移动的距离，该距离由固定套筒 7 上的刻度读取，读数是 0.5mm 的整数倍，余下部分由微分筒上的刻度读出.

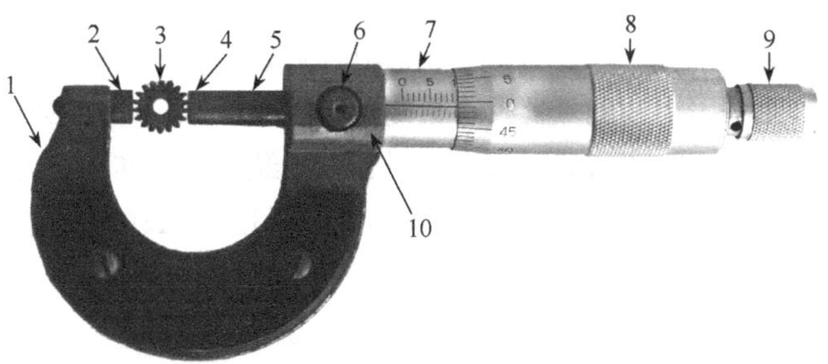

图 2.1.5　螺旋测微器

1. 尺架；2. 测砧测量面 A；3. 被测物体；4. 螺杆测量面 B；5. 测微螺杆；6. 锁紧装置；7. 固定套筒；8. 微分筒；9. 测力装置；10. 螺母套管

图 2.1.5 中的 1 为螺旋测微器的弓形尺架，它的两端装有测砧和测微螺杆 5. 当转动螺杆使测砧测量面 A 和 B 刚好接触时，微分筒锥面的边缘应与固定套筒上的 0 刻线对齐，同时微

分筒上的零线也应与固定套筒上的轴向刻线对齐，这时的读数是 0.000mm，如图 2.1.6(a)所示.

2)使用方法

把被测物体(如图 2.1.5 中的 3)放在测量面 A 与 B 之间，轻轻转动测力装置 9，使 A 和 B 分别与物体接触，在转动中出现“咯咯”声时，即停转并可读数. 以微分筒的边缘为读数准线，先读取固定套筒上的刻度值，再以该筒上的轴向刻线为基准线读取微分筒上的刻度值，应估读至微分筒最小刻度值的 1/10，即 0.001mm，故又称千分尺.

固定套筒上的标尺刻度分列于轴向刻线的两侧，一侧为 1mm 刻度，另一侧为 0.5mm 刻度. 如果微分筒前沿未超过 0.5mm 刻线，则可读出整毫米数，再加上微分筒上的读数，即为被测数值，如图 2.1.6(b)所示，可读为 5.378mm. 如果微分筒前沿超过 0.5mm 刻线，则只需在前述方法读取的数据后加 0.5mm 即可，如对图 2.1.6(c)的情况可读为 6.875mm.

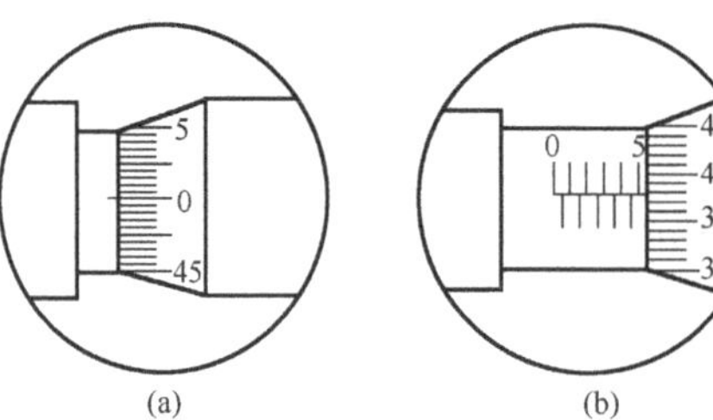

(a)　　(b)

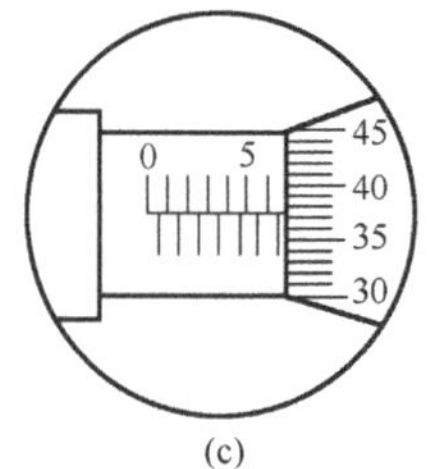

(c)

螺旋测微计的读数

图 2.1.6　读数

3)注意事项

(1)测量前应检查 0 点是否对齐，若未对齐，应记下初始刻度值. 若微分筒上的 0 刻线在固定套筒的轴向刻线上侧，初始读数取正，反之取负. 此初始读数为定值系统误差，被测物体线度为：读数＋初始读数.

(2)刻度线总有一定的宽度，当固定套筒的轴向刻线很靠近微分筒上的 0 刻线时，务必特别注意. 通常微分筒上的 0 刻线在轴向刻线上方时，虽然固定套筒上的一条短刻度线似乎已经显露，但读数时不能计入，否则会误加 0.500mm.

(3)螺旋测微器使用完毕，应使螺杆与测砧之间有一间隙，以免因热膨胀而损坏螺纹.

对长度直接测量，通常采用米尺、游标卡尺和螺旋测微器. 若待测线度很小，由于人的视力限制及操作上的困难等，无法用上述测量器具直接测量，往往借助于显微镜或望远镜将被测物的像放大或移至适当距离(如明视距离)，然后与米尺、长度规(经严格校准的刻度尺)或精密测微丝杆等比较而读取数据. 利用显微镜、望远镜等光学仪器测量长度，读数的准确度可达 10^{-3}mm，甚至 10^{-4}mm.

同样，目前市面上也有数字式千分尺，如图 2.1.7 所示.

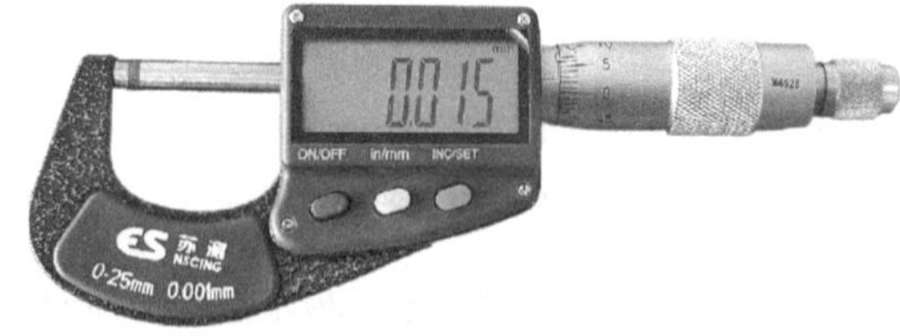

图 2.1.7　数字式千分尺

二、质量测量

质量是基本物理量之一，通常用天平测量. 常用的有物理天平和分析天平. 前者的准确度较低，后者的较高. 分析天平常用于化学分析，物理实验一般使用物理天平. 现在，电子天平的使用逐渐普遍，以下只介绍物理天平和电子天平的构造和使用.

1. 物理天平

1)物理天平的构造

物理天平如图 2.1.8 所示，它由底座、立柱、横梁和两个秤盘等组成. 横梁上有 3 个刀口，中间的刀口支持在固定于升降杆顶端的刀垫上，调节手轮，可使横梁上升或下降. 两边的刀口用来支持秤盘. 横梁固接一指针，横梁摆动时，指针尖端随之在固定于立柱下方的标尺前摆动. 横梁两端有两个平衡螺母，用于天平空载时调节平衡. 横梁上装有游码，用于 1g 以下的称衡. 底座上有水准器，旋转底座的可调节螺丝，使水准器的气泡居中，即表明天平已处于工作位置.

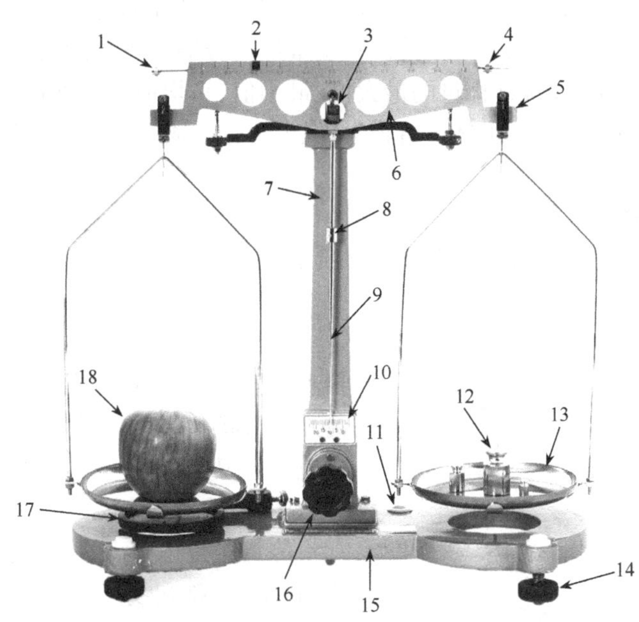

图 2.1.8　物理天平

1. 平衡螺母；2. 游码；3. 中刀托；4. 平衡螺母；5. 边刀吊架；6. 横梁；7. 立柱；8. 感量砣；9. 指针；10. 标尺；11. 气泡水准器；12. 砝码；13. 砝码盘；14. 调平螺丝；15. 底座；16. 手轮；17. 杯托盘；18. 待测物

2)天平的调整和使用

(1)旋转天平底座下可调螺丝，使水准器的气泡居中.

(2)使游码前侧边对齐横梁的 0 刻线，转动手轮，支起横梁，待梁停摆后，指针应位于标尺中央. 如指针偏向一侧，调节横梁两端的平衡螺母(调节前应止动天平，即降下横梁)，直到支起横梁时指针指在标尺中央.

(3)被称衡物体放在左秤盘中，右秤盘放置砝码，轻轻支起横梁，观察是否平衡. 如不平衡，则适当加减砝码或移动游码,直至横梁平衡.此时砝码的质量加游码的读数即为物体的质量.

3)注意事项

(1)使用天平时要缓慢平稳地转动手轮.加减砝码和移动游码前都必须将横梁降下止动.

(2)被称物体和砝码都应放在秤盘中部,使用多个砝码时,大砝码置中间,小砝码放在周围.

(3)勿称衡质量超过天平称量范围的物体.

(4)天平用毕,必须先降下横梁,再取下物体和砝码.砝码放回砝码盒中,将秤盘等清理干净.

(5)取放砝码必须用镊子,严禁手拿.

2. 电子天平

电子天平是最新一代的天平,是根据电磁力平衡原理直接称量,全量程不需砝码.放上称量物后,在几秒钟内即达到平衡,显示读数,称量速度快,精度高.电子天平的支承点用弹性簧片取代机械天平的玛瑙刀口,用差动变压器取代升降枢装置,用数字显示代替指针刻度式.因而,电子天平具有使用寿命长、性能稳定、操作简便和灵敏度高的特点.此外,电子天平还具有自动校正、自动去皮、超载指示、故障报警以及质量电信号输出等功能,且可与打印机、计算机联用,进一步扩展其功能,如统计称量的最大值、最小值、平均值及标准偏差等.电子天平由于具有机械天平无法比拟的优点,虽然价格较贵,但也会越来越广泛地应用于各个领域并逐步取代机械天平.

1)电子天平结构原理

电子天平基本构造是相同的.如图 2.1.9 所示,主要由以下几个部分组成.

图 2.1.9 电子天平

(1)秤盘.

秤盘多为金属材料制成,安装在天平的传感器上,是天平进行称量的承受装置.它具有一定的几何形状和厚度,以圆形和方形的居多.使用中应注意卫生清洁,更不要随意调换秤盘.

(2)传感器.

传感器是电子天平的关键部件之一,由外壳、磁钢、极靴和线圈等组成,装在秤盘的下方.它的精度很高也很灵敏.应保持天平称量室的清洁,切忌称样时撒落物品而影响传感器的正常工作.

(3)位置检测器.

位置检测器是由高灵敏度的远红外发光管和对称式光敏电池组成的.它的作用是将秤盘上的载荷转变成电信号输出.

(4)PID 调节器.

PID(比例、积分、微分)调节器的作用,就是保证传感器快速而稳定地工作.

(5)功率放大器.

功率放大器的作用是将微弱的信号进行放大,以保证天平的精度和工作要求.

(6)低通滤波器.

低通滤波器的作用是排除外界和某些电器元件产生的高频信号的干扰,以保证传感器的输出为一恒定的直流电压.

(7)模数(A/D)转换器.

A/D 转换器的优点在于转换精度高,易于自动调零,能有效地排除干扰,将输入信号转换成数字信号.

(8)微计算机.

微计算机可说是电子天平的关键部件了.它是电子天平的数据处理部件,具有记忆、计算和查表等功能.

(9)显示器.

现在的显示器基本上有两种:一种是数码管的显示器,另一种是液晶显示器.它们的作用是将输出的数字信号显示在显示屏幕上.

(10)机壳.

机壳的作用是保护电子天平免受灰尘等物质的侵害,同时也是电子元件的基座等.

(11)底脚.

底脚是电子天平的支撑部件,同时也是电子天平的水平调节部件,一般均靠后面两个调整脚来调节天平的水平.

2)电子天平操作程序(以 JY 系列电子天平为例)

(1)调水平.

调整地脚螺栓高度,使水平仪内空气气泡位于圆环中央.

(2)开机.

安装电池或接通电源变压器,按开关键,天平自检,显示天平型号后,显示“0.0g”,表示机器正常,可以使用.

(3)预热.

电子天平接通电源后一般 1～2min 即可使用,但若对精度有较高要求,在初次接通电源或长时间断电之后,至少需要预热 30min.为取得理想的测量结果,天平应保持在待机状态.

(4)校正.

首次使用天平或长时间使用后须进行校正.按一下校正键,天平显示“0”,再长按键 10s 左右,显示窗出现“C-XXX”(校正砝码值),几秒钟后显示“0.0g”,此时将相应的校正砝码放在天平秤盘上,显示窗显示“－”(表示等待),几秒钟后显示上述校正砝码值,天平自动完成校正.若仍不准确,可按上述方法再进行一次校正.

(5)称量.

将重物放于秤盘上,待示数稳定后,即为该重物的质量.

(6)去皮.

按一下去皮键“T”,即可去皮清零.若质量还未稳定,可再次去皮.

(7)计数.

电子天平可以对具有相同质量的物体进行计数.长按去皮键“T”,显示屏将在 0.0g→CAL→10P→25P→…→---g 之间循环,在哪一个显示时松开,即进入该状态.如在显示 25P 时松开,表示计数标准为 25 个样本,将 25 个待计数物休(样本)放于秤盘上,十几秒后显示

“PASS”,再显示“PCS”,表示校准完毕,然后放置任意个相同质量的物体后,将显示物体(样本)个数.

(8)关机.

天平应一直保持通电状态(24h),不使用时将开关键关至待机状态,使天平保持保温状态,可延长天平使用寿命.

3)电子天平使用注意事项

(1)待称物体的质量不能超过天平的量程.不可用手或其他重物按压秤盘,以免损坏天平.

(2)将天平置于稳定的工作台上,避免振动、气流及阳光照射.

(3)在使用前,调整水平仪气泡至中间位置,否则读数不准.

(4)使用电子天平时,称量物品之重心需位于秤盘中心点;称量物品时应遵循逐次添加原则,轻拿轻放,避免对传感器造成冲击,损坏天平.

(5)称量易挥发和具有腐蚀性的物品时,要盛放在密闭的容器中,以免腐蚀和损坏电子天平.另外,若有液体滴于秤盘上,立即用吸水纸轻轻吸干,不可用抹布等粗糙物擦拭.

(6)每次使用完天平后,应对天平内部、外部周围区域进行清理,不可把待称量物品长时间放置于天平周围,影响后续使用.

(7)电子天平是利用重力称量质量,所以测量结果与当地的重力加速度有关,第一次使用前应用标准砝码对天平进行校准,且应经常对电子天平进行校准,一般应3个月校一次,保证其处于最佳状态.保持天平内干燥.

三、时间测量

测量时间的方法很多,测时器具通常基于物体机械、电磁或原子等运动的周期性而设计.目前,利用原子周期性运动制造的原子钟精确度最高.实验室常用的计时器有机械式秒表、电子秒表和数字毫秒计等.机械式秒表功能比较简单,且目前使用逐渐减少.功能单一的数字毫秒计也逐渐被智能型毫秒计代替.下面介绍功能较多的电子秒表的功能和使用方法,而智能型毫秒计参见实验3.2.

秒表的使用

实验室所用的电子秒表即石英液晶精密计时器.其机芯全部由电子元件组成,利用石英振荡频率作为时间基准,具有6位液晶数字显示器,显示出月、日、星期、时、分、秒,并有10^{-2}s计数的单针秒表和双针秒表功能.有的在机芯内还装有硅太阳电池,可以延长表内氧化银电池的寿命.

电子秒表的外形如图2.1.10所示.由于此种表的功能较多,而在实验室主要用于计时,这里只介绍1/100s计时的使用方法.表壳配有四个按钮,S_1为起动、停止、调整按钮,S_2为功能转换按钮,S_3为选择按钮,S_4为分段、设置、复零按钮.首先,按S_2,置于秒表功能状态.

(1)基本秒表功能.

按S_1秒表开始计时,再按S_1计时停止.秒表显示计时数据.按S_4复零.

按S_1秒表开始计时,再按S_1计时停止;再按S_1秒表累加计时,再按S_1计时停止.如此往复,实现累加计时.

(2)分段计时功能.

分段计时功能即用一个秒表可同时记录两段时间,分段计时又分为标准分段计时与部分分段计时.

标准分段计时即两段时间同时开始，不同时结束. 使用方法为：按 S_3 置于标准分段计时状态. 按 S_1 开始计时，按 S_4 第一段计时结束，显示第一段计时时间. 按 S_1 第二段计时结束，仍显示第一段计时时间. 按 S_4 显示第二段时间. 按 S_4 复零.

部分分段计时即第一段计时结束时，第二段计时同时开始. 使用方法为：按 S_3 置于部分分段计时状态. 按 S_1 第一段计时开始，按 S_4 第一段计时结束，显示第一段时间，同时第二段计时开始. 再按 S_1，第二段计时结束，仍显示第一段时间. 按 S_4，显示第二段计时时间. 按 S_4 复零.

时间测量在一些实验中也常用专用计时仪器，如本书中气垫导轨上的实验中使用的数字毫秒计等，详细使用方法可参考相关实验中的介绍.

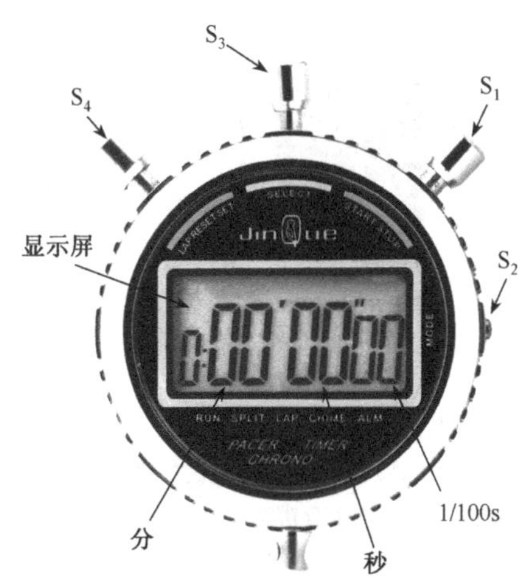

图 2.1.10　电子秒表的外形

四、温度测量

1. 水银温度计(水银-玻璃温度计)

利用液体体积受热膨胀和受冷收缩的性质测定温度的温度计叫液体温度计. 最为常用的是水银温度计(水银-玻璃温度计). 其优点为构造简单，读数方便，水银与玻璃管壁不相黏附，在标准大气压下，在−38.87～356.58℃范围内水银为液态，膨胀系数变化很小，可视其体积的改变量与温度的改变量成正比. 其缺点是玻璃毛细管内径不均匀，玻璃热膨胀后不易恢复原状，即有热滞后现象，并且易碎，撒出的水银会造成污染等.

规定：冰点(纯冰和纯水在 101.3kPa(1atm)下达到平衡的温度)为 0℃，汽点(纯水和水蒸气在蒸汽压为 101.3kPa 时达到平衡的温度)为 100℃. 温度计标度是定出冰点与汽点刻度后，将两刻度之间的玻璃管长度均分，若分为 100 等份，每一等份就是 1℃. 实验室常用的水银温度计有最小分度值为 0.1℃，0.2℃和 1℃等几种.

液体温度计有“半浸式”和“全浸式”两种. 使用液体温度计应将温度计插入被测介质至温度计上的“浸没线”处. 读数时，视线应正对读数并与温度计垂直，以防视差造成读数误差；测量室温时，勿使其他物体或手等触到储液泡.

对于标度正确的温度计，在使用中为保证测量的精确度，需注意以下几点：

(1)零点位置的确定. 一般是将液体温度计加热至标尺上限的温度后，取出温度计，待液柱降至室温，再将它“全浸”入冰水混合物的槽内，测出相应的刻度值作为零点修正值.

(2)液体温度计露出部分的影响. 在实际使用中，往往不能使玻璃管全部浸入待测介质中，露出的部分与待测介质难以达到热平衡，故应注意修正.

(3)热滞后影响. 当待测介质的温度变化时，液体温度计由于存在热滞后现象，其读数不能及时反映待测介质的实际温度，应予修正.

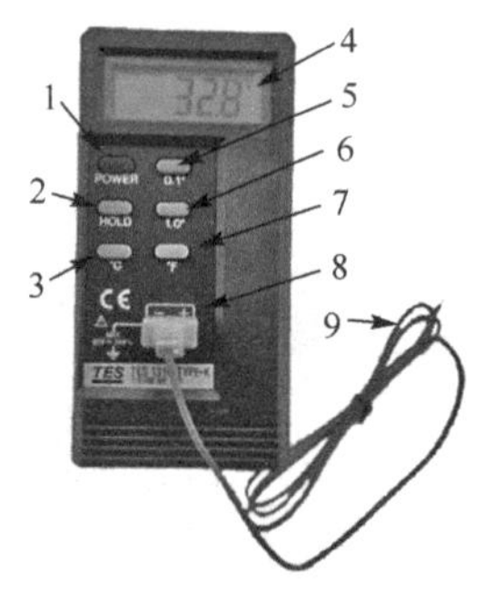

图 2.1.11　数字温度计

1. 电源开关;2. 显示保持;3. 摄氏单位;
4. 数值显示;5. 0.1°分辨率;6. 1.0°分辨率;
7. 华氏单位; 8. 探头插座;9. 温度传感器

2. 数字温度计

采用热敏电阻为感温元件的数字温度计,体积小,重量轻,灵敏度高,稳定性好,适用于对各种气体、液体和固体的温度测量. 更换不同形式的传感器,可用于各种待测系统的温度的测量. 图 2.1.11 所示数字温度计的使用方法如下:

按下电源开关接通电源,显示屏应有数字显示. 按"0.1°"或"1.0°"键可选择不同的测量精度. 按"℃"或"℉"可选择不同的单位. 按"HOLD"键可将按键时的温度值读数保持不变,直至再次按"HOLD"后显示实时温度.

需特别注意的是将温度传感器插入温度计机身时正负极不可插反.

3. 热电偶(温差电偶)

将两种不同的金属材料两端彼此焊接成一闭合回路,即制成热电偶. 若使两接点处在不同温度下,回路中就会产生电动势及电流,这种现象为温差电现象,该电动势称作温差电动势. 温差电动势的大小与组成热电偶的金属材料有关,与热端和冷端的温度差有关,在测量温度变化范围不大的情况下,可近似看作呈线性关系,当热电偶的高、低温端温度分别为 T 和 T_0 时,其温差电动势 $E=\alpha(T-T_0)$. 其中 α 称为热电偶的温差系数. 通常把冷端置入冰水混合物中,即低温端为 0℃. 测出温差电动势,由该热电偶的校准曲线或数据,就可得知待测温度.

热电偶的测温范围广(使用范围为−200～2000℃),灵敏度和准确度很高(在 10^{-3}℃以下),特别是铂和铑的合金制成的热电偶稳定性很高,常用作标准温度计等.

常用的热电偶有以下几种:铜-康铜热电偶,用于 300℃以下的温度测量;测高达 1100℃的温度用镍铬-镍镁合金组成的热电偶;测更高的温度,通常用铂-铂铑合金组成的热电偶(测温范围为−200～1700℃);如果温度高达 2000℃,则可用钨-钛热电偶.

五、电流测量

电磁学测量器具种类繁多,结构与功能千差万别. 第一类是作为测量单位标准的度量器,如标准电池、标准电阻等;第二类是将被测量与度量器进行比较,然后确定出被测量的较量仪器,如电桥、电势差计等;第三类是能直接读出被测量大小的直读仪表. 此外,还有一些辅助器具,如电源、开关、滑线变阻器等.

电测仪表的类型、性能、实验条件等一般在表盘上都有表示,电表性能标志见表 2.1.1,一般它们都位于电表面板的右下角或左下角. 必须明确各种标识符号及其意义,才能保证使用的合理,保证电测仪表的精确性.

表 2.1.1

符号	意义	符号	意义	符号	意义
∩	磁电式仪表	(≃)	交直流	(0.5)(1.5)	以指示值的百分数表示准确度等级

续表

符号	意义	符号	意义	符号	意义
	电磁式	⊥ (↑)	(仪表放置)垂直	0.5、1.5	以标尺量程的百分数表示准确度等级
	静电式	⊓ (—)	水平	ϟ 2kV	绝缘强度实验电压 2kV
	整流式	∠	倾斜	☆	
	检流式	(⊥) ⏚	接地端	Ⅲ	三级防外磁场和电场

电测仪表有磁电式、电动式、感应式等多种. 实验室常用的电表大都是磁电式，这类仪表灵敏度高，刻度均匀，读数方便. 本节只介绍磁电式仪表.

目前实验室测量电流主要使用电流表(安培计)，图 2.1.12 为一常见电流表. 在电流计(表头)的线圈两端并联一个阻值很小的分流电阻，就构成了电流表，并联不同阻值的电阻，可使电流表有不同的量值，从而制成不同规格的电流表(安培表、毫安表、微安表，符号分别为 A，mA，μA).

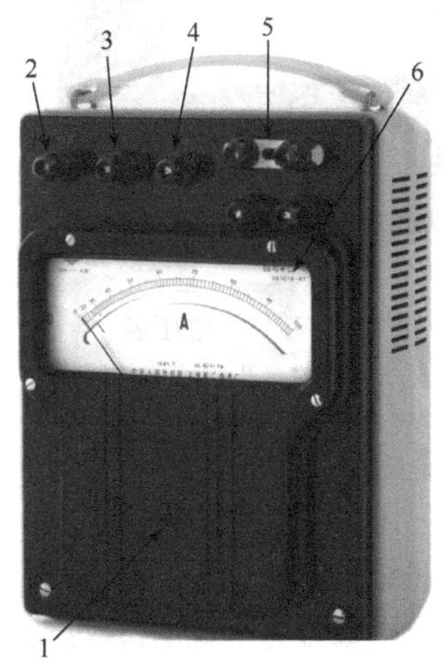

图 2.1.12　电流表

1. 调零旋钮；2. 0.5A 量程正极接线柱；3. 1A 量程正极接线柱；4. 负极接线柱；5. 量程调整短路片(根据所选量程短接相应的接线柱)；6. 电表性能标志

1)电流表的使用方法

(1)选择合适的量程. 一般应使量程略大于待测量，若测前不能确定被测量的最大值，应先选用量程的最大挡，然后根据示值选定合适的量程. 作为指针式仪表，恰当的量程应保证指针接近满偏位置.

(2)连接方法. 电流表应串联在被测电路中，使电流从"+"端流入，从"−"端流出.

(3)读数. 电表的读数为准确数字加欠准数字. 对刻度盘式电表，准确数字为最小格值的整数倍，欠准数字即最小格值的分数值(此数为估计值).

(4)电流表的等级与系统误差. 按照国标，电表的准确度等级有 7 个，即 0.1，0.2，0.5，1.0，1.5，2.5，5.0. 表的最大测量误差限值为(±AS)%(系统误差)，其中 A 为特定值，它可以是测量挡的量程值；S 为表的准确度等级，S 越小，表的等级越高.

2)注意事项

为减小使用仪器引入的系统误差，应选择恰当的量程，尽量使表的指针趋于满量程，或在 2/3 至满量程之间. 读数时，视线要正对待读刻度并垂直于电表表盘(0.5 级以上电表的面板上通常附有平面反射镜，测量时应使指针与它的像重合后再读数).

表头指针的读数

六、电压测量

1. 电压表(伏特计)

在电流计线圈的一端串联一个阻值较大的分压电阻,就构成电压表. 由于分压电阻远大于表头内阻,所以分压电阻在线路中起限流作用,使大部分电压降落在分压电阻. 改变分压电阻,可得到不同规格的电压表(伏特计、毫伏计等,符号分别为 V 和 mV). 使用电压表时,应把它并联在被测电路两端. 使用直流电压表时,表的"＋"端接高电势端,"－"端接低电势端. 图 2.1.13 为一常见电压表,它的量程选择方式与前面介绍的电流表有所不同,将选择柱 4 插入不同的量程选择孔 2,可获得不同的量程.

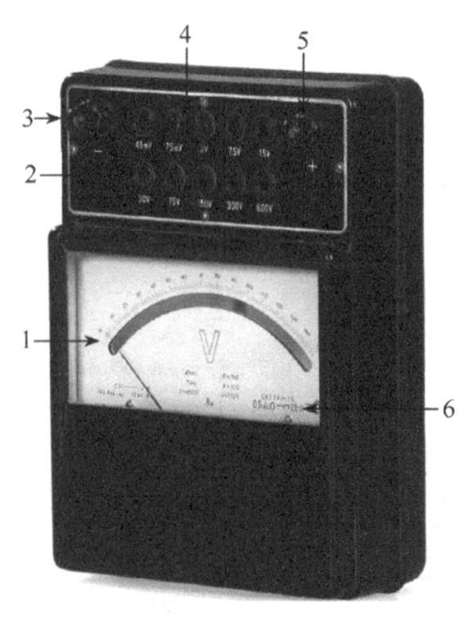

图 2.1.13　电压表

1. 表盘;2. 量程选择孔;3. 负极接线柱;4. 量程选择柱;5. 正极接线柱;6. 电表性能标志

2. 直流电势差计

用磁电式电压表测量电压时,表的分流作用以及其他因素,会引入测量误差. 直流电势差计采用补偿测量法,这种测量几乎不损耗被测对象的能量,测量结果稳定可靠,而且可达到很高的准确度,可用来直接测量电动势、电压,也可间接测电流、电阻以及某些可转换成电压的非电参量.

由于电势差计使用比较复杂,现在多数情况下被高内阻的数字电压表代替(固体导热系数的测定实验中,热电偶电动势的测量).

七、电阻测量

传统测量电阻的器具有欧姆表、电阻箱等,但测量方便的是数字万用电表,测量准确的是直流电桥.

电桥是一种将被测量与标准量进行比较而获得较准确的测量结果的比较式仪器. 电桥种类很多,有平衡电桥、非平衡电桥、直流电桥和交流电桥等. 直流电桥又分为单臂电桥(惠斯通电桥)和双臂电桥(开尔文电桥). 直流单臂电桥一般用于电阻测量,测量 $10\sim10^6\,\Omega$ 的电阻,准确度分为 8 个级别:0.01,0.02,0.05,0.1,0.2,1.0,1.5,2.0. 直流双臂电桥一般用来测量低电阻(10Ω 以下),其设计思想主要是为了避开引线电阻和接触电阻对待测低电阻阻值的影响. 减小电桥测量的误差,应从提高电桥的灵敏度和选择最佳测量条件等方面入手.

关于惠斯通电桥详见"热敏电阻温度系数的测定"实验,关于开尔文电桥详见"导体电阻率的测定"实验.

八、万用电表

顾名思义,万用电表是一种多功能测量仪表. 一般万用电表可以测量直流电流、交流电压、直流电压、电阻等电学量,有些万用电表还可以测量三极管的某些参数,以及温度等物理量.

万用电表种类繁多,型号各异,有指针式和数字式两大类,如图 2.1.14 所示. 万用电表的不同测量功能通过转换开关进行选择.

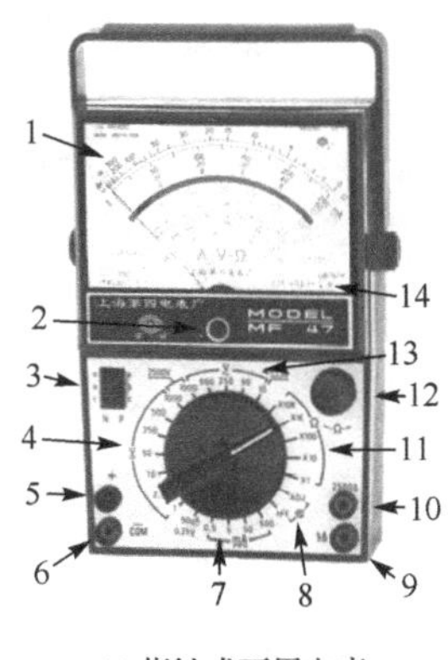

(a) 指针式万用电表

1. 表盘;2. 调零旋钮;3. 晶体管插座;4. 直流电压挡;5. 正极表笔插孔;6. 公共(负极)表笔插孔;7. 电流挡;8. 晶体管挡;9. 5A电流挡;10. 2500V电压挡;11. 电阻挡;12. 电阻挡调零;13. 交流电压挡;14. 性能标志

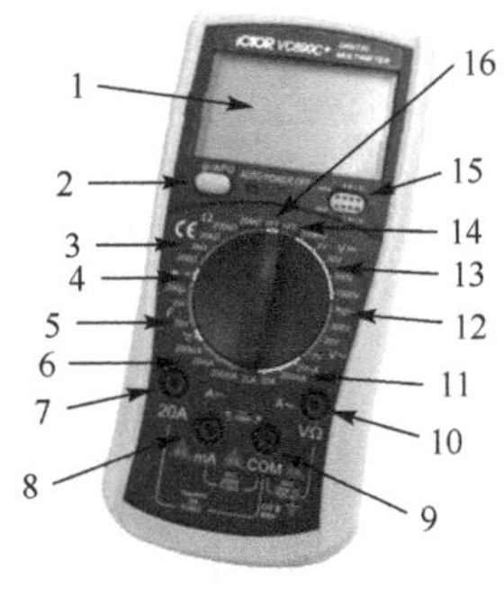

(b) 数字式万用电表

1. 数字表盘;2. 电源开关;3. 电阻挡;4. 二极管挡;5. 电容挡;6. 直流电流挡;7. 大电流挡插孔;8. 小电流挡插孔;9. 公共(负极)表笔插孔;10. 电压/电阻(正极)表笔插孔;11. 交流电流挡;12. 交流电压挡;13. 直流电压挡;14. 晶体管挡;15. 晶体管挡及插座;16. 电源关闭挡

图 2.1.14 万用电表

使用万用电表时,除注意各表的使用方法外,还应注意:

(1)黑表笔(*)为电表各挡的公共负端,红表笔为正端.

(2)读数时,要根据转换开关的指示,从表盘上按类别和倍率关系读数. 由于交流10V以下电压变化不均匀,所以交流10V以下的测量读数单独设置.

(3)切不可用直流挡测交流量,不可用电流挡测电压,不可用电阻挡测电压、电流,以免烧坏电表.

(4)在测量中不能转换挡,以免接触点产生电弧而氧化变质.

(5)测量完毕,应将旋钮置于空挡或交流高压挡,以免再测量时误用.

九、电源

电源是电学实验必不可少的设备,而直流稳压电源是最常用的电源之一. 直流稳压电源是一种直流供电仪器,它输入220V交流电,经仪器降压、整流、滤波、稳压后输出所需的直流电. 图2.1.15所示的SS1710型直流稳压电源可输出0~30V连续可调的直流电,其允许的最大输出电流可达5A. 图2.1.16所示的直流稳压电源可同时双路输出0~32V连续可调的直流电,其允许的最大输出电流为2A.

使用直流稳压电源应注意避免输出短路和过流供电. 目前常用的稳压电源一般都具有过流保护装置,输出电流一旦超过最大允许电流,电源即自行保护,如自动断开输出,待检查线路,排除过流故障后,按“复位”按键即可恢复供电;图2.1.16所示的电源,当输出电流达到设定的最大输出电流后,即使试图增大输出电压,输出电流也不会增大,此时过流指示灯10(红色)点亮,而输出电流没有达到最大输出电流时指示灯11(绿色)点亮. 有的稳压电源过流保护断开输出后,需要关闭电源开关,再重新打开恢复供电.

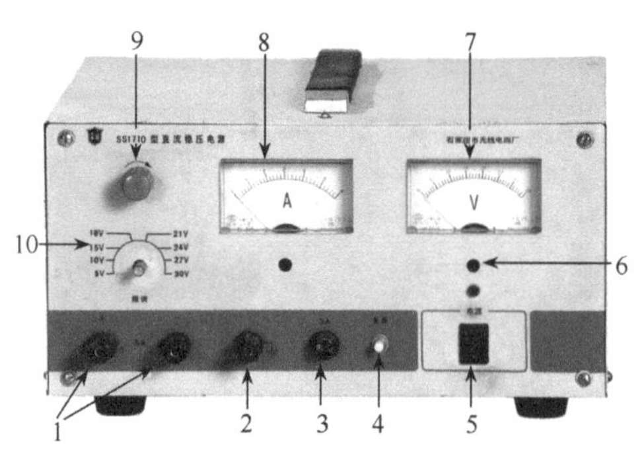

图 2.1.15　单路直流稳压电源

1. 输出接线柱;2. 接地;3. 保险丝;4. 复位;5. 电源开关;6. 电表调零;7. 电压表;8. 电流表;9. 电压微调;10. 电压粗调

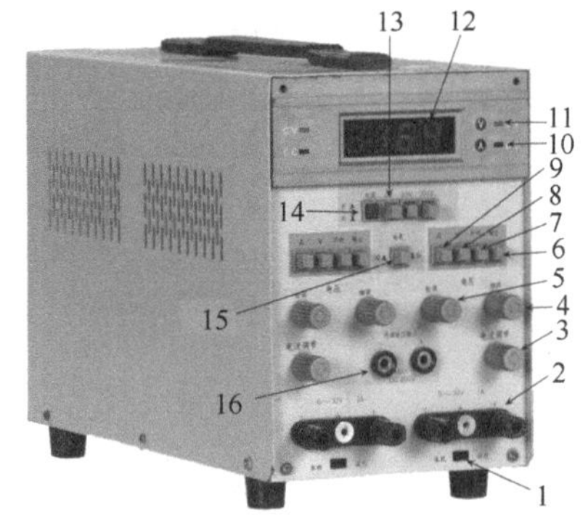

图 2.1.16　双路直流稳压电源

1. 电压本地/遥控调节选择;2. 输出;3. 输出电流(限)调节;4. 电压粗调;5. 电压细调;6. 输出开关;7. 外侧开关;8. 电压显示;9. 电流显示;10. 过流指示灯;11. 工作正常指示灯;12. 数显表;13. 表头量程选择;14. 电源开关;15. 显示选择开关;16. 外侧插孔

直流稳压电源在使用中还应注意在打开电源开关前,将电压调节旋钮逆时针旋到底(使输出电压最小),打开电源开关后,再顺时针调节至所需的电压值.使用完毕后,应将电压调至最小,再关闭电源开关.

十、光学实验器具

为了能顺利完成光学实验,特别是第一次走进光学实验室做实验时,首先应了解实验使用的光学元器件和仪器装置,特别是它们的性能指标、使用规范和保护要求.下面对光学实验基本仪器和使用注意事项作一简单介绍.

1. 光源

1)白炽灯

在物理实验中,除需要一般照明用的光源外,常需要体积小而亮度大的光源.为此,人们常选用小型放映机用的灯泡,如全反射型灯泡和钨卤素灯泡等.它们的额定功率都较大(多为100W 以上),工作电压都很低(如 6V,12V,24V 等),因而工作电流很大.使用时应注意有关参数.电源电压必须与所用灯泡的额定电压相符,灯座接触必须良好,以免烧坏灯泡或引起电路故障.

近几年,发光二极管(LED)光源以其效率高、亮度高、安全稳定等诸多特点,在物理实验中也得到越来越多的应用.

2)汞灯(又称水银灯)和钠灯

汞灯和钠灯分别是以汞蒸气或钠蒸气在强电场中游离放电而形成弧光的气体放电光源.

汞灯按其灯管内的工作气压分为三种:低压汞灯、高压汞灯和超高压汞灯.在普通物理实验中常用的是前面两种汞灯.汞灯是一种复色光源,它发的光看起来为绿白色,其光谱由许多分离的谱线组成.其可见光范围内的几条强谱线的波长为 404.66nm,404.78nm,435.83nm,546.07nm,576.96nm,579.07nm,623.45nm.汞灯光源经分光或滤色后,可用作单色光源.高压汞灯还辐射很强的紫外线，故不可裸眼正视，以免伤害眼睛.

钠灯常用作单色光源. 其光谱为两条波长接近的黄色谱线：588.99nm 和 589.59nm. 通常视作波长为 589.3nm 的单色光.

汞灯和钠灯都要与合适的扼流圈串联于交流 220V 供电线路中，汞灯和钠灯的电源可通用. 灯管应竖直安装，管脚在下，如图 2.1.17 所示. 启动后需经几分钟发光才会正常，不可在短时间内频繁启动. 废管要妥善处理，钠灯破裂遇水会引起爆燃！

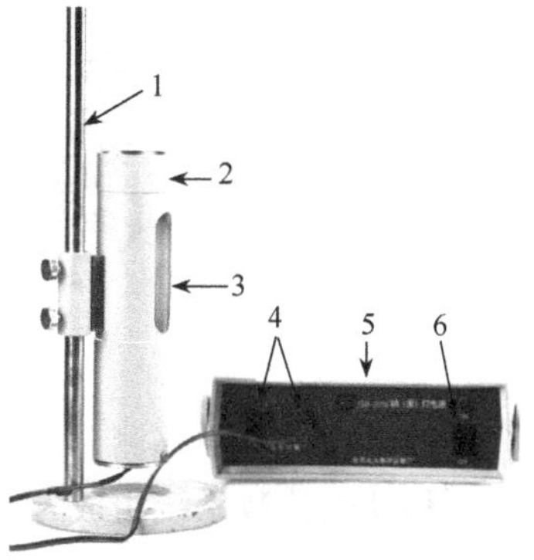

图 2.1.17　汞(钠)灯

1. 支架；2. 灯座(可升降)；3. 出光孔；4. 灯管接线；5. 电源；6. 电源开关

3)激光器

激光器的种类很多，普通物理实验中常用的氦氖(He-Ne)激光器发射的激光的波长为 632.8nm(红色). 氦氖激光管输出的激光功率通常为几毫瓦到十几毫瓦，相应的管长为 200～500mm. 它的阳极和阴极之间需加几千伏电压才能点燃，正常工作时也要维持一两千伏的电压，因此要有专用的电源. 使用时要防止触及电极，用完并切断开关后还应使其正、负输出端短接，令其中电容器放电，以免导致电击事故. 氦氖激光器输出功率虽小，但亮度极大，切不可盯视未经扩束的激光，以免烧伤视网膜！ 图 2.1.18 显示了两种常见的氦氖激光器，其中图 2.1.18(a)中的激光器的激光管和电源装于一个机箱中，通过调节工作电流可改变激光功率；而图 2.1.18(b)中的激光器的激光管和电源分开安装，其激光管可根据需要安装在不同位置.

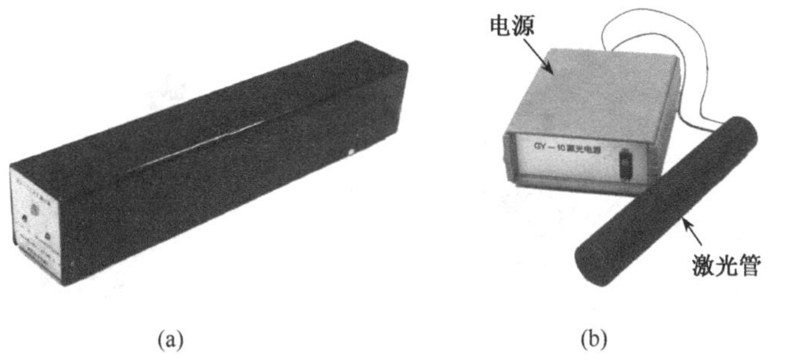

图 2.1.18　氦氖激光器

目前，半导体激光器在物理实验中应用得越来越多. 半导体激光器体积小、重量轻、使用方便. 常见的半导体激光器波长为 650nm(红色)，也有绿色的. 半导体激光器的工作电压一般为 3～5V. 由于半导体激光器的发光原理的限制，其管芯发出的光束并非纯圆形，且非平行光，一般采用透镜将光斑会聚，一些半导体激光器通过转动前端的会聚透镜可调整其光斑大小. 光线平行性和单色性不如氦氖激光器. 图 2.1.19 为常见的半导体激光器.

2. 读数显微镜与望远镜

1)读数显微镜

实际使用中的显微镜种类是很多的，其构造上也各不相同. 现仅就物理实验中常用的读数显微镜作一简单介绍.

图 2.1.19 半导体激光器

读数显微镜也叫移测显微镜,图 2.1.20 显示了两种常见的读数显微镜,它由长焦距显微镜和可移动的读数系统组成,能够精确测量微小长度. 它的显微镜目镜上装有十字叉丝,镜筒固定在一个左右(或上下)可移动的圆柱轨道上,移动的距离可精确测出. 读数显微镜既可作长度测量,又可作观察用的光学仪器. 由于读数显微镜可以水平放置,也可以竖直放置,故可搭配成各种测试装置,以方便操作. 读数显微镜的主要作用是精确测量微小长度或不能用夹持量具测量的物体的尺寸. 放大观察部分和读数测量部分是相对独立的. 它直接测量物体长度或宽度. 读数显微镜放大倍数一般固定不变,如物镜倍数为 3 倍,目镜倍数为 10 倍. 其工作距离约 40mm,测量时以目镜内叉丝为标志,它与鼓轮(副尺)同步移动. 鼓轮转一圈,具有读数指示的读数主尺移动 1mm,主尺表示读数显微镜测量范围,如 0～50mm. 鼓轮副尺上刻有 100 等分的刻线,相邻两刻线间距是 0.01mm,所以读数显微镜测量结果可估读到 0.001mm. 主尺和副尺的读数和就是测量的数值大小.

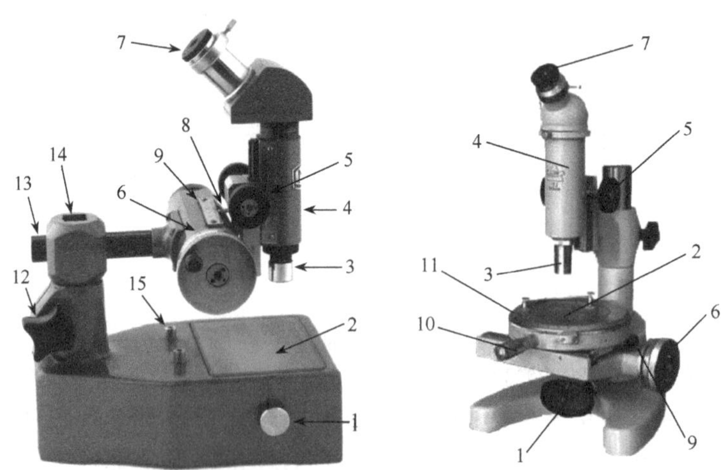

图 2.1.20 读数显微镜

1. 反光镜调节手轮;2. 毛玻璃;3. 物镜;4. 镜筒;5. 调焦手轮;6. 水平鼓轮;7. 目镜;8. 读数指标;9. 读数主尺;10. 垂直鼓轮;11. 旋转工作台(可测转角);12. 垂直调节固定旋钮;13. 水平移动杆;14. 转接轴;15. 弹簧压片安装柱

(1)基本结构与使用方法.

如图 2.1.20 所示,它主要由三大部分组成:显微镜、读数装置、传动装置.

① 显微镜由目镜、物镜、十字叉丝及镜筒支架、调焦手轮、锁紧螺丝等组成. 使用时显微镜

可以处在竖直方向的位置，也可以利用水平移动杆 13 将测量架插入转接轴 14 的十字孔中，用旋钮紧固后使显微镜处于水平位置，如“单色仪的定标”实验中这样放置显微镜，用以观测出射狭缝处的谱线.

使用时可根据测量对象的具体情况来确定显微镜的位置，然后把待测物体置于物镜的正下方或正前方. 为精确读数，应用目镜对叉丝调焦，使叉丝清晰可辨，然后紧固锁紧螺丝. 对准目镜观察，调节调焦手轮可以改变物镜和物体间的距离，在目镜中看到清楚的物像.

② 读数系统有主尺和附尺，主尺和一般的米尺刻度相同，附尺采用螺旋测微器形式，其读数原理同螺旋测微器. 对于 JCD-Ⅱ型读数显微镜，在镜筒上还刻有毫米刻尺，以作垂直方向的粗略测量.

③ 传动装置是由圆柱导轨、测微手轮、精密丝杆、水平移动杆、旋手等组成. 转动测微手轮，可使镜筒支架带动镜筒沿圆柱导轨移动，移动的距离可由标尺和旋转手轮上套筒的刻度精确读出. 为了调节整个测量系统的高度，可通过旋钮 12 使转接轴 14 升降、旋转.

④ 其他部分：弹簧压片插入安装柱 15 中，用来固定被测工件. 反光镜用调节手轮 1 转动，为了防止灰尘进入导轨和精密丝杆中，还增加了防尘罩. 为了便于做牛顿环实验，还制备有半反射镜组附件(参见“等厚干涉”实验)，不需要时可从显微镜筒上取下附件放在装置箱内.

(2)使用步骤.

① 依测量需要，放置好显微镜与待测物体.

② 调节目镜使轻松、清晰地看清分划线，然后调节显微镜筒对待测物体聚焦，使同时看清分划线和待测物，并消除视差.

③ 使叉丝的一条线平行于镜筒的移动方向，即与主尺的位置平行，另一条线用来测量物体的位置.

④ 旋转测微手轮 6 或者轻移待测物体，使十字叉丝中的一条线与待测物体一边相切，由主尺和附尺读得该叉丝位置 x，然后保持待测物体位置不变，旋转测微手轮使待测物的另一边与叉丝相切，读得 x'. 于是待测物体的长度 L 为

$$L=|x-x'|$$

(3)注意事项.

① 当用镜筒对待测物聚焦时，为防止损坏显微镜，只允许使镜筒移离待测物体(即提升镜筒).

② 如需多次测量，每次测量中测微手轮只能向单一方向转动，不能时而正转，时而反转(即往复测量)，否则丝杆和螺母套管间有间隙会造成螺距差. 如需要朝反方向进行，应转动测微手轮使镜筒超过测量目标，然后反向空转几圈之后重新带动镜筒沿导轨移动.

2)望远镜

长焦距的物镜与短焦距的目镜(两者均为凸透镜)所组成的望远镜是常用的望远镜，称为开普勒望远镜，其光路如图 2.1.21(a)所示. 无限远物体发出的光透过物镜后成像于物镜的后焦面上，因通常使目镜的前焦点与物镜的后焦点重合，故由中间像发出的光经目镜后将形成位于无穷远的虚像，但其视角得到放大.

观察有限远物体时，或者需要同时看清叉丝(分划板)时，中间像与分划板应重合地处于目镜的前焦距之内，并形成位于明视距离处的虚像，而无视差(图 2.1.21(b)).

观测时也应先调节目镜与分划板之间的距离，看清叉丝准线后再调节分划板(连同目镜)与物镜之间的距离，直到物体的像与叉丝准线的像两者无视差为止.

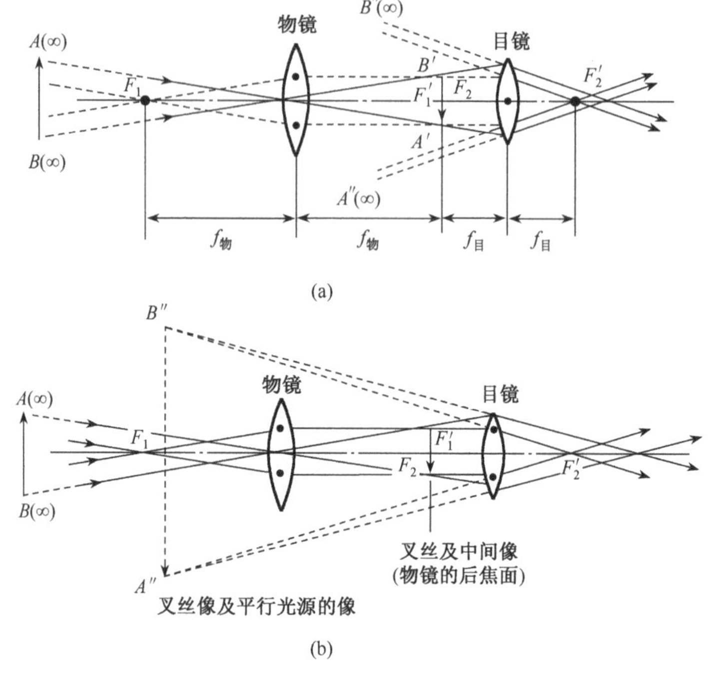

图 2.1.21 望远镜原理图

高斯目镜与阿贝目镜是分光计的望远镜常用的两种目镜结构,其原理和使用方法详见"衍射光栅测波长"实验.

2.2 物理实验基本方法

物理实验可分为 3 种类型——再现自然界的物理现象、寻找物理规律和对指定物理量的测量. 具体还可以细分为:探索性实验与验证性实验、定性实验与定量实验、析因实验与判断实验、对比实验与模拟实验等. 由此可看出,严格说来,物理实验与物理测量并非一回事,但任何物理实验几乎都离不开物理量的测量,可见物理测量是物理实验的基础、关键和重点. 因此,人们常把物理测量称为物理实验,而归纳起来的有共性的测量方法称为物理实验方法.

实验方法是指在给定的条件下,如何根据要求,尽可能地消除或减小系统误差以及减小随机误差,获得更为准确的测量值或结果的方法. 由于物理实验有许多种类型,因此实验方法也多种多样. 在这里仅就一些常见的实验方法作一简单介绍.

一、比较法

比较法是实验测量方法中最基本、最普遍的方法. 测量就是将待测物理量与规定的该物理量的标准单位进行比较,以确定待测量是标准单位的几倍,从而得到该待测量的测量值.

1. 直接比较法

(1)将待测量与标准量具进行直接比较测出其大小,称为直接比较法(如米尺测量长度). 这种直接比较法的测量精度,受到测量仪器自身精度的限制,要提高测量精度就得提高量具的精度.有些物理量难以制成标准量具,就需要先制成与标准量值相关的仪器,再将这些仪器与待测物理量比较,这些仪器也可称为量具,如温度计、电表等.

(2)通过一定的机械装置或电路使待测物理量与标准量具达到平衡、补偿或零示状态而进行直接比较,在物理实验中常采用的有:平衡比较(如物理天平等)、补偿比较(如电势差计等)、零示比较(如检流计等).

必须指出,要有效地运用直接比较法,应考虑下面两个问题:

创造条件使待测量能与标准件直接对比;无法直接对比时,则视其能否用零示测量法予以比较,此时只要注意选择灵敏度足够高的平衡指示仪即可.

2. 间接比较法

许多物理量是无法通过直接比较而测出的,通常需要利用物理量之间的函数关系将待测物理量与同类标准量进行间接比较而得到待测物理量.此种间接比较法在测量中是较为普遍的.如将待测电阻 R 与电源和电流表串联接成一回路,记下电流表的示数;用一可调标准电阻 R_0 替换待测电阻 R,调 R_0 使电流表示数与接待测电阻时相等,此时 R_0 的值即为待测电阻的阻值.

二、补偿法

补偿法的定义为:某系统受某种作用产生 A 的效应,受到另一种同类作用产生 B 的效应,如果 B 效应的存在使 A 效应显示不出来,就叫作 B 对 A 进行了补偿.

补偿法在实验中的应用是比较广泛的.如迈克耳孙干涉仪,虽然两反光镜到半反膜的距离相等,但由于两路光所经过的介质不完全相同,产生光程差,当加入补偿板后,将这一光程差补偿(抵消),使光路中的光程对称.

由于补偿法可以减弱甚至消除某些测量状态产生的影响,可大大提高实验的精度,因此,补偿法在精密测量和自动控制等方面得到广泛的应用.例如,用电压补偿法弥补因电压表在直接测量电压时引起被测支路电流的变化(电势差计);用温度补偿法弥补因某些物理量(如电阻)随温度变化而对测试状态带来的影响;用光程补偿法弥补光路中光程的不对称性等.

一个完整的补偿测量系统一般由以下四部分组成.

(1)待测装置:产生尽量稳定的待测效应.

(2)补偿装置:产生补偿效应,要求补偿量值准确达到设计的精度要求.

(3)测量装置:将待测量与补偿量联系起来进行比较.

(4)比较装置:比较待测效应和补偿效应的差异,从方法上可分为零示比较和差示比较.

零示比较也称完全补偿,在物理实验中常采用此方法.如电势差计测量电动势的基本原理就是"补偿法".

差示比较也称为不完全补偿.它是利用标准量把待测量的绝大部分先补偿掉,剩下的微量再用仪器检测.也就是说,待测量等于一个标准量加上一个剩余微量.由于此微量在整个待测量的数值中所占比例很小,对整个测量的准确度的影响不会很明显.

还有一种情况,实验中所关心的不是待测量的绝对大小,而是精确知道待测量的微小变化量.也可以采用差值补偿法,把待测量的绝大部分先行补偿掉,然后再用仪器测量出其剩余微量的变化值.比如在许多使用传感器的测量电路中的非平衡电桥(参见应变片传感器实验).

三、换测法

在实验中,有许多的物理量无法直接测得,或虽可直接测量,但测量的准确性不等,可以通过变量代换的方式转换待测量,通过测量一些容易测量且测量更准确的量,再利用函数关系求得待测量. 即把计算待测量的公式中一些难以测量的某些量化成易测量的量,逐一进行测量,从而可得到实验的测量结果,这样一种方法称为换测法. 换测法大致可分为参量换测法和能量换测法两类.

1. 参量换测法

参量换测法利用各种参量在一定实验条件下的相互关系来实现待测参量的变换测量,以达到测量某一物理量的目的. 这种参量换测法,几乎贯穿于所有实验之中.

例如,最常见的玻璃温度计就是利用在一定范围内材料(水银、酒精等)的热膨胀与温度的线性关系,将温度测量转换为长度测量. 再如测量杨氏模量实验中利用光杠杆将微小的金属伸长量转换为容易得到的米尺读数等.

2. 能量换测法

能量换测法是指某种形式的物理量,通过能量变换器,变成另一种形式物理量的测量方法. 在物理实验中,常利用传感器来进行这种能量转换的测量. 传感器的种类很多,原则上讲,所有的物理量,如长度、速度、加速度、光强、温度、压力、流量、电压、电流等,都能找到与之相应的传感器,从而可将这些物理量转换为电信号量进行测量. 常用能量换测法有热电换测、磁电换测、压电换测、光电换测等.

四、模拟法

受实验条件限制,许多物理过程难以真实再现或很不经济,可以采用模拟法来进行实验. 模拟法并不直接研究某物理现象或物理过程的本身,而是采用与之相似的模型进行研究,它是弥补实验室有限条件的有效方法. 它可分为物理模拟、数学模拟和计算机模拟.

1. 物理模拟

若被模拟的物理过程与模拟的物理本质和过程是一致的,称之为物理模拟. 例如,用风洞(高速气流装置)中的飞机模型来模拟实际飞机在大气中的飞行. 又如用水泥造出河流的落差、弯道、河床的形状,一些不同形状的挡水状物,模拟河水流向、泥沙的沉积、水坝对河流运动的影响.

2. 数学模拟

两个物理量,尽管它们的物理本质和产生的物理现象或过程并不相同,但却有相同的数学表达式来反映它们的规律. 这样,就可以用其中的一个物理过程来模拟另一个物理过程,这称为数学模拟. 例如,模拟静电场实验中用稳恒电流场来模拟静电场.

3. 计算机模拟

计算机模拟就是通过计算机控制仿真实验画面动作来模拟真实实验的过程. 随着计算机

多媒体功能的不断提高，计算机模拟由单纯的过程模拟发展到具有很强真实感的仿真，因此也称为计算机仿真. 计算机仿真利用计算机丰富实验教学的思想、方法和手段，改变了传统的实验教学模式.

五、光学法

利用几何光学和物理光学的原理可以实现大量的物理量的无损测量. 例如，干涉法利用各种机械波、电磁波、光波的干涉可将瞬息变化并难以测量的动态研究对象变成稳定的静态对象——干涉图案，从而简化了研究方法，提高了研究的精度. 光学法具有高速、高精度、无损等特点，在物理量的测量中得到越来越广泛的应用. 在 2.3 节将对光学测量技术作进一步的介绍.

六、放大法

当待测物理量很小而无法直接测量时，可考虑采用放大法进行测量，而且必须是线性放大. 常见的放大法有以下几种.

1. 机械放大

利用机械部件之间的几何关系使标准单位量在测量过程中得到放大，从而提高了测量仪器的分辨率，增加了测量的有效数字的位数(如游标尺、游标盘、千分尺等).

2. 电磁放大

在电磁学物理量的测量中，鉴于被测量微弱，常需放大才便于检测. 另外在非电量测量中将其转换成电学量再进行放大而测量，几乎成为科技人员的惯用方法. 如在用霍尔效应法测磁场的实验中，通过对放大的霍尔电压的测量，以得到对磁场的测量.

3. 光学放大

望远镜、读数显微镜以及许多仪表中应用的“光杠杆”皆属于光学放大. 光学放大具有稳定性好、受环境的干扰小的特点.

七、对称测量法

对称测量法是消除测量中出现的系统误差的重要方法. 当系统误差的大小与方向确定(或按一定规律变化)时，在测量中可以用对称测量法予以消除. 例如，“正向”与“反向”测量，平衡情况下的待测量与标准量的位置互换，测量状态的“过度”与“不足”(如超过平衡位置与未达平衡位置的对称、过补偿与未补偿的对称)等，这类测量方法常常可以帮助测量人员消除部分系统误差.

1. 双向对称测量法

双向对称测量法对于大小及取向不变的系统误差，通过正、反两个方向测量，可得到加减相消的结果. 例如，静态法测杨氏弹性模量实验中，通过对被测材料增加外力和减小外力的对称测量，可消除因材料的弹性滞后效应而引起的系统误差；霍尔效应法测磁场的实验中，分别对霍尔片通以正向和反向电流的对称测量，可消除霍尔附加效应对测量结果的影响.

2. 平衡位置互易法

在应用平衡比较法测量时，将待测量与标准量位置互换，交换前后两次测得的数据，通过乘除来消除部分直接测量的系统误差. 例如，天平称衡时，对因天平两个臂的不等长而引起的系统误差，可通过交换被测物与砝码的位置来消除；电桥测量中，比率臂电阻的误差可通过交换比较臂电阻与被测电阻的位置而消除.

2.3 物理实验基本技术

物理实验的基本技术包括调整、操作和测量技术等，在实验中十分重要. 正确地调整、操作和测量不仅可将系统误差减到最低限度，而且可以提高实验结果的准确度. 所以任何正确的测量结果都是来自仔细地调节，严格地操作，认真地观察和合理地分析. 有关实验基本技术的内容相当广泛，需要通过具体实验逐渐积累起来，熟练的实验技能只能来源于自身的实践. 下面仅简单地介绍一些最基本的实验技术，其他一些特殊的调整、操作技术将在各有关的实验中加以讨论.

一、基本调整技术

1. 零点的调整

仪器在使用前应首先检查其零点是否正确，由于搬运、使用磨损或环境条件的改变等原因，其零点会发生变化. 对于有偏差的零点要进行调整或校准，否则，将对测量结果引入系统误差.

零点校准的方法，应根据不同的仪器采用不同的方法. 对有校准器的仪器(如电表等)，则应调整校准器，使仪器处于零位. 对于电路调零可以通过调整电位器进行(称电器调零)，如开尔文电桥检流计放大器的电器调零是通过调整 w 旋钮. 有的仪器可以使用专用工具(如小扳手)进行零位调整，如螺旋测微器等. 对于没有进行调整或者暂不能进行零位调整的仪器，可在测量前先记下初读数，再在测量结果中加以修正.

2. 水平、铅直的调整

在实验中，有些仪器需要进行水平或铅直的调整，如平台的水平或支柱的铅直状态等. 需要调整水平或铅直状态的实验装置，一般在平台或支柱上装有水准仪或悬锤，调整时只要调整底座上的三个底脚螺丝使水准仪中的气泡居中，或使悬锤的锤尖对准底座上的座尖即可. 例如，刚体转动实验仪平台水平的调整和天平立柱铅直的调整等.

对没有装置水平仪或悬锤的仪器，可利用自身的装置进行调整，如焦利秤可以通过调整底脚螺丝使悬镜处在玻璃管的中间；对杨氏模量仪，可以通过调整底脚螺丝使砝码托处在两立柱的中间，以达到立柱的铅直.

对于不能利用自身装置的仪器，可取一长方形的水准仪，先放在与任意两底脚边线平行的方位，调节该两底脚螺丝使气泡居中，然后将水准仪置于与前位置垂直的方位，调节另一底脚螺丝使气泡居中，再反复进行调节，逐次逼近，直至水准仪置于任意位置时气泡都居中. 这时立柱即处于铅直状态.

3. 视差的消除

在测量读数时，经常会遇到读数标线(指针、叉丝)与标度尺(盘)不重合的情况，如电表的指针和标度面总是离开一定的距离. 当眼睛在不同位置观察时，读得指示值就会有一定的差异，这就是视差. 有无视差可根据观察时人的眼睛稍稍移动，标线与标尺刻度是否有相对运动来判断. 为了消除视差，应做到正面垂直观察. 对有反射镜的电表读数时，人的视线应垂直盘面，使指针与刻度槽下平面镜中的像重叠，读出指针与刻度盘上重合处的读数，即为无视差的读数.

在光学测量时，常用到带有叉丝的测微目镜、望远镜或读数显微镜. 它们共同的特点是在目镜焦平面附近装有一个十字叉丝(或带有刻度的玻璃分划线)，使用时应通过旋转(或推拉)目镜和调节物镜，分别使十字叉丝和待观测物体同时成像在目镜的焦平面上，此时叉丝与物体的虚像都在明视距离的同一平面内，这样便无视差. 要判断是否有视差，可上下轻微移动眼睛，若叉丝与物体间无相对运动，说明无视差. 要消除视差且可轻松地长时间观测，可先放松眼睛，然后仔细调节目镜(连同叉丝)使成像在明视距离上(可长时间轻松看清)，再调节物镜(焦距)，使被观察物体成像与叉丝的像重合，即可消除视差. 杨氏模量实验中望远镜的调节、等厚干涉实验中读数显微镜的调节均可这样操作.

4. 等高、共轴的调整

(1)在光具座上应用激光做实验时，先以导轨为准，调节激光束的方向平行于导轨，用光屏沿导轨平稳地移动较长一段距离，若屏上激光斑点的中心位置不变，则表明光束的方向已平行于导轨. 再以激光束为准，依次放置并调节各元件的高低和左右，使光束经过各元件后光斑的中心仍在原来的位置.

(2)在光具座上采用普通光源做实验时，应以光具座的导轨为准. 先用目测法进行粗调，使光源、物体、透镜和光屏的中心大致等高共线，各元件均不倾斜. 再利用光学系统本身，依据透镜或成像规律进行细调. 例如，由共轭法细调时，使物与屏的间距大于四倍焦距，逐步将凸透镜从物移向屏，在移动过程中，屏上将先后获得一次大的和一次小的清晰的像，若两次成像的中心重合，即表示已达到等高共轴的要求.

(3)安排二维光路(如全息照相光路)时，应以平台面为准，调激光束的俯仰，使光束平行于台面. 当光屏在平台上滑动较长一段距离时，屏上光斑的中心应保持同一高度，放置其他元件时，应使经反射或折射后的光束保持原高度. 经扩束镜形成的光锥轴线也保持原高度.

二、基本操作技术

1. 电学实验的基本操作

1)仪器的布局

做电学实验时，合理地布置仪器是顺利做好实验的重要一环. 仪器布局得当，可使接线顺手，操作方便，不易出错. 仪器布局的原则是：为了连线方便，一般设备仪器应按照电路图中的位置摆好. 但是，为了便于操作，易于观察，保证安全，有的仪器可不完全按照电路图中的位置对应布置. 例如，经常要调节或读数的仪器可放在操作者近处，电源应放在最后，电源开关前不要放东西，以防在电路出故障时不能及时断开电源. 仪器总体排放要整齐.

2)电路接线

接线时不要随意接,应将复杂的电路分成若干闭合的简单回路,一个回路一个回路地接,一个回路完成后再接下一个回路. 每个回路都是从电势最高处(如电源正极)开始,到电势最低处(如电源负极)结束.

对于有正负极性之分的器件要特别注意,要避免接错,可在仪器摆放时就按照电路图把正负极摆好. 按照前述的方法先接的是正极,再由负极接其后的元器件.

当有两个以上元器件并联时,可先将它们并联好;若有两个以上的元器件有极性,则应将同极性的一侧并联;在连接子回路时,并联后的元器件与单一元器件一样对待.

接线柱旋钮要旋紧. 电路中一个接线柱上不宜连上过多的线,否则,容易出现接头脱落等现象,可分散到电路上等势点的接线柱上. 接线完毕后,要先自查一遍,再请教师检查,无误后方可通电实验.

3)通电实验

通电实验之前,须将电源的电压输出旋钮逆时针调至最小. 电路中各变阻器调至安全位置,如限流器的阻值要调至最大,分压器要调到输出电压最小的位置,检流计的保护电阻应调至最大位置等. 当对电路中待测的电流、电压等的量值大致范围尚不明确时,电流表、电压表等应取最大量程.

接通电源时应手按电源开关,仔细观察全部仪器装置,发现有表针反向偏转或超出量程,电路打火、冒烟,出现异味或特殊响声等异常现象时,应立即切断电源,重新检查. 在排除故障前千万不可再通电. 实验过程中要改接电路时,必须先断开电源.

4)断电和整理仪器

实验做完后不应忙于拆线路,应先分析数据是否合理,有无漏测或可疑数据,必要时应及时重测或补测. 在实验课上必须经老师检查,确认实验数据无误后方可拆线. 拆线前应首先把分压器和限流器再度调至安全位置,减小电压和电流,以免断电时电表剧烈打针,或者交流元件产生反向感应电压,击穿其他元件或仪器、仪表. 然后切断电源开关,开始拆线. 拆线应从电源开始,这样做可以防止忘记断开电源时因自由导线短路而引起烧坏仪器、触电、起火等事故. 拆下的线整理成束捆好,再将仪器、仪表摆放整齐.

2. 光学实验的基本操作

1)光学实验的三种校准方法

(1)自校准. 自校准是利用自身的设置来校准自身状态的一种方法. 例如,分光计上的自准直望远镜就是通过自身装置的调节达到标准状态,即适合观察平行光,其转轴又垂直于仪器转轴.

(2)被校准. 被校准就是由一个作为基准的仪器校验待校的仪器. 例如,分光计上的平行光管是以校准后的自准直望远镜为基准进行校准,使之出射平行光就是被校准过程. 被校准是应用最多的校准方法. 在光学系统调节过程中,首先弄清哪个是基准、对谁进行调节、应该出现什么现象,然后再动手进行操作,就会取得事半功倍的效果.

(3)互校准. 互校准是指待校准的双方均未达到标准状态,而又根据二者之间的关系进行检验的调整方法. 比如,在分光计上平行光管调整中,一边调分划中心的横向位置,一边调反射镜的角度,使分划线中心处于光轴上的调节就是一例. 因为在互校准的过程中,谁都不处于标准状态,因此,必须采用互为参照、互相逼近的调节方法.

2)成像准确位置的判断

根据透镜成像规律,像与物是共轭的,只有在共轭面上才能得到理想的像.为了准确地定出共轭像面位置,必须有意识地找出焦深范围,即向前向后移动光屏,找到两个像开始变模糊的位置,两个位置之间的距离即焦深.焦深范围的中点就是共轭像面的位置.

3)光学仪器的使用

光学仪器的特点:光学元件大都是玻璃制品,光学面都要经过精密抛光;光学仪器的机械系统,大都要经过精密加工.所以,光学仪器精度高、价格贵、易损坏.

光学元件和仪器的操作注意事项:

(1)光学元件多为玻璃器件,使用时要轻拿轻放,防止碰撞和摔坏.

(2)光学元件的工作表面(即"光学表面")是经过精密研磨抛光的,甚至是经过精密镀膜的,其光洁度和厚度不可破坏.不允许直接用手触摸元件的光学表面,也不许对着光学表面说话、咳嗽和打喷嚏.

(3)拿元件时只能接触非光学表面(如边框或磨砂面等,图2.3.1),以免留下指纹等脏迹.

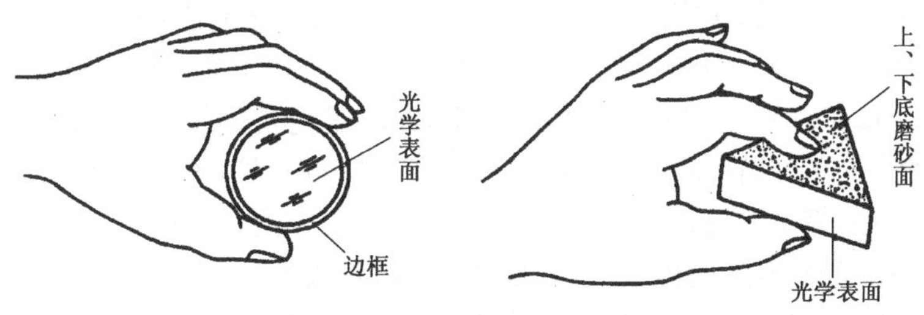

图2.3.1　光学器件的拿法

(4)暂时不用的元件应放在安全的位置,不可放在书上或桌边,以免被无意扫落地面打破.

(5)若光学表面已被玷污(如有指纹、污痕、霉点和灰尘等),应请示老师,采取妥善措施处理,不可擅自擦拭.

(6)光学仪器的机械部件大多数都加工和装配得很精密,造价也很高昂.使用之前必须熟悉其结构,轻缓调节,不可蛮扭强旋,更不许随便拆卸.暂不使用的附件不可随意乱放,以免丢失和损坏.

光学器件和仪器的保养维护时应做到:

(1)光学仪器应在通风、干燥和洁净的环境中使用和保存,以防光学元件受潮、发霉或结雾,受到腐蚀.

(2)从仪器箱内取出时,要注意各部件在箱内的安放位置和方法.取时要先取附件后取主机;放回时要按原来位置,先放主机后放附件.

(3)对长期搁置不用或备用的仪器,要装箱或加盖罩,并定期检查和保养.仪器箱内的干燥剂要及时烘干,以保持去潮能力.在活动的金属部件间隙可注入少量的润滑油.

(4)光学表面(或某些镀膜面)如有油污、斑痕,绝不要随便擦拭,可以用50%的无水乙醇和50%的无水乙醚混合液处理.首先用脱脂棉球蘸一下溶液,并在洁净的纱布上挤出多余的液汁(液汁过多不易干燥,还会留下擦痕),沿着一个方向轻轻擦拭一部分表面,而后再用棉球的另一侧擦拭其他部位(切勿重复使用).

(5)狭缝刀口上如有纤维或灰尘,可用细软的小木条(如削尖的火柴棒)清理.

以上仅适用于处理一般光学元件和仪器.对全息光栅、用晶体材料加工成的透镜或棱镜等特殊元件,应采用特别的方法处理,不许自己擦拭.

3. 其他操作技术(技巧)及原则

除了以上两个方面的操作技术之外,为能更快捷、更精确地得到待测量的测量结果,在物理实验中还常常用到以下操作技术及原则.

1)逐次逼近调节技术

对任何仪器进行的调节几乎都不能一蹴而就,都要根据一定的判据,进行多次反复调节.逐次逼近法是一种快速而有效的调节方法,如电桥调平衡、天平调平衡、电势差计测电动势时调整补偿点等,均用到该方法.其核心内容是:在调节过程中,应首先确定平衡点所在的范围,然后逐渐缩小这个范围,直至最后调到平衡点.

例如,调节电桥平衡时,若待测电阻 R_x 与其他已知桥臂电阻满足关系 $R_x=\dfrac{R_1}{R_2}R_0=kR_0$,电桥达到平衡,检流计指零.常用单臂电桥(如 QJ23 型惠斯通电桥)有 5 个调节旋钮(比率 k 和 R_0 的×1、×10、×100 和×1000 四位),若待测电阻 R_x 范围未知,可先将 kR_0 取最大,即 k 放置在最大值位上,R_0 的四位全部放在最高挡 9 上,此时是电桥的最大量程.按电桥电计按键,检流计指针一般会向负方向偏转,说明 $kR_0>R_x$.将 k 降低一挡,若检流计指针仍向负方向偏转,将 k 再降低一挡,直至检流计指针换向,将 k 倒回至前一挡;若测试前已知待测电阻的数量级,可直接将比率 k 放到合适的挡位(比待测电阻的数量级小 3 个数量级).将 R_0 的最高位(×1000)逐挡下调,当检流计指针由向负方向偏转改为向正方向偏转时,将挡位后退一挡,再用相同的方法依此调节其余的位,如此逐次逼近,可迅速找到平衡点.当 R_0 的最后一位(×1)调好后,全部调节完成,读出 k 和 R_0 的值相乘即得待测电阻的阻值.

2)先定性后定量原则

为避免测量的盲目性,在进行定量测量之前,应先对实验现象的整体或全过程进行定性观察.在对实验现象或数据的变化规律有一初步的了解后,再着手进行测量.

例如,在"衍射光栅测波长"及"单色仪的定标"实验中,应先定性地观察待测光谱的整体状况,如待测谱线的呈现是否完整,强度能否满足易于分辨的需要,位置的大致分布范围.又如测量透镜焦距实验,可先利用成像原理简单判断待测透镜的类型和焦距的大概值,再根据实验条件选择合适的方法精确地测量等.这样,在进行定量测量时就可避免盲目性.

实验中,还可以根据已有知识和实验公式对实验中的待测量进行估计,这样,可以在实验中有目的地寻找待测目标,对实验过程进行有针对性的指导,避免盲目实验.如"衍射光栅测波长"中,光栅常数 $d=1/600\text{mm}$,可见光范围在 400～700nm,黄光靠近红光,在可见光范围的中间偏上位置,估计一值,如 580nm,则根据光栅方程 $d\sin\theta=k\lambda$,取 $k=1$ 得 $\theta\approx20°$,即黄色谱线应在与入射方向成 20°的方向附近寻找.

3)单向性测量原则

在物理实验中,有许多测量仪器都是通过鼓轮由螺丝杆推动测量准线移动的,如测微目镜、读数显微镜、单色仪、迈克耳孙干涉仪等.由于齿轮与螺纹间不可能是理想的密合结构,所以使用这类仪器时,当鼓轮正、反向换向旋转之初会出现由齿轮与螺纹间间隙的存在导致的鼓轮转动而测量准线尚未移动的情况，产生空转误差(空程差).

为了避免这类空转误差的产生，在使用这类仪器时，要在测量的全过程中始终保持鼓轮沿一个方向转动调节，即单向旋转.

在具体的实验中，不同的实验要求其单向旋转的具体做法也有所不同. 有的实验所需要的是仪器两次状态间的差值，而与测量方向无关，对于这样的测量只要单向旋转即可，可不管转动方向，像牛顿环直径的测量、光栅实验中衍射角的测量；有的实验需要绝对位置，这时不仅需要单向旋转，还要记录转动方向，因为不同的测量方向会有不同的结果，如单色仪定标实验，必须要记录转动方向，否则所得的定标曲线是没有意义的.

三、基本测量技术

1. 非电量电测技术

电学量如电阻、电流、电压等的测量有比较成熟的仪器和方法，电测方法具有控制方便、灵敏度高、反应速度快等优点，能进行动态测试和自动记录. 对一些非电量，如力学量中的速度、位移、力，热学量中的温度、压强、流量，光学量中的光强、照度、功率等，利用传感器转换为电学量，再采用电测方法，可充分发挥电测方法的优点.

非电量电测系统包括放大器、传感器、测量电路和显示器等. 其中传感器是这一测量技术的核心. 传感器实际上是一种接触器，它们是利用物理学中的物理量之间存在的各种效应与关系，把被测的非电量转换成电量，从而获得被测信息，输入到测量电路中去，测量电路把这一电信号放大、检波、整形等，再输入至显示器进行显示或记录. 下面仅就一些常用传感器作简单介绍.

1) 热电式传感器

热电式传感器是一种将温度变化转换为电学量变化的装置. 它是通过传感元件的电磁参数随温度变化的特性来实现测量的目的. 典型的热电式传感器是热敏电阻和热电偶.

热敏电阻是利用半导体材料的电阻率随温度变化而变化的效应制成的温度敏感元件. 半导体热敏电阻的电阻温度系数一般是负的，即热敏电阻的阻值是随温度的升高按指数规律衰减(详见“热敏电阻温度系数的测定”实验). 它的主要优点是：电阻温度系数大、体积小、重量轻、热惯性小、结构简单等，被广泛应用于测点温度、表面温度、温差、温场分布等.

由于热敏电阻体积较小，除可以测量液体、气体相固体的温度外，还可以用来测量晶体管外壳温升、植物叶片温度和人体内血液温度等. 利用热敏电阻还可以进行自动控温和温度补偿等应用.

热电偶具有热容量小、反应速度快、测温范围广、便于自动化测量等优点，是目前应用十分广泛的热电式传感器. 热电偶的应用举例详见“固体导热系数的测定”实验.

2) 压电式传感器

压电式传感器是一种力敏感元件. 它以某些电介质的压电效应为基础，当受到一定方向的外力作用而发生形变时，内部就产生极化现象，在它的两个表面上就带有符号相反的电荷；当外力去掉后，它又恢复不带电时的状态，这种现象称为压电效应. 当作用力方向改变时，电荷极性也随着改变. 反之，若在介质的极化方向施加电场，这些电介质也会产生变形，若施加交变电场，电介质因变形而振动，这种现象称为逆压电效应，或称电致伸缩效应. 具有压电效应的物质很多,如天然形成的石英晶体,人工制造的压电陶瓷、锆钛酸铅等.

压电式传感器不仅可实现对各种力的电测,而且可以使那些最终能转变为力的物理量(如位移、速度和周期等)实现非电量电测.

压电器件目前也作为换能器件大量使用,如压电陶瓷作扬声器、超声波换能器等,它们被大量应用于家电、工业检测设备中,像超声波加湿器、超声波清洗机、超声测深仪等,本教材中“声速的测量”实验中有超声波换能器的具体应用实例.

3)光电式传感器

光电式传感器是将光信号转换为电信号的一种装置.用这种装置对于能够转换为光信号或能使光信号发生变化的非电量都可以进行测量.例如,该装置可用来测量转速、位移、距离、温度、浓度、浊度等参量,也可以用于对各种产品的计数,用作机床的保护装置等.总之,它是应用很广泛的传感器之一.常见的光电式传感器有以下几种.

(1)光敏电阻.

光敏电阻是根据半导体光电导效应,用光导材料制成的光电元件.有些半导体(如硫化铜等)在黑暗中的电阻值很高,但当它受到光照时,光子能量将激发出电子-空穴对,从而加强了导电性能,使电阻降低,并且照射的光线越强,阻值越低.这种由于光线照射强弱而导致半导体电阻值变化的现象称为光电导效应.具有光电导效应的材料就称为“光敏电阻”,用光敏电阻制成的器件称为“光导管”.

(2)光敏晶体管.

光敏晶体管是一种利用光照时载流子增加的半导体光电元件,它与普通晶体管一样,也有PN结.一般把有一个PN结的叫作光敏二极管,而把有两个PN结的叫作光敏三极管.光敏三极管常常只装有两根引线.

当光通过透镜照射到光敏二极管时,在一定的反向偏压下,光敏二极管的反向电流要比没有光照射时大几十倍甚至几千倍,因此有较大的光电流.由于光电流是光子激发的光生载流子形成的,所以光照越强,光生载流子也越多,光电流也越大.与光敏电阻相比,它具有暗电流小、灵敏度高等优点.

(3)光电倍增管.

在光很弱时,普通光电管产生的光电流很小,此时可采用光电倍增管.光电倍增管是应用电子的二次发射,所以可使光电灵敏度大大提高,其放大倍数可高达$10^6\sim10^8$.另外,它比一般光电管信噪比大、线性度好、工作频率高.所以,它在弱光测量方面有很广泛的应用.

(4)光电池.

光电池是一种利用半导体光生伏特效应直接把光能转变为电能的光电气元件.常见的光电池有硅光电池、锗光电池、硒光电池和硫化镉光电池等.目前应用最广泛的是硅光电池,它有性能稳定、光谱范围宽等优点,但对光的响应速度还不够高.

光电池一般是作为一种能源,如把太阳光能转换成电能的硫太阳能电池.另一种应是把光电池作为一种光电信号转换器.

(5)电荷耦合器件(CCD).

CCD是近几年来发展十分迅速的图像传感器,它除了在传统的电视摄像、数码相机中应用外,也被越来越多地应用到各种测量中.本教材中有多个实验也采用了CCD图像传感器,可参阅“CCD摄像法测径实验”等实验.

2. 磁测量技术

磁场的测量包括对空间磁场和磁介质内部磁场的测量. 目前,常用的空间磁场的测量方法已有十多种,测量的磁感应强度范围为 $10^{-15}\sim10^{8}$ T,测量方法所涉及的原理有电磁感应、热磁效应、光磁效应等. 下面仅就旋转线圈法和霍尔效应法作一简要介绍.

1)旋转线圈法

旋转线圈法是发电机原理的直接应用,测量范围为 $10^{-8}\sim10^{2}$ T,精度为±(0.1～0.01)%. 旋转线圈法的测量精度受转速的稳定性及电压测量精度的限制. 一般说来,它的测量误差为 2%.

2)霍尔效应法

美国物理学家霍尔(Hall)于 1879 年发现,当金属薄片通以电流时,若同时存在垂直于电流方向的磁场,则在薄片两侧产生与电流和磁通方向垂直的电场,这种现象称为霍尔效应. 20 世纪 50 年代以来,由于半导体工艺的进展,先后制成了有显著霍尔效应的材料,如 N-Ge, N-Si,GaAs 等. 这一效应的主要应用是测量磁场. 用霍尔效应测量磁场具有以下一些特点:可连续并线性地获得读数;无触点,无可动元件,机械性能好,使用寿命长;能在很小的空间和小气隙中测量磁场;可用多个探头测量磁场,以便实现自动化测量和数据处理. 用霍尔效应测量磁场的原理和方法见"霍尔元件测磁场"实验. 用霍尔效应制造的测量仪器称为特斯拉计(原名高斯计),可测量 $10^{-2}\sim2.5$T 的交直流磁场. 霍尔元件在许多定性、定量检测和报警电路中有广泛应用.

3. 光测量技术

光测量技术在工程技术与物质的原子、分子结构分析中都曾发挥了巨大作用. 随着激光技术的发展,光学实验方法和技术进一步得到了提高.

在几何光学测量技术范围内,通常以光的直线传播为基础,测定光学材料的物质特性和光学元件的基本参数,如光学材料的折射率、光谱透射特性(透射率、透射光谱曲线)等. 使用的仪器有测微目镜、显微镜、望远镜、平行光管、光谱谐振腔等.

物理光学测量技术是以光的电磁波动性为基础,利用物理光学中的干涉、衍射、偏振等各种现象及光谱技术进行测量. 在干涉法、衍射法测量中,常用的基本规律是:测量干涉条纹、衍射条纹的间距(或条纹宽)及衍射角度,以达到测量微米数量级的大小或变动量的目的;测量条纹的数目或条纹的移动数,以测定光的波长、材料的折射率、光学表面的物理特性及光学元件的基本参数等;测量干涉条纹和衍射图像的强度分布.

1)干涉测量技术

两束光波在空间相遇时,若在其叠加区域可以观察到明暗相间的条纹,这就是光的干涉现象. 获得光干涉的装置一般有两类:一是分波阵面法的干涉装置;二是分振幅法的干涉装置.

光束在传播过程中,同相位的面称为波阵面,把一束光的波阵面人为地分割成两束光,再使这两束光汇合,在叠加区形成干涉的方法,称为分波阵面法. 常用的装置有双缝、双棱镜、双镜、劳埃德镜等,一般用来测量光波波长和薄膜折射率. 但由于这种测量技术误差大而干涉条纹亮度低,因此已很少应用.

分振幅法可采用扩展光源,所以可得到亮度较高的干涉条纹. 典型的双光束分振幅法干涉装置是劈尖和牛顿环装置. 劈尖和牛顿环的测试原理详见"等厚干涉"实验.

分振幅法产生的干涉条纹亮度高,在实际生产中应用极其广泛.其主要应用有以下几个方面.

(1)利用等厚干涉条纹检验光学表面质量及测量一些基本物理量,如测量光波波长、球面的曲率半径、玻璃或液体的折射率和微小厚度等.

(2)组成迈克耳孙干涉仪和法布里-珀罗干涉仪(多光束干涉装置)等.这些装置可以大大提高测量精度.

(3)激光散斑干涉.这是近年来发展起来的干涉计量方法.激光照射到漫反射物体表面时,在不透明物体表面的前方或透明物体表面的后面,产生无规则分布的亮点和暗点,这些亮点和暗点称为散斑.散斑的线度和形状与照射光的波长、物体表面结构和观察点位置有关.散斑干涉计量就是利用散斑图与物体表面变形或位移有内在联系,从而可将变形或位移测量出来. 由于它具有非接触、无损伤、测量灵敏度高、设备简单等优点,已成为光测量技术中的一个重要组成部分.

2)衍射测量技术

光波遇到障碍物,当障碍物足够小时,产生偏离直线传播的现象称为光的衍射现象.产生衍射现象的装置有单缝衍射装置和光栅衍射装置.过去在加工仪表游丝的过程中,是依靠人工用千分尺或读数显微镜逐段检验,工作量大,速度慢.现在可以利用激光照射游丝的衍射现象进行无接触的动态测量和检验,使测量速度和成品的合格率大为提高.

利用光栅衍射可以测定光波波长或光栅常数.光栅衍射测量装置原理见"衍射光栅测波长"实验.将光栅作为分光元件装在光谱仪上,就成为光栅光谱仪,可以进行元素成分及含量的分析.利用晶体的晶格作为空间光栅,可以得到X射线的衍射.X射线衍射仪就是利用这一原理制成的,它可用来研究晶体结构.

3)偏振测量技术

光的干涉和衍射测量技术是利用了光的波动性,而光的偏振测量技术则是利用了光是横波的特性.有关光的偏振现象和测试原理在"光的偏振"实验中有详细说明,在此仅对偏振测量技术的应用方面作一简单介绍.

(1)光测弹性和应力仪.

各向同性介质在外压力作用下也会有双折射特性.这种现象称为光弹性效应.双折射效应的强弱与应力成正比,所以可利用光弹性和偏振光干涉原理测定机械结构的应力大小.研究这一测量技术的学科称为光测弹性学,常用的仪器是应力仪.

除用机械外力获得人为双折射外,还发现在强电场的作用下,某些各向同性的物质也能产生双折射现象,称为克尔电光效应.克尔电光效应反应极为迅速(约 10^{-9} s),目前用来制作高速电光开关.

(2)偏光显微镜.

偏光显微镜是鉴定矿石、研究晶体光学性质——双折射的一种重要的工具,与普通生物显微镜的差别主要在于偏光显微镜上面装有两个偏振元件——起偏器与检偏器.

(3)旋光现象与旋光仪(糖量计).

某些晶体或液体能使通过它们的偏振光的振动面旋转,这种现象称为旋光现象,这种物质称为旋光物质.我们迎着光传播的方向看去,使偏振光振动方向按顺时针方向旋转的物质,称为右旋光物质,反之称为左旋光物质,引起旋光现象的主要原因是这些旋光物质中原子层之间的排列略有扭曲.右旋光物质的原子层绕顺时针方向扭转,左旋光物质则相反.例如,糖溶液的旋光性就是由碳原子的排列略有扭曲而不对称所引起的.

旋光仪是测定旋光率的仪器,通过旋光率的测定可以测量溶液纯度和杂质含量,在医药工业上使用较广泛.

除了天然旋光物质外,某些非旋光物质在磁场作用下,也会显示出旋光现象.物质具有的这种旋光性质称作磁旋光性,又称法拉第效应.磁旋光的方向与磁场方向有关,与光的传播方向无关,利用这一特点,可以制成单通光闸.

2.4　教材中实验涉及的实验方法及技术对应

每一个实验中都具体采用一定的实验方法、数据处理方法,操作过程中也需要一定的操作技术或技巧,才能将实验做得既快又准确.本节把书中各实验中所涉及的有关实验方法、主要仪器、数据处理方法与使用的关键操作技术和技巧作一粗略的总结(表 2.4.1),以使读者在使用中方便查找、对照参考.

表 2.4.1

序号	实验	实验方法	数据处理方法	调整操作技术	关键仪器
1	用谐振子测量重力加速度	累计放大法	逐差法	垂直调整,三线对齐	焦利秤,秒表
2	速度加速度的测定	参量换测法	图解法,外推法	水平调整	气垫导轨,数字毫秒计
3	气轨上简谐振动的研究	累计放大法	图解法,外推法	水平调整	气垫导轨,数字毫秒计
4	液体黏度的测定	落球法	误差修正,标准误差计算	垂直调整,零点调整	秒表,螺旋测微器,游标卡尺
5	液体表面张力系数的测定	能量换测法	标准误差计算	对称操作临界拉膜	数字电压表
6	刚体转动惯量的测定	验证性实验,曲线改直	图示法,图解法,最小二乘法	水平调整	刚体转动实验仪,秒表
7	固体导热系数的测定	能量换测法,物理模拟	误差修正,图解法	时间温度同步测量	热电偶,数字电压表
8	热敏电阻温度系数的测定	替代比较法	图示法(对数),图解法	逐次逼近法	单臂电桥
9	电热法测量热功当量	能量换测法	散热修正	平衡位置互易法	量热器,稳压电源,天平
10	导体电阻率的测定	替代比较法,四端接法	仪器误差估计	逐次逼近法	双臂电桥
11	示波器的原理与使用	换测法	图像比对		示波器,信号发生器
12	薄透镜焦距的测量	自准直法等		共轴调节	光具座
13	折射率的测定	折射极限法	偏心差消除	单向旋转垂直调节	分光计
14	衍射光栅测波长	衍射法,补偿法	偏心差消除	逐次逼近法,自校准,被校准,互校准,视差	分光计

续表

序号	实验	实验方法	数据处理方法	调整操作技术	关键仪器
15	电阻应变片式传感器测应变及质量	能量换测法,平衡位置互易法,差值补偿法	累加法	单向旋转,调零	传感器实验仪,物理天平
16	声速的测量	能量换测法	逐差法	单向旋转	声速测量仪,示波器
17	光纤位移传感器工作特性研究	能量换测法	最小二乘法	单向旋转	传感器实验仪
18	光栅莫尔条纹法微位移测量	换测法	数字图像处理	单向旋转	光电传感器实验仪
19	霍尔元件测磁场	换测法,双向对称平衡法	图示法		数字电压表,电流表
20	电路故障分析	电压检查法	图示法	排除法	万用电表
21	CCD摄像法测直径实验	换测法,比对测量	数字图像处理		光电传感器实验仪
22	迈克耳孙干涉仪实验	干涉法,补偿法		共轴调节,单向旋转	迈克耳孙干涉仪
23	单色仪的定标	色散法	图示法	单向旋转	单色仪,汞灯
24	等厚干涉	干涉法	逐差法	单向旋转,显微镜消视差	读数显微镜,钠灯
25	偏振光的特性研究	偏振法	偏心差消除	单向旋转	椭圆偏振仪,分光计
26	巨磁电阻效应及应用	电磁放大,平衡位置互易法,替代比较法	图示法,列表法	逐次逼近	巨磁电阻效应及应用实验仪
27	金属杨氏模量测定	放大法,双向对称测量法,参量换测法	逐差法	共轴调节,望远镜消视差	望远镜尺组,螺旋测微器,游标卡尺
28	电子电荷的测定	计算机模拟	静态平衡法	水平调节	计算机
29	光电效应实验	计算机模拟验证实验	图解法,最小二乘法		计算机
30	阿贝比长仪和氢氘光谱的测量	计算机模拟	线性内插法	调零	计算机
31	塞曼效应	计算机模拟		消除视差	计算机
32	核磁共振	计算机模拟			计算机
33	电子自旋共振	计算机模拟			计算机
34	数码影像技术		数字图像处理		数码相机,计算机
35	迈克耳孙干涉仪测折射率	干涉法		单向旋转	迈克耳孙干涉仪
36	弹簧振子特性研究	双向对称测量法,累计放大法	图解法,最小二乘法	垂直调整	秒表
37	金属丝直径的测量	衍射法(光栅、单缝)		补偿法,自准直	光盘,半导体激光器
38	透镜焦距测量及选定透镜装成望远镜	设计性实验		共轴调节,换向补偿法	透镜,白光光源
39	图像处理法测定工件体积	换测法	数字图像处理	参量相同	光电传感器实验仪
40	测量平板玻璃两面的楔角	干涉法		共轴调节	透镜,半导体激光器等

续表

序号	实验	实验方法	数据处理方法	调整操作技术	关键仪器
41	测量球面曲率半径				球径仪
42	综合光学实验	换测法,衍射法等		共轴调节等	组合光学实验仪等
43	色散实验	衍射法等		自校准,被校准,互校准,视差	分光计
44	旋光实验	极限法	二乘法,图解法	共轴调节,水平调	旋光实验仪
45	超声定位和形貌成像实验	换测法	图像处理		超声探测实验仪
46	热辐射与红外扫描实验	换测法	图像处理		热辐射实验装置

第 3 章　基础性实验

3.1　用谐振子测量重力加速度

振动是自然界中很普遍的一种现象，也是声学、地震学、建筑力学、光学、无线电技术等科学的基础. 机械振动、电磁振动、分子原子内部的振动等都是不同形态的振动现象，它们都服从相同的运动规律. 简谐振动是最基本、最简单的振动形式，一切复杂的振动都可以分解为若干简谐振动，即可把复杂的振动看成若干个简谐振动的叠加. 因此，研究简谐振动是研究其他复杂振动的基础.

本实验将对弹簧振子运动的规律进行观察和研究，并利用弹簧振子测量重力加速度.

【实验目的】

(1)观察和研究简谐振动规律.

(2)学习用弹簧振子测量重力加速度的方法.

(3)学习用逐差法处理数据.

【实验仪器】

焦利弹簧秤、秒表、砝码盘、五个等质量砝码.

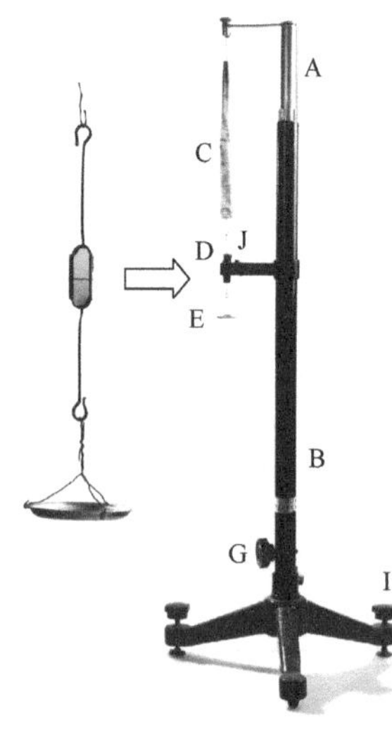

图 3.1.1　焦利弹簧秤

【仪器介绍】

焦利弹簧秤是较为精密的测微小力的装置，其结构如图 3.1.1 所示.

I 为有调节螺丝的底座；B 为支架；A 为带有米尺的金属升降杆，其升降由旋钮 G 控制，升降的距离可利用固定在 B 上部的游标读出；弹簧 C 一端固定在升降杆的顶部，弹簧的下端挂有一指标杆，杆的中间固定平面镜 J，其上刻有一准线. 指标杆从固定在支架上且刻有一(水平)环线的玻璃管 D 中穿过，J 下端有一用于挂砝码盘 E 的小钩，升降平台 H 用于放置待测物(本实验可将其取下).

实验时，调整旋钮 G，使平面镜 J 的刻线与玻璃管 D 上的刻线及在平面镜中的像重合且水平(简称三线对齐)，这样可保证弹簧下端的位置是固定的，而弹簧的伸长量可由其伸长前后升降杆 A 上米尺的读数之差得出.

【实验原理】

如图 3.1.2(a)所示，质量为 m 的物体系于一轻弹簧的自由端，并放置在光滑的水平台面上，弹簧的另一端固定，这就构成一个弹簧振子. 若使物体在外力作用下略微偏离平衡位置，然后释放，则弹簧振子将在平衡点附近作简谐振动. 将上述弹簧振子铅直地悬挂在一个稳固的支架上，如图 3.1.2(b)所示，它仍能在重力及弹性力的作用下作简谐振动，只是平衡位置有所变动. 新的平衡位置是弹簧下端悬挂物体后所处的平衡位置. 本实验即利用此谐振子的理想模型观察简谐振动、测量重力加速度.

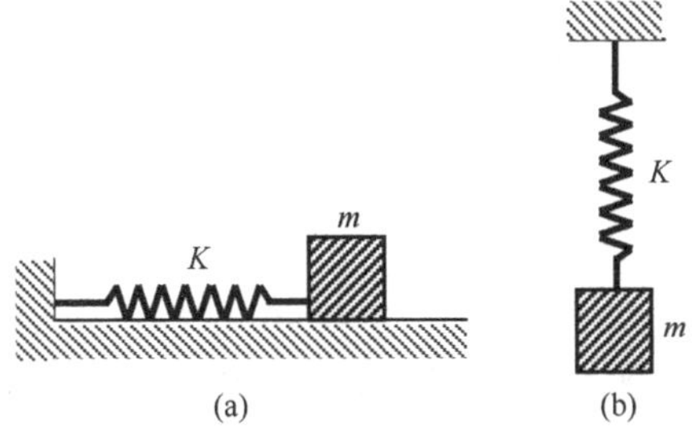

图 3.1.2　实验原理图

在弹性限度内，作用在物体上的力的大小与物体偏离平衡位置的位移成正比，力的方向总是指向平衡位置. 假定物体对平衡点的位移为 x，则在弹性限度内，它所受的外力 F 即为

$$F = -Kx \tag{3.1.1}$$

式中负号表示弹性回复力总是指向弹簧的平衡位置. 这就是胡克定律，比例系数 K 称为弹簧的劲度系数，其值与弹簧的形状、材料有关.

根据牛顿第二定律

$$m\frac{\mathrm{d}^2x}{\mathrm{d}t^2} = -Kx \tag{3.1.2}$$

容易证明，方程的解为

$$x = x_0\cos(\omega t + \varphi_0) \tag{3.1.3}$$

式中振幅 x_0、初相位 φ_0 均由系统的起始状态决定；$\omega = \sqrt{K/m}$，取决于系统的特性常数 m、K，与振幅无关；ωt 每增加 2π 就完成一周运动，故运动的周期 T 为

$$T = 2\pi\sqrt{\frac{m}{K}} \tag{3.1.4}$$

实际上弹簧本身具有质量 m_0，它必对周期产生影响，故式(3.1.4)可修正为

$$T = 2\pi\sqrt{\frac{m + pm_0}{K}} \tag{3.1.5a}$$

其中 p 是一系数($0<p<1$，其值可以通过实验予以确定)，pm_0 称为弹簧的有效质量(也称折合质量)，可用 M_0 表示，则弹簧振子的运动周期为

$$T = 2\pi\sqrt{\frac{m + M_0}{K}} \tag{3.1.5b}$$

实验中测出弹簧在力 $F = mg$ 作用下的伸长量 x、弹簧振子的振动周期 T、弹簧下端所悬挂物体的质量 m，即可由式(3.1.1)和式(3.1.5b)求出重力加速度 g、系数 K 和弹簧的有效质量 M_0.

本实验采用逐差法处理数据. 实验时，依次在砝码盘中增加相同质量的砝码，共增加 5 次，

用焦利弹簧秤测出各次相应的弹簧伸长量 $x_i(i=0,1,2,\cdots,5)$,采用累积放大法,用秒表测出每次的振动周期 $T_i(i=0,1,2,\cdots,5)$.

设砝码盘质量为 $m_{砝}$,各次测量时的砝码质量为 $m_i(i=0,1,2,\cdots,5)$,则由式(3.1.1)和式(3.1.5b)可得

$$\begin{cases} T_i^2=\dfrac{4\pi^2}{K}(m_i+m_{砝}+M_0) \\ (m_i+m_{砝})g=-Kx_i \end{cases} \quad (i=0,1,2,\cdots,5) \tag{3.1.6}$$

将数据分为两组,对应相减有

$$\begin{cases} T_{i+3}^2-T_i^2=\dfrac{4\pi^2}{K}(m_{i+3}-m_i)=\dfrac{4\pi^2}{K}\Delta m \\ (m_{i+3}-m_i)g=\Delta mg=-K(x_{i+3}-x_i) \end{cases} \quad (i=0,1,2) \tag{3.1.7}$$

由此可求出重力加速度 g 及系数 K,并由式(3.1.6)第一式求出有效质量 M_0.

【实验内容】

(1)熟悉并调整仪器.按图 3.1.2 将弹簧、指标杆和砝码盘挂好,仔细调节底角上的螺丝,使金属升降杆铅直、弹簧自然下垂并与升降杆平行,使指标杆沿玻璃管轴线垂挂(勿与管壁相触).练习调整升降杆、三线对齐等.

(2)按图 3.1.3(a)、(b)所示,使三线对齐,读出砝码盘空载时焦利弹簧秤米尺的示值 x_0,参见图 3.1.3(c).然后每次向砝码盘中添加砝码 m(g),共 5 次,分别记下对应各砝码质量的焦利弹簧秤米尺的示值 $x_1,x_2,\cdots,x_5$.

(3)取下砝码,将固定于焦利弹簧秤上的玻璃管 D 移开,将砝码盘 E 取下,标记出此时平面镜 J 的准线位置 S.然后挂上砝码盘(空载),并将其上推至平面镜 J 的准线与标记的位置 S 平齐,随后松开砝码盘,令其作简谐振动.记录 50 个振动周期(累积放大法)历经的时间间隔 t_0,则砝码盘空载时的振动周期为 $T_0=\dfrac{1}{50}t_0$.

(4)每次向砝码盘中添加砝码 m(g),共 5 次,重复(3)的测量工作,分别记下对应各砝码质量时 50 个振动周期历经的时间间隔 t_i.

(5)用逐差法处理数据,求出重力加速度 g、弹簧的劲度系数 K 及有效质量 M_0.

(6)用作图法求重力加速度(选做).

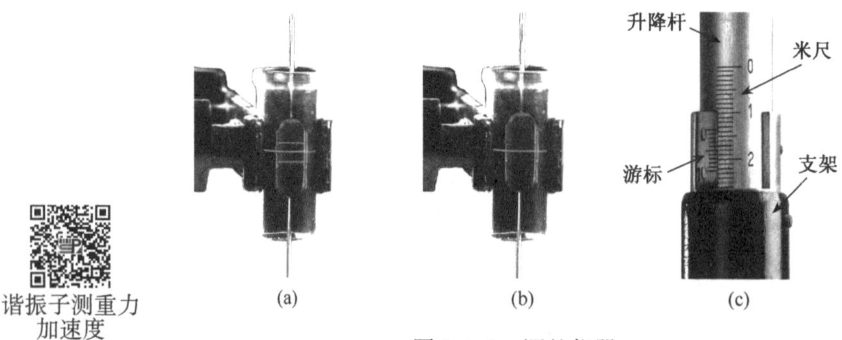

图 3.1.3　调整仪器

【数据记录与处理】

表 3.1.1

m=________ g，　Δm=________ g，　$\sigma_{\Delta m}$=________ g

i	0	1	2
x_i/mm			
t_i/s			
T_i/s			
T_i^2/s^2			
$j=i+3$	3	4	5
x_j/mm			
t_j/s			
T_j/s			
T_j^2/s^2			
$T_j^2-T_i^2$/s^2			
$\overline{T_j^2-T_i^2}=$　　(s^2)	$U_{sA\overline{T_j^2-T_i^2}}=\sigma_{\overline{T_j^2-T_i^2}}=$　　(s^2)		$K=\dfrac{4\pi^2}{\overline{T_j^2-T_i^2}}\cdot m=$　　(N/m)
x_j-x_i/mm			
$\overline{x_j-x_i}=$　　(mm)	$U_{sA\overline{x_j-x_i}}=\sigma_{\overline{x_j-x_i}}=$　　(mm)		$g=\left\|\dfrac{\overline{x_j-x_i}}{m}\right\|\cdot K=$　　(m/s^2)

$$U_{sm}=U_{sBm}=\frac{\Delta_m}{\sqrt{3}}=\qquad ,U_{s\overline{T_j^2-T_i^2}}=\sqrt{U_{sA\overline{T_j^2-T_i^2}}^2+U_{sB\overline{T_j^2-T_i^2}}^2}$$

$$U_{sB\overline{T_j^2-T_i^2}}=\sqrt{(2T_j)^2U^2_{sBT_j}+(2T_i)^2U^2_{sBT_i}}=\sqrt{(2T_j)^2\left(\frac{\Delta_T}{\sqrt{3}}\right)^2+(2T_i)^2\left(\frac{\Delta_T}{\sqrt{3}}\right)^2}$$

（T_j 取最大测量值，T_i 取最小测量值）

$$E_K=\sqrt{\left(\frac{U_{sm}}{m}\right)^2+\left(\frac{U_{s\overline{T_j^2-T_i^2}}}{\overline{T_j^2-T_i^2}}\right)^2}=$$

$$U_{s\overline{x_j-x_i}}=\sqrt{\sigma_{\overline{x_j-x_i}}+\left(\frac{\Delta_x}{\sqrt{3}}\right)^2+\left(\frac{\Delta_x}{\sqrt{3}}\right)^2}=$$

$$E_g=\sqrt{\left(\frac{U_{sm}}{m}\right)^2+\left(\frac{U_{sK}}{\overline{K}}\right)^2+\left(\frac{U_{s\overline{x_j-x_i}}}{\overline{x_j-x_i}}\right)^2}=$$

【注意事项】

(1)实验时切勿用力拉弹簧，以免弹簧伸长量超过其弹性限度而产生永久变形.
(2)实验时适当垂直下拉物体，物体应在垂直面内上下振动，待振动平稳后再开始测量.

【思考题】

(1)本实验如何用逐差法处理数据？对测量过程有什么要求？

(2)弹簧振子的运动与单摆的运动有什么联系?

(3)测量谐振子的振动周期 T_i时,为什么采用"累积放大法"?

(4)弹簧的质量使振动周期增大还是减小? 试根据实验结果,估算一下影响有多大.

(5)称一下弹簧的质量,与测量得到的有效质量相比较,说明为什么实际质量要几倍于有效质量.

(6)本实验如果用最小二乘法处理数据,应如何进行?

(7)测量中为什么要采取"三线对齐"的方法?

【设计实验】

设计仅用焦利弹簧秤、秒表和几个未知质量的砝码测量重力加速度 g 的实验,写出实验原理、步骤及数据处理方法.

【历史上的相关实验】

胡克的弹性实验

弹性是固体的重要特性,在生产和生活中有广泛的应用.在力学的应用中弹性定律占有重要地位,弹性定律是 1678 年由英国物理学家胡克(R. Hooke,1635～1703)首先提出的.

大约在 1658 年,为了改进由伽利略发明的摆钟,胡克想,如果能用螺旋弹簧来代替摆锤,从螺旋弹簧的振动获得等时信号,不也可以控制计时装置吗? 他设想把螺旋弹簧安在平衡轮的轴上,组成一套能够不断振动的摆轮,再装进计时器中.他的想法得到了好几位有威望的科学家的支持,甚至还申请到了专利,但不知为何这项工作没有进行下去.

1674 年,惠更斯制成了用螺旋弹簧控制的钟,胡克知道后很着急,怀疑自己的发明被窃,心甚不平.于是和时钟制造者汤平(T. Tompion)合作制成了一台弹簧钟,上面刻写着"罗伯特·胡克发明于 1658 年,托马斯·汤平创作于 1675 年"公开展示.在这台时钟里,最关键的部件是螺旋弹簧.于是胡克对弹簧的弹性作了周密的研究,进行了许多实验,由此他总结出一条重要结论:任何弹簧的弹性都与其张力成正比,并简短地表达成弹性与力成正比.

1678 年,胡克正式发表了《论弹性的势》.在这本小册子里,胡克论述了弹性和力的关系,并列举了几种弹性物体的行为.将金属丝绕成螺旋状,一端固定,一端负重物(砝码),螺旋的伸长将与负重成正比.胡克写道:"这是自然的规律,所有弹性运动都将遵守."

【应用提示】

物理学里有个概念叫共振:当策动力的频率和系统的固有频率相等时,系统受迫振动的振幅最大.电路里的谐振其实也是这个意思:当电路激励的频率等于电路的固有频率时,电路的电磁振荡的振幅也将达到峰值.共振和谐振表达的是同样一种现象,是具有相同实质的现象在不同领域的不同叫法.谐振现象在不同的领域有不同的应用,如光学谐振腔、微波谐振腔传感器等.

你有没有想过将来所有的电器都不再拖着长长的电线"尾巴"? 电池、插座、电线等电力供给和传输设备都被丢进了科技博物馆? 近日,美国麻省理工学院的科研人员,使用了两个铜线圈,利用谐振原理,成功地通过无线电力传输点亮了一个功率 60W 的电灯泡,标志着无线电力传输技术初步成型.如果一切进展顺利,在今后几年内,笔记本电脑、手机等可移动设备就可能不受电线、电源的束缚，真正成为可以自由移动的便携式设备了.

收音机利用的也是谐振现象，转动收音机的旋钮时，就是在变动里边电路的固有频率. 当在某一点，电路的频率和空气中原来不可见的电磁波的频率相等时，它们发生了谐振. 远方的声音从收音机中传出来，这声音便是谐振的产物.

3.2 速度加速度的测定

力学实验中摩擦是引起系统误差的主要原因之一，为了尽量减小运动阻力，我们采用了气垫技术，具体的有气垫导轨(简称气轨)、气桌和气轴承. 气垫导轨使滑块在压缩空气作用下，漂浮在气垫上运动，避免滑块与导轨表面的直接接触，从而消除运动物体与导轨表面的摩擦，使运动处于低阻尼状态，大大提高了有关力学实验的准确度. 利用气垫导轨可以进行许多力学实验，如测定速度、加速度，验证牛顿第二定律、动量守恒定律，研究简谐振动等. 气垫导轨上的实验，不但有助于提高实验者的实验技能和数据处理能力，而且帮助实验者加深和巩固对许多力学概念的理解.

【实验目的】

(1)熟悉气垫导轨和数字毫秒计的调整使用方法.

(2)学会在气垫导轨上测量滑块速度与加速度.

(3)学习用作图法处理数据.

【实验仪器】

气垫导轨(包括附件)、数字毫秒计、气源、物理天平、钢卷尺、游标卡尺.

【仪器介绍】

1. 气垫导轨和检测原理介绍

气垫导轨实验装置如图 3.2.1 所示，导轨是一根非常平直的三角形管体，长一般为 1.2～1.5m，两侧有许多气孔. 从导轨的一端通进压缩空气，空气便从气孔排出，在导轨与滑块之间形成一个很薄的空气层，使滑块“漂浮”在导轨上，作接近于无摩擦的运动.

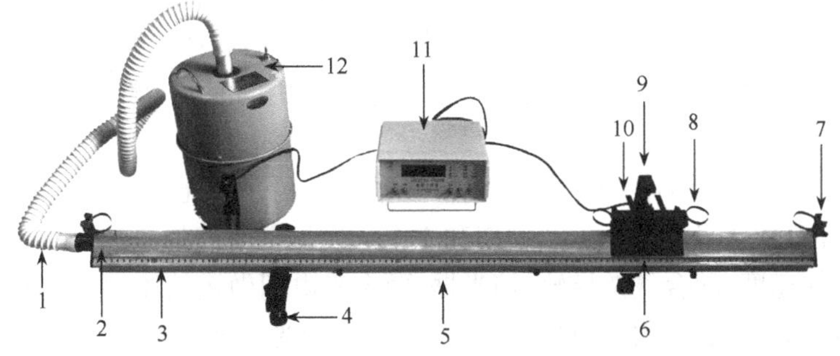

图 3.2.1 气垫导轨实验装置

1. 进气口；2. 导轨；3. 标尺；4. 底座调节螺钉；5. 底座；6. 滑块；7. 气滑轮；8. 弹簧；9. 光电门；10. 挡光片；11. 数字毫秒计；12. 气泵

导轨下有三个调节螺钉,用来调节导轨的水平度. 每条导轨配有三个滑块,用来研究运动规律. 每个滑块上有两条挡光片(凹形挡光框),滑块在气垫上运动时,挡光片对光电门进行挡光,每挡光一次光电转换电路便产生一个电脉冲信号,去控制计时门的开和关(即计时的开始和停止).

2. 数字计数器

目前,在气垫导轨实验中,还常配套使用计算机计时、计数、测速仪,这种仪器采用单片机处理器,程序化控制,可广泛用于各种计时、计数、测速实验中. 除具有计时功能外,还可输入响应的长度值,具有将所测时间直接转换为速度和加速度的特殊功能. 在实验中光电门数量可达 4.

数字计数器是一种利用标准脉冲信号通过数字计数器计时的仪器. 图 3.2.2 是一种常见的 J0201-CC 型数字计数器.

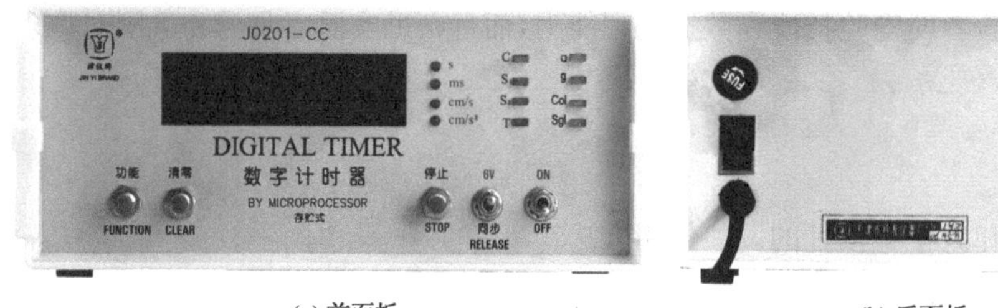

(a) 前面板　　(b) 后面板

图 3.2.2　数字计数器

数字计数器的使用方法是:

将相应的光电门安装到仪器相应位置,插头插到仪器背部相应的插座内,电源开关至"ON",按"功能"键至所需功能灯亮,可开始实验测试;测量结束后按"停止"键,屏幕将以此显示测量数值;按"清零"键则清除以前测量的数据,开始新的测量. 数字计数器具有的功能如下.

(1)"C"——计数:用挡光片对任意一个光电门遮光一次,屏幕显示即累加一次.

(2)"S_1"——遮光计时:当采用计时 S_1 时,任一光电门遮光时开始计时,遮光结束(露光)停止计时,屏幕依次显示出遮光次数和遮光时间,即挡光条通过光电门的时间. 可连续做 1～255 次实验,但只存储前 10 个数据.

(3)"S_2"——间隔时间:当采用计时 S_2 时,任一光电门第一次遮光时开始计时,第二次遮光时停止计时,屏幕依次显示出挡光间隔和挡光间隔的时间,即两个挡光条先后通过两个光电门之间的时间间隔或挡光片的两个边通过一个光电门所用的时间. 可连续做 1～255 次实验,但只存储前 10 个数据.

(4)"T"——测振子周期:用弹簧振子或单摆振子配合一个光电门和一个挡光片做实验. "停止"计时后,屏幕依次显示 n 个振动周期和 1 个 n 次振动时间的总和.

(5)"a"——加速度:配合气垫导轨、挡光框、两个光电门做运动体的加速度实验. 运动体上的挡光框通过两个光电门之后自动进入循环显示——挡光框通过第一个光电门的时间;挡光框通过第一个光电门至第二个光电门之间的间隔时间;挡光框通过第二个光电门的时间;挡光框通过第一个光电门的速度;挡光框通过第二个光电门的速度;挡光框通过第一个光电门至第二个光电门之间的加速度.

(6)“g”——测重力加速度.

(7)“Col”——完全弹性碰撞实验.

(8)“Sgl”——时标输出.

【实验原理】

1. 测滑块运动的速度

在滑块上装有构成凹形框的挡光片，如图 3.2.3 所示，当滑块带着凹形框挡光片通过光电门时，挡光片的一个前沿首先挡光，触发数字毫秒计开始计时；而当挡光片的另一个前沿也通过光电门时，停止计时. 这样，毫秒计记录了挡光片挡光时间 Δt_1. 两挡光片的前沿距离 Δx 已知，可计算出滑块经过光电门时的平均速度大小

$$\bar{v}=\frac{\Delta x}{\Delta t} \tag{3.2.1}$$

显然，Δx 越小，测出的运动速度越接近滑块在该处的瞬时速度. 在实际实验中直接测量极限值是不可能的. 可取不同 Δx，测量对应的 Δt，求出各 Δt 对应的平均速度 $\bar{v}$，然后作 $\bar{v}\sim\Delta t$ 关系曲线(为一直线)，直线上 $\Delta t=0$ 时的 $\bar{v}$，即为滑块经过该测量点时的瞬时速度 v. 由于 $\Delta t=0$ 的点在 Δt 实测范围之外，故此方法在数学上称为外推法. 也可用线性回归的方法求瞬时速度 v.

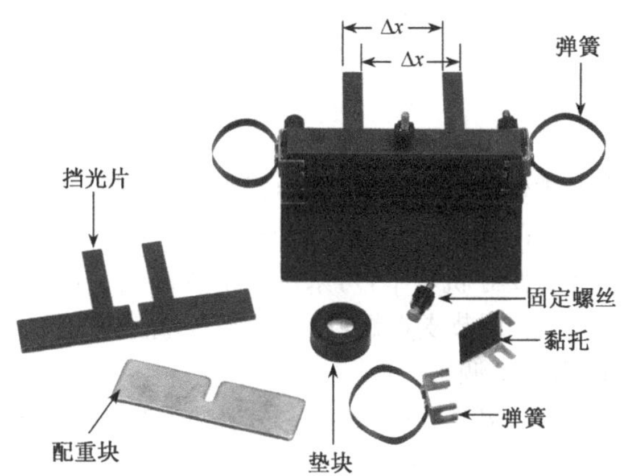

图 3.2.3　滑块、凹形框挡光片及其他配件

2. 测滑块运动的加速度

如果在气垫导轨上相距为 S 的 A 点和 B 点设置两个光电门，在气垫导轨的单脚螺钉下面放高度为 h 的垫块，使气垫导轨倾斜(图 3.2.4)，其倾角为 α. 这样，滑块可以在气垫导轨上下滑作匀加速运动. 我们可按上述方法测出滑块经过 A、B 两点的瞬时速度 v_A 和 v_B，根据 A、B 间的距离 S_{AB}，可得到滑块运动的加速度为

$$a=\frac{v_B^2-v_A^2}{2S_{AB}} \tag{3.2.2}$$

分析得到 v_A、v_B的两条直线的斜率，它们的值应为 a(为什么?). 如果测得滑块经过 A、B

两点所用时间 t_{AB}，也可用求得滑块运动的加速度

$$a=\frac{v_B-v_A}{t_{AB}} \tag{3.2.3}$$

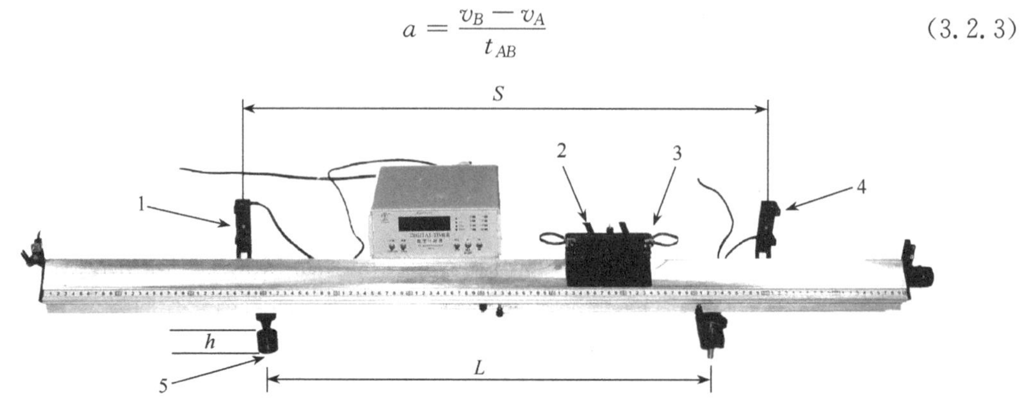

图 3.2.4　测滑块加速度装置图

1. 光电门 A；2. 挡光片；3. 滑块；4. 光电门 B；5. 垫块

当倾角 α 很小时，滑块作匀加速直线运动加速度的理论值为

$$a'=g\sin\alpha=g\frac{h}{L} \tag{3.2.4}$$

而当滑块从起始 O 点由静止开始，在轨道上匀加速运动经过距离 S' 到达 A 点时的速度为

$$v_A'=\sqrt{2gS'}=\sqrt{2gS'\frac{h}{L}} \tag{3.2.5}$$

【实验内容】

(1)接通电源，检查数字毫秒计工作是否正常；打开气源，将滑块置轨面上，观察滑块在导轨上的运动，练习挡光片、光电门和数字毫秒计的使用方法.

(2)调节导轨的底座螺栓，使导轨水平，可采用以下方法之一：

① 把水平仪放置在导轨上，调节支点螺钉，使大小气泡处于中间位置. 纵向移动 V 形架，气泡位置无大变化时，即认为基本调平.

② 把滑行器放置在导轨上，调节支点螺钉，直至滑块在任何位置均保持不动，或稍微有滑动但不总是向一个方向滑动，即认为基本调平.

③ 把两个光电门安装在导轨上，使滑块从导轨的一端向另一端运动，先后通过两个光电门，记下通过两个光电门所用的时间 Δt_1 和 Δt_2，调节支点螺钉使 $\Delta t_1=\Delta t_2$，此时可视为导轨调平.

(3)在导轨的单脚螺杆下垫入厚度为 h 的垫块，使导轨倾斜.

(4)将数字毫秒计置“光控”、“S_2”挡，选择时基为 0.1ms，把一光电门置导轨上 50cm 处(位置读数以导轨上标尺为准)，在滑块上边槽里靠右端装一最宽的双挡光片(双片朝上).

(5)让滑块由气轨高端 0cm 处自由下滑(滑块上双挡光片右端应与标尺上下对齐)，记录滑块上双挡光片经过光电门时数字毫秒计的读数 Δt，重复 2 次，记入表 3.2.1.

(6)取下滑块，改换不同宽度的(4～6 种)挡光片，重复内容(5).

(7)用游标卡尺测出各挡光片的 Δx 和 h，用米尺测出 L，记入表 3.2.1.

(8)以 $\Delta\bar{t}$ 为横坐标，$\bar{v}$ 为纵坐标，在坐标纸上作出 $\bar{v}\sim\Delta\bar{t}$ 直线，由直线的截距和斜率求出

滑块经过光电门的速度 v，填入表 3.2.1.

(9)保持内容(4)的光电门位置，在 100cm 处再置一光电门，让安有双挡光片的滑块由导轨高端 0cm 处自由下滑，记录滑块经过第一光电门的时间 Δt_1 和经过第二光电门的时间 Δt_2.

(10)改换不同宽度的挡光片，重复内容(9)，将有关数据记入表 3.2.2.

(11)利用作图法求出 v_1，v_2 和 a，填入表 3.2.2.

(12)按理论公式(3.2.5)、(3.2.4)计算 v_1'、v_2'、a，与相应的实验作图所得值比较，计算 Δv_1、Δv_2、Δa.

【数据记录与处理】

1. 测滑块运动的速度

表 3.2.1

$h=$_______ m，　$L=$_______ m，　$S'=$_______ m

序号	Δx/m	Δt/s			$\Delta \bar{t}$/s	$\bar{v}$ /(m/s)	v/(m/s)
1							
2							
3							
4							
5							
6							

2. 确定滑块在气轨上运动加速度

表 3.2.2

$h=$_______ m，　$L=$_______ m，　$S=$_______ m，　$S'=$_______ m

序号	Δx/m	Δt_1/s	$\bar{v}_1$ /(m/s)	Δt_2/s	$\bar{v}_2$ /(m/s)	v_1/(m/s)	v_2/(m/s)	a/(m/s^2)
1								
2								
3								
4								
5								
6								

【注意事项】

(1)切勿压、划、敲、磨气垫导轨，以免损伤导轨的轨面.

(2)使用滑块应轻拿轻放，避免碰撞损伤其内表面.

(3)不得任意调换配套使用的滑块与导轨，在导轨未通气时，不要将滑块在导轨上来回滑动，以免磨损及堵塞气孔.

【思考题】

(1)回答原理部分中的“为什么”.

(2)怎样测定双挡光片的有效距离 Δx?

(3)实验内容也为我们提供了一种测量当地重力加速度的方法,试写出测量步骤.

(4)在实验中你是如何消减系统误差的?

(5)你还能设计出哪些在气垫导轨上做的运动学和动力学实验?

3.3 气轨上简谐振动的研究

物体在某一位置附近所作的往复运动称为振动,它是自然界中普遍存在的一种运动形式.简谐振动是机械振动中最简单、最基本而又最具有代表性的振动,它是表征周期运动基本特性的理想模型,一切复杂的周期振动都可表示为多个简谐振动的合成.因为在小幅度振动的情况下,振动的大多数问题都可简化为有关的不同频率简谐振动的合成,而且在声学、光学、电学以及原子物理学等许多物理问题中对运动规律描述都涉及谐振动.因此,谐振动运动规律的研究为解决振动问题奠定了基础,对简谐振动的研究特别重要.

【实验目的】

(1)观察和分析气垫导轨上由滑块和弹簧组成的谐振子的运动规律.

(2)学习在低摩擦条件下研究简谐振动的一般实验方法及误差分析.

(3)测量弹簧的劲度系数和弹簧振子的振动周期,分析与系统参量的关系.

【实验仪器】

气垫导轨、弹簧、滑块、挡光片、数字毫秒计、物理天平.

【实验原理】

简谐振动又称为无阻尼自由振动,是物体在弹性力或准弹性力作用下的运动.如图 3.3.1(a)所示,在水平气垫导轨上,滑块的两端连接两个完全相同的弹簧,两弹簧的另一端分别固定在气垫导轨的两端.选取水平向右作为 X 轴的正方向,又设两根弹簧的劲度系数均为 k,使弹簧伸长一段距离 x 时,需加的力为 kx.

由于两弹簧的劲度系数一样,当质量为 m 的滑块位于平稳位置 O 点时,两弹簧的伸长量相等,所以滑块所受的合外力为零.当把滑块从 O 点向右移动距离 x 时,如图 3.3.1(b)所示,左边的弹簧被拉长,它的收缩力为 kx,右边的弹簧被压缩,它的膨胀力也为 kx.结果,滑块受到一个方向向左,大小为 $2kx$ 的弹性力 F 的作用.

因为弹性力永远指向平衡位置,跟位移的方向相反,故

$$F=-2kx \tag{3.3.1}$$

若上述两根弹簧的劲度系数不同,且分别为 k_1 和 k_2,那么弹性力 F 就有

$$F=-(k_1+k_2)x \tag{3.3.2}$$

在弹性力作用下,滑块的运动方程按牛顿第二定律($F=ma$)可得

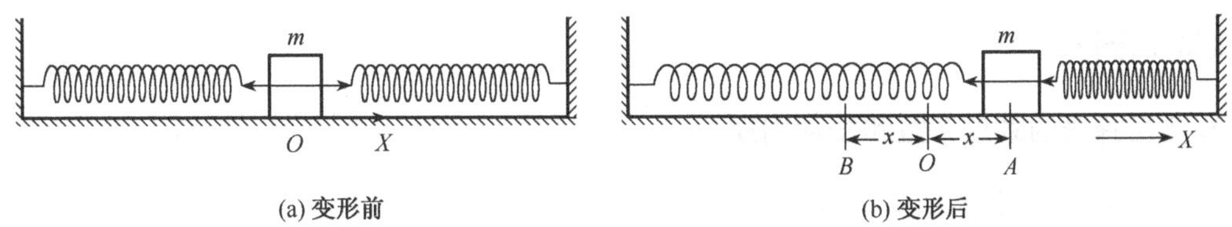

图 3.3.1　简谐振动

$$F = ma = m\frac{\mathrm{d}^2 x}{\mathrm{d}t^2} = -(k_1 + k_2)x$$

令

$$\omega = \frac{k_1 + k_2}{m}$$

则

$$\frac{\mathrm{d}^2 x}{\mathrm{d}t^2} + \omega^2 x = 0 \tag{3.3.3}$$

解微分方程(3.3.3)可得

$$x = A\cos(\omega t + \varphi) \tag{3.3.4}$$

式(3.3.4)表明，滑块的运动是简谐振动. 其中，A 为振动的振幅，是振动点在平衡位置两边离开平衡位置的最大位移. ω 称为系统的圆频率. φ 是时刻 $t=0$ 时的相位，称为振动的初相位，简谐振动的周期 T 为

$$T = \frac{2\pi}{\omega} = 2\pi\sqrt{\frac{m}{k_1 + k_2}} \tag{3.3.5}$$

式(3.3.5)是本实验测量简谐振动周期的间接测量公式，只要测出滑块的质量 m 和弹簧的劲度系数 k，就可以算出振动周期 T. 此外，用秒表或电子计时器直接测量振动周期，并与理论值比较，就可考察和讨论系统是否接近简谐振动.

在上面的讨论中，我们假设：①忽略滑块与导轨平面间的摩擦力以及空气的阻力；②因为两根弹簧质量很小，所以也忽略其质量.

实际情况并非完全如此. 例如，由于存在阻力，系统在运动过程中必须克服阻力做功，因而使系统的总能量不断减小，振幅逐渐减小. 不论阻力多么微小，最终将使滑块停止在平衡位置 O 点，也就是说滑块的运动是一种振幅随时间而减小的阻尼振动. 但是，由于振幅减小较慢，在实验的短暂时间内，可以把滑块的运动近似地看作是简谐振动.

图 3.3.2 所示为将弹簧装到气垫导轨上的情形.

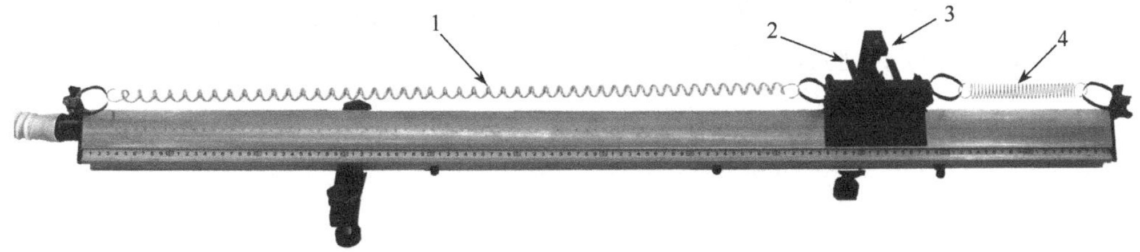

图 3.3.2　装上弹簧后的气垫导轨系统

1. 弹簧 1；2. 挡光片；3. 光电门；4. 弹簧 2

【实验内容】

1. 测定弹簧的劲度系数和振动周期

1)间接测定滑块振动周期 T

测量弹簧劲度系数的装置如图 3.3.3 所示,跨过空气滑轮的是一条约 1cm 宽的镀膜尼龙带.实验中使用的每根弹簧都要进行测定.

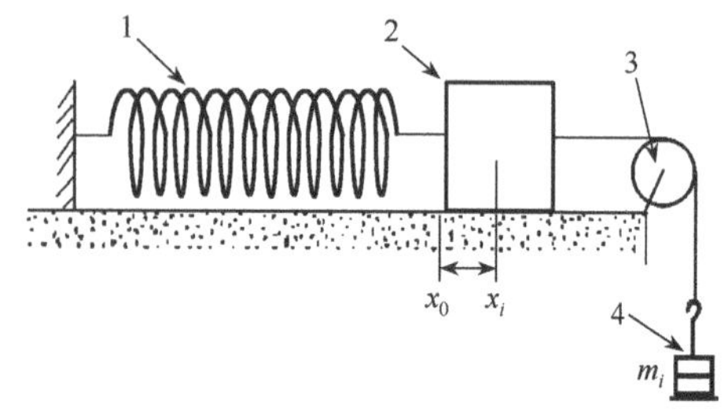

图 3.3.3 测量弹簧劲度系数的装置

1.待测弹簧;2.滑块;3.空气滑轮;4.砝码

(1)将气垫导轨调成水平,弹簧静止后,记下滑块在标尺上的位置 x_0,然后在砝码盘上每次加一定质量的砝码,记下每次滑块相应的位置 x_i(气压必须调节在 0.1atm),注意在加力时,不要使弹簧伸长量超过其弹性限度,尼龙带不可与空气滑轮边缘相刮碰.测六组数据填入表 3.3.1.

(2)由胡克定律 $f=m_ig=k_i(x_i-x_0)$,可求出劲度系数 k_i.

(3)在改变 6 次砝码质量的条件下测定弹簧伸长量,求弹簧劲度系数的最佳值 $\bar{k}_1$.如果两条弹簧劲度系数不同,可用同样的步骤测定另一条弹簧的劲度系数 $\bar{k}_2$.

(4)利用物理天平称出滑块质量 m.

(5)由式(3.3.5)计算系统的振动周期.

气轨上的简谐振动

2)直接测定滑块振动周期 T

(1)调气垫导轨水平,将图 3.3.2 所示的振动系统安放在气垫导轨上.

(2)将光电门卡在振子平衡位置附近,滑轨上装挡光片.

(3)给滑块一个位移,令其振动,观察滑块的速度变化情况,分析振子的动能和势能的转化现象.

(4)在观察速度变化的同时,用数字毫秒计记录完成 50 个周期振动的时间 t,算出周期 T,数据填表 3.3.2.

(5)改变滑块的振动振幅 5 次,重复上两个步骤,记录相应振幅下 50 个周期所用时间,将数据填表,算出平均周期 $\bar{T}$.

2. 观测滑块振动周期随 *m* 和 *k* 的变化

(1)做完实验内容 1 之后,在滑块 m 上加砝码(设砝码的质量为 Δm),测出振动 50 次所用的时间 t',计算出周期 T',验证关系式

$$\frac{T}{T'}=\left(\frac{m}{m+\Delta m}\right)^{1/2}$$

是否成立.

(2)去掉砝码 Δm,将两根弹簧各距其一端约 20 匝处挂在气轨的两端后,重测滑块振动 50 个周期所用的时间,算出周期 T_0,与实验内容 1 测得的 T 值相比较之后,试回答:这时两根弹簧的劲度系数是变大了还是变小了?

【数据记录与处理】

1. 间接测定滑块周期 T

(1)求弹簧劲度系数.

表 3.3.1

$x_0 =$ ________ m

测量次数	1	2	3	4	5	6
砝码质量 m_i/kg						
自由端位置 x_i/m						
劲度系数 k_i/(N/m)						

$f = m_i g = k_i(x_i - x_0)$ ；　　$\bar{k} =$ ________ N/m

$$U_{sAk} = \sigma_{\bar{k}} = \sqrt{\frac{\sum_{i=1}^{n}(k_i - \bar{k})}{n(n-1)}} =$$

$$U_{sBk} = \bar{k}\sqrt{\left(\frac{\Delta_m}{\sqrt{3}}\right)^2 + 2\left(\frac{\Delta_x}{\sqrt{3}}\right)^2} =$$

$$U_{sk} = \sqrt{U^2{}_{sAk} + U_{sBk}^2} =$$

$$k = \bar{k} \pm U_{sk} =$$

(2)计算间接测定滑块周期：

天平感量:____g/格；　滑块质量：$m \pm U_{sm} = m \pm \frac{\Delta_m}{\sqrt{3}} =$ ________g

$$\bar{T} = 2\pi\sqrt{\frac{m}{\bar{k}_1 + \bar{k}_2}} =$$

$$E_T = \sqrt{\left(\frac{\partial T}{\partial m}\right)^2\left(\frac{U_{sm}}{T}\right)^2 + \left(\frac{\partial T}{\partial \bar{k}_1}\right)^2\left(\frac{U_{sk1}}{T}\right)^2 + \left(\frac{\partial T}{\partial \bar{k}_2}\right)^2\left(\frac{U_{sk2}}{T}\right)^2} =$$

$$T = \bar{T} \pm U_{sT} = \bar{T} \pm \bar{T}E_T =$$

2. 直接测定滑块周期 T

表 3.3.2

	不同振幅的测量值					
振动 50 次时间/s						
周期/s						

$\bar{T} =$ ________ s；　$U_{sAT} = \sigma_{\bar{T}} = \sqrt{\frac{\sum_{i=1}^{n}(T_i - \bar{T})}{n(n-1)}} =$

$$U_{sBT}=\frac{\Delta_t}{\sqrt{3}}= \qquad , \qquad U_{sT}=\sqrt{U^2{}_{sAT}+U^2{}_{sBT}}=$$

$$T=\bar{T}\pm U_{s\bar{T}}=$$

【注意事项】

(1)切勿压、划、敲、磨气垫导轨,以免损伤导轨的轨面.

(2)使用滑块应轻拿轻放,避免碰撞损伤其内表面.

(3)不得任意调换配套使用的滑块与导轨,在导轨未通气时,不要将滑块在导轨上来回滑动,以免磨损及堵塞气孔.

【思考题】

(1)假如实验时气垫导轨不在水平状态,试问对上述实验结果有无影响?

(2)气势导轨上滑块的振动不可避免地要受到黏性力的影响,在测量振动周期和振幅时,应怎样处理?

(3)试比较用直接测量法和间接测量法测出的滑块振动周期是否相等,为什么?

(4)如果弹簧的质量不可忽略,周期公式如何修改?能否用实验和作图的方法将弹簧等效质量 Δm 求出?

3.4 液体黏度的测定

实际的液体、气体都是具有黏滞性的流体.当液体稳定流动时,平行于流动方向的各层液体速度都不相同,相邻流层间存在着相对滑动,于是在各层之间就有内摩擦力产生,这种内摩擦力称为黏滞力.管道中流动的液体因受到黏滞阻力流速变慢,必须用泵的推动才能使其保持匀速流动;我们划船时用力划桨是为了克服水对小船前进的黏滞阻力.这些都是液体具有黏滞性的表现.实验表明,黏滞力的方向平行于接触面,它的大小与接触面积及该处的速度梯度成正比,比例系数称为黏滞系数或黏度,通常用字母 η 表示,在国际单位制中的单位为 Pa · s.

黏度是表征液体黏滞性强弱的重要参数,它与液体的性质和温度有关.例如,现代医学发现,许多心脑血管疾病都与血液黏度的变化有关.因此,测量血黏度的大小是检查人体血液健康的重要指标之一.又如,黏度受温度的影响很大,温度升高时,液体的黏度减小,气体的黏度增大,选择发动机润滑油时要考虑其黏度应受温度的影响较小.所以,在输油管道的设计、发动机润滑油的研究、血液流动的研究等方面,液体黏度的测量都是非常重要的.

测量液体黏度的方法很多,有落球法(也称斯托克斯法)、扭摆法、转筒法及毛细管法.本实验所采用的落球法是最常用的测量方法.

【实验目的】

(1)观察液体的内摩擦现象;用落球法测定液体的黏度.

(2)学习用比重计测定液体的密度和秒表的使用方法.

【实验仪器】

(1)量筒、小球、秒表、米尺、螺旋测微器、游标卡尺、镊子、比重计、温度计等.

(2)落球法变温黏滞系数实验仪、ZKY-PID温控实验仪.

【实验原理】

当一小球在黏滞性液体中下落时,在铅直方向受三个力的作用:向下的重力 mg,液体对小球向上的浮力 $F=\rho_0 gV$(ρ_0是液体的密度,V是小球的体积),以及小球受到的与其速度方向相反的黏滞阻力 f. 其中黏滞阻力是由小球表面黏附的液体与周围液层有相对运动而产生的. 如果液体是无限深广的,且运动中不产生漩涡,根据斯托克斯定律,在黏度为 η 的液体中,半径为 r、运动速度为 v 的小球受到的黏滞阻力为

$$f=6\pi\eta rv \tag{3.4.1}$$

斯托克斯公式是计算在黏滞性流体中以低速运动的球形物体所受阻力的公式,如水中的沉砂、雾气中的小水滴、溶液中的生物大分子等.

设小球在液体中由静止开始下落. 在初始阶段,小球速度较小,相应的黏滞阻力也较小,小球作加速运动. 整个下落过程中,小球受到的重力、浮力均不变,而黏滞阻力与速度成正比. 因此随小球速度的增加,其加速度逐渐减小并趋于零. 此后小球作匀速直线下落. 此时的速度称为收尾速度,用 v_t 表示. 小球所受重力、浮力、黏滞阻力三力平衡,即

$$F+f-mg=0$$

若小球的密度为 ρ,则上式可写为

$$\frac{4}{3}\pi r^3\rho_0 g+6\pi\eta rv_t-\frac{4}{3}\pi r^3\rho g=0$$

整理得

$$\eta=\frac{2}{9}\frac{(\rho-\rho_0)gr^2}{v_t} \tag{3.4.2}$$

由式(3.4.2)看出,由于小球所受重力与浮力均与 r^3 成正比,而黏滞阻力与 r 成正比,所以收尾速度与 r^2 成正比,即半径不等的同类小球在同种液体中下落时具有不同的收尾速度. 生物医学上据此制作出将大小不同的分子分离开来的离心机.

计算液体黏度不能直接引用式(3.4.2),因为量筒中的液体并不是无限深广的,要考虑容器内壁对结果的影响. 在考虑上述影响后,式(3.4.2)变为

$$\begin{aligned}\eta&=\frac{2}{9}\frac{(\rho-\rho_0)gr^2}{v_t\left(1+2.4\dfrac{r}{R}\right)\left(1+3.3\dfrac{r}{H}\right)}\\&=\frac{1}{18}\frac{(\rho-\rho_0)gd^2}{v_t\left(1+2.4\dfrac{d}{D_0}\right)\left(1+3.3\dfrac{d}{2H}\right)}\end{aligned} \tag{3.4.3}$$

其中 d 为小球的直径;D_0 为量筒的内径;H 为量筒内液体的高度;$(1+2.4d/D_0)$为量筒内径对速率的修正;$(1+3.3d/(2H))$为液体深度对速率的修正. 小球的收尾速度 v_t 可通过测量其匀速通过一段距离 L 所用的时间 t 来求得,则 $v_t=L/t$,代入式(3.4.3)得

$$\eta=\frac{1}{18}\frac{(\rho-\rho_0)gd^2t}{L\left(1+2.4\dfrac{d}{D_0}\right)\left(1+3.3\dfrac{d}{2H}\right)} \tag{3.4.4}$$

由式(3.4.3)看出,已知小球半径和密度,通过测量收尾速度可以测出液体的黏度.反之,已知液体的黏度,通过测量收尾速度可以测出小球的半径.对小到难以进行直接测量的球形物体的直径(如生物大分子、小油滴等),这种方法是很有效的(参见“密立根油滴实验”).

天空中漂浮的云是由直径约为 10^{-5} m 的小水滴构成的,其在空气中的收尾速度约为 1mm/s,即使一个很小的上升气流就可使其浮在空中.而高空中下落的雨滴的收尾速度为每秒几米,因为对运动速度较大的小球有可能出现湍流的情况,所以斯托克斯公式不再成立,此时要作另一种修正.

如图 3.4.1 所示为室温下测量液体黏度的装置,实验的主要装置是一个装有待测液体的玻璃量筒,在量筒的上下部各有一环线标志,它们之间的距离为 L(M_1距液面、M_2距筒底的距离一般不应小于 5cm).

液体的黏度与温度有密切的关系,测量同一液体在不同温度下的黏度可进一步了解液体黏度随温度的变化特性.

图 3.4.2 所示是一种落球法变温黏度测量仪.待测液体装在细长的样品管中,能使液体温度较快地与加热水温达到平衡,样品管壁上有刻度线,便于测量小球下落的距离.样品管外的加热水套连接到温控仪,通过热循环水加热样品.

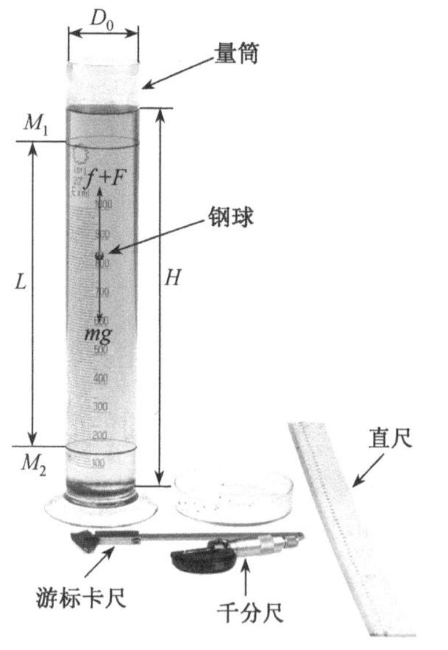

图 3.4.1　室温下测量液体黏度的装置

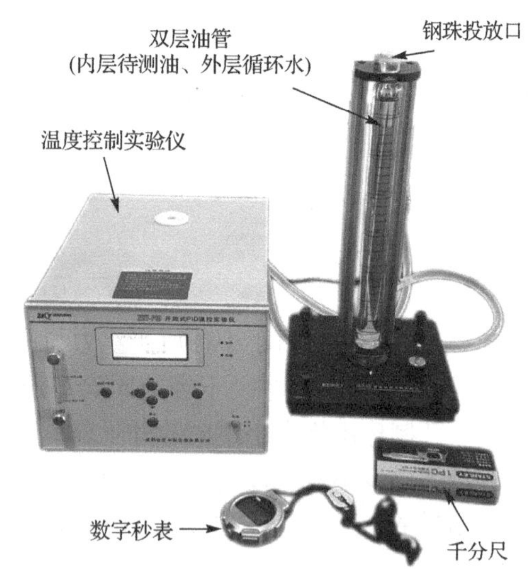

图 3.4.2　落球法变温黏度测量仪

调节底座下的调节螺钉可以调节样品管的铅直.

待测液体可被开放式 PID 温控实验仪控制在不同的稳定温度下进行实验.温控实验仪包含水箱、水泵、加热器、控制及显示电路等部分,控制精度高.图 3.4.3 为其面板.

温控实验仪带有液晶显示屏,操作菜单化,能显示温控过程的温度变化曲线和功率变化曲线及温度和功率的实时值,且可存储温度及功率变化曲线.

开机后,水泵开始运转,显示屏显示操作菜单,可选择工作方式,输入序号及室温,设定温

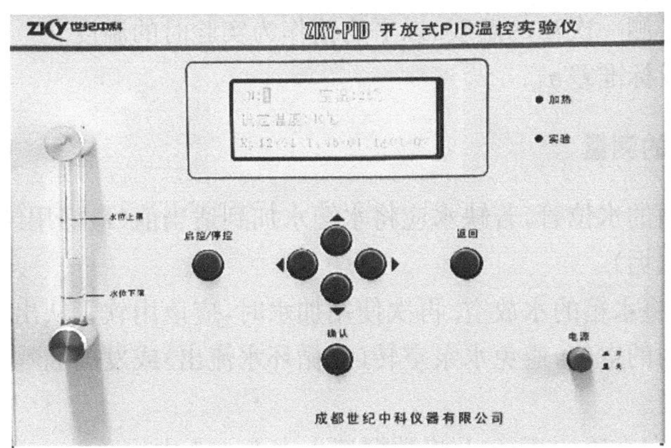

图 3.4.3　温控实验仪面板

度及 PID 参数. 使用◀ ▶键选择项目，▲▼键设置参数，按确认键进入下一屏，按返回键返回上一屏.

进入测量界面后，屏幕上方的数据栏从左至右依次显示序号，设定温度、初始温度、当前温度、当前功率、调节时间等参数. 图形区以横坐标代表时间，纵坐标代表温度(及功率)，并可用▲▼键改变温度坐标值. 仪器每隔 15s 采集 1 次温度及加热功率值，并将采得的数据标示在图上. 温度达到设定值并保持 2min 温度波动小于 0.1℃，仪器自动判定达到平衡，并在图形区右边显示过渡时间 ts、动态偏差 σ、静态偏差 e. 一次实验完成退出时，仪器自动将屏幕按设定的序号存储(共可存储 10 幅)，以供必要时查看、分析、比较.

【实验内容】

液体黏度的测定

1. 室温下液体黏度的测量

(1)选择 10 个表面光滑、种类相同的小球，用螺旋测微器分别测出直径 d.

(2)依次将小球从液面中心处静止释放，用秒表(使用方法详见第 2 章)测出小球下落通过距离 L 所用的时间 t(如图 3.4.4 所示，当小球落至与标志环 M_1 两侧连线对齐时开始计时，小球落至与标志环 M_2 两侧连线对齐时停止计时).

(3)用米尺测出 M_1 与 M_2 之间的距离 L 及液体深度 H.

(4)如图 3.4.5 所示，用游标卡尺测出量筒内径 D_0. 参见图 3.4.6，用比重计测出液体的比重，并换算为密度 ρ_0. 小球的密度由实验室给出.

图 3.4.4　小球下落时间

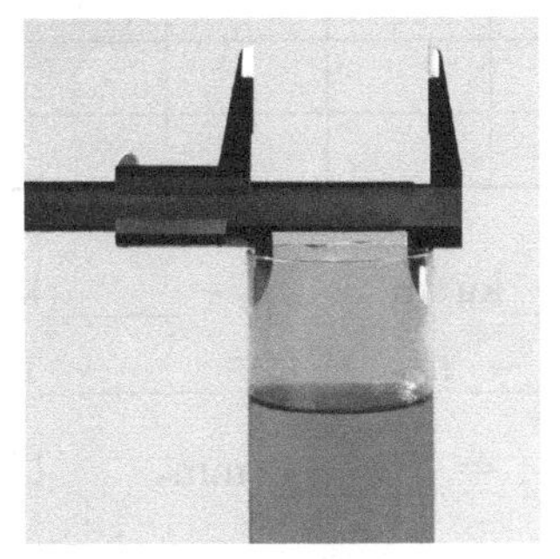

图 3.4.5　测量筒内径

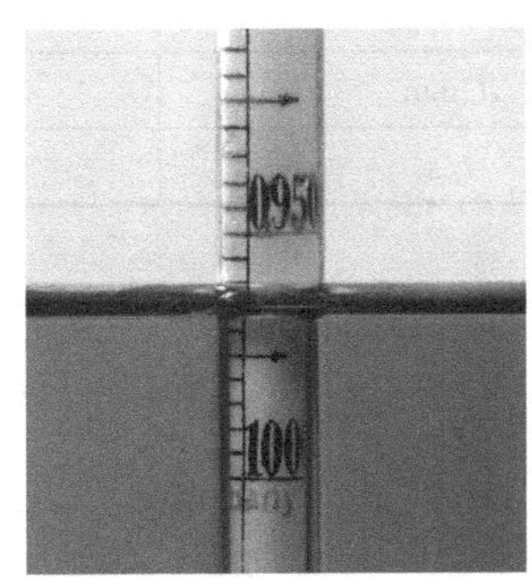

图 3.4.6　测液体比重

(5)在实验前后各测一次油的温度,以平均值作为实验时的温度.

(6)计算黏度 η 及标准差 $\sigma_{\overline{\eta}}$.

2. 变温黏度系数的测量

(1)检查仪器前面的水位管,若缺水应将水箱水加到适当值(最好用纯净水,从仪器顶部的注水孔注入,避免有水垢).

仪器长期不用应将水箱的水放空.再次使用加水时,应该用软管从出水孔将水经水泵加入水箱,以便排出水泵内的空气,避免水泵空转(无循环水流出)或发出嗡鸣声.

(2)测定小球直径.

用螺旋测微器测定小球的直径 d,将数据记入表 3.4.1 中.

(3)测定室温下液体黏度.

用挖油勺盛住小球沿样品管中心轻轻放入液体,观察小球是否一直沿中心下落,若样品管倾斜,应调节其铅直.测量过程中,尽量避免对液体的扰动.

(4)用米尺测出 M_1 与 M_2 之间的距离 L 及液体深度 H,用游标卡尺测出量筒内径 D_0.用比重计测出液体的比重,并换算为密度 ρ_0.小球的密度由实验室给出.

(5)计算室温下的黏度 η 及标准差 $\sigma_{\overline{\eta}}$.

注意:本步骤应在尽量短的时间内完成,避免室温变化的影响.其在本步骤操作前后各测一次室温,以其平均值表示室温(待测油温).

(6)测量不同温度下的液体黏度.

温控仪温度达到设定值后再等约 10min,使样品管中的待测液体温度与加热水温完全一致,才能测液体黏度.

重复步骤(3)、(4),测小球下落时间 t,并计算小球速度 v_0,计算黏度 η,记入表 3.4.2 中.

(7)将表 3.4.2 中 η 的测量值在坐标纸上作图,表明黏度随温度的变化关系.

表 3.4.2 中还列出了部分温度下蓖麻油黏度的标准值,可将这些温度下黏度的测量值与标准值比较,并计算相对误差.

【数据记录与处理】

表 3.4.1

次　数	1	2	3	4	5	6	7	8	9	10
d/mm										
t/s										

ρ=______kg/m^3,　ρ_0=______kg/m^3,　$\Delta\rho_0$=______kg/m^3,　T=______℃

D_0=________m,　H=________m,　L=________m,　ΔL=________m

$\overline{d}$ =________mm,　$U_{sA\overline{d}}=\sigma_{\overline{d}}$ =________mm,　$U_{sB\overline{d}}=\dfrac{\Delta_d}{\sqrt{3}}$ =________mm

$\overline{t}$ =________s,　$U_{sA\overline{t}}=\sigma_{\overline{t}}$ =________s,　$U_{sB\overline{t}}=\dfrac{\Delta_t}{\sqrt{3}}$ =________s

$$U_s = \sqrt{U_{sA} + U_{sB}}, \qquad U_{s\rho_0} = \frac{\Delta\rho_0}{\sqrt{3}}, \qquad U_{sL} = \frac{\Delta L}{\sqrt{3}}$$

$$\bar{\eta} = \frac{1}{18} \cdot \frac{(\rho - \rho_0) g \bar{d}^2 \bar{t}}{L\left(1 + 2.4\frac{\bar{d}}{D_0}\right)\left(1 + 3.3\frac{\bar{d}}{2H}\right)}$$

$$E = \sqrt{\left(\frac{U_{s\rho_0}}{\rho - \rho_0}\right)^2 + \left(\frac{U_{sL}}{L}\right)^2 + \left(\frac{U_{s\bar{t}}}{\bar{t}}\right)^2 + \left(2\frac{U_{s\bar{d}}}{\bar{d}}\right)^2} \tag{3.4.5}$$

注：由于式(3.4.4)分母中两个修正项的误差很小，故式(3.4.5)中未计入.

$$U_{s\bar{\eta}} = E \cdot \bar{\eta}$$

结果表示 $\begin{cases} \eta = \bar{\eta} \pm U_{s\bar{\eta}} \\ E = \_\_\_\_\_\_\_\% \end{cases}$

表 3.4.2

温度 /℃	时间 t/s						速度 /(m/s)	η/(Pa·s) 测量值	*η/(Pa·s) 标准值
	1	2	3	4	5	平均			
10.0									2.420
15.0									
20.0									0.986
25.0									
30.0									0.451
35.0									
40.0									0.231
45.0									
50.0									
55.0									

注：* 摘自 CRC Handbook of Chemistry and Physics

【注意事项】

(1)实验过程中油应保持静止，油中无气泡.

(2)为保持实验时液体温度不变，应避免用手握量筒.

(3)量筒应铅直放置，使小球沿筒的中心线下降.

(4)量筒上、下部的环线标志 M_1 和 M_2 应水平.

【思考题】

(1)小球在液体中的运动方程是什么？请用牛顿第二定律与微分方程求解.

(2)实验中测量误差的主要因素有哪些？小球的大小对测量结果有什么影响？

(3)如何使用计算器的统计功能计算一个测量列的标准差？

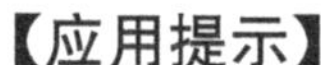

【应用提示】

在生产过程中,为确保产品质量,需要在生产线上随时检测产品各种性质的参数. 如果待测物质是液体,通常需检测液体的黏度. 在连续生产中测定液体黏度常选用旋转空管法. 该方法不需要将待测液体从生产过程中取出,只需要把测量装置浸入待测液体,即可测量液体的黏度.

图 3.4.7 旋转式黏度计

一种常见的旋转式黏度计如图 3.4.7 所示. 仪器由同步电机以稳定的速度旋转,连接刻度圆盘,再通过游丝和转轴带动转子旋转,如果转子未受到液体的黏滞阻力,则游丝、指针与刻度盘同速旋转,指针在刻度盘上指出的读数为"0". 反之,如果转子受到液体的黏滞阻力,则游丝产生扭矩,与黏滞阻力抗衡最后达到平衡,这时与游丝连接的指针在刻度盘上指示一定的读数(游丝的扭转角),将读数乘上特定的系数即得到液体的黏度.

随着钻井工艺技术的飞跃发展,特种工艺井、定向井、丛式井越来越多,对泥浆润滑性能的要求也越来越高,同时用于泥浆润滑的处理剂也在逐年增多. 由于润滑剂质量的差异,加上需要合理的配合性,都需要一种仪器来评价. 因此,产生了泥饼黏滞系数测定仪,可供煤炭、地质、石油、勘探等部门现场和实验室检测泥浆的泥饼黏滞系数.

3.5 液体表面张力系数的测定

表面张力是液体表面的重要特性. 它类似于固体内部的拉伸应力,这种应力存在于极薄的表面层内,是液体表面层内分子力作用的结果. 在宏观上,液体的表面就像一张拉紧了的弹性薄膜,存在沿着表面并使表面趋于收缩的应力,这种力称为表面张力. 液体的许多现象与表面张力有关(如毛细现象、润湿现象、泡沫的形成等),工业生产中的浮选技术、动植物体内液体的运动、土壤中水的运动等也都与液体的表面现象有关,此外,在船舶制造、水利学、化学化工、凝聚态物理中都有它的应用. 因此,研究液体的表面张力可为工农业生产、生活及科学研究中有关液体分子的分布和表面的结构提供有用的线索.

【实验目的】

(1)学习硅压阻力敏传感器的定标方法,计算该传感器的灵敏度.

(2)了解液体表面的性质,掌握用液体表面张力系数测定仪测量液体表面张力系数的方法.

【实验仪器】

FD-NST-I 型液体表面张力系数测定仪、游标卡尺等.

【实验原理】

液体分子之间存在作用力,称为分子力,其有效作用半径约 10^{-8} cm. 液体表面层(厚度等于分子的作用半径)内的分子所处的环境和液体内部分子不同:液体内部每个分子四周都被同类的其他分子所包围，它所受到的周围分子的合力为零；而在表面层中的分子，由于液面上方为气相，分子数很少，因而表面层内每个分子受到的向上的引力比向下的引力小，合力不为零，此合力垂直液面并指向液体内部，如图 3.5.1 所示，即液体表面处于张力状态，表面层中的分子有从液面挤入液体内部的趋势，从而使液体的表面收缩，直至达到动态平衡（即表面层中分子挤入液体内部的速率与液体内部因分子热运动而到达液面的速率相等）. 在这种状态下，整个液面如同绷紧的弹性薄膜，这时产生的沿液面并使之收缩的力即为液体表面张力.

表面张力的大小可以用表面张力系数来描述.

假想液面被一直线 AB 分为两部分（Ⅰ）和（Ⅱ），则（Ⅰ）作用于（Ⅱ）的力为 f_1，而（Ⅱ）作用于（Ⅰ）的力为 f_2，如图 3.5.2 所示. 这对平行于液面且与 AB 垂直的大小相等、方向相反的力就是表面张力，其大小 f 与 AB 的长度成正比，即

$$f = \alpha L_{AB} \tag{3.5.1}$$

式中比例系数 α 叫做液体的表面张力系数，其大小与液体的成分、温度、纯度有关，其单位为 N/m. 测定液体表面张力系数的方法很多，如毛细管升高法、最大气泡压力法、平板法（拉普拉斯法）、拉脱法和液滴测重法等. 本实验利用 FD-NST-I 型液体表面张力系数测定仪，采用拉脱法测量液体的表面张力系数（用力敏传感器采用拉脱法进行测量）.

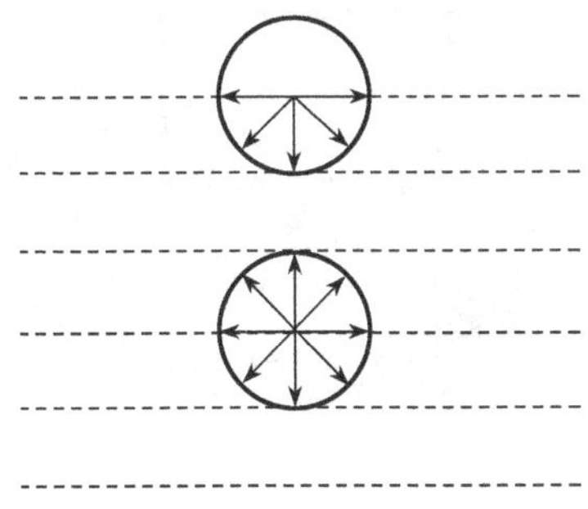

图 3.5.1　分子力

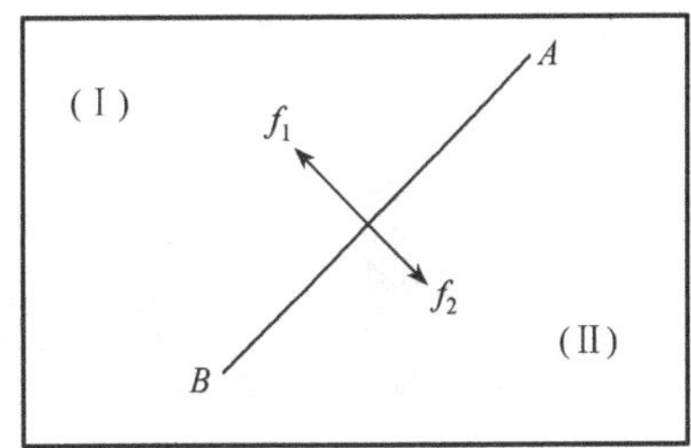

图 3.5.2　表面张力

将一表面清洁的铝合金吊环垂直浸入液体中，使其底面水平并轻轻提起. 当吊环底面与液体表面相平齐或略高于液面时，由于液体表面张力的作用，吊环的内、外壁会带起一部分液体，使液面弯曲，呈现图 3.5.3 所示的形状. 这时，吊环在铅直方向上受到的外力为：重力 mg，向上的拉力 P，液体表面对其的作用力——表面张力在铅直方向的分力 $f\cos\varphi$（其中 φ 为液面与吊环侧面的竖直方向的夹角，称为接触角）. 如果吊环提拉缓慢，则可认为其在铅直方向上所受合力为零，有

$$P = mg + f\cos\varphi$$

在吊环临界脱离液体时 $\varphi \approx 0$，即 $\cos\varphi \approx 1$，则上述平衡条件可近似为

$$P = mg + f \tag{3.5.2}$$

由于表面张力 f 与液面及吊环的接触边界周长 $\pi(D_1 + D_2)$ 成正比，即有 $f = \alpha \cdot \pi(D_1 + D_2)$，所以结合式(3.5.2)有

$$\alpha = \frac{f}{\pi(D_1 + D_2)} = \frac{P - mg}{\pi(D_1 + D_2)} \tag{3.5.3}$$

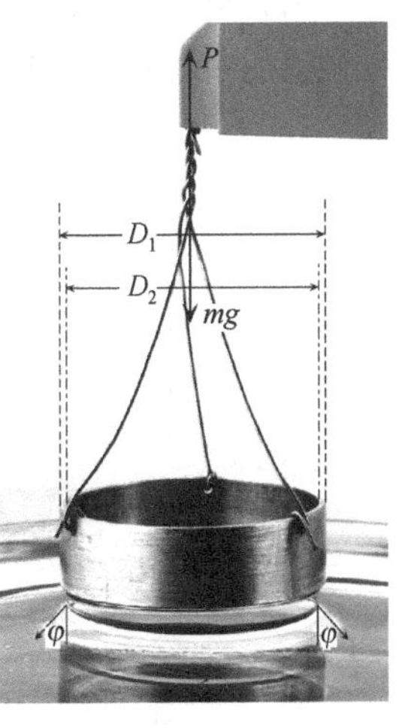

图 3.5.3　实验原理

可见，通过实验测出拉力 P、重力 mg、吊环的内径 D_2 和外径 D_1，代入式(3.5.3)，即可求出液体的表面张力系数 α.

本实验用力敏传感器测拉力 P. 拉力 P 与力敏传感器电压表显示读数 U 呈线性关系，即 $P=\dfrac{Ug}{B}$，其中 B 为传感器的灵敏度，g 为重力加速度. 首先对硅压阻力敏传感器定标，求得该传感器的灵敏度 B(mV/g). 如图 3.5.3 所示，当外力 $P>mg+f$ 时，吊环可脱出液面，测出吊环即将拉断水膜脱离液面时(临界情况 $P\approx mg+f$)的电压表读数 U_1，记录拉断后($P=mg$)数字电压表的读数 U_2，由式(3.5.3)得

$$\alpha=\frac{(U_1-U_2)g}{B\pi(D_1+D_2)} \tag{3.5.4}$$

【实验内容】

表面张力的测定

(1)开机预热 15min 以上，熟悉并调整仪器. 仔细调节底脚螺丝，使底板水平.(力敏传感器挂钩加挂砝码盘，)练习数字电压表的调零及加放砝码后的读数方法，熟悉升降台的调整. 实验系统见图 3.5.4，力敏传感器见图 3.5.5.

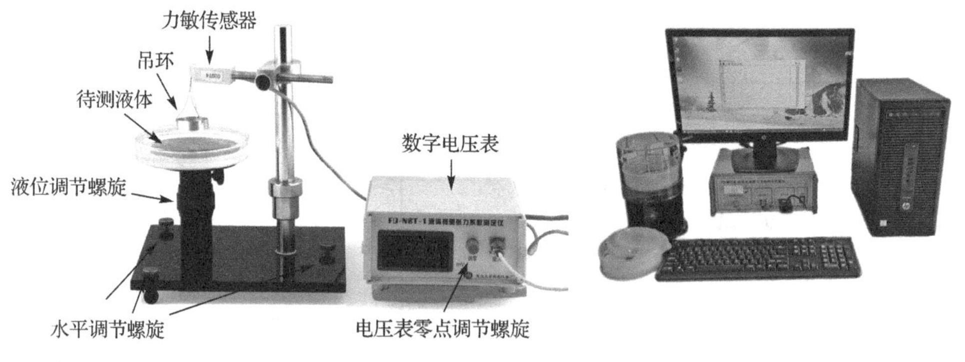

(a) FD-NST-I型　　(b) FD-NST-B型

图 3.5.4　表面张力系数测定实验系统

(2)硅压阻力敏传感器的定标. 整机预热后对力敏传感器进行定标：首先，力敏传感器挂钩加挂砝码盘后，仪器调零，再分别依次累加(各种)等质量砝码，测出相应的电压输出值，将实验结果填入表 3.5.1. 根据由最小二乘法原理导出的拟合公式，求得力敏传感器灵敏度 B(mV/g).

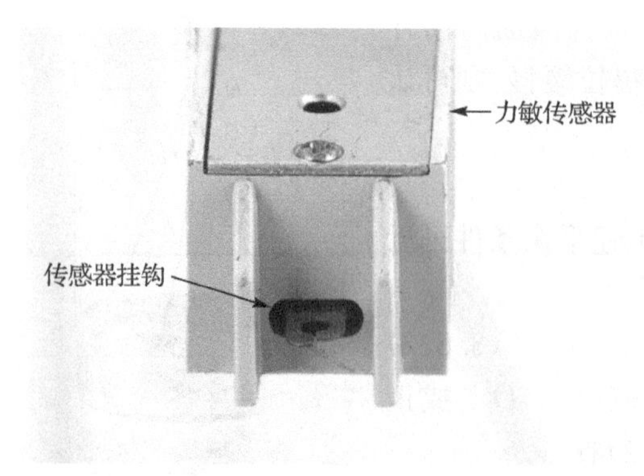

图 3.5.5　力敏传感器

(3)表面张力系数的测前准备. 首先洁净处理玻璃器皿和吊环，先用 NaOH 溶液洗净，再用清洁水冲洗干净，最后用纯净水冲洗一次. 将玻璃器皿内注入被测液体后安放在升降台上.

对于 FD-NST-B 型液体表面张力系数测定仪，将待测液体倒入玻璃器皿后，再将盛有待测液体的玻璃器皿小心地放入空的塑料容器，并一起放入实验圆筒内；将力敏传感器转至容器内，并轻轻挂上吊环.

(4)液体膜拉脱过程测量.

对于 FD-NST-I 型液体表面张力系数测定仪:把金属环挂在传感器挂环上,调节吊环水平.(顺)逆时针方向转动升降台大螺帽使液体液面上升,当环下沿部分均浸入液体中时,改为(逆)顺时针缓慢转动该螺帽,这时液面下降(或者说相对液面吊环往上提拉).观察金属环浸入液体中及从液体中拉起时的物理过程和现象,见图 3.5.6.特别注意吊环即将拉断液面前的一瞬间数字电压表读数值 U_1 和拉断后数字电压表读数 U_2.记下这两个数值.

对于 FD-NST-B 型液体表面张力系数测定仪:关闭橡皮球阀门,反复挤压橡皮球使装置内部液体液面上升,当吊环下沿部分均浸入待测液体中时,及时松开橡皮球阀门,这时液面缓慢下降,观察环浸入液体中及从液体中拉起时的物理过程和现象.特别注意吊环即将拉断液面前的一瞬间数字电压表读数值 U_1 和拉断后数字电压表读数 U_2.记下这两个数值.

用计算机采集时,在环接触液面开始下降时点开始采集按钮,可以通过软件实时采集传感器输出电压值的变化过程,通过鼠标移动测量拉脱瞬间的电压值以及拉断后的电压值,计算测量液体的表面张力,并与手动测量的结果进行比较.

(5)重复测量 U_1、U_2 多次,将数据填入表 3.5.2,利用计算器统计功能求出平均值 $\overline{(U_1-U_2)}$ 及标准差 $\sigma_{\overline{(U_1-U_2)}}$.

(6)记录测量过程始末的室温,以其平均值作为液体的温度 T.用游标卡尺测出吊环的外径 D_1 和内径 D_2.

(7)将上述测量数据代入式(3.5.4)计算出液体的表面张力系数

$$\bar{\alpha}=\frac{\overline{(U_1-U_2)}}{B\pi(D_1+D_2)}g \tag{3.5.5}$$

(8)计算实验的标准误差.

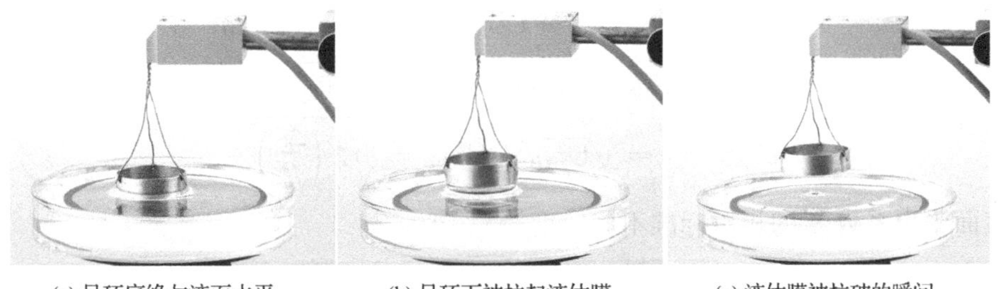

(a) 吊环底缘与液面水平　(b) 吊环下被拉起液体膜　(c) 液体膜被拉破的瞬间

图 3.5.6　液体膜拉脱过程

【数据记录与处理】

表 3.5.1

M/g	0.500	1.000	1.500	2.000	2.500	3.000	3.500
U/mV							
$\bar{U}=$ 　　mV							

直线拟合所得系数为灵敏度因子

$$B=\frac{\bar{M}\cdot\bar{U}-\overline{MU}}{\bar{M}^2-\overline{M^2}}$$

标准误差(不确定度)为

$$U_{sB}=\sigma_B=\frac{\sigma_U}{\sqrt{n(\overline{M^2}-\bar{M}^2)}}$$

其中

$$\sigma_U=\sqrt{\frac{1}{n-2}\sum_{i=1}^{n}(U_i-BM_i)^2}$$

表 3.5.2

室温 $T_1=$______℃，$T_2=$______℃，液体温度 $\bar{T}=\frac{T_1+T_2}{2}=$______℃

序　号	U_1/mV	U_2/mV	U_1-U_2/mV	
1				$\overline{(U_1-U_2)}=$　(mV)
2				
3				$\sigma_{\overline{(U_1-U_2)}}=$　(mV)
4				

吊环外径 $D_2=$______mm，内径 $D_1=$______mm；$\Delta_D=$______mm.（济南地区重力加速度 $g=9.7988\ m/s^2$，青岛地区重力加速度 $g=9.7985 m/s^2$.）

标准不确定度　$U_{sD}=U_{sBD}=\sigma_{D_1}=\sigma_{D_2}=\frac{\Delta_D}{\sqrt{3}}=$______mm

$$U_{s(D_1+D_2)}=(U_{sD_1}^2+U_{sD_2}^2)^{1/2}=\text{\_\_\_\_\_\_}\text{mm}$$

$$U_{s\overline{(U_1-U_2)}}=\sqrt{\sigma_{\overline{(U_1-U_2)}}^2+U_{sB\overline{(U_1-U_2)}}^2}$$

$$U_{sB\overline{(U_1-U_2)}}=\sqrt{U_{sBU1}^2+U_{sBU2}^2}=\sqrt{2\left(\frac{\Delta_U}{\sqrt{3}}\right)^2}$$

则液体表面张力系数 $\bar{\alpha}$ 的相对标准不确定度

$$E=\sqrt{\left[\frac{U_{s\overline{(U_1-U_2)}}}{\overline{(U_1-U_2)}}\right]^2+\left[\frac{U_{s(D_1+D_2)}}{D_1+D_2}\right]^2+\left[\frac{U_{sB}}{B}\right]^2}$$

$\bar{\alpha}$ 的绝对标准不确定度

$$U_{s\bar{\alpha}}=E\bar{\alpha}$$

本实验测量结果

$$\begin{cases}\alpha=\bar{\alpha}\pm U_{s\bar{\alpha}}\\E=\quad\%\end{cases}$$

【注意事项】

(1)砝码应轻拿轻放.

(2)实验前仪器开机预热 15min；依次用 NaOH 溶液、清水、纯净水清洗玻璃器皿和吊环.

(3)玻璃器皿和吊环经过洁净处理后，不能再用手接触，也不能用手触及液体.

(4)对传感器定标时应先调零,待电压表输出稳定后再读数.

(5)吊环保持水平,缓慢旋转升降台,避免水晃动,准确读取 U_1、U_2.

(6)实验结束后擦干、包好吊环,旋好传感器帽盖.

【思考题】

(1)还可以采用哪些方法对力敏传感器灵敏度 B 的实验数据进行处理?

(2)分析吊环即将拉断液面前的一瞬间数字电压表读数值由大变小的原因.

(3)对实验的系统误差和随机误差进行分析,提出减小误差改进实验的方法措施.

(4)如果所给砝码质量并不准确,可采取什么方法保证测量精度?

【应用提示】

表面张力有广泛的应用.在生活中,含有糖和茶液的肥皂液,表面张力增大,可以用其吹出超级大的肥皂泡;刷牙前,先用清水漱口,再用牙膏刷牙,这时牙膏液便能在水的表面张力作用下充斥整个口腔,去除口臭和污物就比较彻底.在工业中主要应用于水的表面吸附除污净化、选煤等.

1. 泡沫吸附分离技术

泡沫吸附分离技术是根据表面吸附的原理,通过向溶液鼓泡并形成泡沫层,将泡沫层与液相主体分离,由于表面活性物质聚集在泡沫层内,就可以达到浓缩表面活性物质或净化液相主体的目的.被浓缩的物质可以是表面活性物质,也可以是能与表面活性物质相结合的任何物质.20 世纪初泡沫浮选就已广泛应用于矿冶工业.如废水的浮选(气浮)法处理技术,实质上是一个气-固吸附与固-液分离的综合过程.在这一综合过程中,微小气泡与在水中呈悬浮状的颗粒相黏附,形成水-气-固三相混合系,颗粒黏附上气泡后,其密度小于水而产生上浮作用,从而使呈悬浮状的污染物质得以从水中分离出去,形成一种浮渣层.图 3.5.7 为选煤机实物图.但针对离子、分子、胶体及沉淀的泡沫吸附分离技术,则是近三十年中发展起来的一种新型分离技术.

图 3.5.7　选煤机

2. 表面张力过渡焊

表面张力过渡焊是一种 CO_2 气体保护焊的半自动焊,但与传统的 CO_2 气体保护半自动焊不同,表面张力过渡表达的是以熔滴过渡的主要推动力为分类依据的一个新概念,可以理解为导致一个熔滴完成过渡全过程的主要作用力为表面张力,它是相对传统短路过渡工艺而言的.若不考虑重力与电磁力的作用,可以认为熔滴向熔池的铺展、缩颈与断裂期间,完全处于熔池与熔滴融合界面的表面张力作用下,即熔滴完成过渡全过程的主要推动力是表面张力.

在表面张力过渡工艺中,波形的控制与熔滴的空间状态必须严格精确对应,这是关系到表面张力过渡能否真正实现的核心关键.

3.6　刚体转动惯量的测定

刚体是在外力作用下,形状、大小皆不变的物体,通常将受外力作用形变甚微的物体视为刚体.刚体转动惯性大小的量度称为转动惯量,它取决于刚体的总质量、质量的分布和转轴的位置.对于质量均匀分布、形状简单规则的刚体,可以通过数学方法计算绕特定轴的转动惯量;对于形状复杂、质量分布不均匀的刚体,需要用实验的方法测定转动惯量.转动惯量不能直接测量,必须进行参量转换,即设计一种装置,使待测物体以一定的形式运动,其运动规律必须与转动惯量有联系,其他各物理量可以直接或以一定方法测定.对于不同形状的刚体,设计了不同的测量方法和仪器,常用的有三线摆(three-wire pendulum)、扭摆(torsion pendulum)、复摆(compound pendulum)以及利用各种特制的转动惯量测定仪等.本实验介绍用塔轮式转动惯量仪测定的方法,是使塔轮以一定形式旋转,通过表征这种运动特征的物理量与转动惯量的关系,进行转换测量.

转动惯量是研究、设计、控制转动物体运动规律的重要参数,如设计电动机转子、钟表摆轮、精密电动圈等.因此,学会刚体转动惯量的测定方法,具有重要的实际意义.

【实验目的】

(1)研究刚体的转动规律,测定刚体的转动惯量.

(2)观测刚体的转动惯量随其质量、质量分布及转轴位置而变化的规律.

(3)学习利用曲线改直及图解法或最小二乘法处理数据.

【实验仪器】

刚体转动惯量实验仪、圆环、圆盘、圆柱形砝码、棒、球、电脑式毫秒计、电子天平、砝码、钢板尺、游标卡尺等.

【仪器介绍】

刚体转动惯量实验仪构造如图 3.6.1 所示.3 是固定在轴承上具有不同半径 r 的塔轮,上

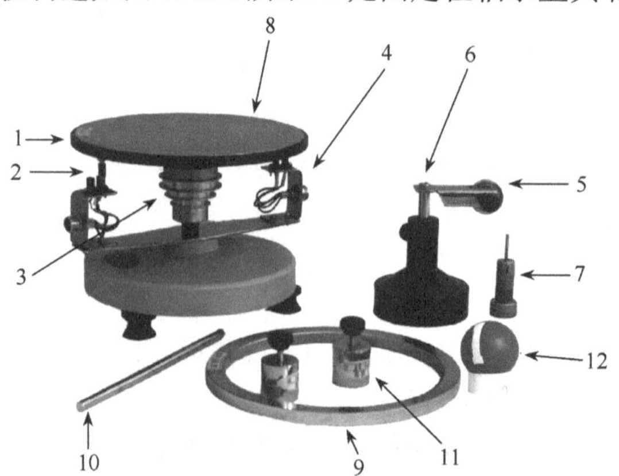

图 3.6.1　刚体转动惯量实验仪构造

1.承物台; 2.遮光细棒; 3.绕线塔轮; 4.光电门; 5.滑轮; 6.滑轮架; 7.砝码; 8.圆盘; 9.圆环; 10.细棒; 11.圆柱形砝码; 12.球

面装有承物台，可放置待测转动惯量的试件，它们一起组成一个可以绕定轴转动的刚体系统. 塔轮上绕一根细线，并绕过定滑轮 5 与砝码 m 相连. 当 m 下落时，通过细线对刚体系统施加(外)力矩. 滑轮的支架可以借固定螺丝升降，以保证当细线绕塔轮的不同半径转动时都可以保持与转动轴相垂直.

【实验原理】

1. 测定转动惯量的原理

根据转动定律，当刚体绕固定轴转动时，有

$$M = I\beta \tag{3.6.1}$$

其中 M 是刚体所受合外力矩，I 是刚体对该轴的转动惯量，β 是角加速度. 在本实验装置中，刚体所受合外力矩为

$$M = Tr - M_\mu \tag{3.6.2}$$

式中 M_μ 为刚体转动时受到的摩擦力矩；T 为细线的张力，与转轴垂直；r 为塔轮半径. 忽略细线及定滑轮的质量、滑轮轴上的摩擦力，并忽略细线长度的伸缩，则当砝码 m 以匀加速度 a 下落时，由牛顿第二定律，有

$$mg - T = ma \tag{3.6.3}$$

式中 g 是重力加速度. 假定 β=5rad/s^2，r=2.500×10^{-2}m，砝码下落时

$$a = r\beta = 0.125\text{m/s}^2$$

$g \gg a$，a 可忽略，所以

$$T \approx mg \tag{3.6.4}$$

由式(3.6.1)～式(3.6.4)得

$$mgr - M_\mu = I\beta \tag{3.6.5}$$

式(3.6.5)可写为

$$\beta = \frac{mgr}{I} - \frac{M_\mu}{I} \tag{3.6.6}$$

或

$$\beta = \frac{gr}{I}m - \frac{M_\mu}{I} \tag{3.6.7}$$

可见如果保持砝码质量不变，改变塔轮半径，β 与 r 呈线性关系，求得比例系数 mg/I，即可求得 I，如果保持塔轮半径不变，改变砝码质量，β 与 m 呈线性关系，求得比例系数 gr/I，也可求得 I，由截距可求出摩擦力矩 M_μ. 求比例系数可以采用最小二乘法作一元线性回归，也可以采用作直线求斜率的办法，还可以用 Excel 程序或计算器的统计功能来求解.

设刚体转动惯量实验仪空载(不加载任何试件)时的转动惯量为 I_0，加试件后系统的转动惯量为 I，由转动惯量的可叠加性，试件的转动惯量为

$$I_{\text{试件}} = I - I_0 \tag{3.6.8}$$

本实验装置配有圆环、圆盘、棒、圆柱形砝码等试件，分别测出转动惯量仪空载与加载试件的转动惯量，即可测出这些试件的转动惯量.

2. 验证平行轴定理

将圆柱形砝码固定于承物台上的某一位置处,它绕过其质心且沿中轴线的轴的转动惯量为 $MR^2/2$,则加载有圆柱形砝码的转动惯量实验仪的转动惯量为

$$I = I_0 + \frac{1}{2}MR^2 + Mx_0^2 \tag{3.6.9}$$

式中 x_0 为圆柱形砝码的质心到转动轴的垂直距离.

【实验内容】

1. 调节实验装置

(1)参见图 3.6.1,检查滑轮和塔轮的转动部分是否转动自如.

(2)调节滑轮支架高度与位置,使细线与塔轮轴线垂直.连接电脑式毫秒计,使遮光棒的初始位置靠近光电门,如图 3.6.2 所示.

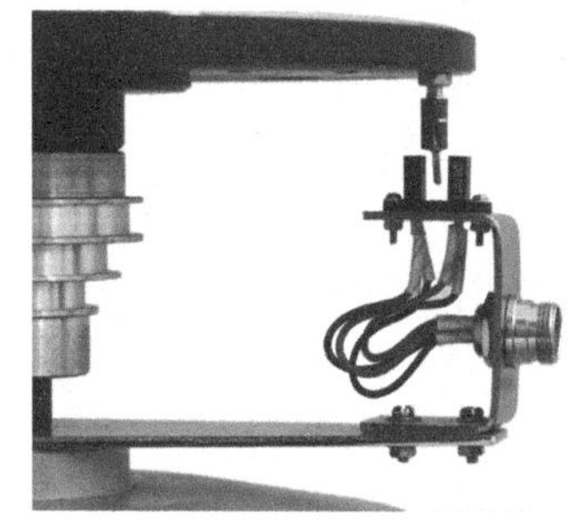

图 3.6.2 光电门

2. 测定刚体的转动惯量及摩擦力矩

将圆环安装在承物台上,将拉线一端系于塔轮,在半径 $r=2.500\text{cm}$ 的柱面轮上均匀密绕,拉线不能有重叠;先在另一端系质量约为 50.00g 的砝码,绕过滑轮下垂.视 M_μ 不变,改变砝码 m 值.每次增加一个砝码,直到增至 m 约为 105.00g.砝码质量与标称值略有不同,需用电子天平称量.

对应每个 m 值,用电脑式毫秒计记录砝码从静止释放下落过程中的角加速度 β 的值,将数据记录在表 3.6.1 中.

用作图法处理数据(参见第 1 章,图解法求直线的斜率和截距),将结果作 $m \sim \beta$ 图,用图解法求直线斜率 K_3 和截距 c_3,由 K_3 求转动惯量 I,由 c_3 求摩擦力矩 M_μ,得出必要的结论.或用最小二乘法处理数据求出转动惯量 I.由式(3.6.8)即可算出圆环的转动惯量.

按照上述方法,可测得圆盘、棒等的转动惯量.

3. 验证平行轴定理

将圆柱形砝码安装在承物台的某一位置,参照测定圆环等试件转动惯量的方法,测量此时刚体系统的转动惯量,填入表格 3.6.2,求转动惯量 I 与摩擦力矩 M_μ,计算并得出结论.

【数据记录与处理】

表 3.6.1

$r=2.500\text{cm}$

m/g												
β/s^{-2}												

由图得出斜率 $K_3=$________，截距 $c_3=$________

刚体系统的转动惯量 $I=$________，待测试件的转动惯量 $I_{试件}=$________

摩擦力矩 $M_\mu=$________

计算

$$\frac{|I_{试件}-I_{理}|}{I_{理}}\times 100\% = \_\_\_\_\_\_\_\_$$

表 3.6.2

$r=2.500\text{cm}$

m/g												
β/s^{-2}												

由图得出斜率 $K_4=$________，截距 $c_4=$________

刚体系统的转动惯量 $I=$________

将实验结果与(12)的理论值相比较，计算

$$\frac{|I-I_{理}|}{I_{理}}\times 100\% =$$

【注意事项】

(1)尽量减少转轴与轴座的摩擦以保证塔轮转动灵活.

(2)在塔轮上缠绕拉线时，应尽量做到均匀密排，避免拉线重叠. 在改变半径 r 时，应随之调节滑轮的高低和轮面的方位，以确保满足实验条件.

(3)开始计时时，应保证塔轮初速度为零.

附电脑式毫秒计使用说明(参见图 3.6.3)

1. 使用方法

(1)将转动惯量仪的一组或两组光电门与毫秒计输入接口Ⅰ、Ⅱ两通道光缆分别连接，选择通、断开关，“通”表示该回路的光电门接通，可以正常工作；反之不能工作. 通常只选择通一路，另一路留作备用.

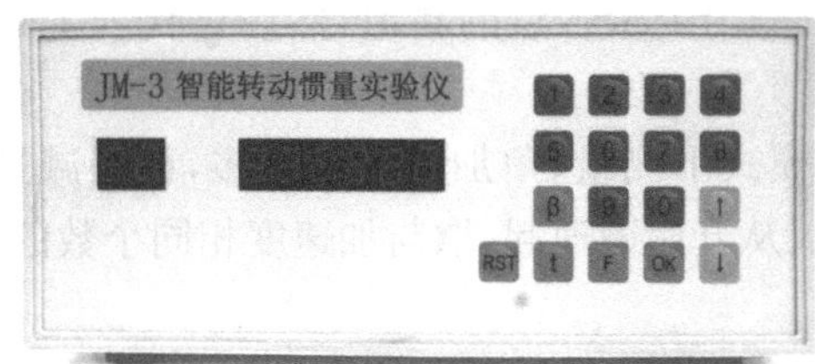

(a) 电脑式毫秒计前面板

(b) 电脑式毫秒计背板

图 3.6.3　电脑式毫秒计

(2)通电后，显示 PP-HELLO，3s 后进入模式设定等待状态 F0164. 前两位数表示几个输入脉冲编为一组(计时单元). 01 表示输入 1 个脉冲作为一次计时单元，05 表示输入 5 个脉冲作为一次计时单元. 后两位数表示可记录的每组脉冲数，“组”×“数”≤64.

(3)在“F0164”等待状态,可按动数字键进行设定,如显示 F0213 即为每两个脉冲计一次时间,共计 13 组.

(4)按 OK 键显示 88-888888 进入待测状态,当第一个光脉冲通过即开始计时,此时脉冲组(个)数数字跳动,表示计数正常进行. 测量和计算完毕即显示 EE(设定模式),此时各数据已被存储,以备提取. 若未显示“EE”,则不能提取各类参数. 如果 5min 内未完成测量,将显示 HOVE,此时应按 RST 键重新开始.

(5)提取时间:按 t 键,显示 01H 后按 OK 键则显示记录第一个脉冲的起始时间(00.0000s),按↑键,则依次递增显示各次记录数据,按↓则依次递减显示各次记录数据. 若只提取某一个数值,按 t 键显示××H 后,输入所要提取的数,按 OK 键后即显示出该 t 值. 若输入所要提取的数值超过设定值,如 66,按 OK 键后则显示溢出(OU-PLUSE),此时需重新按 t 键,在设定的数值范围内取数.

(6)提取角加速度值:

① 按 β 键出现“××b”后,按数字 01 键,再按 OK 键,即显示出 01,b±×.×××数值. 其余类似提取时间的方法.

② 在有外力作用的加速旋转状态到砝码落地后的减速旋转之间,间隔有 5 次 PASS,这表示该转折点周围的数据不可靠,需舍去. 角加速度为第 2 个脉冲(第一个时间)与隔一个值(不是相邻的值)相计算的,即第 2 个时间数和第 4 个时间数代入公式计算而得,依次类推.

(7)F 键为软启动键,表示继续使用上次设定模式,此时内存数据尚未消除,还可再次提取. 按 F 键后再按 OK 键,则可进行新的实验,上次实验数据已消除.

(8)设定数、组(或积)大于机器记录的范围都会溢出,然后再进入正常的等待状态.

2. 注意事项

(1)t 的单位为秒,角加速度的单位为弧度/秒^2. 作其他用途时,须自行修改.

仪器设定的角加速度计算公式为

$$\beta=\frac{2\pi[(K_2-1)\cdot t_1-(K_1-1)\cdot t_2]}{t_2^2t_1-t_1^2t_2}$$

从加速到减速,机器记录的是统一的(开始)时间,但计算的 β 值为负时,是用新的时间原点 t'和新的计时次数 K'. t'和 K'都是减去最后一个 PASS 点的新值,然后再代入上述公式计算.

(2)摩擦随速度有一些变化,所以在 F0164 模式下测量,角加速度值不多,而角减速度有几十个值,而且还是逐渐减小的,如何取舍? 建议从开始减速起,取与加速度相同个数的值,再平均. 这才与实际情况相接近.

(3)因内存的限制,两次记数脉冲的时间间隔应小于 6s,否则将出现计时不准的现象.

(4)维修光电门时,发送和接收管的正负极不能接反,其电阻小于 3kΩ 才能正常工作.

(5)更换保险管时应先断开输入电源,以防触电.

(6)电脑在计算负 β 值时,对 t 值多取了一位有效数值(而又未被显现出)以减小计算的误差,故正 β 的校验是一字不差,而负 β 值仅平均值相符.

【思考题】

(1)说明本实验所要求满足的实验条件及它们在实验中是如何实现的. 例如,如何尽量保持 $g \gg a$?

(2)实验观察到摩擦随速度有一些变化,为什么?

(3)对本实验测量结果影响较大的因素有哪些? 分析其各属于哪类误差.

(4)本实验可以采用哪几种常用的数据处理方法?

【应用提示】

设有一不转动的圆柱体,沿平行轴线方向运动. 当它受一个垂直于柱体轴线、作用点距质心为 l 的外力 F(微小触动)作用时,作用时间设为 Δt,由角动量定理,圆柱体得到了绕 Y 轴的角动量 $\Delta L = M\Delta t = Fl\Delta t = I_y\omega$,即圆柱体获得了一绕 Y 轴的角速度,使圆柱体翻筋斗.

若圆柱体本来绕自己的轴线高速转动,角动量为 L,其他条件与上面相同,这时沿轴线 Y 方向的力矩引起自转轴绕 Z 轴进动,进动角速度 $\omega' = Fl/L_0$,在时间 Δt 内,自转轴转过了 $\alpha = Fl\Delta t/L_0$,此时圆柱体不再翻筋斗,而是在 F 的作用下稍微改变运动方向. 从上式可见,自转越快,转角 α 越小,对它飞行的干扰越小.

根据刚体转动的进动原理,枪炮的出射筒内都刻有螺旋式来复线,使射出的枪弹绕几何轴高速旋转,成为回转仪. 由于空气阻力矩的作用,枪弹产生进动,保持前进方向不产生大的偏离,以提高其命中率.

自行车也是靠加回转仪的进动效应才能保持稳定. 自行车行驶时,前轮看作是回转仪,绕自转轴的角动量指向人的左方. 若车身稍向左倾斜,则受到一重力矩的作用,该力矩指向车后,在重力矩作用下前轮产生进动,使自转轴向重力矩方向靠拢,前轮向左转,使自行车左转弯,从而产生向右的惯性离心力,使稍微向左倾斜的车身获得校正,保持车身竖直.

绕一个支点高速转动的刚体称为陀螺. 通常所说的陀螺特指对称陀螺,它是一个质量均匀分布的、具有轴对称形状的刚体,其几何对称轴就是它的自转轴. 在一定的初始条件和一定的外力矩作用下,陀螺会在不停自转的同时,还绕着另一个固定的转轴不停地旋转,这就是陀螺的旋进,又称为回转效应. 陀螺旋进是日常生活中常见的现象,许多人小时候都玩过的陀螺就是一例. 人们利用陀螺的力学性质所制成的各种功能的陀螺装置称为陀螺仪(gyroscope),是一种用来传感与维持方向的装置,是基于角动量守恒的理论设计出来的. 陀螺仪主要由一个位于轴心且可旋转的轮子构成. 陀螺仪一旦开始旋转,由于轮子的角动量,它有抗拒方向改变的趋向(图 3.6.4).

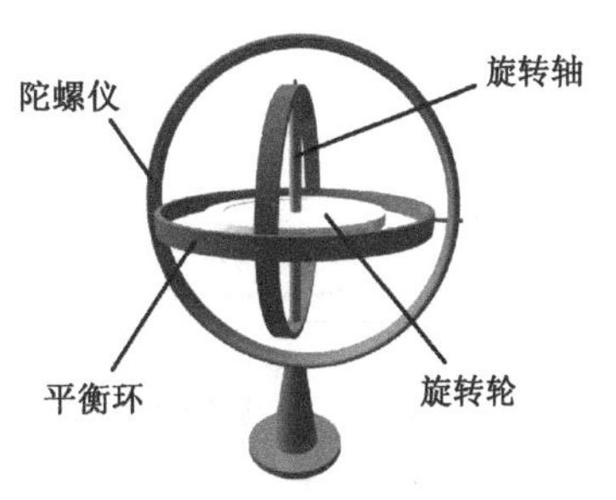

图 3.6.4　陀螺仪原理图

陀螺仪有单轴陀螺仪和三轴陀螺仪,单轴的只能测量一个方向的量,也就是一个系统需要三个陀螺仪. 而三轴陀螺仪可同时测定 6 个方向的位置、移动轨迹、加速度三轴陀螺仪多用于航海、航天等导航、定位系统,能够精确地确定运动物体的方位,如今也多用于智能手机当中. 目前手机中采用的三轴陀螺仪用途主要体现在游戏的操控上,有了三轴陀螺仪,我们在玩现代战争等第一人称射击游戏以及狂野飙车等竞技类游戏时,可以完全摒弃以前通过方向按键来控制游戏的操控方式,只需要通过移动手机相应的位置,即可以达到改变方向的目的,使游戏体验更加真实、操作更加灵活.

3.7　固体导热系数的测定

导热系数是表征物质热传导性质的物理量,对保温材料要求其导热系数尽量小,对散热材料要求其导热系数尽量大.由于导热系数与物质成分、微观结构、温度、压力及杂质含量密切相关,所以在科学实验和工程设计中,材料的导热系数常常需要由实验具体测定.

测量导热系数的实验方法一般分为稳态法与动态法两类.在稳态法中,先利用热源对样品加热,样品内部的温差使热量从高温处向低温处传导,样品内部各点的温度将随加热快慢和传热快慢的影响而变动;当适当控制实验条件和实验参数,使加热和传热过程达到平衡状态时,待测样品内部就能形成稳定的温度分布,根据这一温度分布就可计算出导热系数.而在动态法中,最终在样品内部所形成的温度分布是随时间变化的,如呈周期性的变化,变化的周期和幅度也受实验条件和加热快慢的影响.本实验将利用稳态法测量固体的导热系数.

【实验目的】

(1)了解热传导的基本规律及散热速率的概念.

(2)掌握稳态法测定导热系数的方法.

【实验仪器】

FD-TC-II 型导热系数测定仪、数字电压表、热电偶、制冷仪、游标卡尺、夹子、计时表(自备)等.

【实验原理】

当温度不同的两物体接触或一个物体内部各处温度不均匀时就会发生热传导现象.1882年法国数学家、物理学家约瑟夫·傅里叶给出了热传导的基本公式(傅里叶方程)

$$dQ = -k\left(\frac{dT}{dx}\right)dSdt \tag{3.7.1}$$

式中 dQ 表示在 dt 时间内通过 dS 面元传递的热量,$\frac{dT}{dx}$ 是沿 dS 面元法线处的温度梯度,k 为物质的导热系数.负号表示热量传递方向与温度梯度的方向相反.

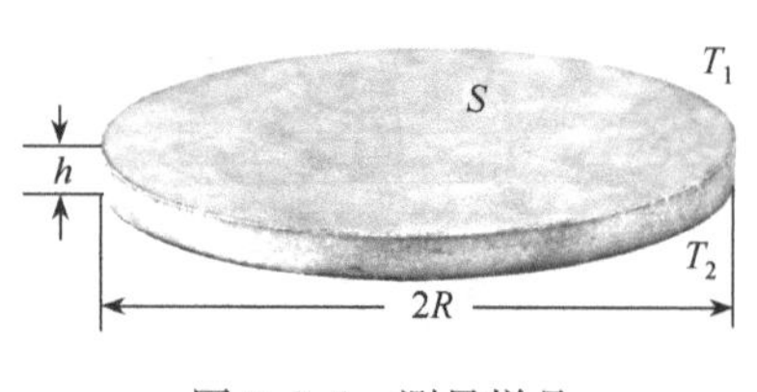

图 3.7.1　测量样品

图 3.7.1 为厚度为 h,面积为 S 的圆柱形样品.若维持其上下表面为恒定的温度 T_1 和 $T_2(T_1>T_2)$,侧面绝热,根据式(3.7.1),则在 Δt 时间内沿 S 法线方向从上向下传递的热量为

$$\Delta Q = k\frac{T_1 - T_2}{h}S\Delta t \tag{3.7.2}$$

由此可得材料的导热系数

$$k = \frac{h}{S(T_1 - T_2)} \cdot \frac{\Delta Q}{\Delta t} \tag{3.7.3}$$

式中 $\frac{\Delta Q}{\Delta t}$ 为样品材料沿 S 法线方向的传热速率. 样品的 h,S 及上下表面的温度 T_1 和 T_2 容易测出,问题的关键是测定 $\frac{\Delta Q}{\Delta t}$. 因为稳定导热时,样品的传热速率和散热速率是相等的,故在实验中增加一个紧贴样品的散热盘,其在稳定导热时的散热速率即为 $\frac{\Delta Q}{\Delta t}$.

图 3.7.2 为实验仪器装置图. 三个螺旋头支撑着一个铜散热盘 D,其上放置一个圆盘状待测样品 C,样品 C 上安放一发热盘 B. 实验时发热盘 B 直接将热量通过样品上表面传入样品 C,散热盘 D 及电扇有效稳定地散热,使传入样品的热量不断从样品的下表面散出. 由于发热盘 B 与散热盘 D 为良导体,且 B 的下表面、D 的上表面与样品盘 C 的上、下表面密切贴合,故可以认为样品盘 C 上、下表面的温度分别与 B、D 盘的温度相同. 当传入样品盘 C 的热量等于它散出的热量时,样品处于稳定导热状态,这时发热盘 B 与散热盘 D 的温度为定值(T_1 和 T_2).

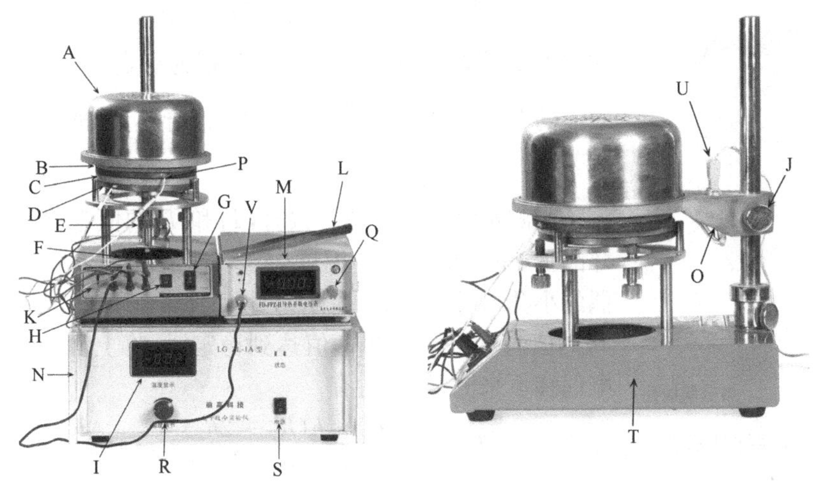

图 3.7.2　稳态法测定导热系数实验装置图

A. 电热板盒;B. 发热盘;C. 待测样品;D. 散热盘;E. 螺旋头;F. 风扇;G. 加热开关;H. 风扇开关;I. 制冷仪温度显示;J. 加热器固定旋钮;K. 热电偶选择开关;L. 镊子;M. 数字电压表;N. 电子制冷仪;O. 加热器支撑梁;P. 热电偶;Q. 数字电压表调零旋钮;R. 制冷仪温度调节;S. 制冷仪电源开关;T. 仪器底座;U. 加热器 220V 电源插座;V. 数字电压表输入插座

测出稳定导热时的 T_1 和 T_2,然后抽出样品盘 C,让发热盘 B 的底面与散热盘 D 直接接触,使 D 的温度上升 20℃左右,移去加热盘 B,将样品盘 C(样品为金属时用绝缘板)覆盖在散热盘 D 上,使之自然散热. 测出散热盘在 T_2 附近的冷却速率,可取为

$$\left.\frac{\Delta Q}{\Delta t}\right|_{T=T_2}=C_2m_2\left.\frac{\Delta T}{\Delta t}\right|_{T=T_2} \tag{3.7.4}$$

式中 C_2、m_2 分别为散热盘 D 的比热容和质量.

由式(3.7.4)估算散热速率时,计入的散热面为散热盘的上、下表面和侧面,即它的总面积为 $2\pi R_2^2+2\pi R_2h_2$. 实验中稳态传热时,散热盘的上表面被样品盘覆盖,其实际散热面积为 $\pi R_2^2+2\pi R_2h_2$. 考虑到物体的散热速率与它的散热面积成正比,将式(3.7.4)修正为

$$\left.\frac{\Delta Q}{\Delta t}\right|_{T=T_2}=C_2m_2\left.\frac{\Delta T}{\Delta t}\right|_{T=T_2}\cdot\frac{\pi R_2^2+2\pi R_2h_2}{2\pi R_2^2+2\pi R_2h_2} \tag{3.7.5}$$

即为稳定导热状态下样品材料的传热速率.

把式(3.7.5)代入式(3.7.3)得

$$k=\frac{C_2m_2h(R_2+2h_2)}{2\pi R^2(R_2+h_2)(T_1-T_2)}\cdot\left.\frac{\Delta T}{\Delta t}\right|_{T=T_2}\tag{3.7.6}$$

实验中若采用热电偶与数字电压表来测量样品上、下表面的温度.记热电偶的温差系数为 α,当热电偶的高、低温端温度分别为 T 和 T_0 时,其温差电动势 $E=\alpha(T-T_0)$.保持冷端 $T_0=0℃$,则 $E=\alpha T$,于是有

$$T_1=E_1/\alpha,\quad T_2=E_2/\alpha\tag{3.7.7}$$

$$\frac{\Delta T}{\Delta t}=\frac{\Delta E}{\alpha\Delta t}=\frac{1}{\alpha}\cdot\frac{\Delta E}{\Delta t}\tag{3.7.8}$$

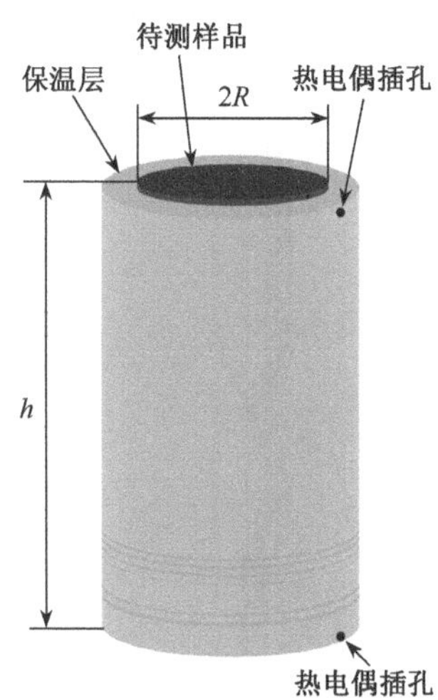

图 3.7.3　良导体样品示意图

把式(3.7.5)~式(3.7.7)代入式(3.7.3)得

$$k=\frac{C_2m_2h(R_2+2h_2)}{2\pi R^2(R_2+h_2)(E_1-E_2)}\cdot\left.\frac{\Delta E}{\Delta t}\right|_{E=E_2}\tag{3.7.9}$$

式中 R 为样品盘的半径,E_1、E_2 分别为稳定导热时样品盘上、下表面的温差电动势,$\left.\frac{\Delta E}{\Delta t}\right|_{E=E_2}$ 为稳定导热时,散热盘温差电动势在 E_2 附近的下降速率.

当测量金属的导热系数时,T_1 和 T_2 的值为稳定导热时金属样品上、下表面的两个温度(金属样品上、下表面有可供插热电偶的小孔,如图 3.7.3 所示),此时散热盘 D 的温度记为 T_3.测 T_3 的值时,可在 T_1 和 T_2 值达到稳定时,将上面测 T_1 或 T_2 的热电偶移下来测量.此时有

$$k=\frac{C_2m_2h(R_2+2h_2)}{2\pi R^2(R_2+h_2)(E_1-E_2)}\cdot\left.\frac{\Delta E}{\Delta t}\right|_{E=E_3}\tag{3.7.9′}$$

【实验内容】

1. FD-TC-Ⅱ型导热系数测定仪

(1)熟悉实验装置结构.如图 3.7.4 所示,将待测样品放在发热盘 B 和散热盘 D 之间,松紧适中.

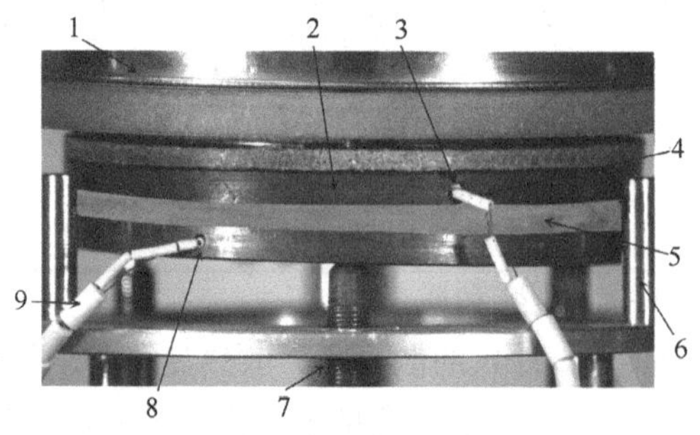

图 3.7.4　待测样品的放置

1. 加热器;2. 加热盘;3. 发热盘热电偶放置孔;4. 发热盘热电偶;5. 待测样品;6. 样品限位立柱;7. 升降调节旋钮;8. 散热盘;9. 散热盘热电偶

(2)参照图 3.7.2、图 3.7.5 连接好仪器. 发热盘 B 和散热盘 D(或待测金属的上、下端)侧面都有供安插热电偶的小孔,将热电偶的高温端尽量深地插入小孔,低温端插入制冷仪后面板的制冷输出孔,如图 3.7.6 所示.

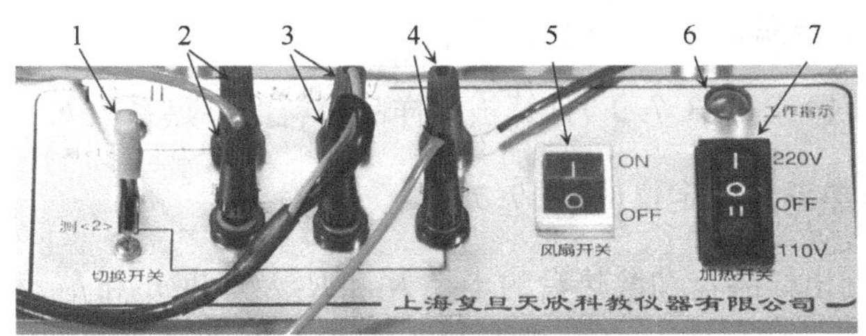

图 3.7.5　仪器接线示意图

1. 热电偶选择切换开关;2. 接热电偶 1;3. 接数字电压表;4. 接热电偶 2;
5. 风扇开关;6. 工作指示灯;7. 加热开关

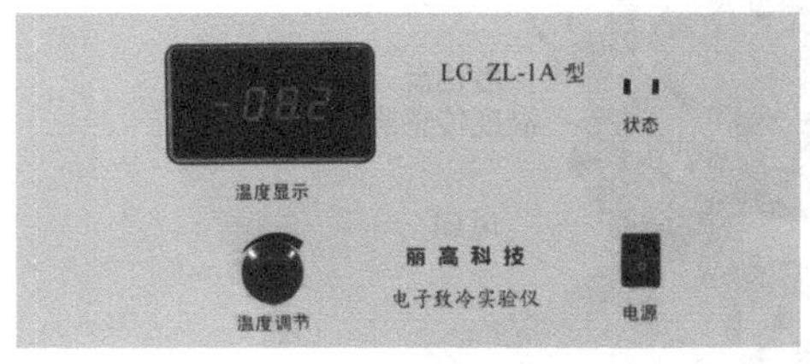

(a) 前面板

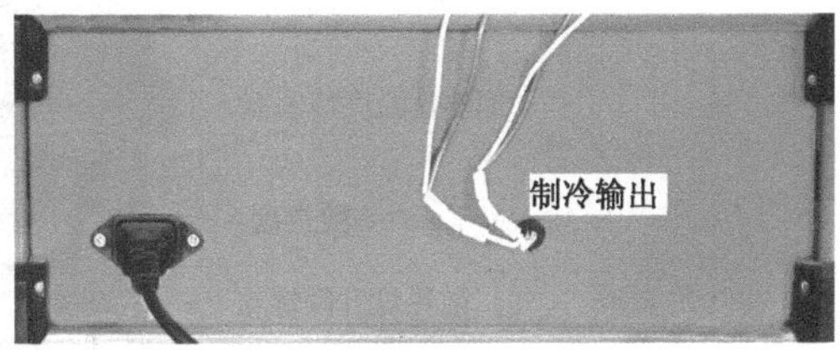

(b) 后面板

图 3.7.6　电子制冷仪

(3)数字电压表调零. 打开数字电压表的电源开关,将数字电压表与导热系数测定仪的连线在数字电压表端 V 断开,旋转调零旋钮 Q 调零,然后再接好连线.

(4)将导热系数测定仪的电源开关 G 打到 220V 位置,给发热盘 B 加热. 打开风扇电源 H. 通过切换 K 键,用数字电压表跟踪发热盘 B 和散热盘 D 的温度变化(显示为毫伏数),其中读数变化较快者为发热盘 B 的温差电动势. 当发热盘 B 的温差电动势达到 4.00mV 时,将导热系数测定仪的电源开关 G 打到 110V 位置,继续对发热盘 B 加热.

(5)电压降至 110V 后,每隔 5min 读取一次样品上、下表面的温差电动势 ε_1 和 ε_2(通过调节电键 K 切换),记录在表 3.7.1 中. 测得若干组数据后,注意将每组数据与上一组相比较,若相邻两次读数相差不大(<0.03mV),则可认为达到稳定导热状态,此时上、下表面的温差电动势读数分别记作 E_1、E_2.

(6)抽出样品盘 C,让加热盘 B 紧贴散热盘 D 继续加热. 旋动三个螺旋头 E,使散热盘 D 下降,用夹子将样品 C 取出,放在绝热板上,然后再旋动三个螺旋头 E,使散热盘 D 上升至紧贴加热盘 B,将导热系数测定仪的电源开关 G 打到 220V 位置,继续加热,同时用电压表跟踪散热盘 D 的温度变化(显示为毫伏数).

(7)当电压表的示数比稳定导热时的值(E_2)大 0.8mV 时,断开电源(将导热系数测定仪的电源开关 G 打到中间位置),迅速旋动三个螺旋头 E,降低散热盘 D(与发热盘间距 1cm 以上),使散热盘 D 自然冷却. 每隔 30s 读取一次散热盘 D 的电动势 ε_2',直到比稳定的 E_2 低 0.8mV,将数据记录在表 3.7.2 中. 关闭风扇电源开关,关闭数字电压表的电源开关.

(8)用游标卡尺测出样品盘和散热盘的半径 R 和 R_2 及厚度 h 和 h_2. 散热盘的质量 $m_2=1.000\text{kg}$,比热容 $C_2=3.77\times10^2\text{J/(kg}\cdot℃)$.

(9)在毫米方格坐标纸上作散热盘在散热过程中的 ε'_2-t 曲线,求出该曲线 $\varepsilon'_2=E_2$ 处切线的斜率 $\left.\frac{\Delta E}{\Delta t}\right|_{E=E_2}$ (若为金属,$\varepsilon'_3=E_3$,此时 $\left.\frac{\Delta E}{\Delta t}\right|_{E=E_3}$).

(10)根据式(3.7.9)或式(3.7.9′)计算被测样品材料的导热系数 k.

2. FD-TC-B 型导热系数测定仪(图 3.7.7)

(1)用游标卡尺测出样品盘和散热盘的半径 R 和 R_2 及厚度 h 和 h_2. 称量(或记录)散热盘的质量 m_2,比热容 $C_2=385\text{J/(kg}\cdot℃)$. 数据填入表 3.7.3.

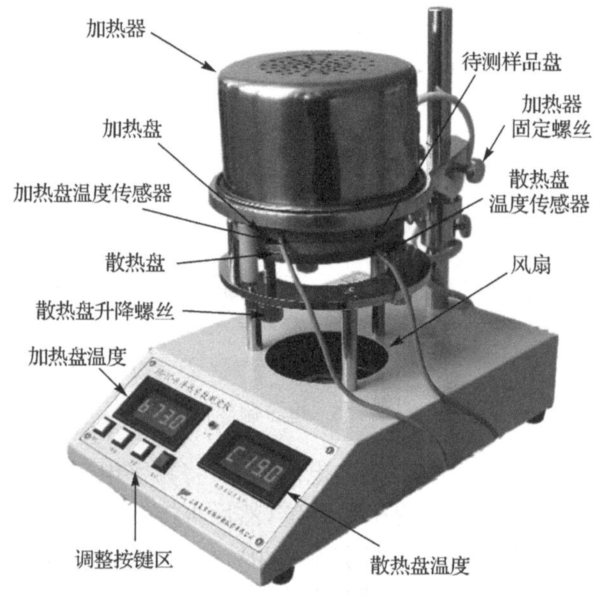

图 3.7.7　FD-TC-B 型导热系数测定仪

(2)取下固定螺丝,将橡皮样品放在加热盘与散热盘中间,橡皮样品要求与加热盘、散热盘完全对准,调节散热盘底下的三个微调螺丝,使样品与加热盘、散热盘接触良好,但注意不宜过紧或过松.

(3)按照图 3.7.7 所示,插好加热盘的电源插头;再将两根连接线的一端与机壳相连,另一有传感器端插在加热盘和散热盘小孔中,要求传感器完全插入小孔中,并在传感器上抹一些导热硅脂,以确保传感器与加热盘和散热盘接触良好. 在安放加热盘和散热盘时,还应注意使放置传感器的小孔上下对齐.(注意:加热盘和散热盘两个传感器要一一对应,不可互换.)

(4)设定加热器控制温度:按升温键,左边表显示可由 B00.0 上升到 B80.0(℃). 一般设定 75～80℃较为适宜. 根据室温选择后,再按确定键,显示变为 AXX.X 之值,即表示加热盘此刻的温度值;加热指示灯闪亮,仪器开始加热,同时打开电扇开关.

(5)加热盘的温度上升到设定温度值时,开始记录散热盘的温度,可每隔 1min 记录一次,待在 10min 或更长的时间内加热盘和散热盘的温度值基本不变,可以认为已经达到稳定状态了,数据记入表 3.7.4.

(6)按复位键停止加热，取走样品，调节三个螺丝使加热盘和散热盘接触良好，再设定温度到 80℃，使散热盘的温度加快上升，使散热盘温度上升到高于稳态时的 T_2值 20℃左右即可.

(7)移去加热盘，让散热盘在风扇作用下冷却，每隔 10s(或者稍长时间，如 20s 或者 30s)记录一次散热盘的温度示值，至散热盘温度低于稳态时的 T_2值一定数值. 数据记入表 3.7.5.

(8)作散热盘在散热过程中的 T_2' -t 曲线，求出该曲线 $T_2'=T_2$处切线的斜率，即冷却速率 $\left.\frac{\Delta T}{\Delta t}\right|_{T=T_2}$.

(9)根据测量得到的稳态时的温度值 T_1和 T_2，以及在温度 T_2时的冷却速率，由式(3.7.6)计算不良导体样品的导热系数.

【数据记录与处理】

表 3.7.1

t/min	0	5	10	15	20	…
ε_1/mV						
ε_2/mV						

稳态值 E_1=________ mV，E_2=________ mV，E_3=________ mV.

表 3.7.2

t/s	0	30	60	90	120	…
ε_2'或 ε_3'/mV						

测量值 R=________，h=________，R_2=________，h_2=________.

表 3.7.3

	1	2	3	…		平均值
样品盘厚度 h/mm						
样品盘半径 R_1/mm						
散热盘厚度 h_2/mm						
散热盘半径 R_2/mm						

实验时室温：T_0=________℃，散热盘质量：m_2=________ g.

表 3.7.4

t/min	0	5	10	15	20	…
T_1/mV						
T_2/mV						

稳态值 T_1= ________mV，T_2=________mV.

表 3.7.5

时间/s	0	10	20	30			…	
T/°C								
T/°C								

【注意事项】

(1)导热系数测定仪的发热盘由支架固定,不要将仪器顶部的电热盒取下,或将手伸到加热器支撑梁底下,以防触电或烫伤.

(2)要保护热电偶,热电偶的冷端应插入制冷仪的冷端,并尽量灌入适量的硅油.热电偶的高温端应蘸些硅油,并尽量深地插入小孔,切忌用力扯拽.

(3)升降散热盘时要快,尽量保持散热盘和发热盘平行,在两盘紧贴时,螺旋头的松紧应适度.

(4)风扇在实验过程中一直保持运行.

(5)实验完毕,关闭电源开关,拔下电源线.

【思考题】

(1)环境温度的变化会给实验结果带来什么影响?

(2)为什么要求出散热盘在$\varepsilon'_2=E_2$时温差电动势的下降速率?

(3)用式(3.7.8)计算导热系数k时要求哪些实验条件?在实验中如何保证?

(4)观察实验过程中环境温度的变化,分析实验过程中各个阶段环境温度的变化对结果的影响.

【应用提示】

1. 关于热电偶

热电偶测温具有传统玻璃温度计无法比拟的优势.热电偶的特点:热容量小,对待测环境影响小;测温范围宽,可从零下上百摄氏度到零上上千摄氏度;将热学量(温度)直接转换为电学量(电动势),使自动测量和控制非常方便.因此,热电偶在各领域中应用十分普遍.

本实验选用铜-康铜热电偶测温度,温差为100℃时,其温差电动势约为4.2mV,故应配用量程0～10mV并能读到0.01mV的数字电压表.

2. 建筑节能保温隔热材料及其应用建议

随着建筑节能工作的纵深发展,对节能保温隔热材料的要求越来越高.选择适合的保温隔热材料不仅能达到节能保温的目的,还能延长建筑物的寿命,反之影响甚至缩短建筑物的寿命.

保温隔热材料的保温主体可以是发泡型聚苯乙烯板、挤出型聚苯乙烯板、岩棉板、玻璃棉板等不同材料.在使用前要测试以下与保温性能有直接关系的物理量.

(1)导热系数(W/(m·K)):这一技术指标是关系工程保温效果的关键指标,一般而言,实验室的测试是在板材烘干至恒重时测试的,而材料是在空气中含有一定湿度的条件下使用的,因此,使用时要乘以一定的系数,或者直接将材料调整到使用环境条件下测试.

(2)表观密度(kg/m^3):材料的表观密度在一定程度上影响其导热系数,表观密度不合格的材料将直接导致其物理性能下降,如强度、尺寸稳定性等.

保温板必备的物理性能:密度 61～200kg/m^3;导热系数(平均温度 70℃)≤0.041W/(m·K).

3.8　热敏电阻温度系数的测定

热敏电阻是其阻值对温度变化非常敏感的一种半导体元件,具有体积小、灵敏度高、使用方便等特点.因此,半导体热敏电阻在自动控制、自动检测及现代产品中被广泛用于温控,遥控和测点温、表面温度、温差等.本实验用惠斯通电桥测量在不同温度下热敏电阻的阻值,并运用曲线改直的方法求热敏电阻的温度系数.

【实验目的】

(1)了解单臂电桥测电阻的原理,初步掌握惠斯通电桥的使用方法.

(2)了解热敏电阻的温度特性和测温时的实验条件,测定热敏电阻材料常数及温度系数.

(3)学会单对数坐标纸的使用及通过曲线改直图解法处理数据求得经验公式的方法.

【实验仪器】

电源、QJ23 型惠斯通电桥、高精度智能温控器、待测热敏电阻.

【仪器介绍】

QJ23 型惠斯通电桥的面板如图 3.8.1 所示,电桥倍率 k 分 7 挡,由面板左上角的转盘旋钮调节.右边 4 个读数盘旋钮的值加起来即为 R_s.测量时为使电桥具有最高精度,应估计待测电阻的阻值,选择合适的倍率 k,使 4 个读数盘同时都用上,以保证测量值有 4 位有效数字,即 ×1000 挡不能为零.

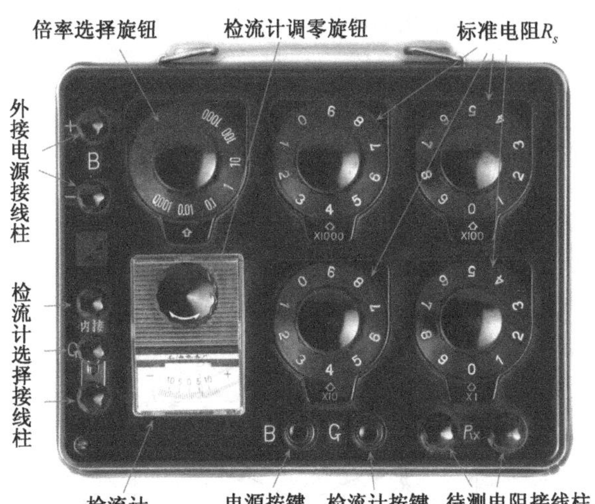

图 3.8.1　QJ23 型惠斯通电桥的面板

箱式电桥内常备有电源和检流计,也可以使用外接的电源和检流计.外接电源接在接线柱 B 两端,注意正负极.外接检流计接在接线柱 G 及其下面的接线柱上,并用短路片将接线柱 G 及其上面的接线柱短路;使用内接检流计时,只需将接线柱 G 及其下面的接线柱短路即可.

电桥面板下方 B、G 为按钮开关,使用时,先按 B 再按 G,断开时先断 G 再断 B,且对 G 的操作必须采取"跃接法"(作短暂接通).

电桥的使用步骤:

(1)接线.用导线将电桥面板左上方 B 接线柱(注意正负极)与电源相连接.被测电阻接 R_x 接线柱.

(2)检流计调零.

(3)确定 k 值.

(4)按下 B、G 按键,调节 R_s 的 4 个旋钮使检流计电流为零(此时电桥平衡).

(5)记录下 k 和 R_s 值,则被测电阻

$$R_x = kR_s$$

【实验原理】

1. 惠斯通电桥

电桥测量法是一种测量电阻的常用方法,平衡电桥采用比较法进行测量,即在平衡条件下,用标准电阻与待测电阻进行比较,以确定其阻值.它具有测试灵敏、精确和方便等特点.

电桥分为交、直流两大类.直流电桥又分为单臂电桥和双臂电桥,前者称为惠斯通电桥,主要用于精确测量中值电阻($10\sim10^6\,\Omega$),后者称为开尔文电桥,适用于测低值电阻($\leqslant 1\Omega$).交流电桥还可以测量电容、电感等物理量.

惠斯通电桥是直流平衡电桥.如图 3.8.2 所示,待测电阻 R_x 和 R_1,R_2,R_s 构成了电桥的四个桥臂,对角线 AC 之间接入电源 E,另一对角线 BD 之间接检流计 G,用来比较 B、D 两点的电势.由于 BD 支路似"桥"又一般架于 B、D 之间,故通常称它为桥路.调节 R_s 使检流计 G 中电流为零,此时 $U_B=U_D$,称为电桥平衡,则有

$$U_{AB} = U_{AD}, \quad U_{BC} = U_{DC}$$

$$I_1R_1 = I_2R_2, \quad I_xR_x = I_sR_s$$

因 $I_1 = I_x$,$I_2 = I_s$,从上两式得

$$R_x = \frac{R_1}{R_2} \cdot R_s = kR_s \tag{3.8.1}$$

其中 $k=R_1/R_2$ 称为比率.若已知 k 和 R_s,则可得 R_x.

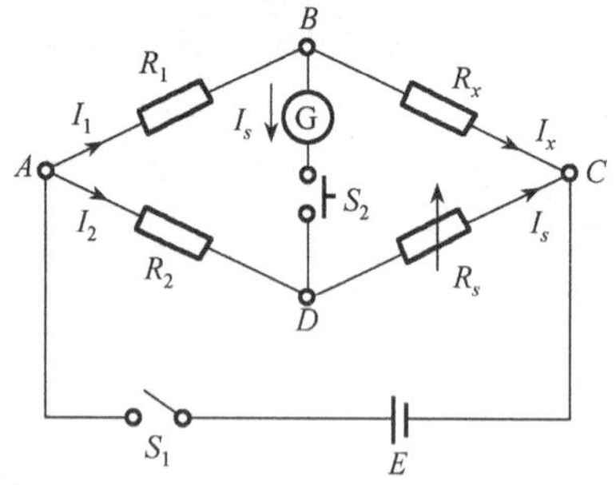

图 3.8.2　惠斯通电桥

由于电桥采用与标准电阻相比较的方法，且标准电阻的精确度又较高，电桥的检流计较灵敏，且仅用它作平衡指示器，不需要提供读数，因此电桥具有灵敏度和精确度都较高的特点.

电桥的灵敏度越高，测量也就越精确. 理论和实践都证明，电桥的灵敏度与它的电源电压、检流计灵敏度、桥路电阻大小及四个桥臂的搭配这四个因素有关.

2. 热敏电阻的阻值与温度的关系

由半导体材料制成的热敏电阻的导电性质不同于金属导体，它是靠载流子(电子或空穴)的定向迁移导电的. 载流子数目越多，它的导电能力就越强. 对金属导体来说，自由电子的定向运动随温度的升高而减弱，它的电阻-温度特性通常呈线性关系. 半导体却相反，它的载流子数目随温度的升高而增多，它的电阻-温度特性呈非线性关系.

热敏电阻分为负温度系数(NTC)和正温度系数(PTC)两种. 与金属或合金电阻具有较小的正温度系数相比，NTC 半导体热敏电阻具有较大的负温度系数，其阻值随温度变化比金属电阻要灵敏得多. NTC 热敏电阻一般由锰、镍、钴等金属氧化物按所需的比例混合压制后高温烧结而成，由这类金属氧化物半导体制成的热敏电阻具有对热敏感、电阻率大、体积小、热惯性小等特点. 因此，它被广泛用于测温、控温以及电路中的温度补偿、时间延迟等. NTC 热敏电阻在工作温度范围内，阻值随温度的增加而减小. 经验方程为

$$R_T = R_{T_0} e^{B_n\left(\frac{1}{T}-\frac{1}{T_0}\right)} \tag{3.8.2}$$

式中 R_T、R_{T_0} 是热力学温度分别为 T、T_0 时的阻值. 显然，R_T 与 T 不是线性关系. B_n 是热敏电阻的材料常数(它与材料性质有关，在一个不太大的温度范围内是常数)，一般 B_n 值越大，阻值随温度的变化越大，绝对灵敏度越高.

在工程上，常取环境温度 25℃(T_0=298K)为参考温度，将式(3.8.2)两边取对数，得

$$\ln R_T = B_n\left(\frac{1}{T} - \frac{1}{T_0}\right) + \ln R_0 \tag{3.8.3}$$

即

$$\ln R_T = \frac{B_n}{T} + \left(\ln R_0 - \frac{B_n}{T_0}\right) \tag{3.8.4}$$

式中 $\ln R_0 - \frac{B_n}{T_0}$ 为常量.

以 $\ln R_T$ 为纵坐标，$1/T$ 为横坐标，在单对数坐标纸上作 $\ln R_T$ -$1/T$ 图，可得到斜率为 B_n，过点$\left(0, \ln R_0 - \frac{B_n}{T_0}\right)$的一条直线. 在直线上任取两点$\left(\frac{1}{T_1}, \ln R_{T_1}\right)$和$\left(\frac{1}{T_2}, \ln R_{T_2}\right)$，则斜率 B_n 为

$$B_n = \frac{\ln R_{T_1} - \ln R_{T_2}}{1/T_1 - 1/T_2} = \frac{2.303(\lg R_{T_1} - \lg R_{T_2})}{1/T_1 - 1/T_2} \tag{3.8.5}$$

这就是热敏电阻材料常数的计算公式.

热敏电阻的温度系数 α_{tn} 根据定义为

$$\alpha_{tn} = \frac{1}{R_T} \cdot \frac{dR_T}{dT} \tag{3.8.6}$$

式(3.8.2)对温度 T 求导数，则得到

$$\alpha_{tn} = \frac{1}{R_T} \cdot \frac{dR_T}{dT} = -\frac{B_n}{T^2} \tag{3.8.7}$$

式(3.8.7)就是热敏电阻温度系数的计算公式,负号表示随温度 T 的升高,阻值 R_T减小,该类电阻称为负温度系数热敏电阻.

图 3.8.3 为测量装置图.待测热敏电阻置于小盒子中,热敏电阻的温度由温控器读出,数字温度计的探头置于加热器中,用惠斯通电桥测量热敏电阻的阻值,惠斯通电桥的使用方法见【仪器介绍】.

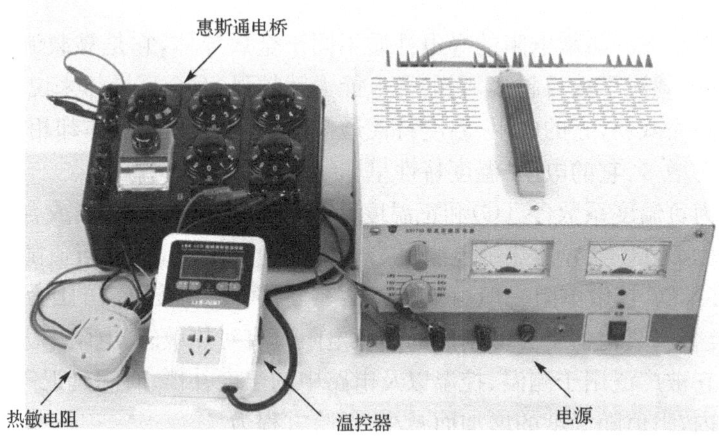

图 3.8.3 测量装置图

【实验内容】

(1)连接好线路,热敏电阻接电桥 R_x,电源输出接电桥 B 接线柱(注意正负极).惠斯通电桥的电源电压取为 4V.

(2)熟悉惠斯通电桥的使用方法及其调节规律.用电桥测量出热敏电阻在室温下的阻值.

(3)测量热敏电阻的阻值随温度变化的规律.将温控器的"停止温度""启动温度"设置为合适温度,将热敏电阻连接温控器,加热. 热敏电阻的温度达到"停止温度"停止加热,然后开始降温.从 95℃开始,每隔 5℃测一次电阻值 R_T,共测 9~11 组,数据填入表 3.8.1 中.

(4)对于如图 3.8.4 所示的加热装置,可利用加热温度设置键设定加热的最高温度低于 100℃,避免水沸腾.

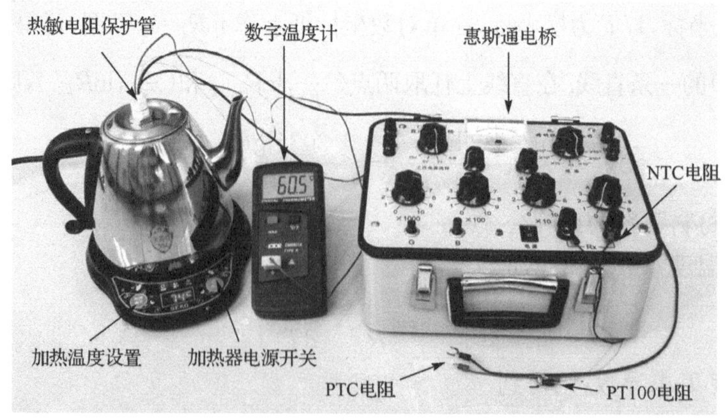

图 3.8.4 利用普通加热器和数字温度计的实验系统

(5)测量 PTC 和 PT100 电阻降温时的电阻数据.

【数据记录与处理】

(1)将所测数据记入表 3.8.1 中,并完成表中各量的计算

表 3.8.1

室温 t=______℃,室温时的阻值 R_T=______ Ω

阻值 R_T/Ω										
温度 t/℃	95.0	90.0	85.0	80.0	75.0	70.0	65.0	60.0	55.0	50.0
T/K										
$\frac{1}{T}/(\times 10^{-3}\mathrm{K}^{-1})$										

(2)用图解法求出热敏电阻的材料常数 B_n.

在单对数坐标纸上,以表 3.8.1 中的 $\frac{1}{T}(\times 10^{-3}\mathrm{K}^{-1})$ 为横轴,阻值 R_T (Ω)为纵轴,按 R_T 与 $1/T$ 的一一对应数据,作出 $\log R_T$-$1/T$ 曲线. 由式(3.8.5)求出材料常数 B_n.

(3)计算参考温度 T=25℃时的 α_{tn}值.

(4)作 NTC 电阻的 $\ln R_T$-$1/T$ 和 PT100 电阻的 R_T-T 关系曲线,比较三种热敏电阻温度特性的差异.

【思考题】

(1)电桥测电阻时,若出现如下现象:

① 检流计指针总是偏向一边.

② 检流计指针总不偏转.

试分析产生此现象的原因.

(2)热敏电阻与温度的关系为非线性的,本实验怎样进行线性化处理? 在图解法中怎样实现曲线改直?

① 如何用最小二乘法求得斜率 B_n的值?

② 如何减小温度不稳定对测量的影响?

【应用提示】

1. 关于热敏电阻

PTC 热敏电阻有陶瓷及有机材料两类. PTC 热敏电阻具有独特的电阻-温度特性,它存在一个"突变点温度",当温度升高超过 PTC 热敏电阻突变点温度时,其电阻可急剧增加 5~6 个数量级(如由 $10^1\Omega$ 变化到 $10^7\Omega$),因而具有极其广泛的应用价值. 陶瓷 PTC 热敏电阻具有工作功率较大及耐高温性好的特点,已被应用于工业机械、冰箱等作为电流过载保护,并可替代镍铬电热丝用于各种电加热家电作恒温加热器和新型自动控温烘干机的控温电路. 有机材料 PTC 热敏电阻具有反应快、体积小、电阻值低等特点,现已被用于电话程控交换机、便携式电脑等高科技领域作过载保护电路.

热敏电阻还常被用于测量温度,电阻温度计具有测量准确度高、测量范围宽、能远距离测量等优点.其原理是基于金属或半导体材料的电阻值随温度的变化而变化,利用辅助电路及仪器测出热电阻的阻值,从而得到与电阻值相应的温度值.早期的热敏温度计是指针式的,近期发展为数字式的,其测量温度范围也进一步扩大.一般常用的金属电阻温度计是用铜、铂做成的,铜热电阻温度计测量范围为$-50\sim150$℃;铂热电阻温度计测量范围为$-200\sim850$℃,精度都为0.4℃.铂在一定的温度变化范围之内,其电阻与温度的线性关系好,准确度高,有稳定的电阻-温度特性,重复性好,对温度变化敏感,如PT100型号的热电阻,温度变化1℃,电阻对应变化约0.39Ω,便于测量.在生产中,铂电阻逐渐被规范化,许多信号转换装置默认的输入信号测量元件型号即为PT100.

在设计热敏电阻温度计时,注意正温度系数和负温度系数、线性和非线性等不同类型的区别,流经热敏电阻的电流一般选取其伏安特性曲线的线性部分的1/5;必须考虑内热效应引起的电阻变化,使流过的电流越小越好.

NTC热敏电阻与温度补偿:

NTC热敏电阻是指负温度系数热敏电阻.它是以锰(Mn)、钴(Co)、镍(Ni)、铜(Cu)和铝(Al)等金属的氧化物为主要材料,采用陶瓷工艺制造而成的.这些金属氧化物材料都具有半导体性质,因为在导电方式上类似锗、硅等半导体材料.温度低时,NTC热敏电阻材料的载流子(电子-空穴)数目少,所以其电阻值较高;随着温度的升高,受热激发跃迁到较高能级而产生新的电子-空穴,使参加导电的载流子数目增加,所以电阻值降低.NTC热敏电阻的阻值在室温下的变化范围为$1\sim10^6\,\Omega$,温度系数为$-6\%\sim-2\%$.利用NTC热敏电阻的不同特性,可广泛应用在温度测量、温度补偿、抑制浪涌电流等场合.

在各种交直流电路中,大部分的元器件都是正温度系数特性的,如线圈、LCD显示屏、晶体管、石英振荡器等.精密电路或对温度特别敏感的元器件,受到温度影响后,会产生零点温度漂移或灵敏度温度漂移,而要在相当广的温度范围内获得良好的工作状态,选用一个或多个NTC热敏电阻与之配合使用,利用NTC热敏电阻的负温度特性,可抵消温度对电路中元件特性的影响,起到温度补偿的作用,使电路在较宽的温度范围下可稳定工作,NTC热敏电阻在温度补偿中表现出来的稳定性、跟踪性、可靠性,可降低温度补偿电路设计的复杂性和电路成本,使元件获得良好的温度适应性.如石英振荡器(TCXO)温度的高低会使频率出现波动,造成性能的不稳定.在石英振荡器电路中,使用一个NTC热敏电阻作温度补偿元件,可用来消除冷、热对晶体振荡器性能的影响.

2. 关于电桥

桥式电路(包括“导体电阻率的测定”实验中的双臂电桥)除了用在完整的测量电桥中外,还可应用于需要进行电阻或电压(电位)比较和检测的测量仪器的电路中,通常是将传感器作为桥式电路的一个臂,将待测量转换为电压,以便于处理、显示.

3.9 电热法测量热功当量

功和热长期被看成是互不相关的独立概念,直到伦福德提出“热本质上是一种运动”的观点后,才将二者联系起来.后来焦耳做了大量的工作,测定了功转化为热的数值,称为热功当量.本实验用电热法测定液体的热功当量.

【实验目的】

(1)学会用电热法测定热功当量.
(2)进一步熟悉量热器的使用方法.
(3)认识自然冷却现象,学习用牛顿冷却定律进行散热修正.

【实验仪器】

量热器、温度计、计时秒表、天平、伏特计、安培计、稳压电源及量筒等.

【实验原理】

1. 热功当量的测定

由热力学第一定律可知,外界对系统所传递的热量,一部分用于增加系统的内能,另一部分用于系统对外所做的功,其数学表达式为

$$\Delta Q = \Delta E + A \tag{3.9.1}$$

式中 ΔQ 为外界与系统传递的热量,外界对系统传热为正,反之为负;ΔE 为初、末状态内能的增量,增加为正,反之为负;A 为系统与外界交换的功,系统对外界做功时 A 为正,反之为负.

可见,功、热之间通过物质系统可以相互转化,它们是能量转换的两种方式,所以做功和传递热量是等效的.

热功当量 J 是指单位热量所相当的功. 根据著名的焦耳热功当量实验,得出热功之间的当量式,即 1 卡(cal)=4.186 焦耳(J).

$$J = A/Q \quad (\text{J/cal}) \tag{3.9.2}$$

我们用电热法测量热功当量. 设加在电阻丝上的电压为 U(V),通过电阻丝的电流为 I(A),通电时间为 t(s),则在这段时间内电能做的功为

$$A = IUt \tag{3.9.3}$$

若这些功全部转化为热量,被热容量为 C 的系统全部吸收,使系统的温度从 T_0 升到 T_f,则系统吸收的热量为

$$Q = C(T_f - T_0) \tag{3.9.4}$$

电热法测量热功当量的实验装置如图 3.9.1 所示,其主要设备为量热器,如图 3.9.2 所示.

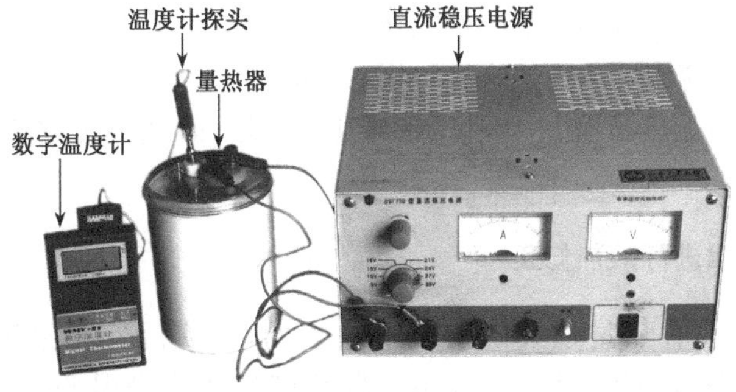

图 3.9.1　实验装置示意图

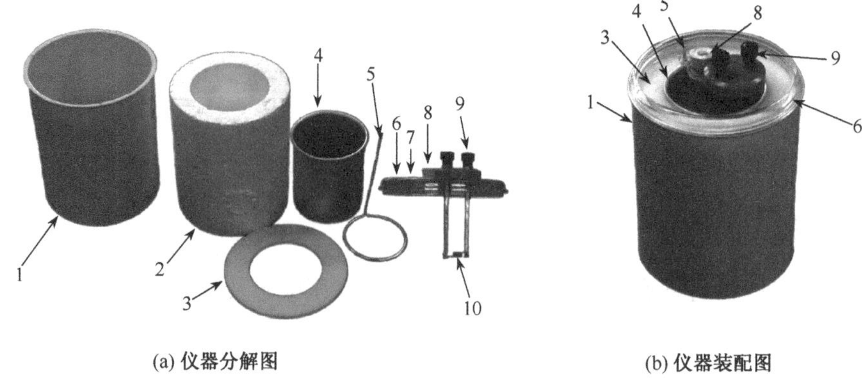

(a) 仪器分解图　　(b) 仪器装配图

图 3.9.2　量热器

1. 量热器外筒;2. 保温层;3. 绝热垫圈;4. 量热器内筒;5. 搅拌器;6. 绝热盖;7. 搅拌器插孔;8. 温度计插孔;9. 接线柱;10. 电阻丝

热量传递的方式主要有 3 种:传导、对流和辐射. 因此,必须使实验系统与环境之间的传导、对流和辐射都尽量减少,量热器即能满足这样的要求. 它是把由良导体做成的内筒放在较大的外筒中组成的. 内筒置于一绝热架上安置在外筒上,内、外筒之间为空气或填充不良导体,外筒又用绝热盖盖住. 这样,内筒与外界无直接接触,因此空气与外界的对流很小. 又因空气或填充物为不良导体,所以内、外筒之间借传导传递的热量也很少. 同时,内筒外壁及外筒内壁都电镀得十分光亮,从而使它们发射或吸收辐射的能力变得很小,使实验系统与环境之间因辐射而产生的热量传递也减至很小. 这样,量热器已可以使实验系统近似当作为一个孤立系统. 实验系统包括内筒、水、温度计、搅拌器、接线柱、电阻丝等所有在实验过程中一起升温或降温的物体,它们的热容是可以计算出来的. 设 $m_0, C_0, m_1, C_1, \cdots$ 分别为水、量热器内筒、搅拌器、接线柱、电阻丝、温度计等的质量和比热,则系统的热容量为

$$C = C_0 m_0 + C_1 m_1 + C_2 m_2 + C_3 m_3 + C_4 m_4 + C_5 m_5 \tag{3.9.5}$$

式中 m 的单位为 g,C 的单位为 cal/(g · ℃).

这样,系统的温度从 T 升高到 T_f所吸收的热量为

$$Q = (C_0 m_0 + C_1 m_1 + C_2 m_2 + C_3 m_3 + C_4 m_4 + C_5 m_5)(T_f - T_0) \tag{3.9.6}$$

从而得热功当量

$$J = \frac{IUt}{(C_0 m_0 + C_1 m_1 + C_2 m_2 + C_3 m_3 + C_4 m_4 + C_5 m_5)(T_f - T_0)} \tag{3.9.7}$$

式中 T_f为系统的末状态温度;T_0为系统的初状态温度.

如果在测量过程中无热量损失,则功全部转化为热量,即 $A=Q$,按照式(3.9.2)得热功当量 $J = A/Q$.

2. 用牛顿冷却定律进行散热修正

上述过程都是在没有热量损失的前提下成立的,但实际实验过程中,无法避免地存在着散热问题. 为了提高测量精度,减少由于散热产生的测量误差,运用牛顿冷却定律进行散热修正.

在加热过程中,当系统的温度高于环境温度 θ 时,将向环境散热,从而使加热结束后测得

的实际终温 T''_f 总是低于在理想绝热情况下应达到的理想终温 T_f（图 3.9.3），因此，为了得到 T_f，必须先求出由散热引起的温差

$$\Delta T = T_f - T''_f \tag{3.9.8}$$

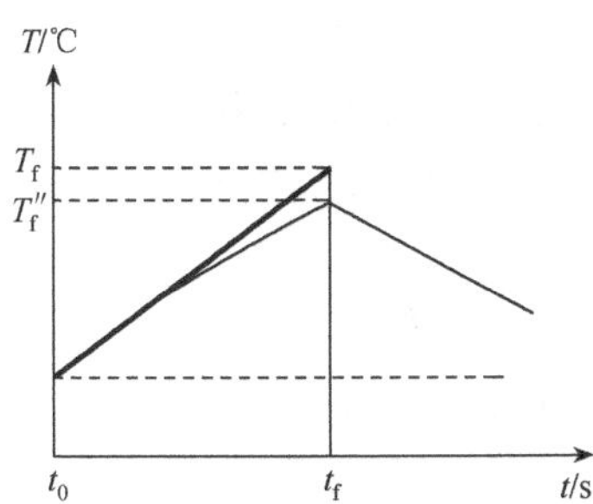

图 3.9.3　散热对温度测量的影响

根据牛顿冷却定律，系统在自然冷却时，其温度变化率正比于系统的温度 T 与环境温度 θ 之差，即

$$\frac{dT}{dt} = \frac{k}{C}(T-\theta) = K(T-\theta) \tag{3.9.9}$$

其中 K 称为系统的散热系数，在温差 $(T-\theta)$ 不太大时，$(T-\theta) < 15℃$，K 为常数. 由系统的表面状况、热容量等因素决定.

若控制实验时间较短，则环境温度可认为不变，有 $dT = d(T-\theta)$，则式(3.9.9)可写为

$$\frac{d(T-\theta)}{dt} = K(T-\theta) \tag{3.9.10}$$

两边积分得

$$\ln(T-\theta) = Kt + b \tag{3.9.11}$$

由式(3.9.11)可见，$\ln(T-\theta)$ 与 t 呈线性关系，其直线的斜率即为散热系数 K，若将系统加热，使其温度由初温 T_0 升高到 T''_f（T''_f 的数值范围为室温 $\theta+14℃$ 左右），再使其自然冷却，测其温度随时间变化的数据，作 $\ln(T-\theta)$-t 图，求出其斜率即得 K. 或在所测的一系列数据中取出两组较好的数据 (t'_1, T'_1)，(t'_2, T'_2)，计算斜率 K 值

$$K = \frac{\ln(T'_1-\theta_1) - \ln(T'_2-\theta_2)}{t'_1 - t'_2} \tag{3.9.12}$$

注意，式(3.9.12)中 $(t'_1 T'_1)$，(t'_2, T'_2) 为降温时的值，K 为负值，将 K 值代入式(3.9.9)可得在 dt 时间内因散热而降低的温度 dT，取绝对值即得降低的温度数值.

现将升温时间分成 n 段，每一段为 2min，即在系统通电加热的过程中，每隔 2min 记下系统相应的温度 $T_0, T_2, T_4, \cdots, T_{2n}$. 在每一段时间内，近似认为是均匀升温，则可用 $\frac{T_0+T_2}{2}$，$\frac{T_2+T_4}{2}, \cdots, \frac{T_{2n-2}-T_{2n}}{2}$ 作为第一个，第二个，……，第 n 个 2min 内的平均温度，再由式(3.9.9)求出在各段时间内由于散热而降低的温度 $dT_1, dT_2, \cdots$，则整个加热过程中系统温度的降低为

$$\begin{aligned}\Delta T &= dT_1 + dT_2 + \cdots \\ &= \sum_{i=1}^{n} dT_i = K\left(\frac{T_0}{2} + T_2 + T_4 + \cdots + \frac{T_{2n}}{2} - n\theta_1\right)dt\end{aligned} \tag{3.9.13}$$

由此可得修正后系统的理想终温为

$$T_f = T''_f + \Delta T \tag{3.9.14}$$

【实验内容】

(1)按照图 3.9.1、图 3.9.2 安装好实验装置,接好线路.

(2)用物理天平称量出量热器内筒的质量,在内筒中倒入 2/3 的水,称出总质量 m_0+m_1,并记下实验室给出的各量值,数据记在表 3.9.1 中.

(3)检查接好的线路,确定无误之后,待温度相对稳定,记下环境温度 θ_1 和系统温度 T_0,然后立即通电加热,同时启动秒表并不断计时,以后每隔 2min 记录一次系统的温度及电流和电压的值,直至系统温度比环境温度高约 14℃时断电,所测数据记在表 3.9.2 中,并记下系统达到的最高温度 T'',加热过程中应不断地轻轻均匀搅拌.

(4)系统达到最高温度后开始自然冷却,再记一次环境温度 θ_2,任取一时刻开始计时,每隔 2min 记一次系统的温度,记录 20min 为止,所测数据记录在表 3.9.3 中,认真分析比较所测数据,在前后数据变化比较均匀的数据中取出两组数据,代入式(3.9.12)中求斜率 K.

(5)根据式(3.9.13)和式(3.9.14)求温度的下降值 ΔT 及修正后的理想终温 T_f. 计算系统吸收的热量 Q、电能做的功 A,最后计算修正前后的热功当量,并与公认值比较,求出相对误差.

【数据记录与处理】

表 3.9.1

$m_0+m_1=$______ g

名称	水(m_0)	内筒(m_1)	搅拌器(m_2)	接线柱(m_3)	电阻丝(m_4)	温度计(m_5)
质量/g						
比热/(cal/(g·℃))						
热容量/(cal/℃)						
总热容量/(cal/℃)						

表 3.9.2

环境温度 $\theta_1=$______℃

t/min			
T/℃			
U/V		$\bar{U}$(V)	
I/A		$\bar{I}$(A)	

表 3.9.3

环境温度 θ_2=________℃

T''/min										
T''/℃										

【注意事项】

(1)加热时必须搅拌充分而均匀，避免搅拌器碰及接线柱和电阻丝，也防止内筒中的水溅出.

(2)系统升温不要超过室温 15℃，总测量时间应在 20min 之内为好.

(3)插入温度计时，不要离电阻丝太近.

(4)在电阻丝没有放入水中时，严禁通电.

【思考题】

(1)实验中下列因素给测量结果造成什么影响？使结果偏大还是偏小？

① 接线柱有部分露出；

② 温度计插得太深；

③ 水的蒸发与溅出；

④ 环境温度 θ 升高.

(2)分析实验中所有可能的误差来源.

【历史资料介绍】

图 3.9.4　焦耳

自学成才的英国物理学家焦耳(J. P. Joule，1818～1889，图 3.9.4)关于热功当量的测定，是确立能量守恒原理的实验基础. 在 1840～1879 年焦耳用了近 40 年的时间，多次进行通电导体发热的实验. 不懈地钻研和测定了热功当量. 1847 年，焦耳做了迄今被认为是设计思想最巧妙的实验：他在量热器里装了水，中间安上带有叶片的转轴，然后让下降重物带动叶片旋转，由于叶片和水的摩擦，水和量热器都变热了. 根据重物下落的高度，可以算出转化的机械功；根据量热器内水升高的温度，就可以计算水的内能的升高值. 把两数进行比较就可以求出热功当量的准确值. 焦耳的这些实验结果，在 1850 年总结在他出版的《论热功当量》的重要著作中. 他先后用不同的方法做了 400 多次实验，1875 年，他得到的结果是 J=4.157 焦耳/卡，目前公认的热功当量值为：在物理学中，J=4.1868 焦/卡(其中的“卡”叫国际蒸汽表卡)；在化学中，J=4.1840 焦/卡(其中的“卡”叫热化学卡). 因为焦耳通过实验获得了准确的热功当量的数值，因此常常把焦耳当成发现能量守恒和转化定律的代表人物.

现在国际单位已统一规定功、热量、能量的单位都用焦耳，热功当量就不存在了. 但是，热功当量的实验及其具体数据在物理学发展史上所起的作用是永远存在的. 焦耳的实验为能量转化与守恒定律奠定了基础，同时也说明物理理论来自于物理实验，理论的正确与否，都要通过实践、实验检验.

3.10 导体电阻率的测定

电阻按阻值大小可分为高电阻(100kΩ 以上)、中电阻(1Ω～100kΩ)和低电阻(1Ω 以下)三种. 不同阻值的电阻，应采用不同的测量方法. 因为导体的电阻值较小，使用欧姆表、惠斯通电桥等普通仪器测量，会受到附加电阻(导线电阻和接触电阻)的影响而无法测准. 例如，在电气工程中，需要测量金属的电阻率、分流器的电阻、电机和变压器绕组的电阻以及其他小阻值的电阻. 所以，对导体这类低值电阻的测量，通常采用直流双臂电桥来完成.

【实验目的】

(1)了解双臂电桥的结构特点及测量低值电阻的工作原理.

(2)学习使用双臂电桥测低值电阻的方法.

(3)测量金属导体的电阻率.

【实验仪器】

QJ44 型直流双臂电桥、待测电阻(金属棒)、螺旋测微器、米尺等.

【仪器介绍】

QJ44 型直流双臂电桥，是携带型测 0.0001～11Ω 电阻的双臂电桥，各工作部件位置如图 3.10.1 所示. 通过仪器标牌(图 3.10.2)可以更好地了解其结构和功能. 全量程由×100、×10、×1、×0.1、×0.01 五个倍率和步进读数盘(十进盘)及滑线读数盘组成. 内附晶体管指零仪，灵敏度可以调节. 在测量未知电阻时，为保护指零仪不被打坏，指零仪的灵敏度调节旋钮应放在最低位置，使电桥初步平衡后再增加指零仪灵敏度. 指零仪的偏转大于等于一个分格，就能满足测量准确度的要求. 灵敏度不要过高，否则不易调节平衡，使测量时间过长. 通常，用具有滑线盘的双臂电桥测电阻时，基本测量误差 ΔR_x 按以下方法估算.

当准确度等级 $S=0.05, 0.1$ 时

$$R_x = \pm k_r (R_s \cdot S\% + \Delta R)$$

式中 k_r 是电桥的倍率比例系数；ΔR 是滑线盘的最小分度值.

当 $S=0.2, 0.5, 1, 2$ 时

$$R_x = R_{\max} \cdot S\% \tag{3.10.1}$$

式中 $R_{\max}$ 是电桥在某一倍率下的最大量程. QJ44 型电桥的倍率、有效量程、准确度等级示于表 3.10.1.

图 3.10.1　QJ44 型直流双臂电桥面板

1倍率旋钮；2. 电源按键 B；3. 指零仪按键 G；4. 步进读数盘；5. 滑线读数盘；6. 读数标志线；7电源指示；8. 指零仪灵敏度调节；9. 指零仪表头；10. 表头调零；11. 外接指零仪插座；12. 待测电阻接线端电流端 C_2；13. 电压端 P_2；14. 电压端 P_1；15. 电流端 C_1

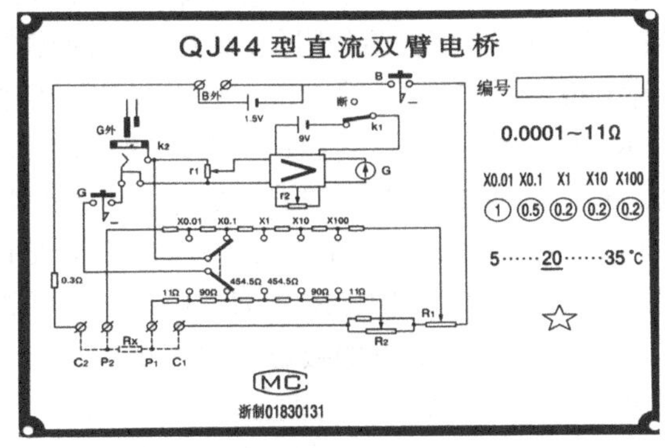

图 3.10.2　QJ44 型直流双臂电桥标牌

表 3.10.1

倍率(M)	有效量程/Ω	准确度等级(S)
×100	1～11	0.2
×10	0.1～1.1	0.2
×1	0.01～0.11	0.2
×0.1	0.001～0.011	0.5
×0.01	0.0001～0.0011	1

双臂电桥的使用方法和注意事项与单臂电桥基本一样，可参阅“热敏电阻温度系数的测定”实验.

为了削减双臂电桥附加电阻，待测电阻采取了四端接法，当待测电阻较长时，可利用四根粗导线一端分别接于电桥的电流端 C_1、C_2 和电压端 P_1、P_2，另一端与待测电阻良好接触，四个接点的顺序要正确，不能接错. 另外，为了保证有较多的有效数字，步进盘读数不能为零.

【实验原理】

1. 导体电阻率的测量原理

通常状况下,导体的电阻与其材料的物理性质和几何形状有关. 由实验可知,导体的电阻 R 与其长度 L 成正比,与其横截面积 S 成反比,有关系式

$$R=\rho\cdot\frac{L}{S}$$

式中比例系数 ρ 为导体的电阻率. 若导体为圆柱体,其直径为 d,长为 L,则

$$\rho=R\cdot\frac{S}{L}=R\cdot\frac{\pi d^2}{4L}$$

2. 直流双臂电桥的结构特点及测量原理

双臂电桥也称开尔文电桥,是测 10Ω 以下低值电阻的常用仪器. 在测量低值电阻时,必须考虑附加电阻(即接触电阻和导线电阻,一般约为 0.001Ω)的影响. 用惠斯通电桥测低值电阻时,由于附加电阻构成桥臂的一部分,并且其阻值接近甚至超过被测阻值,则会导致很大的误差,甚至使测量毫无价值. 直流双臂电桥是对惠斯通电桥加以改进而成的,它能消除附加电阻对测量结果的影响,能较精确地测得低值电阻的阻值. 双臂电桥的原理如图 3.10.3 所示. 图中 R_x是待测低值电阻. 与单臂电桥不同的是,双臂电桥在接有检流计 G 的下端增加了附加桥臂 R_3和 R_4,并设计使 R_1、R_2、R_3、R_4的阻值远比 R_x和 R_s的大. 电源的两端分别与 R_x和 R_s相接,将每个连接端分为两个接点,如图 3.10.3 中的 C_1和 P_1,A_1与 A_2. 这样就把 A_1,C_1点的接触及连接电阻归入电源内阻中,使该附加电阻被排除在桥路之外,对测量没有影响. P_1、A_2点的接触及连线电阻被分别归入两个大阻值的桥臂电阻 R_1和 R_2中,其影响可忽略. 同样,将连接 R_x与 R_s的两端分为 C_2、P_2和 B_1、B_2接点. P_2、B_2点的接触及连线电阻归入附加桥臂的大阻值电阻 R_3、R_4中. 将 C_2、B_1两点用粗导线相连,设导线与两接点的总阻值记为 r,在设计中适当选择 R_1、R_2、R_3和 R_4的阻值,即可消去附加电阻 r 对测量的影响. 如此设计,既可以把附加电阻的影响排除于 R_x与 R_s两个低值桥臂之外,使电桥可测低值电阻,又由于用粗导线连接 C_2与 B_1,使通过 R_x与 R_s的电流较大,其上的压降也较大,二者获得电源的大部分电压,因而 R_x与 R_s阻值的变化对桥路中 E 点的电势影响显著,从而可提高双臂电桥的测量灵敏度.

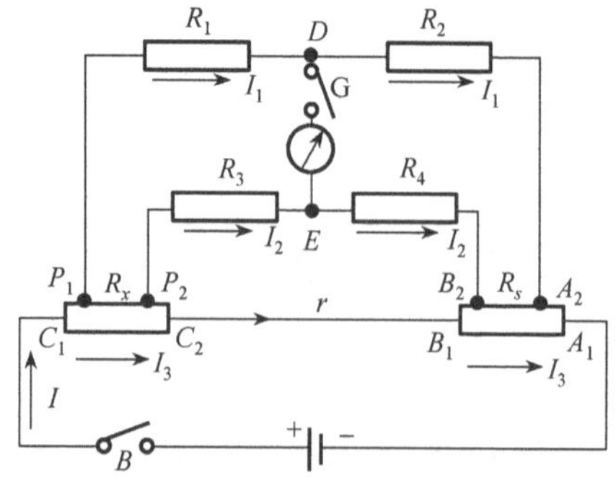

图 3.10.3　双臂电桥原理图

调节电桥平衡的过程，就是调节电阻 R_1、R_2、R_3、R_4 和 R_s，使检流计中的电流 $I_g=0$ 的过程. 当电桥平衡时，通过 R_1 和 R_2 的电流相等，通过 R_3 和 R_4 及通过 R_x 和 R_s 的电流也分别相等. 图 3.10.3 中分别以 I_1、I_2 和 I_3 表示. 因 D、E 两点等电势，故有

$$I_1R_1 = I_3R_x + I_2R_3$$
$$I_1R_2 = I_2R_4 + I_3R_s$$
$$(I_3 - I_2)r = I_2(R_3 + R_4)$$

联立以上三式得

$$R_x = \frac{R_1}{R_2} \cdot R_s + \frac{rR_4}{R_3 + R_4 + r}\left(\frac{R_1}{R_2} - \frac{R_3}{R_4}\right) \tag{3.10.2}$$

设计使 $R_1=R_3$，$R_2=R_4$ 或者 $R_1/R_2=R_3/R_4$，则式(3.10.2)右边的第二项为0，从而得到双臂电桥平衡时，待测电阻为

$$R_x = \frac{R_1}{R_2}R_s \tag{3.10.3}$$

为保证 $R_1/R_2=R_3/R_4$ 关系式在使用电桥过程中始终成立，通常将两对比例臂(R_1/R_2)和(R_3/R_4)做得分别相等，并能进行同步调整，即在仪器的相应旋钮的任一位置处都能保证 $R_1=R_3$ 及 $R_2=R_4$. 这样在电桥平衡时，既保证了式(3.10.2)的成立，又消除了附加电阻 r 对测量结果的影响.

R_1/R_2 的值由电桥倍率读数开关的示数给出，R_s 的值由电桥步进读数开关与滑线读数盘的示数给出. 调节以上旋钮，可使电桥平衡. 此时将倍率开关读数和步进开关与滑线盘读数的和相乘，就得到被测电阻 R_x 的值.

应指出，在双臂电桥中，低值电阻 R_x 和 R_s 各有4个接线端，这种电阻称为四端电阻，此种接线方式称为四端接线法. 显然，测得 R_x 的阻值应是 P_1 与 P_2 接点内侧的电阻阻值. 在四端电阻中，由于流经 R_x 两接点 C_1、C_2 的电流比较大，常称接点 C_1、C_2 为电流端，另两接点 P_1、P_2 则称为电压端. 采用四端连接法可大大减少附加电阻对测量的影响.

总之，双臂电桥能测低值电阻的主要原因在于：增加了附加桥臂(电阻为 R_3 和 R_4)，R_x 和 R_s 采用了四端连接，并设计加大了通过 R_x 和 R_s 的电流.

【实验内容】

(1)将待测金属导体棒如铜、铝、铁等分别连成四端电阻，如图 3.10.4 所示，并按照四端连接法将其连接在电桥的对应接线柱上，如图 3.10.5 所示. P_1、P_2 两点之间的导体棒为被测电阻 R_x.

图 3.10.4 四端电阻

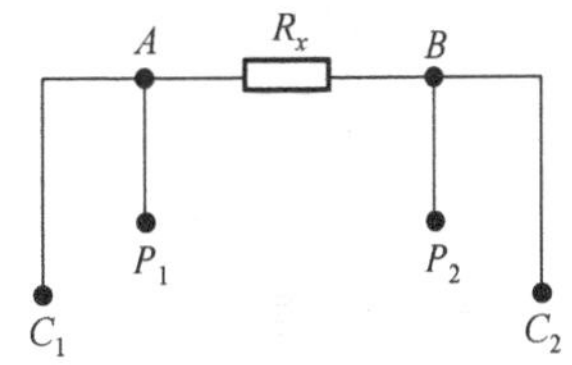

图 3.10.5 接线柱

(2)插上外接电源，灵敏度调节居中，选择适当的倍率 M.

(3)按下G钮(接通检流计)，再按B钮(接通电源)，调节步进和滑线读数盘，使指针示零，

此时电桥平衡.记录下阻值

$$R_s = 步进盘读数 + 滑线盘读数$$

则 $R_x = MR_s$.

(4)用螺旋测微器测出圆柱形金属棒在 P_1、P_2 之间 3 个不同位置处的直径 d,填入表 3.10.2 中,取平均值 $\bar{d}$.

(5)用米尺测量 P_1、P_2 之间的金属棒长度 $L(L\approx 40\text{cm})$.

(6)计算导体的电阻率 ρ.

(7)计算测量的基本误差 $\Delta R_x = R_{\max}\cdot S\%$.

【数据记录与处理】

表 3.10.2

待测量 \ 导体	d/mm				L/cm	M	R_s/Ω	R_x/Ω	$\rho/(\Omega\cdot\text{m})$	$\Delta R_x/\Omega$
	d_1	d_2	d_3	$\bar{d}$						
铜										
铝										
碳素钢										

计算各测量量:长度 $L = \bar{L} \pm U_{sL} = \bar{L} \pm \dfrac{\Delta_L}{\sqrt{3}}$,电阻 $R = \bar{R} \pm U_{sR} = \bar{R} \pm \dfrac{\Delta_R}{\sqrt{3}}$,

直径 $d = \bar{d} \pm U_{s\bar{d}}$,其中 $U_{s\bar{d}} = \sqrt{U^2{}_{sA\bar{d}} + U^2{}_{sB\bar{d}}} = \sqrt{\sigma_{\bar{d}}^2 + \left(\dfrac{\Delta_d}{\sqrt{3}}\right)^2}$

$$E_\rho = \sqrt{\left(2\frac{U_{s\bar{d}}}{\bar{d}}\right)^2 + \left(\frac{U_{s\bar{L}}}{\bar{L}}\right)^2 + \left(\frac{U_{s\bar{R}}}{\bar{R}}\right)^2}$$

$$\rho = \bar{\rho} \pm U_{s\rho} = \bar{\rho} \pm \bar{\rho} E_\rho$$

【注意事项】

(1)连接导线应短且粗.各接点必须洁净,以保证接触良好.

(2)通过低值电阻 R_x 的电流较大,会使电阻发热而阻值变化,产生测量误差;同时大电流也使仪器受损,故应跃按 B 钮,使通电时间短暂.

(3)测量完毕,应松开 B 与 G 按钮,断开电源开关.

【思考题】

(1)直流双臂电桥与惠斯通电桥有哪些异同之处?

(2)双臂电桥电路为什么可用来测低值电阻?它是如何消除附加电阻对测量之影响的?采用何种措施提高测量灵敏度?

【应用提示】

1. 四端接法

四端接法是低值电阻测量的关键,通过外侧的电流端给待测电阻加上大电流,使低阻值的电阻上有较大的电压;通过里侧的电压端获取待测电阻上两电压端间部分的电压. 当比较臂电阻很大时,比较臂上电流很小. 这样,比较臂上的附加电阻(包括比较臂与待测电阻的触点)上的压降远小于待测电阻上的压降. 因此,对于低值电阻的测量,当没有双臂电桥时,仍可用高内阻电压表采用四端接法进行测量.

2. 钢筋混凝土的电阻率

钢筋在混凝土中的锈蚀是一种电-化学过程,在这个过程中存在一个使钢材分解的电流,这个腐蚀性电流流经周围的混凝土越早,钢筋在其遭受锈蚀的区段上的钢材损失量就越大. 因此,为了查清钢筋有无锈蚀可能,测定混凝土的电阻是十分重要的,这个因素可通过电阻率(其单位是 Ω · cm)来加以测定.

由于现场条件不相同,混凝土的电阻率在整个结构上是不断变化的,每当我们对某一有怀疑的表面进行检测时,实测的结果可以画成图,从图上就能确定最有可能锈蚀的区域,电阻率的复核(复查)也很重要,因为借此可评估长期锈蚀情况.

一般的规则是:混凝土的电阻率越低,钢筋锈蚀的概率越高,密实的混凝土的电阻率可高达 100000Ω · cm,而劣质的混凝土则只有 1000Ω · cm.

采用一种加压电表面耦合剂,保证了每个探头尖和混凝土之间具有良好的电接触. 在外侧的探头之间流过一个恒定的交流电流信号,使混凝土内部产生一个电场,测定内侧探头之间的电压,就可以得到混凝土的电阻率值.

就导电性而言,材料可以是绝缘体、半导体和导体. 对绝缘体来说,通常要测其体积电阻率. 通过对其测量不仅可控制材料的质量,还可用来考核材料的均匀性、检测影响材料电性能的微量杂质的存在. 当有可以利用的相关数据时,绝缘电阻或电阻率的测量可以用来指示绝缘材料在其他方面的性能,如介质击穿、损耗因数、含湿量、固化程度、老化等.

体积电阻:在试样的相对两表面上放置的两电极间所加直流电压与流过两个电极之间的稳态电流之比;体积电阻率:绝缘材料里面的直流电场强度与稳态电流密度之商,即单位体积内的体积电阻. 影响体积电阻率和表面电阻率测试的主要因素是温度和湿度、电场强度、充电时间及残余电荷等. 为准确测量体积电阻和表面电阻,一般采用三电极系统、圆板状三电极系统. 测量体积电阻 R_v 时,保护电极的作用是使表面电流不通过测量仪表,并使测量电极下的电场分布均匀. 此时保护电极的正确接法如图 3.10.6 所示.

工业上已发展形成体积电阻率测定仪,可广泛应用于电力、石油、化工等行业及部门,专业测定绝缘油、航燃油等介质的体积电阻率和电阻. 如图 3.10.7 所示.

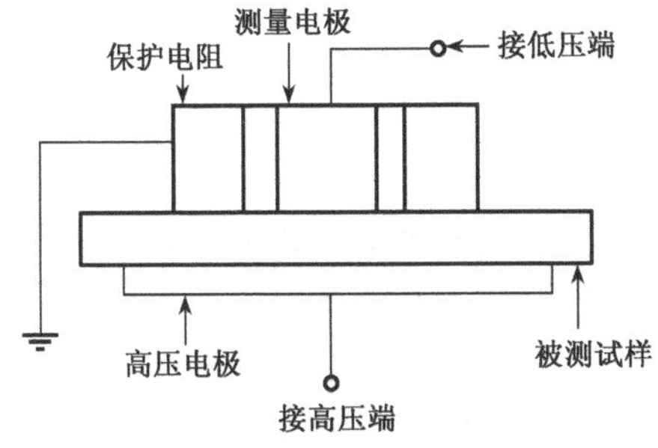

图 3.10.6　保护电极的正确接法

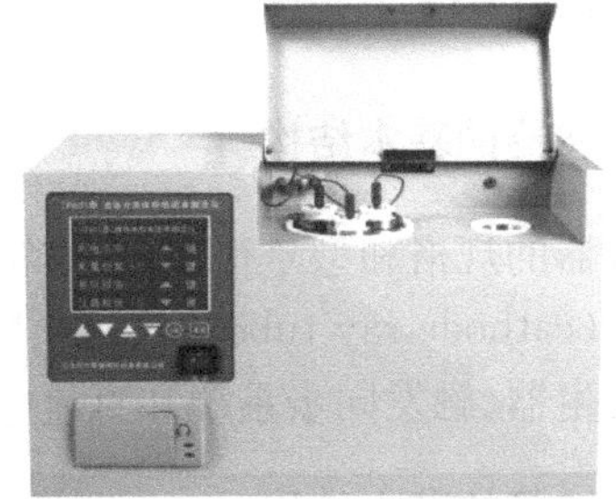

图 3.10.7　电阻率测定仪

电阻率用于混凝土性能的表征：

高性能混凝土应该具有高的电阻率，因为混凝土电阻率太低可能影响钢筋保护效果.对于成熟期为 6 个月的高性能混凝土湿试件，电阻率在 470～530Ω·m 范围内，比普通混凝土高 10 倍.当电阻率＞500Ω·m 时，可大大抑制钢筋锈蚀.因此，为了查清钢筋有无锈蚀可能，测定混凝土的电阻是十分重要的.

利用测量电阻率判断混凝土质量的主要优点：①电阻率的测量方法相对比较简单和快速，还可进行长期在线监控，甚至无线远程监测；②可无损检测；③可以进行反复多次的测量，提高测量的准确度和有效性；④不需要借助大型仪器，测量成本较低.

3.11 示波器的原理与使用

阴极射线示波器(以下简称示波器)是一种利用示波管内电子束在电场(或磁场)中的偏转来反映电压的瞬变过程，显示随时间变化电信号的电子仪器.由于电子惯性小，荷质比大，因此示波器具有较宽的频率响应特性，可以观察变化极快的电压瞬变过程.它不仅可以定性观察电路(或元件)动态过程的电信号波形，也能测量可转化为电压信号的一切电学量(如电流、电功率、阻抗等)的幅度、周期、波形的宽度、上升或下降时间等参数，用双通道示波器还能测量两个信号之间的时间差或相位差.示波器可用作显示设备，如显示晶体管特性曲线、雷达信号等，配上各种传感器，还可以用于测量各种非电学量(如位移、速度、压力、温度、磁场、光强等)、声光信号、生物体的物理量(心电、脑电、血压等).自 1931 年美国研制出第一台示波器至今已有 80 多年.它在各个研究领域都获得了广泛的应用，示波器本身也发展成多种类型，如慢扫描示波器、各种频率范围的示波器、取样示波器、记忆示波器、数字示波器等.示波器已成为科学研究、实验教学、医药卫生、电工电子和仪器仪表等各个研究领域和行业最常用的仪器.

【实验目的】

(1)了解示波器的基本结构和工作原理.

(2)利用示波器观察测量正弦波、方波、锯齿波信号的振幅、频率.

(3)观察电子束垂直正弦振动合成的轨迹(李萨如图形)并测定正弦振动频率比.

【实验仪器】

通用 ADS1022C 型示波器，TFG1920A 型函数信号发生器.

【仪器介绍】

1. 示波器的基本结构

示波器的规格和型号很多，基本都包括如图 3.11.1 所示的几个组成部分：示波管(又称阴极射线管(cathode ray tube，CRT))、竖直信号放大器(Y 放大)、水平信号放大器(X 放大)、扫描信号发生器、触发同步系统和直流电源等.

2. 示波管的基本结构

如图 3.11.2 所示，包括电子枪、偏转系统和荧光屏，均密封在抽成高真空的玻璃外壳内.

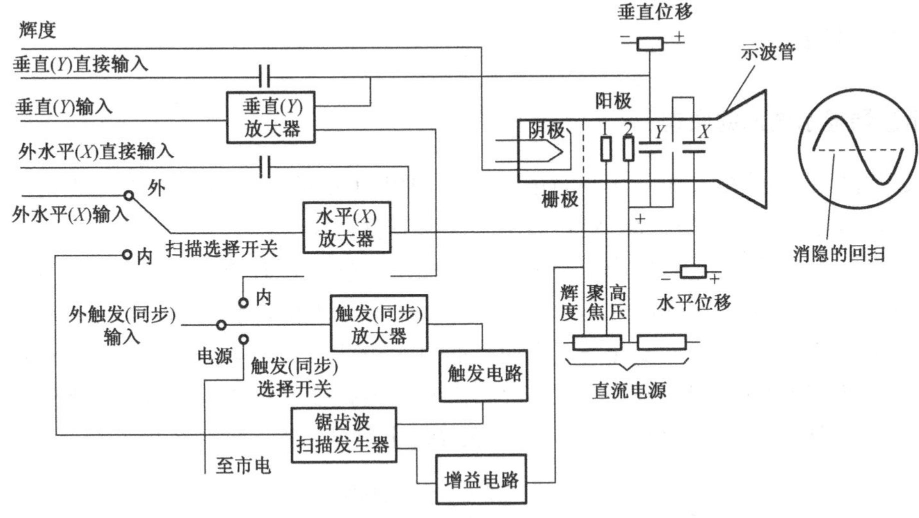

图 3.11.1 示波器基本结构框图

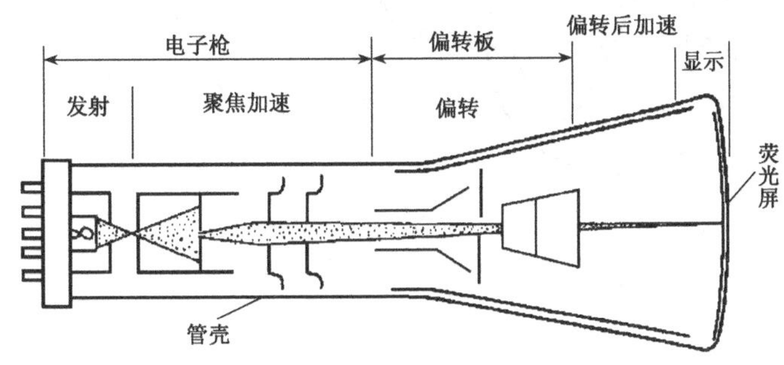

图 3.11.2 CRT 内部结构图

(1)电子枪. 由灯丝、阴极、控制栅极、第一阳极和第二阳极五部分组成. 灯丝通电后加热阴极. 阴极是一个表面涂有氧化物的金属圆筒,被加热后发射电子. 控制栅极是一个顶端有小孔的圆筒,套在阴极外. 它的电势比阴极低,对阴极发射出来的电子起控制作用,只有初速度较大的电子才能穿过栅极顶端的小孔,然后在阳极加速下奔向荧光屏. 示波器面板上的“亮度”调控就是通过调节电势以控制射向荧光屏的电子流密度,从而改变了屏上的光斑亮度. 阳极电势比阴极电势高很多,电子被它们之间的电场加速形成射线. 当控制栅极、第一阳极、第二阳极之间电势调节合适时,电子枪内的电场对电子射线有聚焦作用,所以第一阳极也称聚焦阳极. 第二阳极电势更高,又称加速阳极. 面板上的“聚焦”调节,就是调第一阳极电势,使荧光屏上的光斑成为明亮、清晰的小圆点. 有的示被器还有“辅助聚焦”,实际是调节第二阳极电势.

(2)偏转系统. 由两对互相垂直的偏转板组成:一对竖直偏转板,一对水平偏转板. 在偏转板上加以适当电压,电子束通过时,其运动方向发生偏转,从而使电子束在荧光屏上产生的光斑位置也发生改变.

(3)荧光屏. 屏上涂有荧光粉,电子打上去它就发光,形成光斑. 不同材料的荧光粉发光的颜色不同,发光过程的延续时间(一般称为余辉时间)也不同. 荧光屏前有一块透明的、带刻度的坐标板,供测定光点位置用. 在性能较好的示波管中,将刻度线直接刻在屏玻璃内表面上,与荧光粉紧贴在一起以消除视差,光点位置可测得更准.

【实验原理】

1. 示波器显示波形的原理

如果只在竖直偏转板上加一交变的正弦电压，则电子束的亮点将随电压的变化在竖直方向作简谐振动，如果电压频率较高，则看到的是一条竖直亮线.

要能显示正弦波形，必须同时在水平偏转板上加一扫描电压，使电子束的亮点沿水平方向拉开. 这种扫描电压的特点是电压随时间呈线性关系增加到最大值，最后突然回到最小，此后再重复地变化. 这种扫描电压随时间变化的关系曲线形同“锯齿”，故称“锯齿波电压”，如图 3.11.3 所示. 产生锯齿波扫描电压的电路在图 3.11.1 中用“锯齿波扫描发生器”方框表示. 当只有锯齿波电压加在水平偏转板上时，如果频率足够高，则荧光屏上只显示一条水平亮线.

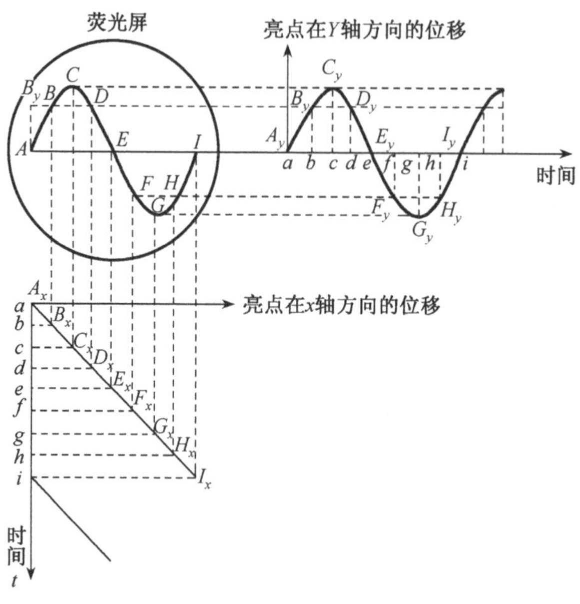

图 3.11.3　示波器显示原理

如果在竖直偏转板上(简称 Y 轴)加正弦电压，同时在水平偏转板上(简称 X 轴)加锯齿波电压，电子受竖直、水平两个方向力的作用，电子运动是两相互垂直运动的合成. 当锯齿波电压与正弦电压变化周期相等时，在荧光屏上将能显示出完整周期的所加正弦电压的波形图，如图 3.11.3 所示. 如果正弦波和锯齿波电压的周期稍有不同，屏上出现一个移动着的不稳定图形. 锯齿波电压的周期可以连续调节，但因为锯齿波电压和信号电压来自不同的振荡源，要使它们的周期做到准确相等或正好为整数倍是困难的，尤其是在频率较高时，从而造成图像不稳定. 调节示波器面板上的触发电平(TRIG LEVER)，通过电子电路来调整扫描电压周期为输入信号周期整数倍的过程，称为“整步”或“同步”.

2. 李萨如图形的基本原理

如果示波器的 X 轴和 Y 轴输入频率相同或成简单整数比的两个正弦电压，则屏上的光点将呈现特殊形状的轨迹，这种轨迹图称为李萨如图形. 图 3.11.4 所示为 $f_y:f_x=2:1$ 的李萨如图形. 频率比不同时将形成不同的李萨如图形. 图 3.11.5 所示的是频率比为简单整数比值的几种李萨如图形. 从图形中可总结出如下规律：如果作一个限制光点 X、Y 方向变化范围的假想方框，则图形与此框相切时，横边上的切点数 n_x 与竖边上的切点数 n_y 之比恰好等于 Y 和 X 方向输入的两正弦信号的频率之比，即

$$\frac{f_y}{f_x}=\frac{n_x}{n_y} \tag{3.11.1}$$

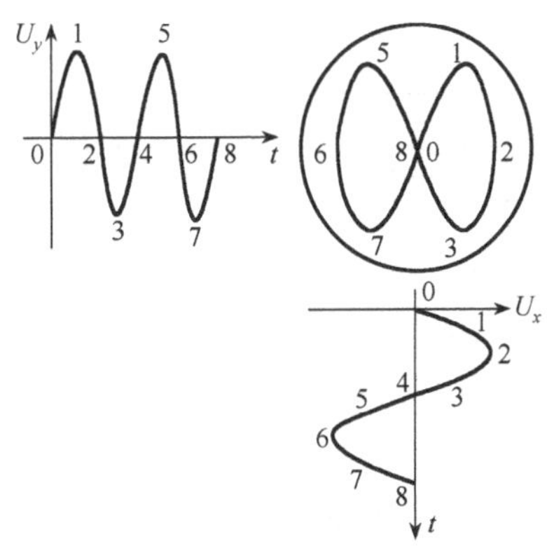

图 3.11.4　$f_y:f_x=2:1$ 的李萨如图形

所以利用李萨如图形能方便地比较两正弦信号的频率. 若已知其中一个信号的频率，数出图上的切点数 n_x 和 n_y，便可算出另一待测信号的频率.

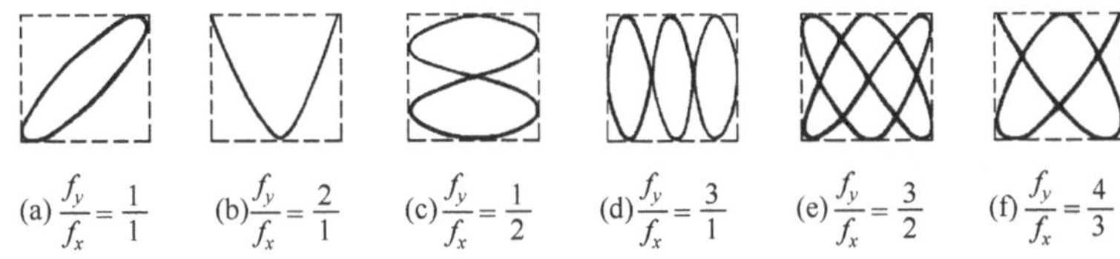

图 3.11.5　$f_y:f_x=n_x:n_y$ 的几种李萨如图形

【实验内容】

李萨如图形

1. 熟悉示波器的使用，观察波形

(1)接通电源，熟悉面板上各旋钮的功能.

(2) Y 轴输入信号源信号，X 轴输入锯齿波扫描电压，并调节到合适的扫描频率范围，观察输入信号波形. 调节扫描微调观察波形变化情况，使屏上出现 1～3 个稳定的波形.

(3)观测信号发生器的几种输出波形，按要求记录波形参数到表 3.11.1 中.

2. 观察李萨如图形并测未知正弦信号频率

(1)选择信号源输出为正弦波接入 Y 轴，X 轴选择标准的正弦波，并把方式放置在线入上，可看到李萨如图形.

(2)调节信号源可得各种比率的图形. 因图形不太稳定，调节到变化最缓慢，记录信号源所显示的频率读数即可，填表 3.11.2.

【数据记录与处理】

表 3.11.1

信号波的种类	正弦波	方波	锯齿波
振幅			
信号频率(测量)			
信号频率(读数)			
波形(一个周期示意图)			

表 3.11.2

$f_y:f_x$	1:1	2:1	3:1	3:2	2:3	3:4
李萨如图形						
f_x/Hz						
f_y(测量值)/Hz						
f_y(标准值)/Hz						
偏差 Δf_y/Hz						

【注意事项】

(1)示波器打开后须预热 1～2min;不要拔插仪器上的连接线.

(2)轻旋仪器旋钮,示波器辉度不可太强,以免损坏仪器.

(3)观察李萨如图形时,信号频率不要太高,否则看不清楚.

【思考题】

(1)如果打开示波器的电源开关后,在屏幕上既看不到扫描线又看不到光点,有哪些原因?应分别作怎样的调节?

(2)观测波形时用什么旋钮可调节波形周期的个数?调什么旋钮可使波形稳定?若被测信号幅度太大,应该调什么旋钮?

(3)观察李萨如图形,如果图形不稳定,而且是一个形状不断变化的椭圆形,变化的快慢与两个信号频率之间有什么关系?

【应用提示】

示波管与显示器、晶体管和集成电路以及相关电子元器件、计算机和广播电视技术等,是决定示波器技术水平的重要技术支撑.随着电视、广播、通信、计算机、半导体电子技术的发展,现代电子测量技术的重要工具即示波器在电子学领域和非电子科学技术领域的用途越来越广,这促进了示波器本身技术水平的迅速提高和发展.

示波器的发展过程:1879 年,William Crookes (克鲁科斯)发现磁性会使得真空管中的阴极射线偏转.在业已发现阴极射线能在真空管壁上产生荧光的基础上,把阴极射线聚成很细的电子束,由激励信号所产生的动态磁场控制电子束偏转并射向一个荧光靶,便显示出可变的光迹变化.这种真空器件是最早的阴极射线示波管或电子束管.到 1897 年,布劳恩(Car. F. Braun)用示波管制成了“可变电流仪”(variable current apparatus).这就是早期的原始示波器.

初期主要为模拟示波器:1931 年,通用电气公司(美国)出售第一台示波器.该示波器只有示波管、线性扫描电压和电源等三个部件,1934 年该公司又作了改进,将零部件组装在机箱内成为完整的 687-A 型示波器.后经多年的发展,电子示波器不仅走过了 20 世纪 30 年代至 50 年代的电子管示波器时期,而且从 60 年代的晶体管示波器时期进入 70 年代的晶体管——集成电路示波器时期.

中期主要为数字示波器:80 年代的数字示波器处在转型阶段,还有不少地方要改进,美国的 TEK 公司和 HP 公司都对数字示波器的发展做出贡献. 而且μP(微处理器)芯片和μC(微型计算机)应用于示波器,便形成数字存储示波器、逻辑分析仪,以及具有多功能微机控制的示波器. 这类智能型示波器比起通用示波器以及取样示波器和记忆示波器具有独到的优点,它们不但能存储显示信号,而且可有 CRT 荧光屏上读取数据及对测量操作进行程序控制等多项功能.

近期主要为数模兼合:进入 90 年代,数字示波器除了提高带宽到 1GHz 以上,更重要的是它的全面性能超越模拟示波器,出现数字示波器模拟化的现象,尽量吸收模拟示波器的优点,使数字示波器更好用. 数字示波器首先提高取样率;提高数字示波器的更新率,达到模拟示波器相同水平;采用多处理器加快信号处理能力,从多重菜单的烦琐测量参数调节,改进为简单的旋钮调节;数字示波器与模拟示波器一样具有屏幕的余辉方式显示,赋予波形的三维状态,即显示出信号的幅值、时间及幅值在时间上的分布.

示波器及其原理有着越来越广泛的应用,不但可以观察电学信号,而且可以观察许多非电学信号,其功能和性能也越来越强大. 下面仅是两个普通实例.

1. 暂态信号分析

暂态信号是电磁暂态现象的表征,其波形则是电磁暂态过程全面而直观的描述,因此通常暂态信号主要是对暂态波形而言. 暂态信号的采集、测量、分析和处理在科学研究中占据重要的地位. 在高电压工程中,暂态信号的种类十分繁多,如雷电波(包括全波、截断波)、高频衰减振荡、局部放电脉冲、静电放电脉冲、核电磁脉冲等,以及这些波形和工频波叠加形成的波形. 相应地暂态信号的频率范围也极宽,可达数千兆赫. 随着测试仪器和技术的不断进步,目前示波器的模拟带宽已能达 400MHz 以上,能够精确测量纳秒级前沿的脉冲波. 随着电子技术的发展,A/D 转换速度的提高和计算机软件的应用,数字化波形处理技术已经达到了很高的水平,不仅精度高,而且方法多、功能齐全. 数字滤波、小波变换、人工神经网络、分形几何等方法的应用,大大拓宽了数字信号处理的领域,使暂态信号的分析和处理达到了前所未有的深度和广度.

2. 万用示波表

通过大规模集成电路技术和使用液晶显示器,示波器技术已发展为全功能的万用示波表. 如图 3.11.6 所示为一个全功能的 2 通道 50MHz DSO 和一个数字多用表组合为一个质量只有 1.8kg 的手持式万用示波表. 万用示波表是适合真正需要便携式示波器的维修工程师使用的仪器,也是适合浮动测量的全功能示波器. 其设计使得示波器可以用在对地电平高达 600V 有效值的情况,万用示波表甚至可以通过光电隔离的 RS-232 接口驱动打印机来制作测量结果的硬拷贝,万用示波表功耗很低,机内电池充电一次就可以供其工作数小时,一般足以满足一天工作中全部测量工作的需要.

图 3.11.6　万用示波表

附 1　ADS1022C 型数字存储示波器

示波器前面板布局(附图 1). ①选项按钮:设置当前菜单的不同选项. ②MENU ON/OFF:菜单开关按钮. ③万能旋钮:对于菜单的选项

都可通过旋转“万能”旋钮来调节. ④常用功能按钮(MENU):SAVE/RECALL,显示设置和波形的“储存/调出”菜单;ACQUIRE,显示“采集”菜单;MEASURE,显示“自动测量”菜单;CURSORS,显示“光标”菜单. 当显示“光标”菜单并且光标被激活时,“万能”旋钮可以调整光标的位置. 离开“光标”菜单后,光标保持显示(除非“类型”选项设置为“关闭”,但不可调整),DISPLAY 显示“显示”菜单,UTILITY 显示“辅助功能”菜单,DEFAULT SETUP 调出厂家设置,HELP 进入在线帮助系统. ⑤SINGLE:采集单个波形,然后停止. ⑥6. RUN/STOP:连续采集波形或停止采集. 注意:在停止的状态下,对于波形垂直挡位和水平时基可以在一定的范围内调整,相对于对信号进行水平或垂直方向上的扩展. ⑦AUTO 按钮:自动设置示波器控制状态,以产生适用于输出信号的显示图形. ⑧触发控制:TRIG MENU,显示“触发”控制菜单;SET TO 50%,设置触发电平为信号幅度的中点;FORCE,无论示波器是否检测到触发,都可以使用“FORCE”按钮完成当前波形采集. 主要应用于触发方式中的“正常”和“单次”、“LEVEL”旋钮触发电平设定触发点对应的信号电压. ⑨探头元件:输出 1kHz 方波和接地. ⑩外触发输入(EXT TRIG):外接触发输入端. ⑪模拟信号输入:待观察模拟信号输入端(双通道). ⑫ PRINT:打印按钮. ⑬ USB 接口. ⑭水平控制:水平幅度调节;HORI MENU,显示“水平”菜单;POSITION,水平位置调节. ⑮垂直控制:CH1、CH2,显示通道 1、通道 2 设置菜单;MATH,显示“数学计算”功能菜单;REF,显示“参考波形”菜单.

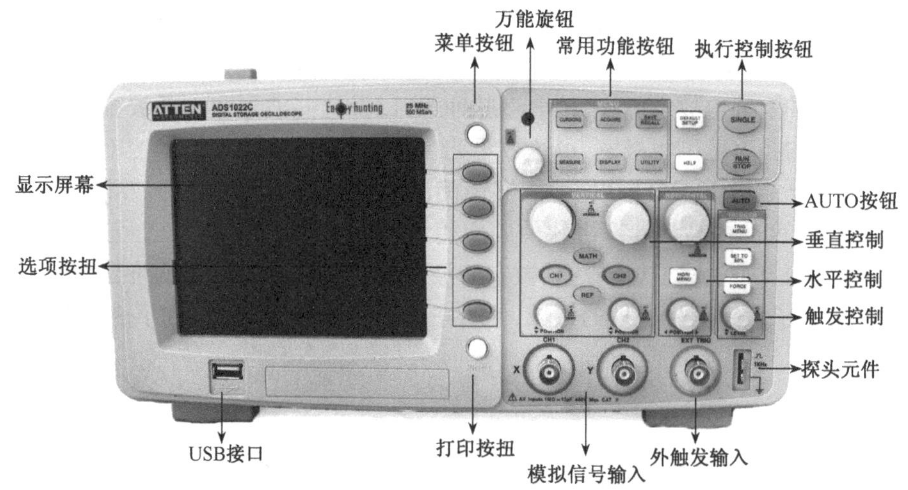

附图 1 ADS1022C 型数字存储示波器前面板图

示波器显示屏(附图 2). 1. 触发状态:“Armed”,已配备;“Ready”,准备就绪;“Trig'd”,已触发;“Stop”,停止;“Stop”,采集完成;“Auto”,自动;“Scan”,扫描. 2. 显示当前波形窗口在内存中的位置. 3. 使用标记显示水平触发位置. 旋转水平“POSITION”旋钮调整标记位置. 4. Ⓟ“打印钮”选项选择“打印图像”. Ⓢ“打印钮”选项选择“储存图像”. 5. 🖳:“后 USB 口”设置为“计算机”. 🖨:“后 USB 口”设置为“打印机”. 6. 显示波形的通道标志. 7. 信号耦合标志. 8. 以读数显示通道的垂直刻度系数. 9. B 图标表示通道是带宽限制的. 10. 以读数显示主时基设置. 11. 采用图标显示选定的触发类型. 12. 以读数显示水平位置. 13. 以读数表示“边沿”脉冲宽度触发电平. 14. 以读数显示当前信号频率.

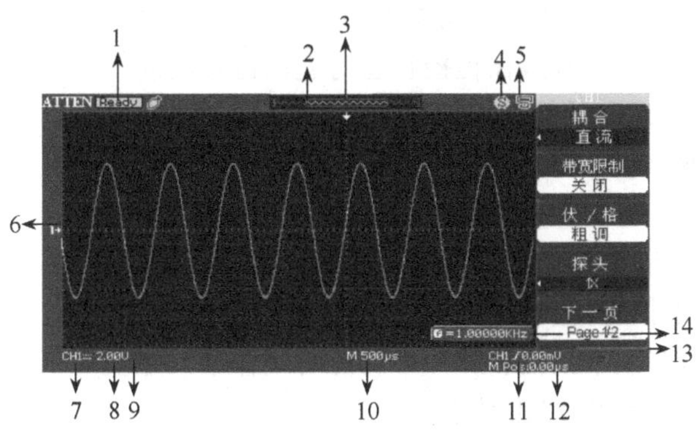

附图 2　示波器显示屏

示波器后面板(附图 3). 1. Pass/Fail 输出口：输出 Pass/Fail 检测脉冲. 2. RS-232 连接口：连接测试软件或波形打印(速度稍慢). 3. USB Device 接口：连接测试软件或波形打印(速度快).

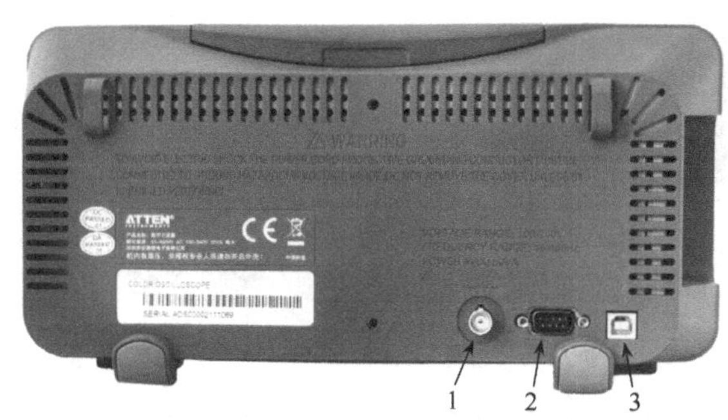

附图 3　示波器后面板

附 2　TFG1900A 系列函数/任意波形发生器

信号发生器键盘使用说明：

仪器前面板上共有 28 个按键(见附图 4),各个按键的功能如下.

【0】【1】【2】【3】【4】【5】【6】【7】【8】【9】键：数字输入键.

【.】键：小数点输入键.

【—】键：负号输入键,在偏移设置和波形编辑时输入负号,在其他时候可以循环开启和关闭按键声响.

【<】键：光标闪烁位左移键,数字输入过程中的退格删除键.

【>】键：光标闪烁位右移键.

【Freq/Period】键：循环选择频率和周期,在校准功能时取消校准.

【Ampl/Offset】键：循环选择幅度和偏移.

【Width/Duty】键：循环选择脉冲宽度和方波占空比或锯齿波对称度.

【FM】【AM】【PM】【PWM】【FSK】【Sweep】【Burst】键：分别选择频率调制、幅度调制、相位调制、脉宽调制、频移键控、频率扫描和脉冲串功能,再按返回连续功能.

【Count/Edit】键：在 A 路用户波形时选择波形编辑功能,其他时候选择频率测量功能,再按返回连续功能.

【Menu】键:菜单键,循环选择当前功能下的菜单选项(见功能选项表).

【Shift/Local】键:选择上挡键,在程控状态时返回键盘功能.

【Output】键:循环开通和关闭输出信号.

【Sine】【Square】【Ramp】【Pulse】键:上挡键,分别快速选择正弦波、方波、锯齿波和脉冲波四种常用波形.

【Waveform】键:上挡键,使用波形序号分别选择 16 种波形.

【CHA/CHB】键:上挡键,循环选择输出通道 A 和输出通道 B.

【Trig】键:上挡键,在频率扫描和脉冲串功能时用作手动触发.

【Cal】键:上挡键,选择参数校准功能.

单位键:下排左边五个键的上面标有单位字符,但并不是上挡键,而是双功能键,直接按这五个键执行键面功能,如果在数据输入之后再按这五个键,可以选择数据的单位,同时作为数据输入的结束.

仪器后面板见附图 5.

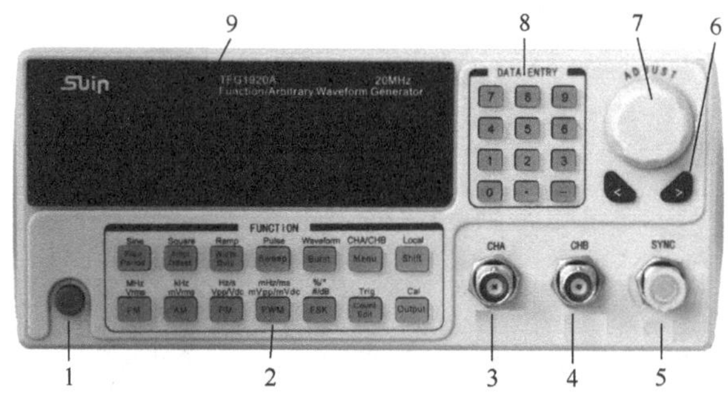

附图 4　TFG1900A 系列函数/任意波形发生器前面板

1. 电源开关;2. 功能键;3. CHA 输出;4. CHB 输出;5. 同步输出;6. 方向键;
7. 调节旋钮;8. 数字键;9. 显示屏

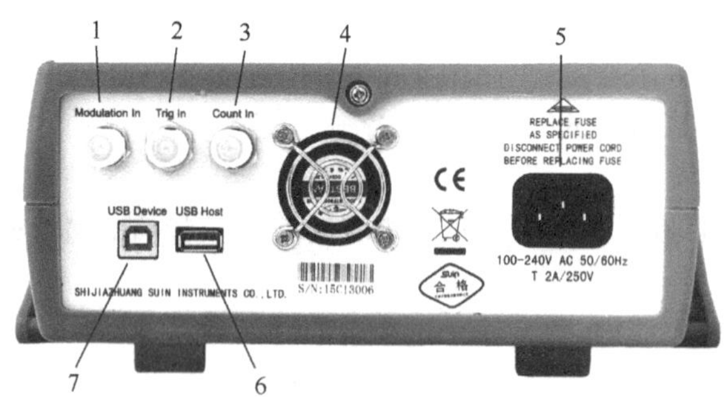

附图 5　TFG1900A 函数/任意波形发生器后面板

1. 调制输入;2. 触发输入;3. 计数输入;4. 排风扇;5. 电源插座;6. USB 设备口;7. USB 主机口

3.12　薄透镜焦距的测量

光学仪器的核心部件是光学元件,大量的基本元件是透镜,一个复杂的光学仪器透镜多达几十块、上百块. 不同的目的,常需要使用不同焦距的透镜. 焦距是薄透镜的光心到其焦点的距离,是薄透镜的重要参数之一，物体通过薄透镜而成像的位置及性质（大小、虚实）均与其有关. 焦距的测量是否准确主要取决于光心及焦点（或物的位置、像的位置）定位是否准确. 一般来说，测量透镜焦距的方法很多，应该根据不同的透镜、不同的精度要求和具体的可能条件选择合适的方法. 本实验使用多种方法，分别测量凸透镜和凹透镜的焦距，并比较各种方法的优缺点.

【实验目的】

(1)学习简单光路的“等高共轴”调整，掌握光路的分析和调整方法.

(2)了解测量薄透镜焦距的原理，加深对薄透镜成像规律的认识与理解.

(3)学会用自准直法和二次成像法测量薄透镜焦距的方法.

【实验仪器】

光具座、滑块、凹透镜、凸透镜、平面反射镜、光源、物、屏等.

【实验原理】

1. 薄透镜的成像公式

透镜分为两大类. 一类是凸透镜，对光线起会聚作用，即一束平行于透镜主光轴的光线通过透镜后，将会聚于主光轴上，会聚点称为该透镜的焦点. 焦点到透镜光心点的距离称为该透镜的焦距 f，焦距越短，会聚本领越大. 另一类是凹透镜，对光线起发散作用，即一束平行于透镜主光轴的光线通过透镜后将散开，该发散光束的延长线与主光轴的交点称为该透镜的焦点，焦点到透镜光心点的距离称为该透镜的焦距 f，焦距越短，则发散本领越大.

薄透镜是指透镜的中心厚度与球面的曲率半径相比较可以忽略的透镜. 在近轴光线条件下，薄透镜的成像公式（高斯公式）为

$$\frac{1}{u}+\frac{1}{v}=\frac{1}{f} \tag{3.12.1}$$

式中 u 表示物距，恒取正值；v 表示像距，实像取正，虚像取负；f 为焦距，凸透镜为正，凹透镜为负；u、v 和 f 均从透镜光心点算起.

因为凸透镜可以成实像，所以只要测得物距 u 和像距 v，代入式(3.12.1)就可计算出透镜的焦距 f，此为物距像距法. 当物距 u 趋向无穷大时，由式(3.12.1)可得 $f=v$，即无穷远处的物体成像在透镜的焦平面上. 用这种粗测法测得的结果一般只有 1～2 位有效数字，故此法多用于挑选透镜时的粗略估计.

2. 用自准直法测凸透镜焦距

如图 3.12.1 所示，在待测透镜 L 的一侧放置被光源照明的物体 AB，在另一侧放一块平面反射镜 M. 移动透镜位置可以改变物距的大小，当物距等于透镜的焦距时，物体 AB 上各点发出的光束经过透镜折射后，变成不同方向的平行光，然后被平面镜反射回去，再经透镜折射后，成一与原物大小相同的倒立的实像 $A'B'$，像 $A'B'$ 位于原物平面处，即成像于该透镜的前焦面上. 此时物与透镜之间的距离就是透镜的焦距，它的大小可从光具座导轨上直接测得.

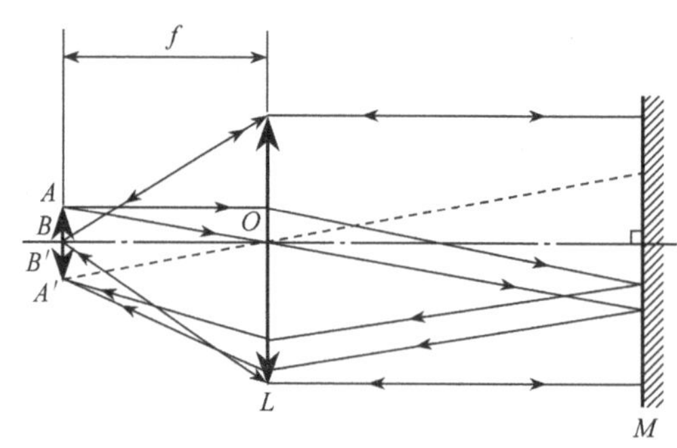

图 3.12.1　自准直法测凸透镜的焦距

自准直法是光学仪器调节中的一个重要方法，也是某些光学仪器进行测量的依据. 例如，分光计中的望远镜就是根据“自准直”的原理进行调节的.

直接应用高斯公式测焦距，因 u、v 值不易测准，凹透镜不能成实像，将造成较大的测量误差. 于是常采用二次成像法测定薄透镜的焦距.

3. 用二次成像法(贝塞尔法)测量凸透镜的焦距

如图 3.12.2 所示，设物屏和像屏的距离为 L(要求 $L>4f$)，在保持 L 不变的情况下，移动透镜，当透镜处于 O_1时，像屏上出现一个放大的实像，再移动透镜，当它处于 O_2时，像屏上又得到一个缩小的实像，设 A、O_1 的距离为 u，O_1、O_2 的距离为 d，按透镜成像公式，当透镜位于O_1时

$$\frac{1}{u}+\frac{1}{L-u}=\frac{1}{f} \tag{3.12.2}$$

当透镜位于 O_2时

$$\frac{1}{u+d}+\frac{1}{L-u-d}=\frac{1}{f} \tag{3.12.3}$$

由式(3.12.2)和式(3.12.3)，解得

$$u=\frac{L-d}{2} \tag{3.12.4}$$

将式(3.12.4)代入式(3.12.2)，解得

$$f=\frac{L^2-d^2}{4L} \tag{3.12.5}$$

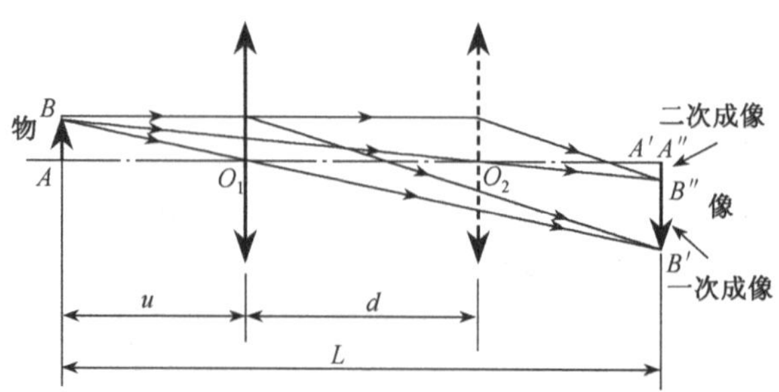

图 3.12.2　二次成像法测凸透镜的焦距

只要测出物屏与像屏距离 L 以及透镜在两次成像过程的位移 d，应用式(3.12.5)就可求得透镜焦距 f. 用二次成像法测透镜焦距的优点是，把焦距的测量归结为对可以精确测定的量 L 和 d 的测量，避免了由估计透镜光心位置不准确所带来的误差.

4. 凹透镜焦距的测量

上述两种方法要求物体经透镜后成实像，适于测量凸透镜的焦距，而不适于测量凹透镜的焦距，通常需借助一个凸透镜与之组合成为透镜组，通过测量没有凹透镜时的成像位置与有凹透镜时的成像位置，计算出凹透镜的焦距. 如图 3.12.3 所示，若物体 AB 通过凸透镜后成实像 $A'B'$，将凹透镜放入后，成实像 $A''B''$. 若令 S_2(>0)为凹透镜虚物的物距，S_2' 为凹透镜的像距，则凹透镜的焦距为

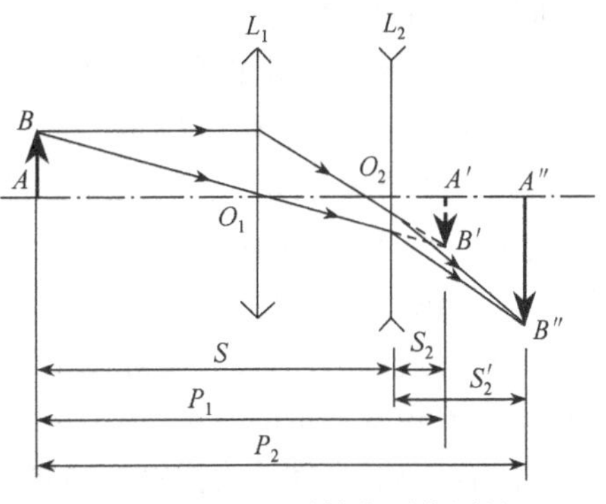

图 3.12.3　凹透镜焦距的测量

$$f_2 = -\frac{S_2 S_2'}{S_2' - S_2} \tag{3.12.6}$$

也可将凹透镜和一块焦距为 f_1' 的凸透镜叠放在一起，视为一块组合凸透镜，用二次成像法测出该组合透镜的焦距 f'，则凹透镜的焦距 f_2 为

$$f_2 = \frac{f_1' f'}{f_1' - f'} \tag{3.12.7}$$

【实验内容】

二次成像
测凸透镜焦距

1. 光学元件等高共轴的调整(在光具座上，如图 3.12.4 所示)

薄透镜成像公式 $\frac{1}{u} + \frac{1}{v} = \frac{1}{f}$ 仅在近轴光线的条件下才能成立. 为此，物点应处在透镜的光轴上，并在透镜前适当位置加一个光阑，以便挡住边缘光线，使入射光线与光轴的夹角很小. 对于由几个透镜组成的光学系统来说，应使各光学元件的中心轴调到大致重合，才能满足近轴光线的要求. 所谓“等高共轴”就是指各光学元件的光轴重合一致，物的中心部位处在光轴上，物面、像面垂直于光轴，且公共光轴与光具座的导轨严格平行.

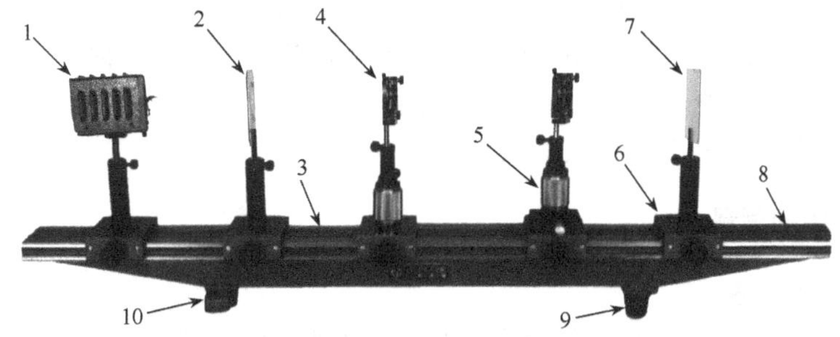

图 3.12.4　光具座

1. 光源；2. 物屏(带有几何孔)；3. 导轨；4. 二维调节透镜架；5. 透镜架升降钮；6. 滑动底座；7. 像屏；8. 标尺；9. 导轨水平调节底座；10. 导轨固定底座

(1)调节"等高共轴". 首先进行粗调,将所用的物、屏、透镜等架在光具座的滑块上,再将滑块靠拢,用眼睛判断,调节各元件的高矮和左右,将物点及光学元件的中心轴调到大致重合,并使物体平面、白屏平面和透镜面相互平行且垂直于光具座导轨. 然后用透镜成像的共轭原理进行细调,其步骤如下:

① 在光具座上固定物和像屏的距离为 L,使 $L>4f$,f 为透镜的焦距(图 3.12.2).

② 移动透镜,当它移到 O_1 时,在像屏上得到一个清晰放大的实像. 当它移到 O_2 时在像屏上又得到一个清晰的缩小的实像. 因为物点 A 位于光轴上,所以两次成像的位置应重合于 A'. 如果物点 A' 两次成像的位置不重合,说明物点 A 和光轴不重合. 这时应调节物点的高低,使得两次所成的像点重合,即系统处于等高共轴.

(2)左右逼近法读数. 在实际测量时,由于对成像清晰程度的判断因人而异,即使是同一个观测者,也不免有一定的差错. 为了尽量消除这种误差,在测量时常采用左右逼近法,即先使物镜由左向右移动,当你认为像刚好清晰时,记下透镜的读数,然后使透镜自右向左移动. 同样,当你认为像刚好清晰时,又可得到另一个透镜位置的读数,重复多次. 求其平均值,这就是成像清晰时透镜的位置.

2. 用自准直法测凸透镜焦距

(1)按图 3.12.1,将用光源照明刻有"⇧"(透光箭头)的板、凸透镜和平面反射镜放在光具座上,调整透镜的位置,使它的主光轴平行于光具座的刻度尺,并使各元件的中心位于透镜的主光轴上,平面镜的反射面应该对着透镜并与主光轴垂直.

(2)改变凸透镜到"⇧"板(物)的距离,直至板上"⇧"旁边出现清晰的"⇧"像为止(注意区分物光经凸透镜表面反射的像和平面镜反射所成的像),此时物与透镜之间的距离即为透镜的焦距.

(3)用左右逼近法测出物和透镜的位置,重复测量 5 次,求出凸透镜焦距 f 值及其误差.(设计并绘制数据记录表格)

3. 用二次成像法测量凸透镜的焦距

(1)按图 3.12.2 调节刻有"⇧"板与像屏的距离,使 $L>4f$ (f 为待测透镜焦距),对于 f 的粗略估计,可让窗外物(认为是无限远)通过透镜折射后成像在屏上,则像距粗略地被认为是该透镜的焦距.

(2)在物和像屏之间放入被测透镜,调节透镜与物等高共轴.

(3)用左右逼近法读出 O_1 和 O_2 的位置读数,把数据填入表 3.12.1 内.

(4)L 再取四个不同值,重复步骤(3),把测得数据填入表 3.12.1 内,应用式(3.12.5)计算出 f,最后再求出 f 的平均值及其误差.

4. 凹透镜焦距的测量

1)等高共轴的调整

(1) 如图 3.12.3 所示,物点 A 与凸透镜的等高共轴调整,可用前面所述的共轭法.

(2) 凹透镜和凸透镜的等高共轴调整,先固定凸透镜,调节凹透镜的左右位置,在像屏上可得到物点 A 的像点 A'',然后改变凸透镜的位置,调节凹透镜,使在像屏上(像屏位置可左右移动)又得到 A',若 A'' 和 A' 在像屏上是同一位置,说明凹透镜和凸透镜等高共轴,否则,就调节凹透镜的上下位置，使两次像点位于像屏上同一点，即达到等高共轴要求.

2)焦距 f 的测量

(1) 如图 3.12.3 所示，在光具座上适当调整物和凸透镜的位置，使物成实像于屏上.

(2) 用左右逼近法读出实像 $A'B'$ 的位置.

(3) 在像屏和凸透镜之间放入待测凹透镜，记下凹透镜的位置和 S_2 数值.

(4) 移动光屏，用左右逼近法读出这时实像 $A''B''$ 的位置并记录 S'_2 的数值.

(5) 凸透镜再取四个不同位置，重复(2)～(4)，把数据填入表 3.12.2 中，根据式(3.12.6)计算焦距 f，最后算出透镜焦距 f 的平均值及其误差.

【数据记录与处理】

(1)将二次成像法测凸透镜焦距数据记入表 3.12.1 中，并完成表中各量的计算.

表 3.12.1

测量序号	1			2			3			4			5		
	左	右	平均	左	右	平均	左	右	平均	左	右	平均	左	右	平均
透镜位置 O_1/mm															
透镜位置 O_2/mm															
d/mm															
物像距离 L/mm															
透镜焦距 f/mm															

$$\bar{f}=\frac{1}{5}(f_1+f_2+f_3+f_4+f_5)$$

(2)将凹透镜焦距测量数据记入表 3.12.2 中，并完成表中各量的计算.

表 3.12.2

测量序号	1			2			3			4			5		
	左	右	平均	左	右	平均	左	右	平均	左	右	平均	左	右	平均
凸透镜位置/mm															
$A'B'$ 的位置/mm															
$A''B''$ 的位置/mm															
S_2/mm															
S'_2/mm															
凹透镜焦距 f_2/mm															

$$\bar{f}=\frac{1}{5}(f_1+f_2+f_3+f_4+f_5)$$

(3)二次成像法测凸透镜焦距数据处理：

物屏位置 $A=$ ________________ cm，　像屏位置 $A'=$ ________________ cm

$L=|A'-A|=$ ________________ cm，　$\sigma_{\bar{f}}=\sqrt{\frac{\sum(f_i-\bar{f})^2}{5\times(5-1)}}=$ ________________ cm

测量结果：$f=\bar{f}\pm\sigma_{\bar{f}}=$ ________________ cm

相对误差：$E-$ ________________%

【注意事项】

(1)透镜和光学元件的镜面均不能用手摸拭,应用擦镜头纸轻揩灰尘.

(2)应在光具座上将各光学元件调至等高共轴后再进行测量.

【思考题】

(1)如何在光具座上将各光学元件调至等高共轴?

(2)为什么二次成像法测透镜焦距可以避免由透镜光心位置不易确定而带来的测量误差?物屏与像屏的距离 L 为什么必须大于焦距的四倍?

(3)自准直法测量凸透镜焦距时,若透镜光心和透镜架底座读数准线不共面,会产生什么性质的误差?实验中如何消除这种误差?

【应用提示】

在日常生活中,人们用眼镜矫正人眼晶状体的缺陷,使物体发出的光线经眼镜和晶状体折射后在视网膜上成清晰像.配一副合适的远视眼镜(凸透镜)或近视眼镜(凹透镜)都需要准确地测量眼镜片(透镜)的焦距.显微镜和望远镜则是由透镜组合构成的,是用途极为广泛的助视光学仪器.显微镜主要是用来帮助人眼观察近处的微小物体,而望远镜则主要是帮助人眼观察远处的目标.它们的作用都在于增大被观察物体对人眼的张角,起着视角放大的作用.显微镜和望远镜的光学系统十分相似,都是由物镜和目镜两部分组成.例如,显微镜一般是由两个会聚透镜共轴组成的.对于望远镜,两透镜的光学间隔近乎为零,即物镜的像方焦点与目镜的物方焦点近乎重合.望远镜可分两类:若物镜和目镜的像方焦距均为正(即两个都是会聚透镜),则为开普勒望远镜;若物镜的像方焦距为正(会聚透镜),目镜的像方焦距为负(发散透镜),则为伽利略望远镜.在生产、科研和国防等方面,光学仪器的使用已十分广泛.它不仅可以将像放大、缩小或记录储存,还可以实现不接触的高精度测量,用它可以研究原子、分子和固体的结构等.

球面镜与非球面镜(球面像差):

最简单的聚焦镜片是球面镜,其曲率呈圆形,可看作一个正圆球体的一部分,因此称其为球面镜.实际上,球面镜不能将所有光线聚焦在同一点,透过镜片边缘进入的光线会偏离焦点形成像差,使像模糊,如图 3.12.5(a)所示.而非球面镜可利用镜片边缘曲率与中央部分曲率的差异,将聚焦于前方的光线移后到正确的同一焦点,使成像更加锐利、清晰,如图 3.12.5(b)所示.而单反相机上所用镜头,则利用特别的多片非球面凹、凸透镜组合修正折射角度,如图 3.12.6 所示.

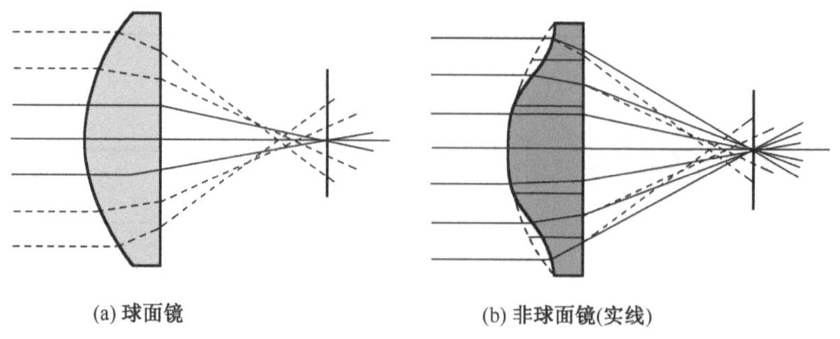

图 3.12.5 球面透镜和非球面透镜成像对比

(a) 镜头外观

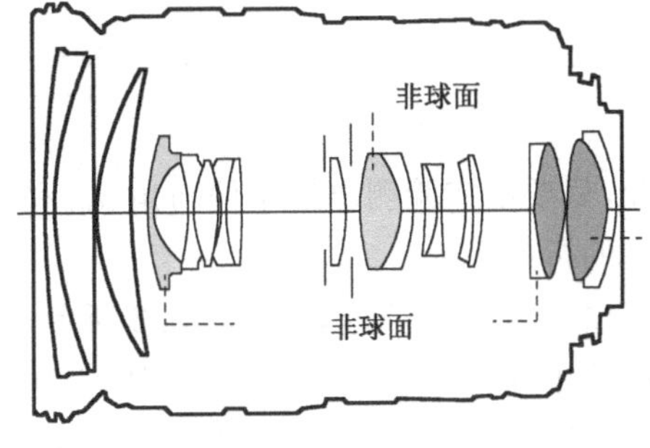

(b) 镜头内部结构

图 3.12.6 单反相机用变焦镜头

3.13 折射率的测定

折射率为一光学常数，是反映透明介质材料光学性质的一个重要参数. 在生产和科学研究中往往需要测定一些固体和液体的折射率. 测定透明材料折射率的方法很多，最小偏向角法和全反射法(又称折射极限法)是比较常用的两种方法. 最小偏向角法具有测量精度高、所测折射率的大小不受限制等优点. 但是，被测材料要制成棱镜，而且对棱镜的技术条件要求高，不便快速测量. 全反射法属于比较测量，虽然测量准确度较低(大约 $\Delta n_D = 3\times10^{-4}$)，被测折射率的大小受到限制(n_D 为 1.3～1.7)，对于固体材料也需要制成试件，但是全反射法具有操作方便迅速、环境条件要求低、不需要单色光源等优点. 本实验用最小偏向角法测定三棱镜的折射率，用阿贝折射仪应用全反射法测定液体的折射率.

【实验目的】

(1)进一步掌握分光计的调整和使用方法，测定三棱镜的顶角.

(2)了解棱镜的偏向角特性，学会用最小偏向角法测定三棱镜的折射率.

【实验仪器】

分光计、三棱镜、钠光灯、毛玻璃.

【实验原理】

1. 最小偏向角法测定三棱镜的折射率

如图 3.13.1 所示，三角形 ABC 表示待测的光学玻璃制成的三棱镜，AB 和 AC 是透光的光学表面，其夹角 A 称为三棱镜的顶角. 一束平行的单色光束 LD 入射到棱镜 AB 面上，经棱镜折射后由另一面 AC 面射出，出射光束以 ER 表示. 入射线 LD 与出射线 ER 的夹角称为偏向角 δ，实验证明，对于给定的棱镜，δ 有一极小值，称为最小偏向角 $\delta_{\min}$. 设 i 为 AB 面上入射角，r 为折射角，n 为棱镜玻璃的折射率，由折射定律可以推证(参见“单色仪的定标”实验的附录)

$$n=\frac{\sin i}{\sin r}=\frac{\sin\frac{A+\delta_{\min}}{2}}{\sin\frac{A}{2}} \tag{3.13.1}$$

因此,只要由实验测出最小偏向角 $\delta_{\min}$ 和棱镜顶角 A,便可由式(3.13.1)求得棱镜玻璃对该单色光的折射率 n.

棱镜顶角 A 测量原理如图 3.13.2 所示,用平行光法(也称反射法)测定棱镜顶角 A,一束平行光束照于顶角 A 上,在三棱镜 AB 和 AC 两个光学面上反射,只要测出两束反射光的夹角,即可求得顶角 A,由图中的几何关系可知

$$\angle FEA=\angle BEN$$
$$\angle FEA=\angle BEX$$
$$\angle BEX=\angle BAZ$$

而 $\angle BEN+\angle BEX=\varphi$,所以 $\angle BAZ=\frac{1}{2}\varphi$,同理 $\angle CAZ=\frac{1}{2}\psi$,而 $\angle BAZ+\angle CAZ=\angle A$. 于是,三棱镜顶角 A 为

$$\angle A=\frac{1}{2}(\varphi+\psi) \tag{3.13.2}$$

如果由实验测得 φ 及 ψ,便可求得顶角 A.

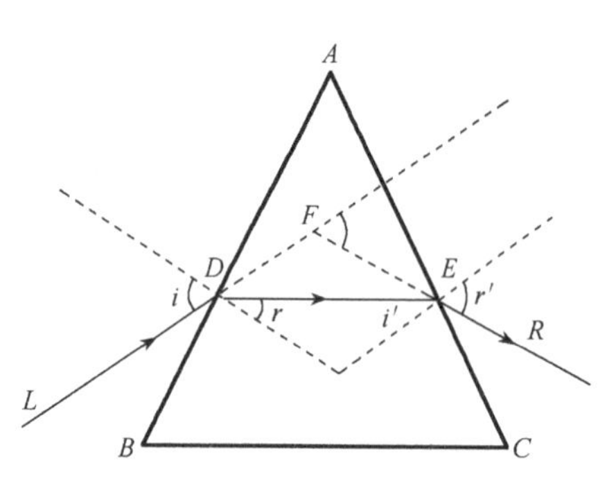

图 3.13.1　三棱镜

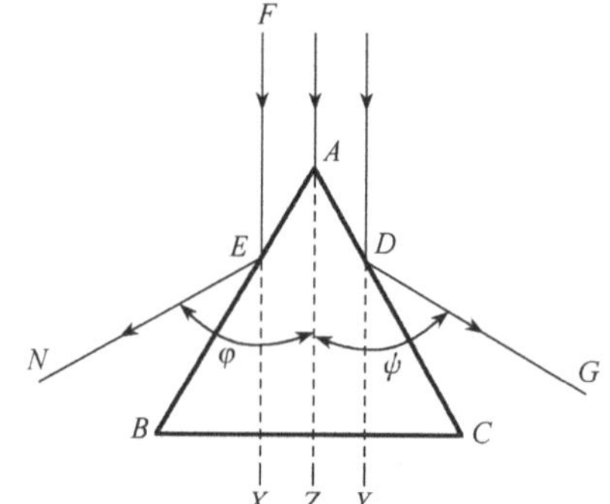

图 3.13.2　测量棱镜顶角

2. 折射极限法测定液体的折射率

极限法可用来测定固体或液体的折射率,待测固体只需切成片状.该方法的特点是需用一个辅助三棱镜,且为了产生各方向的入射光,要求使用扩展光源.由于极限法测量的是样品表面的折射率,样品表面情况对测量结果有一定影响.

由光的折射定律可知:光在两种介质界面发生折射时,入射角 i 的正弦与折射角 r 的正弦之比是一个常数,即

$$n_{21}=\frac{\sin i}{\sin r}$$

n_{21} 称为第二种介质对第一种介质的折射率.任一种介质相对于真空的折射率称为该介质的绝对折射率,简称折射率.在常温(20℃)和 1 个标准大气压条件下,空气的折射率为 1.002926,通常介质的折射率是相对于空气而言的.由于介质的折射率随入射光波长而变,故实验时必须用(准)单

色光，一般通用的折射率数据都是对钠黄光的波长而言. 用n_D表示.

用掠入射(折射极限法)测定液体折射率原理如图3.13.3所示. 将待测液体加于三棱镜ABC的光学面上，液体折射率为n，薄层上可加毛玻璃或三棱镜将其夹住(图中未画出)，然后使扩展光源来的光经液层后进入三棱镜ABC，再由AC面折射出来. 设三棱镜的折射率为n_y，$n_y>n$，$\angle BAC=\alpha$. 由图3.13.3可知，入射于AB面上某点的诸光线(如1，2，3)，从AC面折射出来时，以掠入射的光线3(即平行于AB面的光线)的折射角(或称出射角)θ_3为最小. 由折射定律有

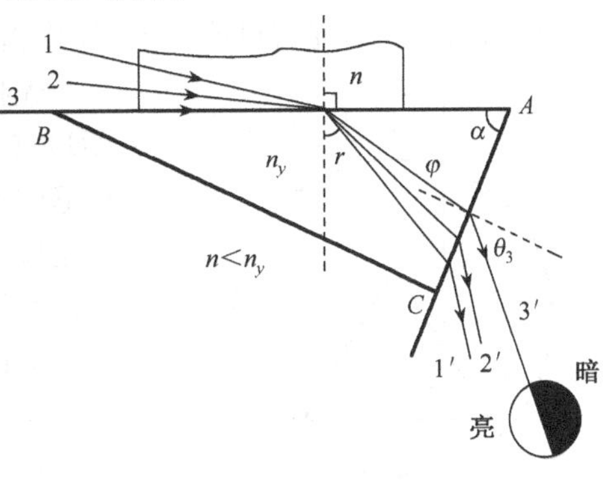

图3.13.3 折射极限法测定液体折射率

$$n\sin 90^\circ = n_y \sin r \tag{3.13.3}$$

$$n_y \sin\varphi = \sin\theta_3 \tag{3.13.4}$$

由几何关系可知

$$\alpha = r + \varphi \tag{3.13.5}$$

由式(3.13.3)～式(3.13.5)消去φ和$\sin\varphi$，可得液体折射率的计算公式为

$$n = \sin\alpha\sqrt{n_y^2 - \sin^2\theta_3} - \cos\alpha\sin\theta_3 \tag{3.13.6}$$

若已知三棱镜的折射率n_y和顶角α，代入式(3.13.6)，就可以求出液体折射率n.

如果把望远镜对准光线3′的方向，在望远镜中就可看到一半亮一半暗的“半荫视场”，明暗分界线就是掠入射光线3通过棱镜以后的出射方向. 这一方法也就是阿贝折射仪的测量原理，不过仪器中是将望远镜固定，而用转动棱镜的方法改变θ_3，以适应不同n值的测量. 同时在测量θ_3的标尺上直接换算成n值. 应该指出，当对应于明暗分界线的光线出现在折射棱镜AC面法线右侧时，式(3.13.6)中$\cos\alpha$前的减号应改为加号.

【实验内容】

1. 分光计的调整

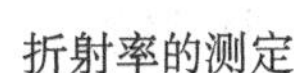
折射率的测定

1)调整分光计(方法详见“衍射光栅测波长”实验)

(1)调节平行光管产生平行光.

(2)使望远镜聚焦于无穷远.

(3)使平行光管和望远镜光轴垂直于仪器转轴.

2)狭缝的调节

在光源已照亮狭缝，望远镜已对准平行光管的前提下，调细狭缝，使十字叉丝交点(或纵丝)与狭缝像重合，便是望远镜初位置(注意要从两个游标上读数，以消除偏心差).

2. 三棱镜的调整及其顶角A的测定

1)棱镜的调节

如图3.13.4所示，将三棱镜放在载物台上(注意不要用手摸棱镜面)，顶角A应靠近载物

台中心(减小偏心差),并使其角等分线对准平行光管,保证由平行光管射出的光束经棱镜 AB、AC 两面的反射光有可能进入望远镜中.

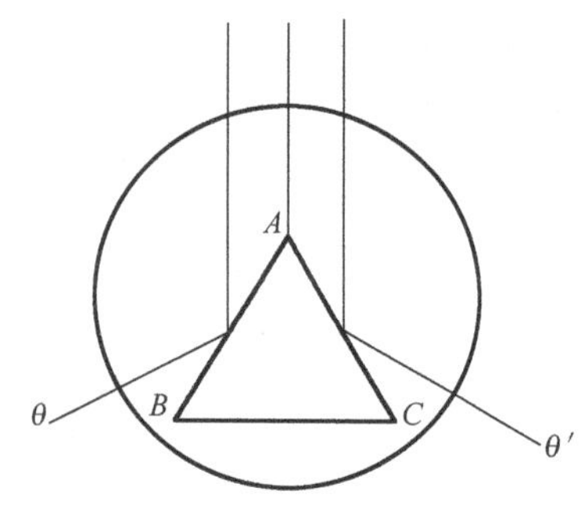

图 3.13.4　三棱镜的调整

先将狭缝转到水平位置上,再转动望远镜,观察棱镜 AB 面的反射光,调节载物台两个水平调节螺钉,直到水平狭缝的像与望远镜水平轴线重合.然后反向转动望远镜,观察棱镜 AC 面的反射光,旋转载物台第三个水平调节螺钉再使水平狭缝的像与望远镜水平轴线重合.重复调整,多次观察 AB 面和 AC 面的反射光,直至两面反射所得狭缝像与十字叉丝的交点一样高.此时棱镜的两个反射面平行于分光计的竖直轴.

2)三棱镜顶角 A 的测定

将狭缝转回到竖直位置.转动望远镜,当观察到望远镜的十字叉丝的交点(或竖直叉丝)对准由 AB 面反射的狭缝像时,从圆刻度盘左、右两个游标上读出并记录望远镜的角位置(θ_3 和 θ'_1);然后反向转动望远镜,对 AC 面的反射光做同样的观察测量,并从圆刻度盘和左、右两个游标上记下望远镜的角位置(θ_2 和 θ'_2).

重复上述步骤测量 5 次,将实验数据记入表 3.13.1 并计算出顶角 A 的平均值.

3. 测定最小偏向角,求折射率

测定棱镜对钠光谱线的最小偏向角 $\delta_{\min}$.

(1)观察偏向角 δ 的变化,将棱镜按图 3.13.5 所示放置在载物平台上,用钠灯照亮狭缝,使光射在 AC 面上.先用眼睛在 AB 面找到经棱镜折射后的狭缝像,松开固定螺钉,转动游标盘(连同载物平台一起转动),使眼睛看到的狭缝离平行光管的轴最近.此时,将望远镜对准此像并从望远镜中找到它,与此同时转动游标盘,可看到狭缝的像随着入射角 i 的改变向左方(或右方)移动(即偏向角在减小或增大).

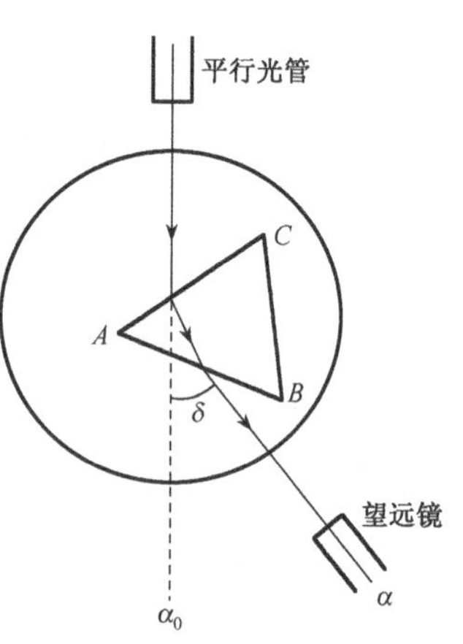

图 3.13.5　测定最小偏向角

(2)确定最小偏向角 $\delta_{\min}$ 的角位置,在步骤(1)的基础上慢慢转动游标盘(连同载物平台),使折射后的狭缝像朝偏向角减小的方向移动,并转动望远镜跟踪狭缝像,直到按狭缝像转动的方向转动游标盘到某位置时,看到狭缝的像停止移动并开始向反向移动(即偏向角反而变大).这个回像位置(反向转折位置)就是棱镜对钠光谱线的最小偏向角位置.

(3)测定最小偏向角位置 α,将望远镜的十字叉丝交点(或竖直丝)对准回像,固定游标盘,调节微动螺钉,仔细观察并确定回像的位置,然后使用望远镜微动螺钉将十字叉丝的竖直丝对准回像位置中央,读出左右游标之值,即为最小偏向角位置 α.

(4)测定入射光角位置 α_0,游标盘仍固定,转动望远镜对准平行光管,微调望远镜,使十字叉丝的竖直丝对准平行光管的狭缝像的中央,记下左右游标读数,即为入射光角位置 α_0.

(5)按 $\delta_{\min}=|\alpha-\alpha_0|$ 计算最小偏向角,重复测量 5 次,将实验数据记入表 3.13.2,并求出 $\delta_{\min}$ 的平均值.

(6)将测出的顶角 A 和最小偏向角 $\delta_{\min}$ 代入式(3.13.1),求出折射率 n,并计算标准偏差.

【数据记录与处理】

最小偏向角法测定三棱镜的折射率

表 3.13.1

测量次数	左游标 θ_1	右游标 θ'_1	左游标 θ_2	右游标 θ'_2	$\lvert\theta_2-\theta_1\rvert=\beta$	$\lvert\theta'_2-\theta'_1\rvert=\beta'$	$\frac{\beta+\beta'}{2}=\varphi+\psi$	$\angle A$
1								
2								
3								
4								
5								
平均值	AB 面		AC 面					

注意　AB 面和 AC 面角位置读数之差，左游标读数差值 $\beta=\lvert\theta_2-\theta_1\rvert$ 和右游标读数差值 $\beta'=\lvert\theta'_2-\theta'_1\rvert$ 是望远镜转动的角位移，如果望远镜从位置 θ_1 转至 θ_2 时经过度盘零点，则其角位移应该如何确定？请考虑.

表 3.13.2

测量次数	左游标 α'	右游标 α''	左游标 α'_0	右游标 α''_0	$\lvert\alpha'-\alpha'_0\rvert=\delta'_{\min}$	$\lvert\alpha''-\alpha''_0\rvert=\delta''_{\min}$	$\frac{\delta'_{\min}+\delta''_{\min}}{2}=\delta_{\min}$
1							
2							
3							
4							
5							
	α		α_0				平均值______

注：α 为折射光最小偏向时望远镜角位置；α_0 为入射光的角位置；$\delta_{\min}$ 为最小偏向角.

【注意事项】

(1)分光计操作中要耐心调节，仔细观察，不要损坏棱镜、狭缝等.

(2)使用分光计微调机构，必须先放松固定螺钉，再转动游标盘或望远镜.

(3)在调节望远镜和三棱镜的两个侧面正交时，要注意三棱镜在小平台上的放置方式，以利于快速调节.

【思考题】

(1)在测量三棱镜顶角 A 和最小偏向角 $\delta_{\min}$ 时，若分光计没有调好，对测量结果有何影响？

(2)在用反射法测三棱镜顶角时，为什么要求顶角 A 应靠近载物平台中心放置，而不能太靠近平行光管呢？

(3)用眼睛寻找“半荫视场”时，眼睛靠近三棱镜容易找？还是远一些好找？为什么眼睛比望远镜容易找？

3.14 衍射光栅测波长

光的衍射现象是光波动性质的一个重要表征.在近代光学技术中,如光谱分析、晶体分析、光信息处理等领域,光的衍射已成为一种重要的研究手段和方法.所以,研究衍射现象及其规律在理论和实践上都有重要意义.

衍射光栅是一种重要的分光元件,分为透射光栅和反射光栅两类.目前使用的光栅主要通过以下方法获得:①用精密的刻线机在玻璃或镀在玻璃上的铝膜上直接划刻得到;②用树脂在优质母光栅上复制;③采用全息照相的方法制作全息光栅.实验室通常使用复制光栅或全息光栅,本实验使用的是透射式全息光栅.利用光栅分光制成的单色仪和光谱仪已被广泛应用.它不仅用于光谱学,还广泛用于计量、光通信、信息处理、光应变传感器等方面,另外,松下电器产业、柯尼卡美能达、JVC三公司均在像差修正中采用了衍射光栅.

【实验目的】

(1)观察光栅衍射现象,了解衍射光栅的主要特性.

(2)了解分光计的结构,学会正确的调整方法.

(3)掌握在分光计上用透射光栅测量光波波长的方法.

【实验仪器】

分光计、平行平面反射镜、汞灯、透射光栅.

【仪器介绍】

1.分光计的构造

不同类型的分光计在结构上各有其特点,但基本结构一致,一般包含以下四个主要部件:平行光管、望远镜、载物台和读数装置.现以JJY-1型分光计为例介绍,如图3.14.1所示.

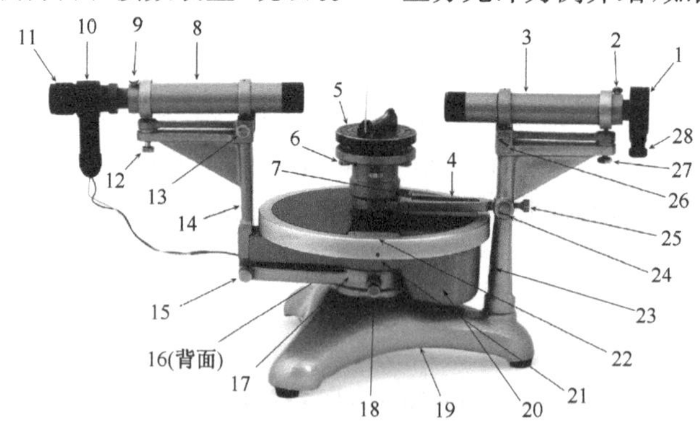

图3.14.1 分光计外形图

1.狭缝装置;2.狭缝装置锁紧螺钉;3.平行光管部件;4.载物台制动架;5.载物台;6.载物台调平螺钉(3只);7.载物台锁紧螺钉;8.望远镜部件;9.目镜锁紧螺钉;10.阿贝式准直目镜;11.目镜视度调节手轮;12.望远镜光轴仰角调节螺钉;13.望远镜光轴水平方位调节螺钉;14.支臂;15.望远镜微调螺钉;16.转座与度盘止动螺钉;17.望远镜制动架;18.望远镜止动螺钉;19.底座;20.转座;21.度盘;22.游标盘;23.立柱;24.游标盘微调螺钉;25.游标盘止动螺钉;26.平行光管光轴水平方位调节螺钉;27.平行光管光轴仰角调节螺钉;28.狭缝宽度调节手轮

1)平行光管

平行光管是将待观测的光变成平行光的装置.它由一个缝宽可调的狭缝和一个凸透镜组成,两者分别装在一副可以伸缩的套管的两端.当狭缝被调至透镜的焦平面处时,由狭缝入射的光经透镜出射时便成为平行光束.平行光管被安装在分光计底座的立柱上,并设有调节倾角和偏角的调整螺钉和固定螺钉,用来调整或固定平行光管的方位.

2)望远镜

望远镜是为了观察和确定平行光束的方向而设置的.它由物镜、叉丝(即分划板刻线)和目镜所组成.它们之间的距离可以调节.为了观察平行光,须使望远镜调焦于无穷远.即使叉丝平面与物镜的焦平面重合,使观察者能从目镜中清晰而无视差地看见叉丝和平行光所成的像.为此,目镜中采用了自准目镜的结构.

常用的自准目镜有高斯目镜和阿贝目镜两种,如图 3.14.2 所示.JJY-1 型分光计所采用的是阿贝目镜.其结构为在目镜与分划板之间装有一个全反射小棱镜,小灯发出的光经小棱镜反射后照亮分划板的下部,但分划板与小棱镜相贴处只留一个小十字透光,这一透光小十字就成为自准法所需的发光物(因该小棱镜遮住,从目镜中不能直接看见它).望远镜安装在可绕分光计中心轴旋转的支臂上,它也配有调节倾角和方位的螺钉.旋紧其转座左边的止动螺钉 16,可使刻度盘与它固连.放松望远镜制动架 17 右边的止动螺钉 18,望远镜才可随支臂绕中心轴旋转.若旋紧止动螺钉 18,则望远镜不能自由转动,但此时调节望远镜制动架 17 末端与支臂相连处的微调螺钉 15,可使望远镜作微小转动.

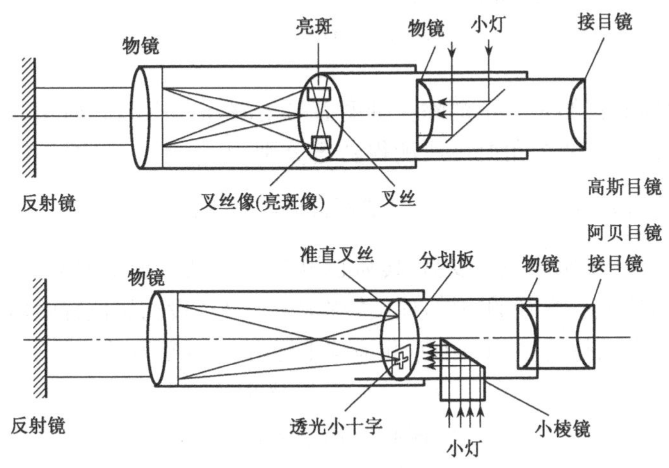

图 3.14.2　高斯目镜和阿贝目镜示意图

3)载物台

载物台是为放置光路元件(如平面镜、光栅、三棱镜等)而设置的.它是由三个调平螺钉支承着的一块圆板,其上附有夹物弹簧.夹物弹簧的支杆借助于一小螺钉而垂直地固定在小圆板边缘,松开小螺钉时,可改变支杆露出台面的高度.调节三个调平螺钉可以改变载物台的倾斜度.放松载物台下套筒侧面的锁紧螺钉 7,可改变载物台的高度,旋紧此螺钉后,则载物台与游标盘相固连.在平行光管的支架立柱 23 与载物制动架连接处有游标盘止动螺钉 25,旋紧时游标盘连同载物台都不能自由转动,但立柱侧旁还有微调螺钉 24,调节它可使游标盘和载物台作微小转动.

4)读数装置

读数装置是用来确定望远镜方位和转角的部件,它由主刻度盘和角游标盘组成.测量时,两者分别与望远镜和载物台相固连.

JJY-1 型分光计主刻度盘的最小分度值为 0.5°,角游标盘上设有两个角游标,两者相隔 180°.每个角游标均为 30 格,每格与主刻度盘的最小分格相差 1′,故角游标精度为 1′,如图 3.14.3 所示.

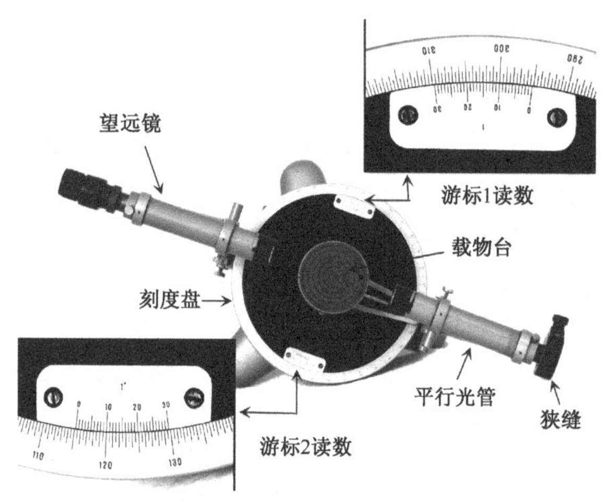

图 3.14.3 读数方法示意图

图中角度读数为:游标 1 读数 295°+13′=295°13′

游标 2 读数 115°+12′=115°12′

设置两个角游标的目的是为了消除主刻度盘与角游标盘不同心所引起的偏心误差.可以证明(详见附注).若左、右两个角游标所测得转角分别为 φ_1 和 φ_2,它们各自都可能包含偏心误差,但它们的平均值 $\varphi=\frac{1}{2}(\varphi_1+\varphi_2)$ 中则不含偏心误差.

附注 图 3.14.4 中大圆为主刻度盘,其圆心为 O;小圆代表游标盘和载物台,其圆心为 O';两个角游标的零刻线在其一直径的两端,而旋转中心也为 O'.设初始位置两零线分别指着刻度盘上 A、B 两点,旋转 φ 角后指着 A'、B' 两点(相应角坐标由 θ_1,θ_2 变为 θ'_1,θ'_2).由图 3.14.4 可知

$$\angle AOA'=\theta'_1-\theta_1,\quad \angle BOB'=\theta_2-\theta'_2$$

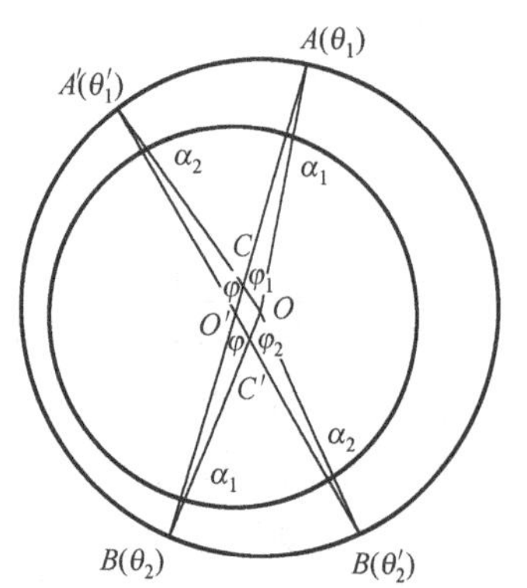

图 3.14.4 双游标消除偏心差示意图

由偏心导致 $\varphi\neq\varphi_1\neq\varphi_2$.

图中△AOB 和△$A'O'B'$ 均为等腰三角形,其底角分别为 α_1 和 α_2,根据外角定理知

$$\varphi+\alpha_2=\angle ACA'=\varphi_1+\alpha_1$$

$$\varphi+\alpha_1=\angle BC'B'=\varphi_2+\alpha_2$$

$$2\varphi=\varphi_1+\varphi_2,\text{即 }\varphi=\frac{\varphi_1+\varphi_2}{2}$$

2. 分光计的调整

1)分光计的三个特征面及其相互关系

(1)读值平面:它就是刻度盘和游标盘所在的平面.

这个平面是不可调的，它基本上垂直于仪器的转轴——中心轴.

(2)待测光路所在的面：它由沿平行光管光轴方向射出的光线、在待测元件中进行的光线及通过待测元件后射出的光线组成，分光计状态调不好，它们可能不在同一平面内.

(3)观测面：它是由调焦于无穷远的望远镜的光轴绕中心轴旋转而成的面. 当望远镜的光轴与中心轴垂直时，该面是平面；当二者不垂直时，该面是一圆锥曲面.

正常使用，应调整观测面与光路所在面都是平面且两者相重合并平行于读值平面.

2)调整要求

图 3.14.5 是用分光计测平行光通过光学元件后的偏折角度的光路图(实验不同，光路元件也不同). 为了能正确地进行测量，必须事先对分光计进行精密的调整，并达到如下两点光学要求和一条几何要求：

(1)使平行光管的出射光是平行光束.

(2)使望远镜调焦于无穷远(适于观察平行光).

(3)使平行光管和望远镜的光轴都与分光计中心轴垂直(必要时载物台面也应与分光计中心轴垂直)，以保证观测面为平面. 在恰当放置光路元件后，光路平面与观测平面重合，同时与读值平面平行.

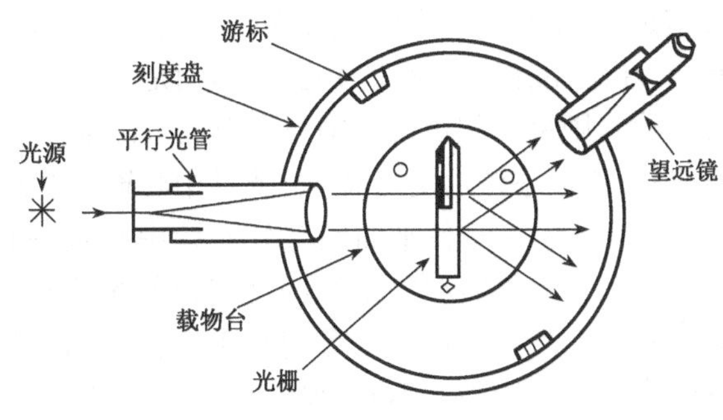

图 3.14.5 测角光路

3)调整方法

(1)目测粗调.

先目测仪器各部分是否达到调整的几何要求，如有明显偏离，便进行相应的调节，使望远镜、平行光管、载物台面大致与分光计中心轴垂直.

(2)用自准法将望远镜调焦于无穷远.

a. 调节目镜，看清叉丝：先点亮照明小灯，使望远镜视场明亮，再轻旋目镜，直至看清分划板黑色叉丝.

b. 使平面镜大致与望远镜垂直：在载物台上垂直地放置一块双面反射镜，其位置如图 3.14.6 所示. 将望远镜对准此镜面，轻缓转动载物台(或游标盘)，同时从望远镜外侧观察并跟踪从望远镜中射出而经平面镜反射的绿光(此光束源于阿贝目镜中的小灯)，可以从平面镜中看到不太清晰的绿色亮十字或光斑. 当平面镜逐渐趋近正对望远镜时，若观察者眼睛跟踪反射光恰好趋于目镜位置，则表明反射光能返回至望远镜，若眼睛要跟踪到目镜的上方(或下方)才能保持看见反射光，则表明平面镜相对于望远镜有仰角(或倾角)，此时可目测望远镜和载物台的倾斜度并加以调节. 最后仍需使反射光返回望远镜才达到使平面镜与望远镜大致垂直.

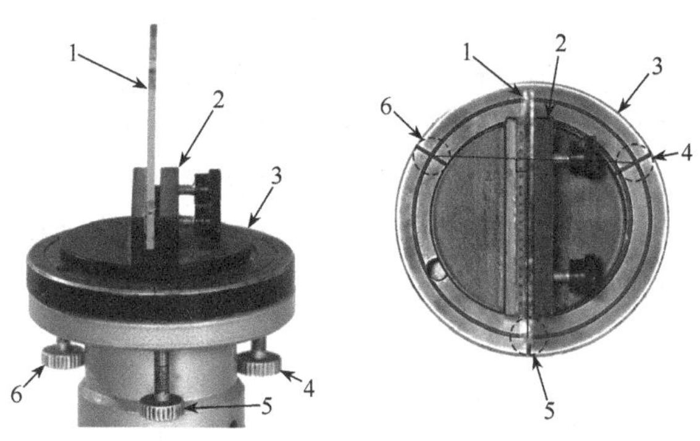

图 3.14.6　平面镜放置示意图

1. 平面镜(或光栅);2. 镜片底座;3. 载物台;4～6. 调平螺钉

c. 将望远镜调焦于无穷远:从望远镜中看到反射光斑或模糊的亮十字时,可前后移动目镜筒(注意事先放松有关紧固螺钉),使亮十字像十分清晰,并且与黑色叉丝之间无视差(此时分划板与成像面重合于焦平面),便实现了调焦于无穷远.

(3)用自准法调整望远镜光轴与分光计中心轴垂直.

因望远镜已调焦于无穷远,分划板处在物镜的焦平面上.若分划板上的亮十字像又调到分划板上半部分与准直叉丝重合(注意:准直叉丝不是中心叉丝,而是上半部的黑十字线,它与下半部的透光小十字关于中心点对称),则可知望远镜光轴与平面反射镜垂直,如图 3.14.7 所示.若要使平面镜与分光计中心轴平行,则调整望远镜光轴与分光计中心轴垂直就易于实现了.

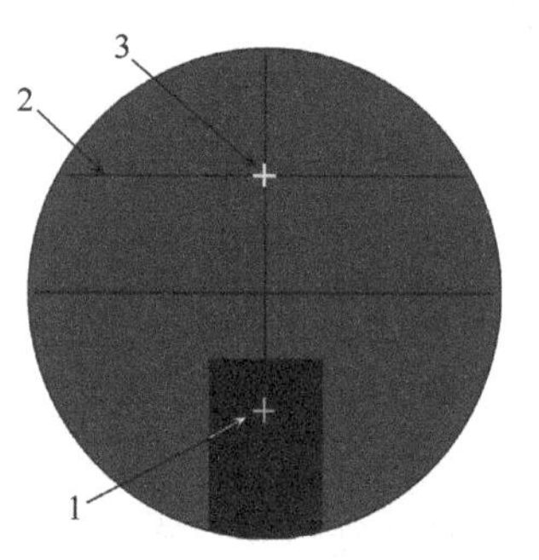

图 3.14.7　分光计调整

1. 十字透光孔;2. 上十字线;3. 亮十字像

a. 使平面镜与分光计中心轴平行:在上一步骤的基础上旋转载物台(或游标盘)使平面镜绕中心轴转过 180°,若从望远镜中仍看到亮十字像,但正反两面反射光先后成像位置高低不同,则表明平面镜与分光计中心轴不平行,但夹角不大.此时调节载物台面下的调平螺钉,使亮十字像移至前后两次的平均高度,便可使平面镜与中心轴趋于平行.若平面镜随载物台旋转 180°后从望远镜中看不到亮十字像,则观测者可在望远镜外的上方或下方直接从平面镜中看到亮十字像,并判断镜面的倾仰程度,调节载物台调平螺钉使反射光入望远镜;若估计正、反两亮十字像的平均位置仍在望远镜外,则应适当改变望远镜的仰角,使正、反两次亮十字像都进入望远镜视场,再按上法调整.若观测者发现粗调偏差太大,则应按步骤 2)中(2)的方法反复调节,使平面镜正、反两面的反射光都能返回望远镜中,再按本步骤前述方法观察反射像位置,调整载物台倾角,使平面镜与中心轴平行.

b. 使望远镜光轴与分光计转轴垂直:当平面镜正、反两面的反射光都能返回至望远镜且两次成像位置一样高时,表明平面镜已平行于中心轴.若亮十字像尚未与准直叉丝重合,则表明望远镜光轴尚未垂直于平面镜.此时应调节望远镜倾仰角,使亮十字像与准直叉丝重合.然后反复检验并细心调整平面镜与中心轴的平行程度及望远镜的准直程度(用“各半调节法”进行调节),望远镜光轴就能精确地与分光计中心轴垂直.

c. 若要进而调整载物台垂直于中心轴，则可将平面镜在载物台上旋转 90°，再调节载物台调平螺钉中原来与平面镜共面的那个螺钉（注意：不能再改变望远镜的倾仰角！），使平面镜再次垂直于望远镜，便达到调整要求，此后可撤去平面镜.

以上调整请参考表 3.14.1.

表 3.14.1

要求	特征	为达到该要求而采取的措施
	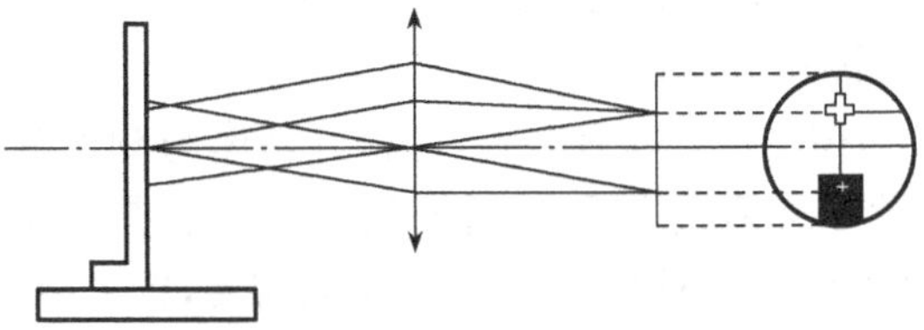	
1. 用自准直法将望远镜调焦于无穷远	分划板上呈现清晰的亮十字像（但像的位置高低不限） 注：倾角太大则无十字像，镜面微斜则十字像偏低 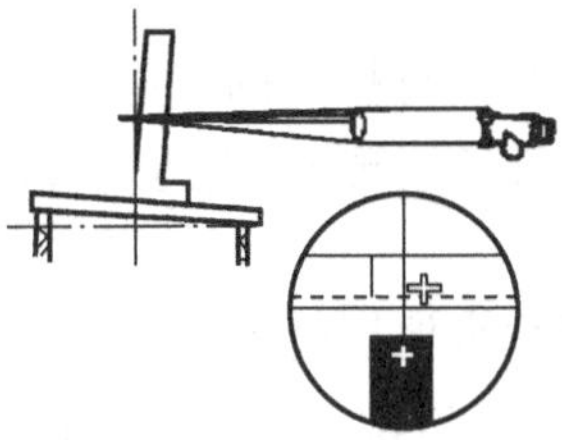	1. 仔细目测粗调 2. 调节载物台下调平螺钉，也可同时调节望远镜仰角调节螺钉 3. 调节望远镜分划板与透镜的距离，使十字像清晰并无视差
2. 使平面镜平行于分光计中心轴	前后两次十字像等高，但十字像与准直叉丝不重合 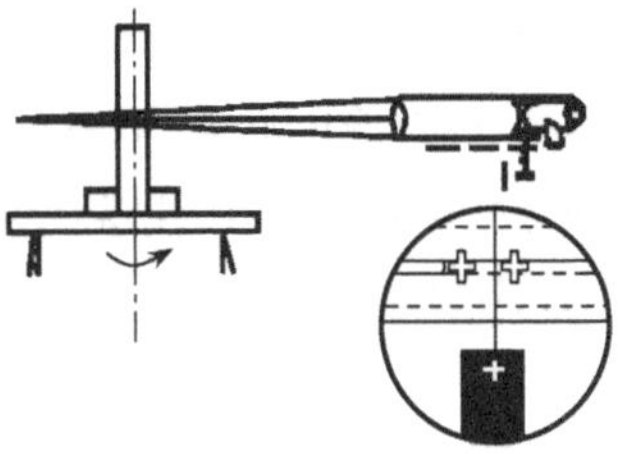	调节载物台下的调平螺钉，使亮十字像向平均高度靠拢（正反两次亮十字像趋于等高）
3. 使望远镜光轴与分光计中心轴垂直	前后两次十字像均与准直叉丝重合 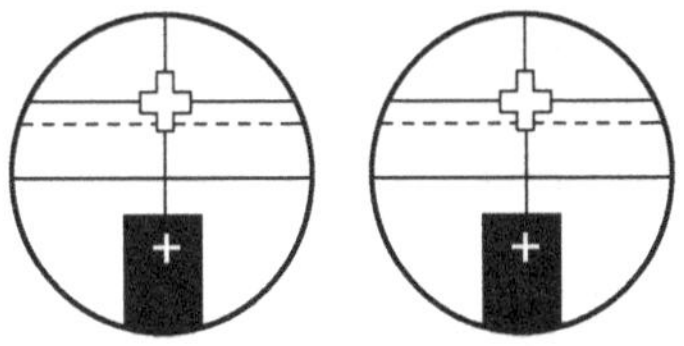	调节望远镜仰角螺钉，使亮十字像与准直叉丝重合

4）调整平行光管

（1）使平行光管射出平行光束. 打开光源，让光线从狭缝端射入平行光管. 用眼睛从出射端观察狭缝宽度及视场亮度，并调节光源位置及狭缝宽度，使视场明亮而缝宽为 0.5～1mm，缝位竖直（注意：缝宽调节手轮旋进为加宽，调节时必须轻缓操作. 改变狭缝方向时，应先放松锁紧螺钉 2）. 再将望远镜转至正对平行光管位置，观察从平行光管射来的光所成的狭缝像；前后移动狭缝体，使狭缝像清晰，并与叉丝间无视差. 此时，平行光管的出射光已成平行光束.

（2）使平行光管光轴与分光计中心轴垂直. 先俯视目测平行光管与望远镜轴线是否能成直

线,若有明显偏离,可调节水平方位调节螺钉 26 及 13. 再从望远镜中观察狭缝像,并先后调节望远镜方位微调螺钉 15 和平行光管仰角调节螺钉 27,使狭缝像在竖直和水平两个位置都能与分划板中心叉丝重合. 于是平行光管光轴便与望远镜光轴平行,因而与分光计中心轴垂直.

5)调整读数装置的初始位置

(1)根据测量时光路元件与入射光的位置关系,确定载物台上夹物弹簧的合理位置,同时检查此时 A、B 两个角游标是否处于便于读数的左、右两个位置. 如有必要,应松动载物台锁紧螺钉 7 和游标盘止动螺钉 25,调整游标盘与载物台的相对位置以及载物台面的整体高度,然后再锁紧,定位(此步骤可提前到目测粗调时进行).

(2)检查主刻度盘的零线位置是否适当. 如有必要,应松开转座与刻度盘止动螺钉 16,将刻度盘零线转到在测量时不会被游标跨越的位置,然后锁紧,定位(本步骤可延迟到测量前进行). 至此,已达到分光计调整的基本要求. 根据实验内容的不同需要,置入待测元件后,还要进行相应的某些调节.

【实验原理】

光栅相当于一组数目极多的等宽、等间距平行排列的狭缝. 根据衍射理论,当一束单色平行光垂直入射到光栅平面上时,就会发生对称衍射现象. 用透镜将衍射光会聚于焦平面处的光屏上,就可看到一系列明暗相间的条纹.

根据夫琅禾费衍射理论,当一束平行光垂直地投射到光栅平面上时,光通过每条狭缝都发生衍射,所有狭缝的衍射光又彼此发生干涉,经透镜 L 会聚后,在透镜的第二焦平面上形成一组亮条纹(又称光谱线),如图 3.14.8 所示. 各级亮纹产生的条件是

$$(a+b)\sin\varphi = d\sin\varphi = k\lambda \quad (k=0,\pm1,\pm2,\cdots) \tag{3.14.1}$$

式(3.14.1)称为光栅方程. 其中,a 为缝的宽度,b 为缝间距离,$d=a+b$ 称为光栅常数,φ 为衍射角,k 为光谱的级次,λ 为入射光的波长. 在 $\varphi=0$ 的方向上可以观察到中央主极大,称为零级谱线,其他±1,±2,…级的谱线对称地分布在零级谱线的两侧.

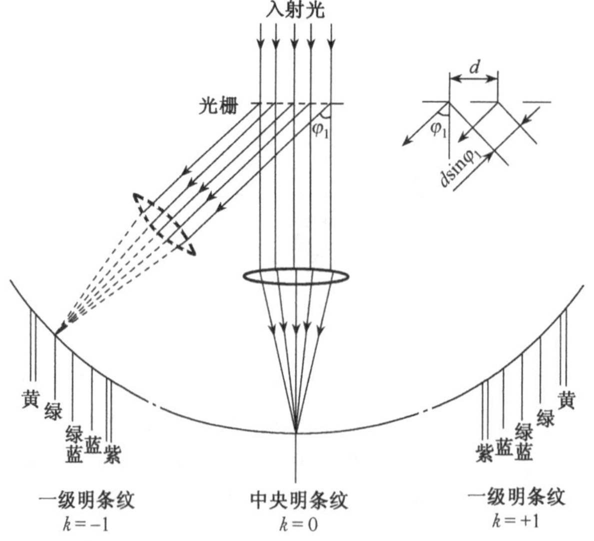

图 3.14.8　光栅衍射图

如果入射光不是单色光，则由式(3.14.1)可以看出，对不同波长的光，同一级谱线将有不同的衍射角. 除 $k=0$ 外，其余各级谱线将按波长增加的次序依次排开，于是复色光被分解. 在透镜的焦平面上出现自零级开始左右两侧由短波向长波排列的各种颜色的谱线，称为光栅衍射谱，如图 3.14.9 所示.

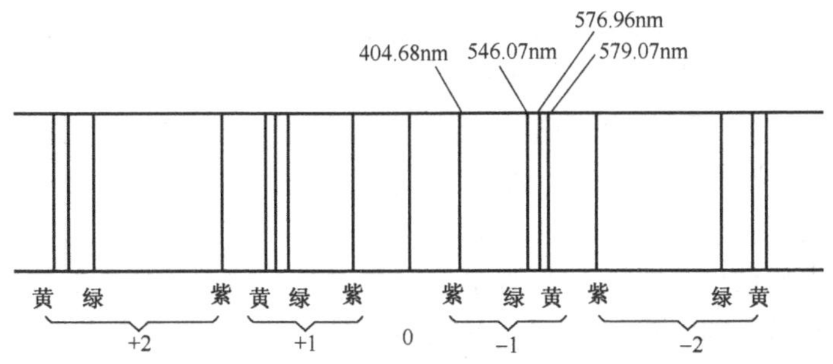

图 3.14.9 光栅衍射光谱图

如果已知光栅常数 d，用分光计测出第 k 级光谱中某一条纹的衍射角，由式(3.14.1)可算出该条纹所对应的单色光的波长.

衍射光栅的基本特性有两个：一是角色散率，二是分辨本领.

光栅的角色散率 D_θ 是指同级光谱中两条谱线衍射角之差 $\Delta\phi$ 与其波长差 $\Delta\lambda$ 之比，即

$$D_\theta = \frac{\Delta\phi}{\Delta\lambda} \tag{3.14.2}$$

将式(3.14.1)微分代入式(3.14.2)，得

$$D_\theta = \frac{\Delta\phi}{\Delta\lambda} = \frac{k}{d\cos\phi} \tag{3.14.3}$$

由式(3.14.3)可知，光栅的角色散率与光栅常数 d 成反比，与级次 k 成正比. 但角色散率与光栅中衍射单元的总数 N 无关，它只反映两条谱线中心分开的程度，而不涉及它们是否能够分辨. 当衍射角 ϕ 很小时，式(3.14.3)中的 $\cos\phi\approx1$，角色散率 D_θ 可以近似看成常数，此时 $\Delta\phi$ 与 $\Delta\lambda$ 成正比，故光栅光谱称为匀排光谱.

光栅的分辨本领 R 通常定义为两条刚好能被该光栅分辨开的谱线波长差 $\Delta\lambda$ 去除它们的平均波长 λ，即

$$R = \frac{\lambda}{\Delta\lambda} \tag{3.14.4}$$

R 越大，表明刚刚能被分辨开的波长差越小. 光栅分辨细微结构的能力就越高. 按照瑞利判据，两条刚好能被分开的谱线规定为：其中一条谱线的极强正好落在另一条谱线的极弱上. 由此条件可推知，光栅的分辨本领公式为

$$R = kN \tag{3.14.5}$$

式中，N 是光栅有效使用面积内的刻线总数目. 式(3.14.5)说明光栅在使用面积一定(宽度 L 一定)的情况下，使用面积内的刻线数目越多，分辨本领越高；对有一定光栅常数 d 的光栅，有效使用面积越大，分辨本领越高(是因为刻线数目越多谱线越细锐的缘故)；高级数比低级数的光谱有较高的分辨本领. 由于通常所用光栅的光谱级数不高(一般实验室使用的光栅的光谱级数为 1 和 2)，所以光栅的分辨本领主要决定于有效使用面积内的刻线数目 N. 物理实验中常用的是每毫米有 600 条刻线或 300 条刻线的光栅.

【实验内容】

(1)按前述分光计的调整要求、步骤和方法调好分光计.

(2)使光栅平面与平行光管的光轴垂直.

在望远镜与平行光管共线的条件下将光栅按图 3.14.6 所示的原来放平面镜的位置放在载物台上(药膜面向着平行光管),使光栅随载物台和游标盘一同适当旋动,用自准法适当调平载物台下与光栅不在同一平面的调平螺钉,使从望远镜射出的平行光经光栅平面反射回来也能成像于准直叉丝的位置,于是光栅平面便与平行光管的光轴垂直.

(3)使光栅缝纹(刻痕)与分光计中心轴平行.

旋转望远镜(先放松止动螺钉 18),观察各级衍射光在望远镜形成的狭缝像.并比较它们出现在分划板上的位置高低.若左、右各级狭缝像高低不同,表明光栅缝纹与分光计中心轴不平行,故应调节载物台面下与光栅处于同一平面的那个调平螺钉,使光栅在自身平面内旋转,直到左、右各级狭缝像高度一致为止(注意:不可调另外两个调平螺钉,以免破坏入射光与光栅垂直的条件).

(4)测量各级衍射角.

转动望远镜,使望远镜叉丝竖线对准 $k=+1$ 级中黄光(各谱线的相对位置可参看图 3.14.9),减小狭缝宽度,直到黄光明显分为两条谱线.然后使望远镜叉丝竖线依次对准 $k=+1$ 级衍射光所形成的狭缝像中心,利用 A、B 两个角游标读出各级衍射光的角坐标 θ_k、θ'_k;再将望远镜转到中央明纹的另一侧,对准 $k=-1$ 级各衍射谱线,并记录各谱线对应角坐标 θ_{-k}、θ'_{-k},数据填入表 3.14.2 中.则每一衍射角为

$$\bar{\varphi}_k=\frac{1}{4}[\,|\theta_k-\theta_{-k}|+|\theta'_k-\theta'_{-k}|\,] \tag{3.14.6}$$

【数据记录与处理】

表 3.14.2

光栅常数 $d=\frac{1}{600}$mm

颜色	$\lambda_{标}$/nm	θ_k	θ_{-k}	θ'_k	θ'_{-k}	$\bar{\varphi}_k$	$\lambda_{测}$/nm	E/%
紫	404.66							
紫蓝	435.84							
绿	546.07							
黄(2)	576.96							
黄(1)	579.06							

计算公式

$$\bar{\varphi}_k=\frac{1}{4}[\,|\theta_k-\theta_{-k}|+|\theta'_k-\theta'_{-k}|\,]$$

$$\lambda_{测}=d\sin\bar{\varphi}_k\quad(k=1)$$

$$E=\frac{|\lambda_{测}-\lambda_{标}|}{\lambda_{标}}\times100\%$$

【注意事项】

(1)望远镜、平行光管上的镜头、平面镜镜面、光栅表面均不能用手摸拭. 有尘埃等物时,应用擦镜纸轻轻揩. 但光栅的药膜面不能揩擦,必要时用清水缓缓冲洗.

(2)望远镜和游标盘在止动螺钉旋紧的情况下不能强行扳转它们,以免损伤转轴. 为此,每次转动望远镜和游标盘前,先检查一下止动螺钉是否放松.

(3)在调整分光计的过程中一定要耐心按正确步骤进行调整.

(4)平面镜、光栅等要放置好,以免摔破.

【思考题】

(1)分光计为什么要调整到望远镜光轴与分光计中心轴垂直? 不垂直对测量结果有何影响?

(2)使用式(3.14.1)应保证什么条件? 实验中是如何保证的? 如何检查条件是否满足? 如不满足,用式(3.14.6)计算 φ_k 有什么问题?

(3)实验中如果两边光谱线不等高,对测量结果有何影响?

(4)本实验有哪些因素影响测量的准确度? 哪些因素影响测量的精密度? 测量结果含几位有效数字?

(5)两条很靠近的谱线若用光栅不能分辨开来,问是否可以使它们经光栅后,再用放大系统将它们分开?

【应用提示】

衍射光栅的精度要求极高,很难制造,但其性能稳定,分辨率高,角色散高而且随波长的变化小,所以在各种光谱仪器中得到广泛应用. 光栅常用来做单色仪中的色散器件,光栅单色仪可以有比棱镜单色仪更高的分辨率. 图 3.14.10 是组合式多功能光栅光谱仪.

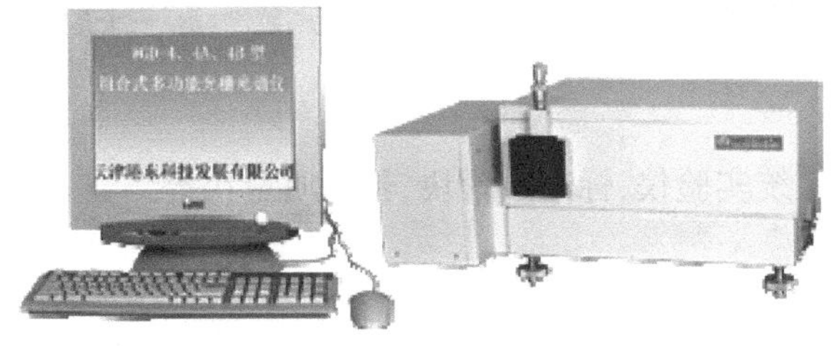

图 3.14.10　组合式多功能光栅光谱仪

高精度全息衍射光栅被用来进行精密测量,由于这种测量原理是以光栅常数为测量基本单位,因此比一般以激光波长为基本量的干涉测量法受外界干扰小,同时分辨率也很高,细分后可以达到 0.1nm 精度. 光的衍射现象在各种测量中有着广泛的应用,如利用衍射可以测量细丝的直径、物体的位移、缝宽等. 单缝衍射还可以构成许多物理量的转换器. 例如,重量、温度、折射率、液面和振动等物理量都可以转换成线性位移. 因此,可以利用单缝衍射现象对它进行测量.

【光的衍射现象研究史】

对光的衍射规律的认识,人们经历了较长时间.

1655 年,意大利波仑亚大学的数学教授格里马第在观测放在光束中的小棍子的影子时,首先发现了光的衍射现象,并第一个提出了"光的衍射"这一概念.他是光的波动学说最早的倡导者.

不久后,英国物理学家胡克重复了格里马第的实验,并通过对肥皂泡膜的颜色的观察提出了"光是以太的一种纵向波"的假说.根据这一假说,胡克也认为光的颜色是由其频率决定的.

波动说的支持者,荷兰著名天文学家、物理学家和数学家惠更斯继承并完善了胡克的观点.他根据光和声的类似性,提出了解释波的传播现象的次波假设,即任何时刻波面上的每一点都可作为次波波源,各自发出球面次波,这些次波的包络面形成下一时刻的新波面.这一惠更斯原理由于未涉及波的时空周期特性——振幅、相位、波长,故只能定性说明波的传播,而不能说明波的衍射现象.

19 世纪初,菲涅耳用杨氏干涉原理补充了惠更斯原理.提出了"次波相干叠加"思想,形成了惠更斯-菲涅耳原理.即波前上每个面元都可看成是新的振动中心,它们发出的次波在空间某一点所引起的振动,是所有各次波在该点的相干叠加,从而正确地阐述了衍射现象.

几十年来现代光学迅速发展,衍射理论发挥了很大作用,它是傅里叶变换光学、光信息处理、图像质量评价的理论基础.

3.15　电阻应变片式传感器测量位移及质量

【实验目的】

(1)了解电阻应变片式传感器的工作原理及应用.

(2)学习非平衡电桥的原理及使用方法.

(3)学习用累加法处理实验数据.

【实验仪器】

CSY998 型传感器系统实验仪、标准质量块、待测质量块等.

【仪器介绍】

CSY998 型传感器系统实验仪将被测体、各种传感器、信号激励源、处理电路和显示器集于一体,组成一个完整的测试系统,能完成包含光、磁、电、温度、位移、振动、转速等内容数十种的测试实验.

实验仪主要由机壳、传感器安装平台、显示面板、调理电路面板(传感器输出单元、传感器转换放大处理电路单元)等组成,外观如图 3.15.1 所示.实验仪的传感器配置及布局如下:

(1)机壳.机壳内部装有直流稳压电源、振荡信号板等.

(2)传感器安装平台.由应变梁和振动台组成.

① 应变梁.

梁表面贴有应变片,封装了 PN 结、NTC 热敏电阻、热电偶、加热器;在梁的自由端安装了压电传感器、激振器(磁钢、激振线圈)和测微头(螺旋测微仪).

测微头:调节测微头产生力或位移,做静态实验.

激振器:激励应变梁振动,做动态实验.

② 振动台.

在振动台周围安装了光电转速传感器、电涡流传感器、光纤传感器、差动变压器、压阻式压力传感器、电容式传感器、磁电式传感器、霍尔式传感器;在振动台的下方安装了激振器(磁钢、振动线圈);在振动台的上方安装了测微头.

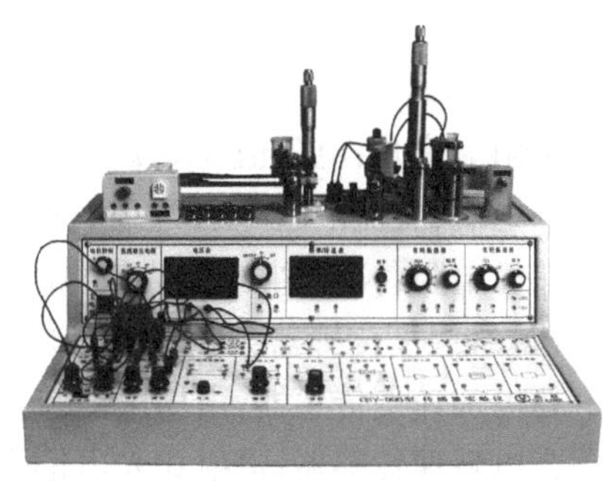

图 3.15.1　仪器外观

(3)显示面板.由主电源单元、电机控制单元、直流稳压电源、电压表单元、PC 口单元、频率/转速表单元、音频振荡器单元、低频振荡器单元、±15V 电源单元等组成,如图 3.15.2 所示.

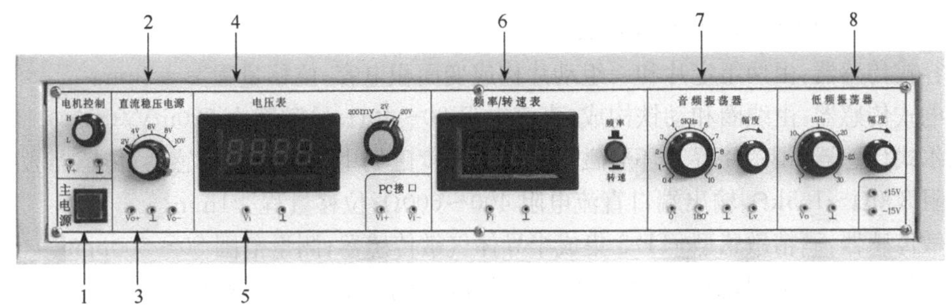

图 3.15.2　仪器主面板

1. 主电源开关;2. 输出电压选择开关;3. 电压输出插座;4. 数字式电压表;5. 电压表输入插座;6. 频率/转速表;7. 音频振荡器;8. 低频振荡器

(4)调理电路面板.由传感器输出单元、副电源、电桥、差动放大器、电容变换器、电压放大器、移相器、相敏检波器、电荷放大器、低通滤波器、涡流变换器等组成,如图 3.15.3 所示.

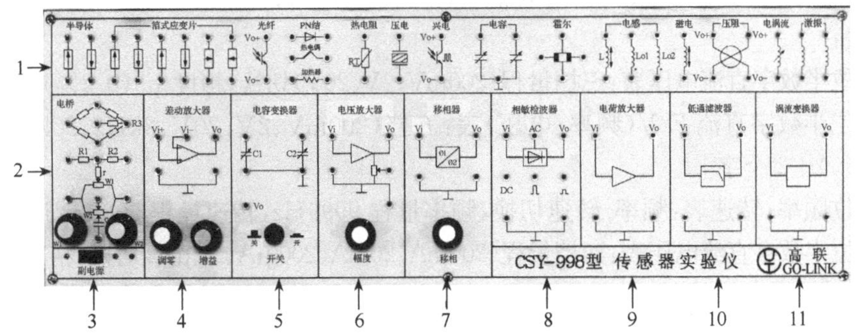

图 3.15.3　仪器传感器电路面板

1. 各传感器以及激振线圈等的引线端;2. 电桥电路;3. 处理电路电源开关;4. 差动放大器电路;5. 电容变换器电路;6. 电压放大器电路;7. 移相器;8. 相敏检波器;9. 电荷放大器电路;10. 低通滤波器电路;11. 涡流变换器电路

主要技术参数、性能及说明如下.

1)传感器部分

电阻应变片:电阻值 350Ω 左右;应变系数为 2.

热电偶:直流电阻 10Ω 左右;分度号为 T;冷端为环境温度.

热敏电阻:NCT 半导体热敏电阻;25℃时为 10kΩ 左右.

PN 结温度传感器:利用 1N4148 良好的温度线性电压特性;灵敏度为-2.1mV/℃.

压电加速度传感器:由压电陶瓷片和铜质量块构成;电荷灵敏度为 20pC/g.

光电转速传感器:透射式光电耦合器(光电断续器);TTL 电平输出.

电涡流传感器:直流电阻 1~2Ω;位移量程≥1mm.

光纤传感器:由半圆双 D 分布的多模光纤和光电变换座构成;位移量程≥1mm.

差动变压器:由一个初级线圈、两个次级线圈(自感式)和铁心构成;三个线圈直流电阻分别为 5~10Ω;音频 3~5kHz,电压峰峰值为 $V_{p\text{-}p}=2V$ 激励;位移量程≥±4mm.

压阻式压力传感器:Vs^+-Vs^- 端直流电阻为 4.7kΩ 左右,Vo^+-Vo^- 端直流电阻为 7kΩ 左右;4V 直流电源供电;量程为 20kPa.

电容式传感器:由两组定片和一组动片构成变面积电容;位移量程≥±2mm.

磁电式传感器:由线圈和动铁构成;直流电阻 30~40Ω;灵敏度为 500mV/(m/s).

霍尔式传感器:霍尔片置于环形磁钢产生的梯度磁场中构成位移传感器;传感器激励端口直流电阻 800Ω~1.5kΩ,输出端口直流电阻 400~600Ω;位移量程≥1mm.

气敏传感器:酒精敏感型,TP-3 集成半导体气敏传感器;测量范围 50~500ppm.

湿敏传感器:电阻型,阻值变化几千欧~几兆欧;测量范围 30%RH~90%RH.

激振线圈:振动激振器,直流电阻 30~40Ω.

光电变换座:由红外发射、接收管构成,是光纤传感器的组件之一.

2)显示面板部分

线性直流稳压电源:

(1)±2~±10V 分五挡步进调节输出,最大输出电流 1A,纹波≤5mV.

(2)±15V 定电压输出,最大输出电流 1A,纹波≤10mV.

显示表:

(1)三位半数字直流电压表:三挡量程(200mV、2V、20V)切换,精度±[(0.2%)+2 个字].

(2)三位半数字直流 F/V(频率/电压)表:五挡(200mV、2V、20V、2kHz、20kHz)切换,精度±[(0.2%)+2 个字].

(3)四位频率/转速表:频率-转速切换,频率量程 9999Hz,转速量程 500n/min.

(4)三位半数字直流电压表:四挡量程(200mA、20mA、200 μA、20 μA)切换,精度±[(0.2%)+2 个字].

振荡信号:

(1)音频振荡器:频率 0.4~10kHz 连续可调输出,幅度 $20V_{p\text{-}p}$ 连续可调输出,两个输出相位 0°(Lv)、180°,Lv 端最大输出电流 0.5A.

(2)低频振荡器:频率 3~30Hz 连续可调输出,幅度 $20V_{p\text{-}p}$ 连续可调输出,最大输出电流 0.5A.

【实验原理】

测量非电学量时，可通过一些特定的装置，将非电学量转变成某一电学量进行测量. 按国家标准《传感器通用术语》，对传感器定义如下："能感受(或响应)规定的被测量，并按照一定规律转换成可用信号输出的器件或装置.""传感器通常由直接响应于被测量的敏感元件和产生可用信号输出的转换元件以及相应的电子线路所组成."

传感器质量的好坏可通过一些性能指标来表示，如传感器的量程和范围、线性度、重复性、滞环(在输入量增大和减小的过程中，其输出-输入特性的不重合程度). 灵敏度、分辨力、静态误差、稳定性、零点和灵敏度漂移等.

传感器可分为物理型、化学型、生物型等. 按传感器转换信号的类别，可分为电阻式传感器、热电式传感器、光电式传感器等. 在不少场合，常把用途和原理结合起来命名某种传感器，如电阻式位移传感器、电感式位移传感器、光纤式位移传感器、光纤式温度传感器等. 按国家标准，传感器的命名应由主题词加四级修饰语构成：

(1)主题词：传感器.

(2)第一级修饰语：被测量，包括修饰被测量的定语.

(3)第二级修饰语：转换原理，一般可后续以"式"字.

(4)第三级修饰语：特征描述，指必须强调的传感器结构、性能、材料特征、敏感元件及其他必要的性能特征，一般可后续以"型"字.

(5)第四级修饰语：主要技术指标，如量程、精确度、灵敏度等.

电阻式传感器是利用电阻元件把被测的物理量，如位移、压力、形变、转矩、加速度等，转变成电阻阻值的变化，再通过测量电路，将电阻阻值的变化转换为电压或电流信号输出，达到测量这些物理量的目的. 能将上述力学量转变成电阻改变量的元件称为电阻应变片，简称电阻片或应变片. 电阻式传感器主要分为电位器式电阻传感器和电阻应变片式传感器. 本实验使用的是电阻应变片式传感器.

应变片的种类很多，常见的有丝式电阻应变片(图 3.15.4)、箔式电阻应变片(图 3.15.5)、半导体应变片. 应变片主要由三个部分组成，以丝式电阻应变片为例，它们是：

(1)电阻丝. 它是丝式电阻应变片的敏感元件，又称敏感栅.

(2)基片和覆盖层. 起定位和保护电阻丝的作用，并使电阻丝和被测试件之间绝缘.

(3)引出线. 引出线用于输出信号.

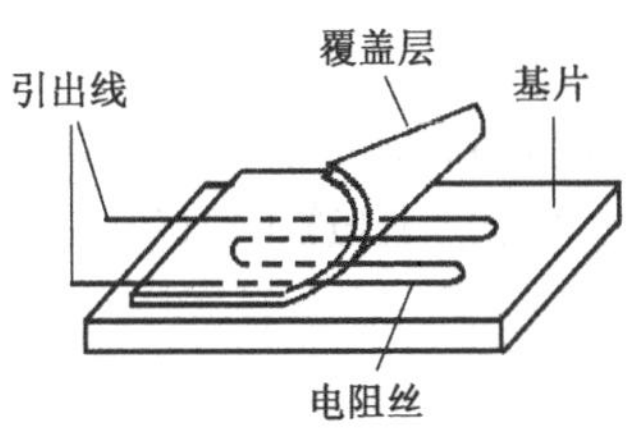

图 3.15.4　丝式电阻应变片

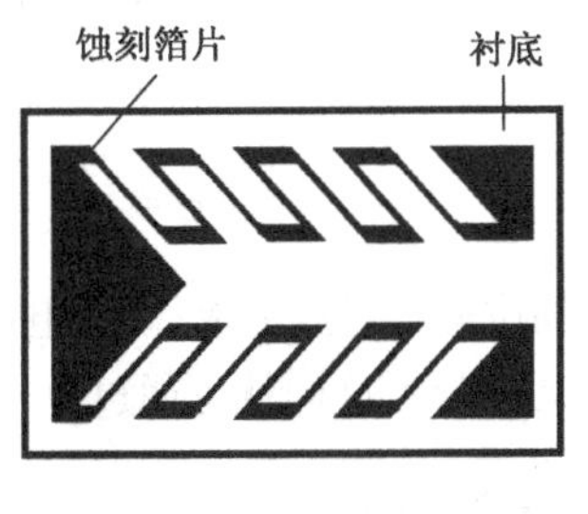

(a) 示意图

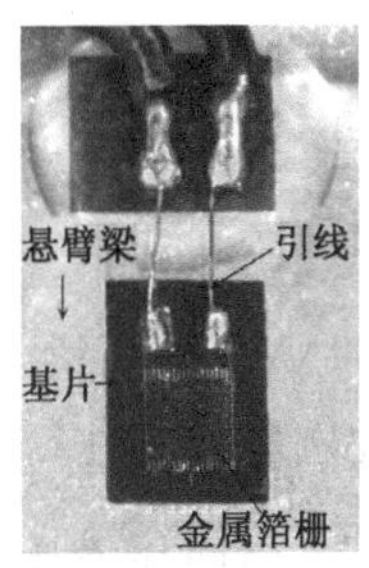

(b) 实物图

图 3.15.5　箔式电阻应变片

CSY998 型传感器系统实验仪使用的是箔式电阻应变片，如图 3.15.5(b)所示. 金属箔栅只有 0.003～0.010mm 厚，用特殊黏合剂粘贴在试件上，它所感受的应力状态与试件表面应力状态很接近，故测量很准确.

机械构件受力时会产生形变，如拉伸与压缩形变、剪切形变、扭转和弯曲形变等. 工程上的一些机械构件，如起重机大梁、车床刀架上的割刀等，在分析其受力及形变时，都可简化为悬臂梁模型. 如果作用力的方向垂直于梁表面，且力的作用点过梁的中轴线，则梁的形变为纯弯曲，梁的中轴线在垂直于梁表面方向的位移称为挠度.

图 3.15.6 所示为悬臂梁原理图. 梁的上下表面离自由端距离为 a 处牢固地贴有电阻应变片. 当梁受力发生形变时，应变片的敏感栅产生与梁相同的形变，从而电阻值发生相应的变化，在一定范围内，电阻的相对改变量与梁表面的应变 ε 呈线性关系. 再通过电桥电路把电阻的变化转换成电桥的输出电压的变化，这样就可以通过测量电压来测量梁表面的应变.

测量电路如图 3.15.7 所示的非平衡电桥. 图中 R_1、R_2、R_3 为电桥中的固定电阻，W_1 为直流调节平衡电位器，R 为电阻应变片.

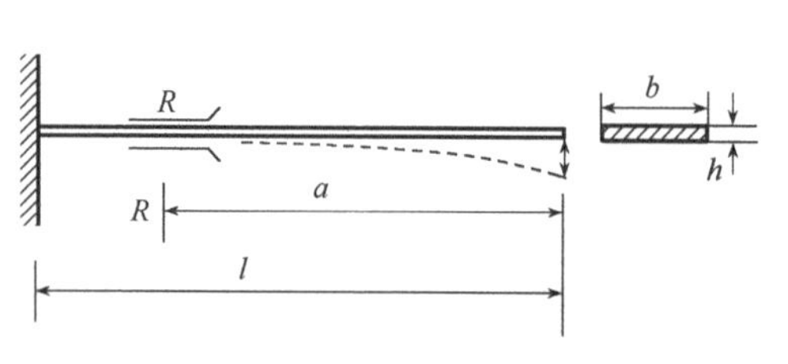

图 3.15.6 悬臂梁原理图

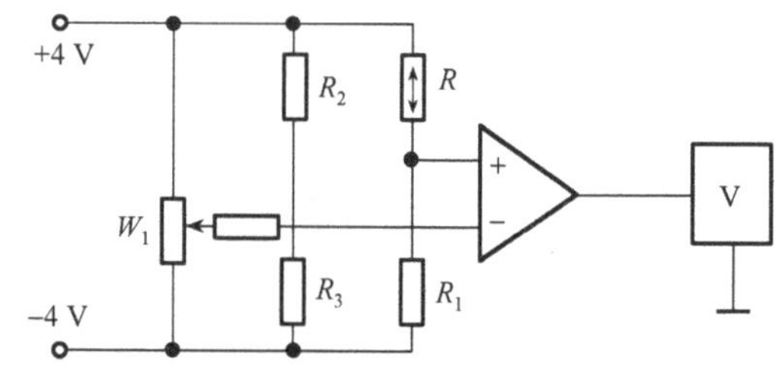

图 3.15.7 测量电路图

1. 电阻应变片式传感器测应变及位移

设梁的总长度为 l，其矩形截面的宽为 b，高为 h，由材料力学知，当力加载到梁的自由端时，自由端的位移(即挠度)为

$$\Delta X = \frac{2l^3}{3ah}\varepsilon \tag{3.15.1}$$

由式(3.15.1)知，位移(挠度)ΔX 和粘贴应变片处梁表面的应变 ε 成正比. 实验中，通过转动测微仪可对梁的自由端加载力，使梁弯曲变形，并且，由测微仪还可读出梁自由端的位移 ΔX. 在一定范围内，位移 ΔX 正比于测量电桥的输出电压 V，即

$$\Delta X = kV \tag{3.15.2}$$

所以

$$\varepsilon = \frac{3ah}{2l^3}kV \tag{3.15.3}$$

式中 ΔX 为悬臂梁自由端的位移，单位:毫米；V 为电压表读数，单位:伏特；在一定范围内，k 为一线性比例系数；ε 为梁的应变，无量纲. 这样就可通过电压表读数，由式(3.15.3)计算出梁的应变.

2. 电阻应变片式传感器测质量

用电阻应变片式传感器还可测量物体的质量. 将标准质量块逐个加到悬臂梁的自由端，使梁弯曲变形，在一定范围内质量与电压满足线性关系式

$$M = \alpha V \tag{3.15.4}$$

式中 M 为标准块质量，单位：千克；V 为电压表读数，单位：伏特；在实验范围内，α 为一线性比例系数. 由实验确定出 α 的值，换上待测质量的物体，由电压表的读数，根据式(3.15.4)可知待测物体的质量为

$$M_{测} = \alpha V_{测} \tag{3.15.5}$$

【实验内容】

1. 仪器安装调节

(1)线路连接. 按图 3.15.4 接好电桥和差动放大器电路.

(2)差动放大器零点调节.

开启仪器主电源及副电源(将传感器电路面板左下角的副电源推至右侧)，差动放大器“增益”旋钮顺时针方向转到底；将差动放大器的“+、−”输入端用实验线短路后再连接至地；转动“调零”旋钮，使电压表读数为零. 此时，差动放大器被调整到输出电压为零. 然后拔掉实验线，保持“增益”旋钮和“调零”旋钮的位置不变.

注意：拔掉实验线后电压表读数通常不为零，这是因为还没调整电桥电路，电桥还未平衡.

(3)电桥初始平衡调节.

预热数分钟后，调整电桥电路的电位器 W_1，使电压表读数再次为零. 这时，测试系统输出为零. 此后保持 W_1 的位置不变.

注意：作此调节时，应使梁无形变，保持其自然状态.

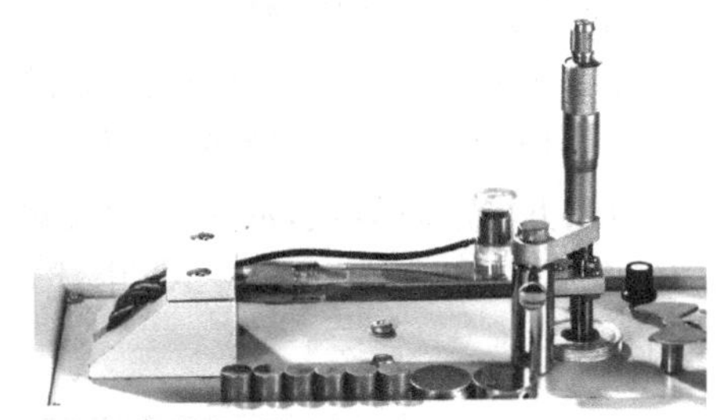

图 3.15.8　测微仪的安装

2. 位移测量

(1)装上测微仪，使测量砧与悬臂梁右端的永磁体吸合，如图 3.15.8 所示，应尽量使测量砧中心过梁的中轴线，以便使式(3.15.1)较好地得到满足. 将测微仪的高度调节到使梁的形变为最小，顺时针方向或逆时针方向缓慢转动测微仪，再次使电压表读数为零. 记录下此时测微仪的读数 X_0.

注意：安装测微仪前，要紧固 Z 型支架上的固定螺母；测微仪上应有不小于 5.000mm 的读数.

(2)继续转动测微仪，使梁弯曲变形. 测微仪每移动 0.500mm 记录一次位移、电压值，填入表 3.15.1.

注意：应沿一个方向转动测微仪，中途不得换向.

表 3.15.1

项目 \ 次数	0	1	2	…	9	10
位置 X_i/mm						
位移 ΔX_i/mm						
电压 V_i/V						

(3)完成上述测量后,反向转动测微仪,回到起始位置.使测微仪沿测量时的方向转动到表 3.15.1 中的 X_5 处,读出此时的电压值 V_5,测量结果记入表 3.15.2.重复此测量步骤三次,求三次读数的平均值 $\overline{V_5}$,代入式(3.15.2)求得位移量,可与理论值比较;将 $\overline{V_5}$ 代入式(3.15.3)求应变.

表 3.15.2

项目 \ 次数	1	2	3	$\overline{V_5}$/V
V_5/V				

$a=$________ mm, $h=$________ mm, $l=$________ mm, $X_5=$________ mm

3. 质量测量

(1)卸下测微仪,按“1.仪器安装调节”中的(2)、(3)步骤,重新调节差动放大器及电桥电路的零点.

(2)将标准质量块(黄铜砝码)编号,用物理天平测出每一块的质量,填入表 3.15.3.请阅读第 2 章中的质量测量部分,学会使用物理天平.

(3)将标准质量块逐个累加到悬臂梁自由端,如图 3.15.9 所示,记录下质量和电压值,填入表 3.15.4.

(4)取下标准质量块,放上待测质量的物体,记录相应的电压值 $V_{测}=$________ V,由式(3.15.5)计算物体的质量.

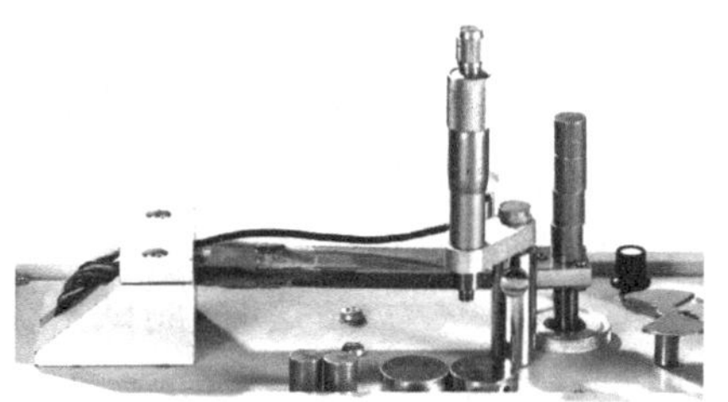

图 3.15.9　质量样块放置

表 3.15.3

项目 \ 次数	1	2	3	4	5	6
质量/g						

表 3.15.4

项目 \ 次数	1	2	3	4	5	6
质量/g	(一块砝码的质量)	(两块砝码的质量之和)	(三块砝码的质量之和)	…		
电压/V						

【数据处理】

(1)用累加法处理表 3.15.1 中的数据.因为

$$\Delta X_i = X_i - X_0 = kV_i$$

所以有

$$\Delta X_1 = X_1 - X_0 = kV_1$$

$$\Delta X_2 = X_2 - X_0 = kV_2$$

……

$$\Delta X_{10} = X_{10} - X_0 = kV_{10}$$

等式两端相加有

$$\sum_{i=1}^{10} \Delta X_i = k \sum_{i=1}^{10} V_i$$

而 $X_1 - X_0 = 0.500\text{mm}, X_2 - X_0 = 1.000\text{mm}, \cdots, X_{10} - X_0 = 5.000\text{mm}$，于是

$$k = \frac{\sum_{i=1}^{10} \Delta X_i}{\sum_{i=1}^{10} V_i} \quad (\text{m/V})$$

将 k 和 $\overline{V_5}$ 的值代入式(3.15.2)求得位移量，可与理论值比较；将 k 和 $\overline{V_5}$ 代入式(3.15.3)计算应变

$$\varepsilon = \frac{3ah}{2l^3} k \overline{V_5}$$

采用上述计算过程，可充分利用所有的测量数据，减少相对误差.

(2)用累加法处理表 3.15.4 中的数据.

用 M_1 表示一块砝码的质量，M_2 表示两块砝码的质量……则

$$\alpha = \frac{\sum_{i=1}^{n} M_i}{\sum_{i=1}^{n} V_i} \quad (\text{kg/V})$$

将 α 值代入式(3.15.5)，算出待测物体的质量.

【注意事项】

(1)实验时不要用力拔插面板上的连线，不要用力压悬臂梁及螺旋测微仪.

(2)不要用手同时触及两个接线头.

【思考题】

用千分尺测位移时中途不得换向，为什么?

【应用提示】

在 3.6 节中介绍了惠斯通电桥这一平衡电桥的原理及使用方法，在本实验中图 3.15.7 则是非平衡电桥. 非平衡电桥比平衡电桥更灵活、方便，更有利于测量的自动化和智能化，在利用传感器的测量电路中广泛应用.

通常，用电阻应变片来测量试件时，其电阻变化率较小，用普通指示仪表很难精确测量. 因此，在工程上常用专门设备来放大、检测和记录应变或应力，这种专门设备称为应变仪. 目前，应变仪在生产和科研中应用日益普遍，数字化、自动化、提高分辨率和用计算机控制已成为应变仪发展的主要方向.

通过对应变的测量，电阻应变片可以测量梁和壁等的弯曲等变形，以及受力、重量等许多

物理量. 如高压容器水下内壁应变测量,高压容器是化工、石油、动力等工业部门中必不可少的重要设备. 对于新设计或由新工艺制造的高压容器及高压管要进行检验,研究设备和工作压力下降型(或外壁)应变、应力及其分布、开孔应力及爆破压力值等,以评定高压容器及管道工作的安全可靠性或工艺合理性. 实验时一般采用水或油作为加压介质. 测量前,首先解决应变片和引线与水接触的防护、设备引出线的密封(一般用凡士林)、应变片压力效应的消除等技术问题;另外应变片布置前应参阅焊缝 X 射线透视报告,有缺陷焊缝处可多布片,应变测点主要在塔内壁纵向焊缝、环向焊缝及塔节中间截面附近. 然后就可以迅速而准确地测得容器内壁各测点应变值.

第 4 章　提高性实验

4.1　声速的测量

声波是一种频率介于 20～20kHz 的机械波. 波长、强度、传播速度等是声波的重要参数. 超声波的频率在 20～500MHz，超声波的传播速度在同一介质中与声速相同，但它具有波长短、穿透能力强、易于定向传播等优点，因而在超声波段进行声速的测量比较方便. 在实际应用中，对于用超声波测距、定位、测液体流速、测量材料弹性模量、测量气体温度瞬间变化等方面，超声波传播速度都有重要意义. 测定了声速就可以了解被测介质的性质、状态及变化，如进行气体成分分析，测定液体密度、浓度等. 而且超声波通过介质后会反映出原子或分子的干扰信息，形成声子效应，超声波在化工、医学、材料的试验研究方面都得到了广泛的应用.

超声波在介质中的传播速度是一个基本物理量，本实验采用共振干涉法、相位比较法和时差法测量空气中超声波传播速度，了解声速与气体状态参量的关系.

【实验目的】

(1) 学会用共振干涉法、相位比较法和时差法测量声速，并加深对共振、振动合成、波的干涉等理论知识的理解.

(2) 了解作为传感器的压电陶瓷的功能及超声波产生、发射、传播和接收的原理.

(3) 进一步掌握示波器和低频信号发生器的使用方法.

【实验仪器】

超声声速测定仪(SV-DH-3 型)、声速测定仪信号源(SVX-3 型)、双通道通用示波器等.

【仪器介绍】

1. SV-DH-3 型超声声速测定仪

如图 4.1.1 所示，在量程为 50cm 的支架和丝杠上，相向安置两个固有频率相同的压电陶瓷换能器，左端支架上固定的是发射换能器，右端可移动底座安装的是接收换能器，旋转带刻度手轮及借助螺旋测微装置，就可精密地调节并测出两换能器之间的距离.

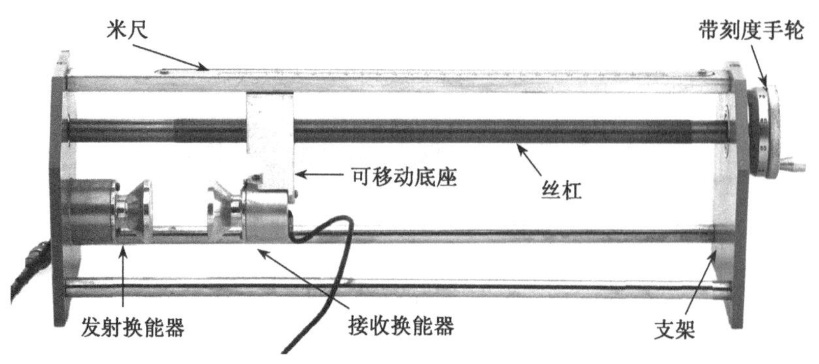

图 4.1.1 超声声速测量仪

根据工作方式,换能器可分为纵向(振动)换能器、径向(振动)换能器及弯曲振动换能器.图 4.1.2 为纵向压电陶瓷换能器结构简图.图中压电陶瓷片是由多晶结构的压电材料(如石英、锆钛酸铅陶瓷等)做成的.它在应力作用下两极产生异号电荷,两极间产生电势差(称正压电效应);而当压电材料两端间加上外加电压时又能产生应变(称逆压电效应).利用上述可逆效应可将压电材料制成压电换能器,以实现声能与电能的相互转换.压电换能器可以把电能转换为声能作为声波发生器,也可把声能转换为电能作为声波接收器之用.

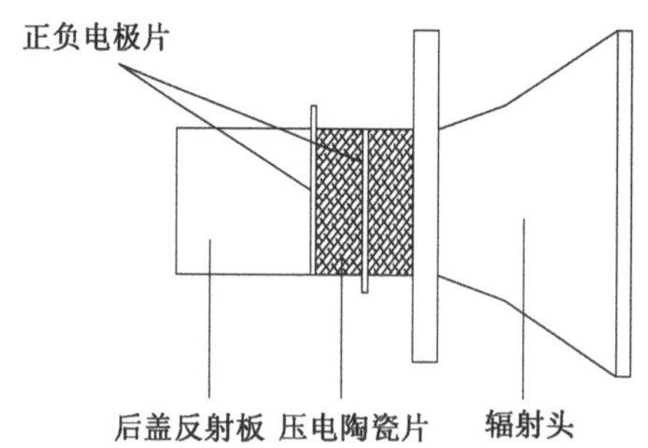

图 4.1.2 纵向压电陶瓷换能器结构简图

当压电陶瓷处于交变电场中时,会发生周期性的伸长与缩短,交变电场频率与压电陶瓷片的固有频率相同时振幅最大,用来在媒介中激发出声波.该压电陶瓷振荡频率在 30～40kHz 的次超声范围内,相应的超声波波长为几至十几毫米,由于发出的波具有频率单一、谐波少、波长短、方向性强、衰减小的特点,有较好的分辨率和重复性,因而确保了测量的精确度和环境的安静.再用一个比波长大很多的环形薄片作为增强片,通过辐射头发射.这样,可近似地使离发射面较远处的声波是平面波.

超声波的接收则是利用压电体的正压电效应,将接收的声振动转化成电振动,并由一个选频放大器加以放大,经屏蔽线连接到示波器上.接收器安装在可移动的机构上,这个机构包括支架、丝杆、可移动底座、带刻度的手轮等.如图 4.1.1 所示,支架上采用双杆限位,手轮上的精密螺纹测微装置无螺纹间隙,这些可保证机构平移过程中相关部件的平行关系及接收面和发射面的平行关系.

2. 通用 VD252M 型示波器(图 4.1.3)

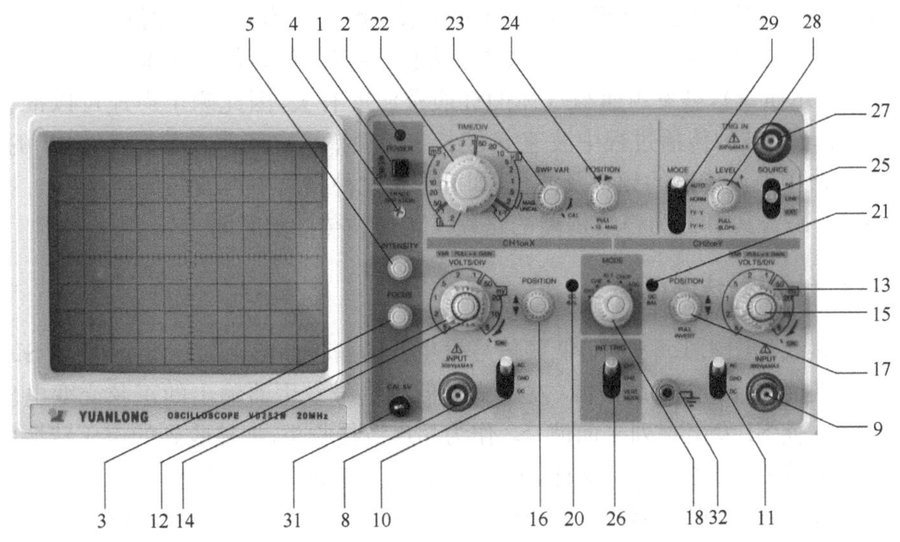

图 4.1.3　通用 VD252M 型示波器面板图

1. 电源开关;2. 电源指示灯;3. 聚焦控制;4. 基线旋转控制;5. 辉度控制;8. CH1 输入;9. CH2 输入;10. 输入耦合开关;11. 输入耦合开关;12. 伏/度 选择开关;13. 伏/度 选择开关;14. 微调 拉出 * 5 扩展控制;15. 微调 拉出 * 5 扩展控制;16. CH1 位移旋钮;17. CH1 位移旋钮 倒相控制;18. 工作方式选择开关;20. 直流平衡调节;21. 直流平衡调节;22. 扫描时间选择;23. 扫描微调控制;24. 位移 拉出 * 10 扩展控制;25. 触发源选择开关;26. 内触发选择开关;27. 外触发输入插座;28. 触发电平控制旋钮;29. 触发方式选择开关;31. 校正 0.5V 端子;32. 接地端子

3. SV5(6)型声速测量组合仪

SV5(6)型声速测量组合仪在原有声速测量实验仪的基础上进行改进,增加了固体介质专用支架,传感器位置读数装置改为数显等. 图 4.1.4 为其实验系统.

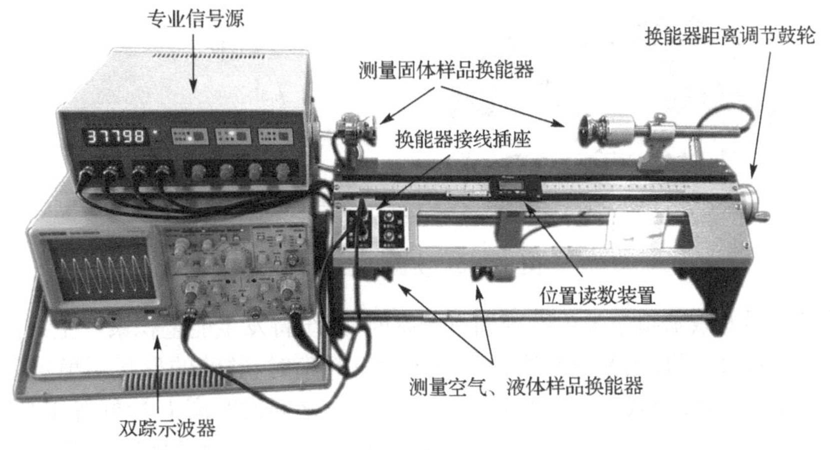

图 4.1.4　SV5(6) 型声速测量组合仪

【实验原理】

机械波的传播是通过介质各点间的弹性力来实现的,波速决定于媒介的状态和性质(密度和弹性模量),液体和固体的弹性模量与密度的比值一般比气体的大,因而其中的声速也较大.在理想气体中声速为 $v=(\gamma RT/M)^{1/2}$(式中 γ 为比热容比,R 为普适气体常量,T 为热力学温度,M 为气体摩尔质量),可见声速与气体的性质及温度有关,因此测定声速可以推算出气体的一些参量.由于在波的传播过程中波速 v、波长 λ 与频率 f 之间存在着 $v=\lambda\cdot f$ 的关系,若能同时测定介质中声波传播的频率及波长,即可求得此种介质中声波的传播速度 v.测量声速也可以利用 $v=L/t$,其中 L 为声波传播的路程,t 为声波传播的时间.

1. 共振干涉(驻波)法测声速

实验装置接线如图 4.1.5 所示,低频信号发生器的面板如图 4.1.6 所示,图中 S1 和 S2 为压电陶瓷超声换能器. S1 作为超声源(发射头),低频信号发生器输出的正弦交变电压信号接到换能器 S1 上,使 S1 发出一列平面波. S2 作为超声波接收头,把接收到的声压转换成交变的正弦电压信号后输入示波器观察.这样,S2 在接收超声波的同时还反射一部分超声波.由 S1 发出的超声波和由 S2 反射的超声波在 S1 和 S2 之间产生定域干涉,而形成驻波.由波动理论知,当入射波振幅 A_1 与反射波振幅 A_2 相等,即 $A_1=A_2=A$ 时,某一位置 x 处的合振动方程为

$$Y=Y_1+Y_2=\left(2A\cos 2\pi\frac{x}{\lambda}\right)\cos\omega t \tag{4.1.1}$$

由式(4.1.1)可知,当 $2\pi\frac{x}{\lambda}=(2k+1)\frac{\pi}{2}$,即 $x=(2k+1)\frac{\lambda}{4}$ $(k=0,1,2,3,\cdots)$时,这些点的振幅始终为零,即为波节;当 $2\pi\frac{x}{\lambda}=k\pi$,即 $x=k\frac{\lambda}{2}(k=0,1,2,3,\cdots)$ 时,这些点的振幅最大,等于 $2A$,即为波腹. 所以,相邻波腹(或波节)的距离为 $\lambda/2$.

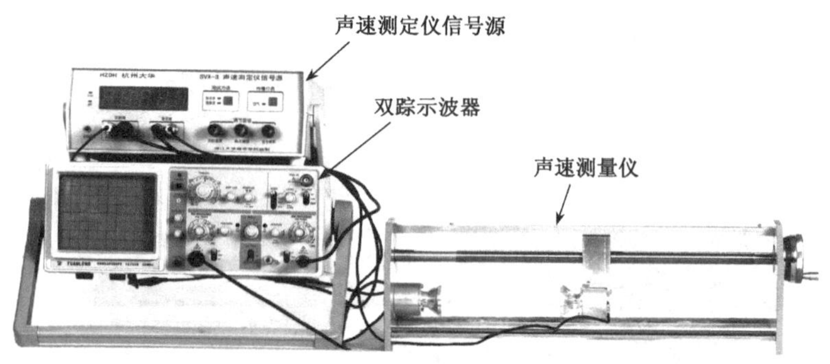

图 4.1.5 实验装置接线

当信号发生器的激励频率等于系统固有频率时,系统将发生能量积聚产生共振,声波波腹处的振幅达到相对最大值.当激励频率偏离系统固有频率时,驻波的形状不稳定,且声波波腹的振幅比最大值小得多.由式(4.1.1)可知,当 S1 和 S2 之间的距离 L 恰好等于半波长的整倍数,即 $L=k\lambda/2(k=0,1,2,3,\cdots)$ 时,形成驻波,示波器上可观察到较大幅度的信号,不满足条件时,观察到的信号幅度较小.

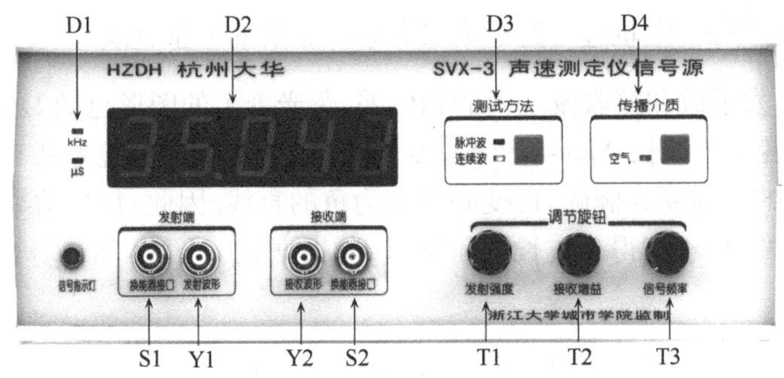

图 4.1.6　低频信号发生器面板

D1. 显示单位；D2. 数字显示屏；D3. 测试方式(信号类型)；D4. 传播(待测)介质显示；S1. 发射传感器接线柱；Y1. 发射信号波形(接示波器 CH1)；Y2. 接收信号波形(接示波器 CH2)；S2. 接收信号接线柱；T1. 发射信号强度调节；T2. 信号接收增益调节；T3. 信号频率调节

理论证明：振幅最大的点，声波的压强最小；相反，振幅最小的点，声波的压强最大. 移动 S2，对某一特定波长，将相继出现一系列共振态，任意两个相邻的共振态之间，S2 的位移为

$$\Delta L = L_{k+1} - L_k = (k+1)\frac{\lambda}{2} - k\frac{\lambda}{2} = \frac{\lambda}{2} \tag{4.1.2}$$

所以，当 S1 和 S2 之间的距离 L 连续改变时，示波器上的信号幅度每一次周期性变化，相当于 S1 和 S2 之间的距离改变了 $\lambda/2$. 此距离 $\lambda/2$ 可由游标卡尺测得，频率 f 由信号发生器读得，根据波速公式

$$v = \lambda \cdot f \tag{4.1.3}$$

可以求得声速.

2. 相位比较法

实验装置接线仍如图 4.1.5 所示，置示波器功能于 X-Y 方式. 当 S1 发出的平面超声波通过介质到达接收器 S2 时，在发射波和接收波之间产生相位差

$$\Delta\varphi = \varphi_1 - \varphi_2 = 2\pi\frac{L}{\lambda} = 2\pi f\frac{L}{v} \tag{4.1.4}$$

因此，可以通过测量 $\Delta\varphi$ 来求得声速. $\Delta\varphi$ 的测定可用相互垂直振动合成的李萨如图形来进行. 设输入 X 轴的入射波振动方程为

$$x = A_1\cos(\omega t + \varphi_1)$$

输入 Y 轴的是 S2 接收到的波动，其振动方程为

$$y = A_2\cos(\omega t + \varphi_2)$$

上两式中：A_1 和 A_2 分别为 X、Y 方向振动的振幅；ω 为角频率；φ_1 和 φ_2 分别为 X、Y 方向振动的初相位，则合成振动方程为

$$\frac{x^2}{A_1^2} + \frac{y^2}{A_2^2} - \frac{2xy}{A_1A_2}\cos(\varphi_2 - \varphi_1) = \sin^2(\varphi_2 - \varphi_1) \tag{4.1.5}$$

此方程轨迹一般为椭圆，椭圆长、短轴和方位由相位差 $\Delta\varphi = \varphi_1 - \varphi_2$ 决定. 如图 4.1.7 所示，当 $\Delta\varphi = 0$ 时，得 $y = \frac{A_2}{A_1}x$，即轨迹为处于第一和第三象限的一条直线，直线的斜率为 $\frac{A_2}{A_1}$；当

$\Delta\varphi=\pi$ 时，得 $y=-\frac{A_2}{A_1}x$，则轨迹为处于第二和第四象限的一条直线. 改变 S1 和 S2 之间的距离 L，相当于改变了发射波和接收波之间的相位差，荧光屏上的图形也随 L 不断变化. 显然，当 S1、S2 之间距离改变半个波长 $\Delta L=\lambda/2$ 时，$\Delta\varphi=\pi$. 随着振动的相位差从 0 到 π 的变化，李萨如图形从斜率为正的直线变为椭圆，再变到斜率为负的直线. 因此，每移动半个波长，就会重复出现斜率符号相反的直线，测得了波长 λ 和频率 f，根据式 $v=\lambda f$ 可计算出室温下声波在介质中传播的速度.

图 4.1.7　李萨如图形

图形调整：接收距离的变化造成接收信号的强度变化，出现李萨如图形偏离示波屏中心或图形不对称的情况时，可调节示波器输入衰减旋钮、X 轴或 Y 轴移位旋钮，使图形变得更直观.

3. 时差法

设以脉冲调制信号激励发射换能器，产生的声波在介质中传播，经过 t 时间后，到达 L 距离处的接收换能器. 可以用以下公式求出声波在介质中传播的速度

$$v=\frac{L}{t} \tag{4.1.6}$$

作为接收器的压电陶瓷换能器，在接收到来自发射换能器波列的过程中，能量不断积聚，电压变化波形曲线振幅不断增大，当波列过后，接收换能器两极上的电荷运动呈阻尼振荡，声波在传播过程中经过多次反射、叠加而产生混响波形，导致电压变化曲线如图 4.1.8 所示. 信号源显示了波列从发射换能器发射，经过 L 距离后到达接收换能器的时间 t.

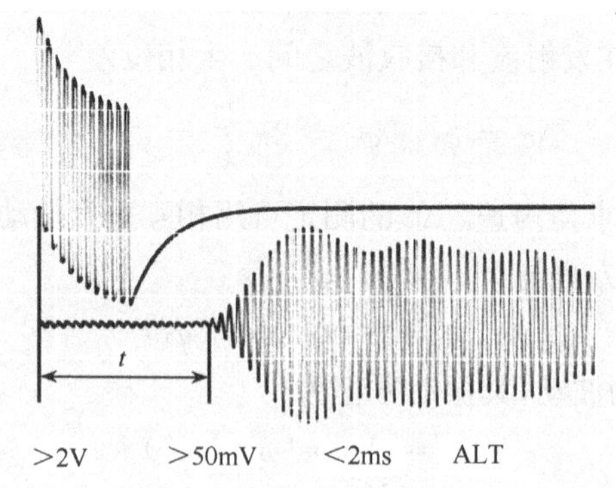

图 4.1.8　发射与接收波形图

【实验内容】

1. 声速测试仪系统的连接与调试

在通电后，预热 15min，信号源自动工作在连续波方式，选择的介质为空气的初始状态. 声速测试仪和声速测试仪信号源及双通道示波器之间的连接如图 4.1.5 所示.

(1)测试架上的换能器与声速测试仪信号源之间的连接.

信号源面板上的发射端换能器接口(S1),用于输出相应频率的功率信号,接至测试架左边的发射换能器(S1);接收端的换能器接口(S2),连接测试架右边的接收换能器(S2).

(2)示波器与声速测试仪信号源之间的连接.

信号源面板上的发射端(Y1),接至双踪示波器的 CH1,用于观察发射波形;信号源面板上的接收端(Y2),接至双踪示波器的 CH2,用于观察接收波形.

2. 测定压电陶瓷换能器系统的最佳工作点

只有当换能器 S1 发射面和 S2 与接收面保持平行时才有较好的接收效果. 为了得到清晰的接收波形,应将外加的驱动信号频率调节到发射换能器 S1 谐振频率点处,这样才能较好地进行声能与电能的相互转换,提高测量精度,得到较好的实验效果.

(1)按照调节到压电陶瓷换能器谐振点处的信号频率,估计一下示波器的扫描时基 t/div 并进行调节,使在示波器上获得稳定波形.

(2)超声换能器工作状态的调节. 各仪器都正常工作以后,首先在 100～500mV 调节声速测试仪信号源输出电压,在 25～45kHz 调节信号频率,通过示波器观察频率调整时接收波的电压幅度变化,在某一频率点处(34. 5～38. 5kHz)电压幅度最大,同时声速测试仪信号源的信号指示灯亮,此频率即是与压电换能器 S1、S2 相匹配的频率点,记录频率 f.

(3)改变 S1 和 S2 之间的距离,选择示波器屏上呈现出最大电压波形幅度时的位置,再微调信号频率,如此重复调整,再次测定工作频率,共测量 5 次,将数据填入表 4. 1. 1 并求平均值 $\overline{f}$.

3. 共振干涉法(驻波法)测量波长

(1)将信号源测试方法设置到连续波方式,设定最佳工作频率为 $\overline{f}$.

(2)将示波器调到合适的工作方式,观察示波器,找到接收波形的最大值.

(3)转动声速仪调节距离鼓轮,这时波形的幅度会发生变化(注意:此时在示波器上可以观察到来自接收换能器的振动曲线波形发生位移),记录幅度为最大时的距离 L_i;再向前或者向后沿一个方向移动接收器的位置,当接收波形幅度由大变小,再由小变大,且达到最大时,记录此时的距离 L_{i+1},即波长 $\lambda = 2|L_{i+1} - L_i|$.

(4)连续移动接收器的位置,观测示波器相继出现的极大值,依次在表 4. 1. 2 中记录游标尺的相应值,用逐差法处理数据.

(5)根据 $v = \overline{\lambda} \cdot \overline{f}$ 求出声速.

相位法测声速

4. 相位比较法(李萨如图形)测量波长

(1)将信号源测试方法设置到连续波方式,设定最佳工作频率为 $\overline{f}$.

(2)开始时仍置示波器于双踪显示功能,观察发射和接收信号波形,转动距离调节鼓轮,至接收信号幅度达最大值时的位置. 调节示波器 CH1、CH2 衰减灵敏度旋钮、信号源发射强度、接收增益,令两波形幅度几乎相等,观察两波形曲线间的关系.

(3)置示波器于 X-Y 功能方式,这时观察到的李萨如图形为一斜线,否则可微调声速仪的鼓轮实施之,记录下此时的距离 L_i.

(4)单向转动调节鼓轮,改变换能器之间的距离.当移动一个波长时,观察到波形又返回前面所说的特定角度的斜线,这时来自接收换能器 S2 的振动波形发生了 2π 相移,记录此时的距离 L_{i+1}. 即波长 $\lambda = |L_{i+1} - L_i|$.

(5)多次测定,依次在表 4.1.3 中记录游标尺的相应值,并用逐差法处理数据.

(6)根据 $v = \bar{\lambda} \cdot \bar{f}$ 求出声速.

5. 时差法测量声速

1)空气介质

(1)设置信号源测试方法为脉冲波方式,将声速仪 S1 和 S2 之间距离调至≥50mm.

(2)调节示波器接收增益,使显示的接收波信号幅度在 300～400mV(峰-峰值),再调定时器工作在最佳状态.然后记录此时的距离 L_i 和时间值 t_i(时间由声速测试仪信号源时间显示窗口直接读出或由示波器测出).

(3)移动 S2,同时调节示波器接收增益使接收信号幅度始终保持一致.记录这时的距离值 L_{i+1} 和显示的时间值 t_{i+1}.

(4)多次测定,依次在表 4.1.4 中记录游标尺的相应值,用逐差法或图解法处理数据,计算声速 $v_i = (L_{i+1} - L_i)/(t_{i+1} - t_i)$.

2)液体介质

当使用液体为介质测试声速时,向储液槽注入液体,直至液面线处,但不要超过液面线.

专用信号源上"声速传播介质"置于"液体"位置,换能器的连接线接至测试架上的"空气·液体"专用插座上,即可进行测试,步骤与 1)相同.

记录介质温度 t (℃).

3)固体介质

测量非金属(有机玻璃棒)、金属(黄铜棒)固体介质时,可按以下步骤进行实验:

(1)将专用信号源上的"测试方法"置于"脉冲波"位置,"声速传播介质"按测试材质的不同,置于"非金属"或"金属"位置.

(2)先拔出发射换能器尾部的连接插头,再将待测的测试棒的一端面小螺柱旋入接收换能器中心螺孔内,再将另一端面的小螺柱旋入能旋转的发射换能器上,使固体棒的两端面与两换能器的平面可靠、紧密接触,注意:旋紧时,应用力均匀,不要用力过猛,以免损坏螺纹,拧紧程度要求两只换能器端面与被测棒两端紧密接触即可. 调换测试棒时,应先拔出发射换能器尾部的连接插头,然后旋出发射换能器的一端,再旋出接收换能器的一端.

(3)把发射换能器尾部的连接插头插入盖板的插座中,即可开始测量.

(4)记录信号源的时间读数,单位为μs. 测试棒的长度可用游标卡尺测量得到并记录.

(5)用以上方法调换第二长度及第三长度被测棒,重新测量并记录数据.

(6)用逐差法处理数据,根据不同被测棒的长度差和测得的时间差计算出被测棒中的声速.

6. 将实验测得的声速值与公认值比较写出其百分差值

1)干燥空气中在标准大气压下声速 v 与温度 t 关系

$$v = v_0 (1 + t/273.15)^{1/2} = 331.45 \times (1 + t/273.15)^{1/2} \text{(m/s)}$$

2)液体介质中的声速

液　体	t_0 /℃	v /(m/s)
海　水	17	1510～1550
普通水	25	1497
菜籽油	30.8	1450
变压器油	32.5	1425

3) 固体介质中的声速

(1)有机玻璃:1800～2250m/s;

(2)尼龙:1800～2200m/s;

(3)聚氨酯:1600～1850m/s;

(4)黄铜:3100～3650m/s;

(5)金:2030m/s;

(6)银:2670m/s.

【数据记录与处理】

表 4.1.1

室温 t=　　℃

n	1	2	3	4	5	平均值
f/kHz						$\overline{f}=$

标准不确定度

$$U_{s\overline{f}}=\sqrt{U_{sA}^2+U_{sB}^2}=\sqrt{\frac{\sum(f_i-\overline{f})^2}{n(n-1)}+\left(\frac{\Delta_f}{\sqrt{3}}\right)^2}$$

表 4.1.2

$i+8$	9	10	11	12	13	14	15	16
L_{i+8}/cm								
i	1	2	3	4	5	6	7	8
L_i/cm								

$$\overline{\lambda}=2\times\frac{1}{8^2}\sum_{i=1}^{8}(L_{i+8}-L_i)$$

标准不确定度

$$U_{s\overline{\lambda}}=\sqrt{U_{sA}^2+U_{sB}^2}=\sqrt{\frac{\sum(\lambda_i-\overline{\lambda})^2}{n(n-1)}+\left(\frac{\Delta_\lambda}{\sqrt{3}}\right)^2}$$

$$v=\overline{\lambda}\cdot\overline{f}$$

$$U_{sv}=\overline{v}\sqrt{\left(\frac{U_{s\overline{f}}}{\overline{f}}\right)^2+\left(\frac{U_{s\overline{\lambda}}}{\overline{\lambda}}\right)^2}=$$

表 4.1.3

$i+8$	9	10	11	12	13	14	15	16
L_{i+8}/cm								
i	1	2	3	4	5	6	7	8
L_i/cm								

$$\overline{\lambda}=\frac{1}{8^2}\sum_{i=1}^{8}(L_{i+8}-L_i)$$

$$v=\overline{\lambda}\cdot\overline{f}$$

表 4.1.4

i	1	2	3	4	5	6
L_i/cm						
$t_i/(\times10^{-6}\,\mathrm{s})$						

(1) $v=\dfrac{1}{3}\displaystyle\sum_{i=1}^{3}[(L_{i+3}-L_i)/(t_{i+3}-t_i)]$

(2)用毫米方格纸作 L-t 拟合直线,由直线斜率求声速:$v=\Delta L/\Delta t$.

【注意事项】

(1)测量 L 时必须沿同一方向轻而缓慢地转动位置调节鼓轮.

(2)信号源不要短路,以防烧坏仪器.

(3)在液体作为传播介质测量时,应避免液体接触到金属件,防止金属物件被腐蚀.

【思考题】

(1)为什么要在系统达到驻波共振状态下进行声速的测量?

(2)为什么选用李萨如图形中斜线为观测点?

(3)用逐差法处理数据有何优点? 声速测量值的准确性受哪些因素的影响?

【应用提示】

目前,超声波在医学、工农业、国防等领域的应用越来越广泛,如医学超声成像诊断仪器、超声探伤仪、超声测深仪、水下地质剖面仪等日趋成熟.但在应用中需注意超声波的穿透能力随着声波的频率提高而降低,而其横向分辨能力随着声波的频率提高而提高.因此,要根据具体情况选择合适的超声波频率.

此外,声光效应也得到广泛应用.声光效应指光通过某一受到超声波扰动介质时发生衍射的现象.可以利用超声光栅测液体中的声速,也为控制激光束的频率、方向和强度提供了一种有效的手段.利用声光效应制成的声光调制器、声光偏转器和可调谐滤光器等声光器件,在激光技术、光信号处理和集成光通信技术等方面有着重要的应用.

下面是几个超声波具体应用的例子.

1. 超声波流量计

当超声波在流动的介质中传播时,相对于固定坐标系统(如管道中的管壁)来说,超声波速度与静止介质中的传播速度有所不同，其变化值与介质流速有关. 因此，根据超声波速度的变化可以求出媒介流速. 超声波流量计就是根据这一原理制成的.

2. 岩体超声无损检测技术

岩体超声无损检测技术是近年来发展的一项新的检测技术. 它是以岩体的力学特性为基础，研究超声波在岩体内传播规律，借以了解岩体振动弹性力学状态及其结构特征. 随着岩体破碎程度增加、结构松软、压力降低，超声波速度相应降低、振幅减小、波形变坏、频谱中主频向低频端移动. 由于该技术能进行大面积的无损检测，因而得到人们的重视而被广泛采用. 超声谱测试技术处于刚刚起步阶段.

图 4.1.9 是便携式浑水剖面测深仪探测黄河堤坝的结果.

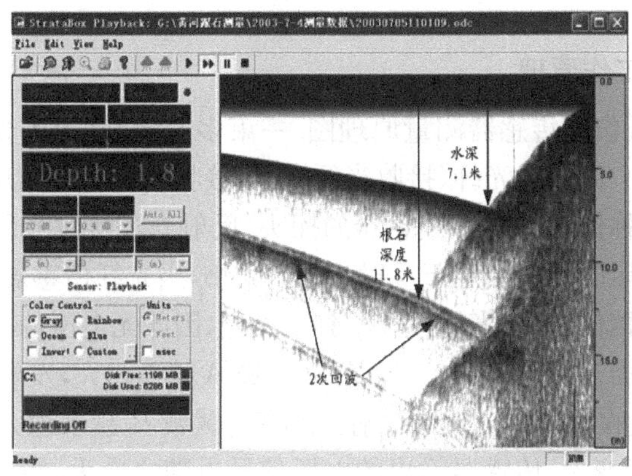

图 4.1.9　探测黄河堤坝

4.2　光纤位移传感器工作特性研究

【实验目的】

(1)了解光纤位移传感器的工作特性.

(2)学习用 Excel 程序或计算器求斜率和相关系数.

(3)学习用光纤位移传感器测量微小长度量.

【实验仪器】

CSY998 型传感器系统实验仪、塞尺、待测工件、导线等.

【实验原理】

1. 光纤的基本结构

单根光纤的结构和实物分别如图 4.2.1 和图 4.2.2 所示，它由纤芯、包层及护套组成. 纤芯由直径很小的圆柱形透明介质纤维(某种玻璃或塑料)制成. 环绕纤芯的是一层圆柱形套层，称为包层，它由折射率与纤芯略有不同的玻璃或塑料制成. 然后，用一层护套将它们包覆. 光纤的导光能力取决于纤芯和包层的性能,光纤的强度由护套来维持.使用时将几根或多根光纤沿长度方向封装在一起,称为光缆.

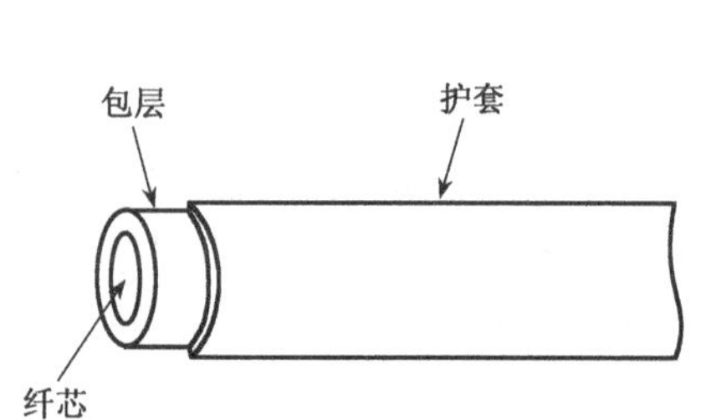

图 4.2.1　光纤结构原理图

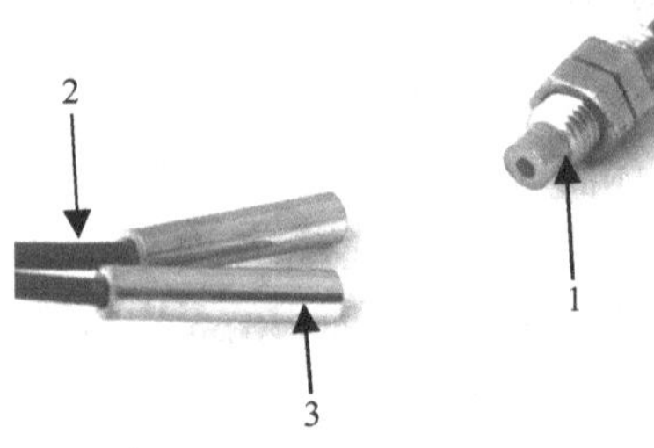

图 4.2.2　光纤传感器实物图

1. 探头;2. 光缆;3. 护套

光纤传感器

2. 光纤位移传感器工作原理

图 4.2.3 所示为光纤位移传感器测量原理图.一束多股光纤(光源光纤)将光源发出的光投射到被测物体表面上,另一束多股光纤(接收光纤)用于接收被测物表面反射回来的光.两股光纤汇合处用有机玻璃固封,称作光纤位移传感器的探头.反射光经接收光纤、光电转换元件转换成电压信号后输出.输出电压的强弱决定于反射光强的大小.当光纤传感器探头的端口紧贴反射面时,光源光纤的出光口被挡住,接收光纤接收不到反射光,因此无电压信号输出.随着反射面逐渐远离光纤探头端口,反射面被光纤发出的光照亮的区域 A 越来越大,发射光锥与接收光锥重合的面积 B_1 越来越大,因而接收光纤端口处被反射光照亮的区域 B_2 越来越大,如图 4.2.4 所示,传输到光敏元件上的光强逐渐变大,传感器输出的电压信号也随之变大.当反射面移到某一位置时,接收光纤的整个端口 C 被全部照亮,因而输出电压达最大值,称为“光峰点”.此后当反射面继续远离时,尽管接收光纤的整个端口 C 仍然被全部照亮,由于单位面积内反射光的强度在减小,因此随距离的增大,传输到光敏元件上的光强越来越小,传感器输出的电压值也就越来越小,输出电压与距离的关系如图 4.2.5 所示.光峰点之前的区段称为上升沿,光峰点之后的区段称为下降沿.在上升沿和下降沿,各有一个区域,输出电压与位移呈线性关系.但上升沿斜率比较大,意味着电压对位移的变化比较敏感,灵敏度高,故本实验利用该区段测量微小直线位移.

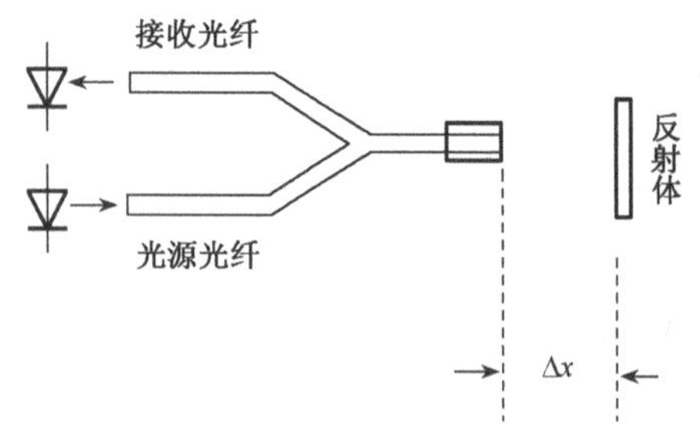

图 4.2.3　光纤位移传感器测量原理图

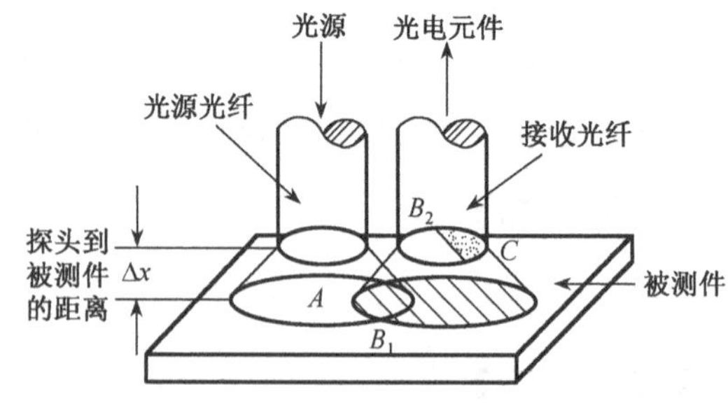

图 4.2.4　光锥原理图

实际上,输出电压的大小不仅与传感器端口到反射面的距离有关,还与光源的发光强度、反射物体表面的反射率、电路增益、光路效率、光电转换效率等因素有关.因此,每台仪器的光电转换器都是与仪器单独调配的,不要互换使用.当上述因素一定且待测物体表面的反射率一定时,电压的大小只是位移的函数.

当传感器端口到反射面的距离保持一定时，输出电压与反射面的反光能力有关，比如不同粗糙度的表面、不同光泽度的表面，其表面反射光的能力不同，会得到不同的输出电压，因此，该类型的传感器还可以测量物体的表面粗糙度、光泽度等(图 4.2.6).

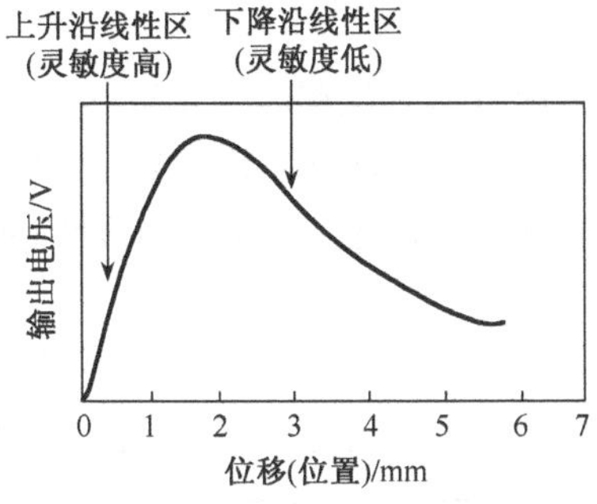

图 4.2.5　光纤位移传感器工作特性曲线

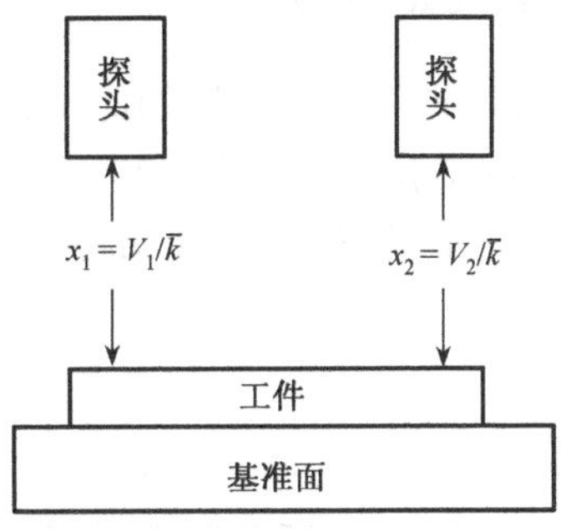

图 4.2.6　测量工件表面的高度差

取表面粗糙度或光泽度不同的一组标准样块，由测量得出电压与这些量的关系曲线，由关系曲线可推知待测样品的表面粗糙度或光泽度.

同学们可以自行拟定测量步骤，实现表面粗糙度、光泽度的测量.

本实验使用与“电阻应变片式传感器测量位移及质量”实验相同的仪器，只不过使用的传感器不同，该仪器的介绍请见“电阻应变片式传感器测应变及质量”实验中相关的内容. 该传感器系统实验仪中的光纤传感器如图 4.2.2 所示，光纤传感器的安置如图 4.2.7 所示.

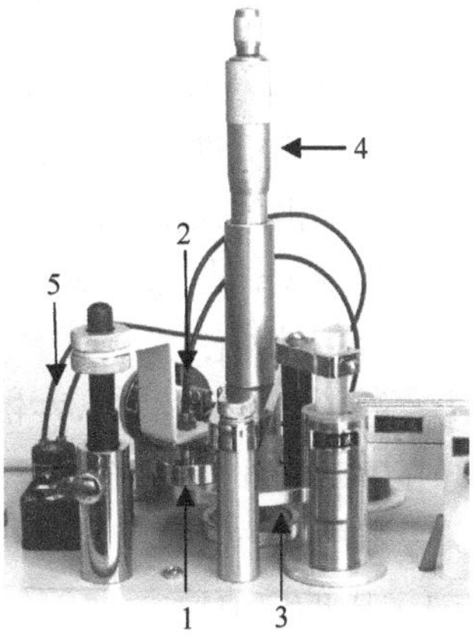

图 4.2.7　光纤传感器安置示意图
1. 样块；2. 光纤传感器；3. 工作圆台；4. 螺旋测微仪；5. 光纤

【实验内容】

1. 测定光纤位移传感器的工作特性曲线

(1)观察光纤位移传感器的结构. 将工件放到圆台上，其表面用做反光面. 光纤传感器探头对准反光面后，固定在 Z 型支架上. 参见图 4.2.7.

(2)因为光电转换器已安装好，所以可将电压信号直接送入数字电压表. 电压表的切换开关置 2V 挡，供电电压置±2V 挡，将光电转换器电路的增益调节到最大(顺时针向转动“增益”旋钮)，开启电源的主、副开关.

(3)使光纤传感器探头与反光面良好接触，尽量使电压表的读数为零. 若读数过大，应调节探头的取向. 此时，传感器端口与反射面间的距离 ΔX 为零.

(4)顺时针方向旋转测微仪，每隔 0.250mm 读一次电压表的数值，将其填入表 4.2.1. 计算 $\Delta V = V_{i+1} - V_i$.

表 4.2.1

ΔX/mm	0	0.250	0.500	0.750	1.000	…
V/V						
ΔV/V						

计算出峰值前的 ΔV.

由测量得到的光纤传感器工作特性曲线如图 4.2.5 所示.

2. 测定仪器灵敏区的线性范围

(1)表 4.2.1 中,有几组 ΔV 的值比较大,表明该范围内电压对位移的变化敏感.

(2)在仪器的灵敏区内,每隔 0.100mm 重复实验内容 1 中的测量,将数据填入表 4.2.2.若灵敏区比较小,可减小测量间隔(如 0.050mm),以获得比较多的数据.计算 ΔV,找出其中线性好的区.

表 4.2.2

ΔX/mm						…
V/V						…
ΔV/V						…

3. 用 Excel 程序或计算器求斜率和相关系数

(1)用 Excel 程序计算斜率和相关系数.

①打开计算机进入 Excel 程序,在第一列输入电压值,第二列输入位移值.

②左键单击单元格 C1,左键单击常用工具栏中的"f_x",选"统计—SLOPE".

③在"known-y′s"框中输入电压值,在"known-x′s"框中输入位移值;单击"确定".单元格 C1 中为斜率 k 的值.

④左键单击单元格 C2,左键单击常用工具栏中的"f_x",选"统计—CORREL".

⑤在"Array 1"框中输入电压值,在"Array 2"框中输入位移值,单击"确定".单元格 C2 中为相关系数的平方.

⑥C2 中的数值应大于 0.997,小于该值时应缩小取值范围(去掉一个或几个电压、位移值),重新计算斜率和相关系数.

(2)用计算器(scientific calculator)计算斜率和相关系数.

用 Excel 程序计算斜率和相关系数快捷、准确.此项工作也可由计算器完成.

①进入计算器的统计功能.

②参照计算器的使用说明输入位移、电压值,计算以下几个值

$$\sum x_i,\ \sum x_i^2,\ \sum V_i,\ \sum V_i^2,\ \sum (x_i V_i)$$

③斜率

$$k = \frac{n\sum (x_i V_i) - (\sum x_i)(\sum V_i)}{n\sum x_i^2 - (\sum x_i)^2} \tag{4.2.1}$$

相关系数为

$$\gamma = \frac{n\sum (x_i V_i) - (\sum x_i)(\sum V_i)}{\sqrt{[n\sum x_i^2 - (\sum x_i)^2][n\sum V_i^2 - (\sum V_i)^2]}} \tag{4.2.2}$$

(3)还可用下述方法求斜率

$$k_i = \frac{V_{i+1} - V_i}{0.100}\ \ (\text{V/mm})\quad 或\quad k_i = \frac{V_{i+1} - V_i}{0.050}\ \ (\text{V/mm}) \tag{4.2.3}$$

对相邻的几个大约相等的 k_i 值，计算

$$\bar{k}=\frac{\sum^{n}k_i}{n}\quad(\mathrm{V/mm})\tag{4.2.4}$$

4. 测量工件表面的高度差

参见图 4.2.6，利用表 4.2.2 线性区里电压与位移的关系，测量工件表面的高度差.

(1)将待测工件表面划分成 9 个区域，供比较工件表面相对高度用.

(2)固定探头高度，将工件放到圆台上，由塞尺测量工件表面到传感器端口的距离，调节测微仪，使该距离在上升沿灵敏区的线性范围内(电压值为线性区中间值附近). 使传感器端口对准工件表面上某一区域，读出电压值 V_1.

(3)保持圆台到传感器端口的距离不变，将工件另外的区域依次移至探头下方，工件表面的高度差会引起电压变化，记录下电压值 $V_2,V_3,\cdots,V_9$(表 4.2.3). 注意：$V_2,V_3,\cdots,V_9$ 的值也应在上升沿灵敏区的线性范围内.

表 4.2.3

V_1/V	V_2/V	V_3/V	V_4/V	V_5/V	V_6/V	V_7/V	V_8/V	V_9/V

(4)由式(4.2.5)，可算出工件表面的相对高度差

$$H_i=\frac{|V_1-V_i|}{\bar{k}}\quad(\mathrm{mm})\tag{4.2.5}$$

(5)关闭电源，把所有旋钮复原到初始位置.

5. 测量工件表面粗糙度

参照上述实验过程，请同学们自行拟定测量步骤，实现表面粗糙度的测量.

【数据处理】

(1)用表 4.2.1 中数据在毫米坐标纸上作 V-ΔX 关系曲线，找出满足线性方程式 $x=kV$ 的区域.

(2)由表 4.2.1 知仪器的灵敏区在________～________V；线性区在______～________V；灵敏区内线性段的斜率 $\bar{k}=$____________.

(3)计算并简述工件表面不同区域的高度差.

(4)工作特性曲线线性区比较短，为了提高回归精度、增大测量范围，可采用非线性回归.

对于本实验中的特性曲线，其上升沿部分可以用二次多项式回归，即设位置 x 与电压 V 的关系为 $x=aV^2+bV+c$，利用 Excel、Origin 等软件可方便求出其常数 a、b 和 c，则有

$$x_i=aV_i^2+bV_i+c\quad(\mathrm{mm})$$

得样品表面的高度差

$$H_i=x_i-x_1\quad(\mathrm{mm})$$

【注意事项】

(1)实验时请保持反射面的清洁和与光纤探头端面的垂直度.

(2)工作时光纤端面不宜长时间直接照射强光,以免内部电路受损.

(3)注意背景光对实验的影响,避免强光直接照射反光表面,造成测量误差.

(4)切勿将光纤折成锐角,保护光纤不受损伤.

(5)每台仪器的光电转换器都是与仪器单独调配的,请勿互换使用.

(6)光纤探头在支架上固定时,应保持其端口与反光面平行,切不可相擦,以免使光纤探头端面受损.

【思考题】

(1)为什么做实验内容 2 时,应使工件表面到传感器端口的距离在光纤位移传感器工作特性曲线灵敏区的线性范围内? 如果不这样做,式(4.2.5)是否成立?

(2)利用本实验所用光纤传感器能否设计出温度传感器?

【应用提示】

光纤在通信、图像传输等方面的应用大家可能比较熟悉了. 其实,光纤传感器在工农业、科研等领域有着更为广泛的应用. 光纤传感器是利用光纤的转换功能或传输功能而研制的传感器,光纤的传输特性对某些外界条件的变换(如压力、应变、温度和电磁场等)较为敏感,利用光纤的这些敏感反应可研制相应的传感器,用于温度、应力、应变、粗糙度等 70 多种物理量的测量,被誉为"万能传感器",具有其他传感器不可媲美的诸多优点.

4.3 光栅莫尔条纹微位移测量

(1)光栅式测量的历史.

关于莫尔条纹现象的发现,可以追溯到 19 世纪 70 年代,英国物理学家 Rayleigh 于 1874 年第一次描述了两块光栅重叠后所形成的条纹. 他在一篇题为"关于衍射光栅的制造和理论"的论文中写道:"如果把每英寸具有同样数目的刻线的两个(衍射光栅的)照相复制品处于接触状态,使两个光栅中的刻线几乎平行则会产生一组平行的条纹,其方向将两个光栅刻线之间的外角二等分,而其距离随着倾角的减小而增大."在这之后,曾有过许多企图利用条纹运动作为测量目的的尝试. 1887 年 Righi 第一次指出了这一现象用于测量的可能. Giambiasi 在 1922 年取得了一项采用目测条纹的测径规的专利. 1950 年 Roberts 采用单路光电接收器对移过的位移量进行计数,但这种系统没有考虑对位移方向的判别. 1953 年英国 Ferranti 公司的爱丁堡实验室建立了第一个利用莫尔条纹系统的工件样机,并于当年取得了专利. 1955 年提出了一个从条纹周期的 0°～90°、90°～180°、180°～270°、270°～360°四个区域上取出四路信号的系统. 这个系统实现了在一个莫尔条纹内的多路输出,使莫尔条纹信号的电子细分及光栅位移方向的识别成为可能. 这一系统作为基本的四相信号输出系统至今一直为大多数光学系统所采用. 在这稍后,J. Guild 及 J. M. Burch 等还对莫尔条纹的理论及其应用作了较深入的讨论. 进入 60 年代以来,随着光栅刻制技术和电子技术的发展,莫尔条纹细分技术的不断完备,以及数字计算机及数字系统的进展,光栅式测量得到了广泛的应用.

(2)光栅式测量装置包括三大部分.

①光栅光学系统(形成莫尔条纹和拾取莫尔条纹信号的光学系统及其光电接收元件).

②实现细分、辨向功能的电子系统.

③相应的机械结构及机械部件等.

(3)光栅式测量的主要特点如下.

① 高精度:光栅式测量装置,在大量程测长方面是精度仅低于激光式测量的一种高精度测量装置.

② 兼有高分辨率、大量程两个特性,这对难以兼得这两种特性的测量装置来说是一个非常宝贵的特点.

③ 可实现动态测量、自动测量及数字显示.

④ 有较强的抗干扰能力,比激光测量装置所需条件稍可降低,可用于数控机床.

⑤ 具有较高的测量速度.

(4)根据以上特点,目前光栅原理在数显式精密计量仪器中的应用最为广泛;在数控机床中,除磁栅、感应同步器等检测元件之外,光栅原理的应用也很普遍. 至于光栅原理用来测量振动、应力、应变,以及莫尔拓扑技术的应用,在国内还很有限.

随着光栅技术在计量领域中应用日益广泛,目前,最好的长光栅尺的误差可控制到 0.2～0.4μm/m;测量装置的精度好的为 0.5～3μm/1500mm,分辨率可做到 0.1μm,这时电路允许的计数速度为 200mm/s.

【实验目的】

(1)了解产生光栅莫尔条纹的原理.

(2)仔细观察光栅莫尔条纹的变化规律.

(3)理解莫尔条纹微位移测量的原理和方法.

【实验仪器】

光电传感器系统实验仪、光栅组、移动平台、CCD 摄像头、计算机及“CCD 莫尔条纹计数”软件.

【仪器介绍】

实验仪器如图 4.3.1、图 4.3.2 所示.

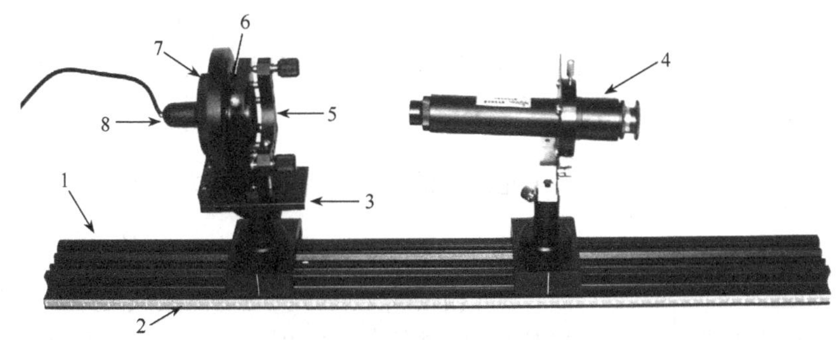

图 4.3.1　光电传感器系统实验仪——显微镜观察

1. 导轨; 2. 标尺; 3. 滑块支架; 4. 显微镜; 5. 二维调节架; 6. 主光栅; 7. 指示光栅(调节环); 8. 照明光源

主光栅(6)安装在二维调节架(5)上,指示光栅安装在可旋转的调节环(7)上,并可通过旋

图 4.3.2 光电传感器系统实验仪——CCD 摄像机观测

1. 导轨；2. 滑块支架；3. CCD 摄像机；4. 镜头；5. 二维调节架；6. 主光栅；7. 指示光栅(调节环)；8. 照明光源

转分厘卡(图 4.3.2)进行与主光栅的相对平移，造成莫尔条纹的移动. 利用 CCD 摄像机实时拍摄莫尔条纹，通过相应软件可分析莫尔条纹的移动量，进而得到相关结果.

【实验原理】

根据几何光学原理以及光直线传播法，光在经过叠合的两块光栅时，其中任一块光栅的不透光狭缝(刻线)都会对光起遮光作用. 这样，两块光栅的不透光狭缝和不透光狭缝的(或透光狭缝和透光狭缝的)交点的连线，便组成一条透光的亮线，而不透光狭缝和透光狭缝交点的连线则组成一条不透光的暗线. 这种明暗相间的条纹即为莫尔条纹，刻线交点的轨迹即为所求的莫尔条纹方程.

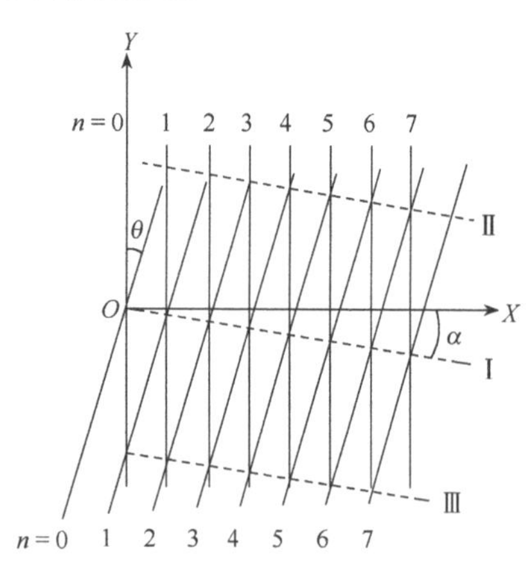

图 4.3.3 莫尔条纹测距原理

如图 4.3.3 所示，把一个光栅称为主光栅，命名为 A，其刻线序列称为 $n=0,1,2,3,\cdots$，另一条光栅称为指示光栅，命名为 B，刻线序列称为 $m=0,1,2,3,\cdots$，两光栅刻线的交点可用下标$[n,m]$来表示. 设光栅 A 的光栅距为 P_1，光栅 B 的光栅距为 P_2. 取两光栅 0 号栅线的交点为坐标原点，光栅 A 的 0 号栅线为坐标轴 Y，两光栅线夹角为 θ，则光栅 A 的刻线方程为

$$x = nP_1 \tag{4.3.1}$$

光栅 B 的 m 号刻线的刻线方程为

$$y = \cot\theta \cdot x - mP_2/\sin\theta \tag{4.3.2}$$

两光栅栅线交点的轨迹是由栅线的某一序列数$[n,m]$给定的. 如交点连线Ⅰ由$[n,m=n]$序列给定，交点连线Ⅱ由$[n,m=n-1]$序列给定，交点连线Ⅲ由$[n,m=n+1]$序列给定. 作为一般情况，交点连线由$[n,m=n+k]$序列给定，其中 $k=0,\pm 1,\pm 2,\cdots$. 按照遮光效应，交点连线Ⅰ、Ⅱ、Ⅲ就是莫尔条纹的亮条纹. 今以 $m=n+k$，$n=x/P_1$ 代入式(4.3.2)，解得莫尔条纹方程的一般表达式为

$$y = x\left(1 - \frac{P_2}{P_1\cos\theta}\right)\cot\theta - \frac{kP_2}{\sin\theta} \tag{4.3.3}$$

式(4.3.3)为直线方程簇. 每一个 k 值对应一条条纹.

由式(4.3.1)～式(4.3.3)得条纹的斜率为

$$\tan\alpha = \left(1 - \frac{P_2}{P_1\cos\theta}\right)\cot\theta \tag{4.3.4}$$

条纹的间距 W 为式(4.3.3)中相邻两个 k 值所代表的两直线之间的距离，其表达式为

$$W = \frac{P_2}{\sqrt{\sin^2\theta + \left(\cos\theta - \dfrac{P_2}{P_1}\right)^2}} = \frac{P_1P_2}{\sqrt{P_1^2 + P_2^2 - 2P_1P_2\cos\theta}} \tag{4.3.5}$$

由上可见，图 4.3.3 所示两块光栅叠合而形成的莫尔条纹是由斜率为 $\tan\alpha$，间距为 W 的平行线簇组成的. 根据式(4.3.4)和式(4.3.5)，当不同的 P_1、P_2、θ 值组合时，会出现下列几种莫尔条纹花样.

1. 横向莫尔条纹

当 $P_1 = P_2 = P$，$\theta \neq 0$ 时，式(4.3.4)和式(4.3.5)分别改写为

$$\tan\alpha = -\tan\frac{\theta}{2} \tag{4.3.6}$$

$$W = \frac{P}{2\sin\dfrac{\theta}{2}} \tag{4.3.7}$$

由式(4.3.6)得 $\alpha = -\theta/2$，这表示莫尔条纹的方向在栅线交角外角的角平分线方向. 当 θ 角很小时，条纹便大致与光栅栅线方向相垂直，所以称这种条纹为横向莫尔条纹，如图 4.3.2 所示. θ 角很小时，式(4.3.7)可简化为

$$W = P/\theta \tag{4.3.8}$$

由于 $\theta \ll 1$，故 $W \gg P$，即莫尔条纹间距对光栅栅距有放大作用. 当两块光栅沿 X 轴方向相对移过一个栅距时，横向莫尔条纹就近似沿 Y 轴方向(栅线方向)移过一个条纹宽度 W.

2. 光闸莫尔条纹

当 $P_1 = P_2 = P$，$\theta = 0$ 时，由式(4.3.5)得，条纹宽度趋于无穷大. 这时，当两块光栅相对移动时，光栅对入射光就像闸门一样时启时闭，视场上时明时暗，故这种条纹称为光闸条纹. 两块光栅相对移过一个栅距，视场上亮度明暗变化一次.

3. 纵向莫尔条纹

当 $P_1 \neq P_2$，$\theta = 0$ 时，由式(4.3.4)得 $\alpha = 90°$，这表示形成的莫尔条纹的方向平行于光栅栅线方向，故称这种条纹为纵向莫尔条纹. 这时，式(4.3.5)简化为 $W = P_1P_2/(P_1 - P_2)$，即条纹宽度由两光栅的光栅常数确定. 当两块光栅沿 X 方向相对移过一个栅距时，纵向莫尔条纹也沿 X 轴方向平移一个条纹宽度. 由于纵向莫尔条纹的形成原理与游标原理相似，故纵向莫尔条纹又称为游标莫尔系纹，如图 4.3.4 所示.

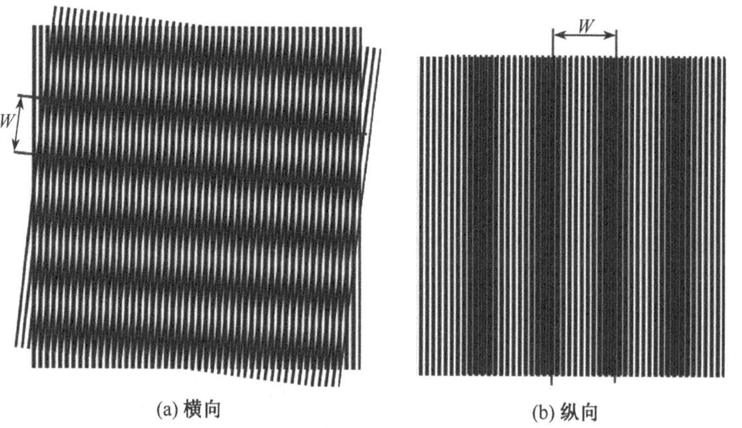

图 4.3.4　莫尔条纹

4. 斜向莫尔条纹

当 $P_1 \neq P_2, \theta \neq 0$ 时，就得到了分别由式(4.3.4)和式(4.3.5)表示条纹方向和条纹宽度的莫尔条纹一般表达式. 这种条纹称为斜向莫尔条纹.

本实验将利用横向莫尔条纹测量微位移.

【实验内容】

(1)如图 4.3.1 所示安装好显微镜，仔细调节显微镜到光栅的距离，使能够看到清晰的莫尔条纹，同时可以看到清晰的光栅；微调指示光栅角度，使莫尔条纹清晰可见，间隔均匀，沿显微镜方向看过去，如图 4.3.5 所示，然后固定指示光栅不动.

图 4.3.5　光栅安装示意图

1. 底座固定螺丝；2. 分厘卡；3. 指示光栅调节环；4. 主光栅；5. 二维调节架；6. 底座

(2)如图 4.3.2 所示安装好 CCD 摄像机，仔细调节摄像机到光栅的距离和摄像机镜头，使能够看到清晰的莫尔条纹.

(3)旋动移动平台分厘卡(螺旋测微仪，图 4.3.5 中 2)，向左或向右，观察莫尔条纹上、下移动与主光栅位移方向的关系.

(4)人工测量光栅距：当主光栅移动一个光栅间距时，莫尔条纹就移动一个条纹距. 记下螺旋测微仪的起始示数 x_0，调节位移平台(沿一个方向)，在屏幕上定一标记(如边缘)，仔细观察条纹准确移动 n 个周期，记下螺旋测微仪的末示数 x_1. 螺旋测微仪的始末示数之差 x_1-x_0，即为 n 个光栅距的大小. 由此可计算出光栅距 P 的大小，记入表 4.3.1. 重复此步多次. 计算出光栅距 P 的平均值.

(5)CCD 摄像法测量微位移.

①在光栅组前安装好 CCD 摄像头，接通电源与图像卡，启动计算机，运行“CCD 莫尔条纹

计数"软件，进入程序，如图 4.3.6 所示. 按"活动图像"键，屏幕上即出现条纹图像，调节 CCD 光圈及镜头与光栅的距离，使条纹图像尽量清晰.

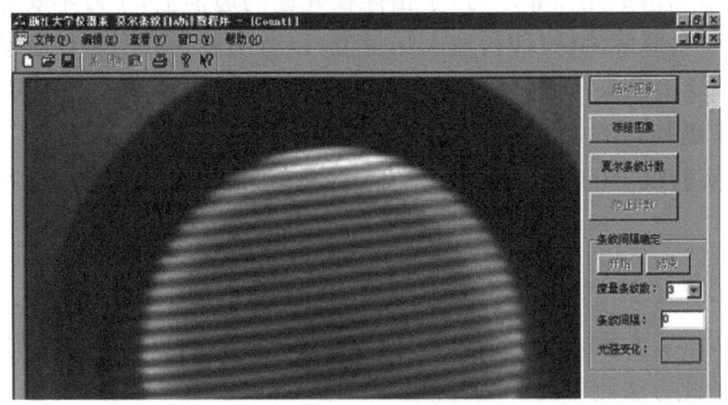

图 4.3.6　CCD 莫尔条纹计数主窗口

②按"冻结图像"键，用鼠标在屏幕上确定莫尔条纹间隔. 按"开始"按钮，然后用鼠标从一条暗条纹(或亮条纹)中心，拖动到与程序窗口右侧"度量条纹数"中所指定的相邻间隔数的暗条纹(或亮条纹)的中心(竖直方向)，以确定条纹间的距离，然后按"结束"按钮. 按"莫尔条纹计数"按钮开始计数.

③记下螺旋测微仪的起始示数 y_0，缓慢转动螺旋测微仪(沿一个方向)，在屏幕上定一标记(如边缘)，目测读取条纹移动的准确数 n_1，并将目测数与软件记录数进行比较. 记下螺旋测微仪的末示数 y_1，记入表 4.3.2.

④根据测得的条纹数和光栅距，可求出指示光栅的位移量($\Delta y_1 = y_1 - y_0$)，并与测微仪的位移量($\Delta y_2 = n_1 \times P$)进行比较.

(6)实验完毕，关闭 CCD 摄像头电源、照明光源电源，关闭计算机.

【数据记录与处理】

表 4.3.1

次数	x_0/mm	x_1/mm	n	P/mm	$\overline{P}$/mm
1					
2					
3					
4					
…					

表 4.3.2

次数	y_0/mm	y_1/mm	n_1	Δy_1/mm	Δy_2/mm	误差($\Delta y_1 - \Delta y_2$)/mm
1						
2						
3						
4						
…						

【注意事项】

(1) 调节主光栅和指示光栅靠近时,手指捏在光栅的边框上,千万不要碰到光栅面.

(2) 旋动移动平台螺旋测微仪时,速度尽量慢,以防实验台和实验仪震动,读错条纹数.

(3) 先安装 CCD 摄像头在固定槽内,注意不要用手触摸其镜头,然后再打开电源,调整光栅组,到肉眼看到清晰均匀的条纹为止.

(4) 注意保护实验仪上的其他设备和器件,轻拿轻放 CCD 摄像头,与本实验无关的部分请勿乱动.

【思考题】

(1)根据自己的实验数据分析条纹间隔不同时对光栅距的测量结果有何影响.

(2)试想如何用此方法测量薄片的厚度.

【应用提示】

光栅除了传统的利用衍射方面的应用外,还与电子技术、计算机技术相结合,构成用途广泛的光学计量仪器,广泛应用于机械、国防、土木工程和航天等领域.

1. 数字式光栅万能工具显微镜

图 4.3.7 为数字式万能工具显微镜构造示意图. 其标尺光栅 3 随被测物移动(被测对象移动的尺寸大小与测量范围一致),指示光栅 4 固定不动. 当标尺光栅相对指示光栅移动时,便会产生莫尔条纹,即光栅移动一个光栅常数 d 时,莫尔条纹会产生亮—暗—亮的一个完整周期变化,硅光电池 5 便将光的强弱变化转换为电信号而向外输出,如图 4.3.8 所示.

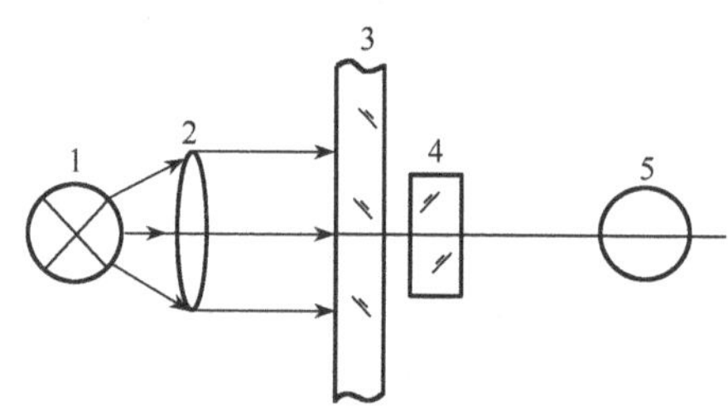

图 4.3.7 数字式万能工具显微镜结构示意图

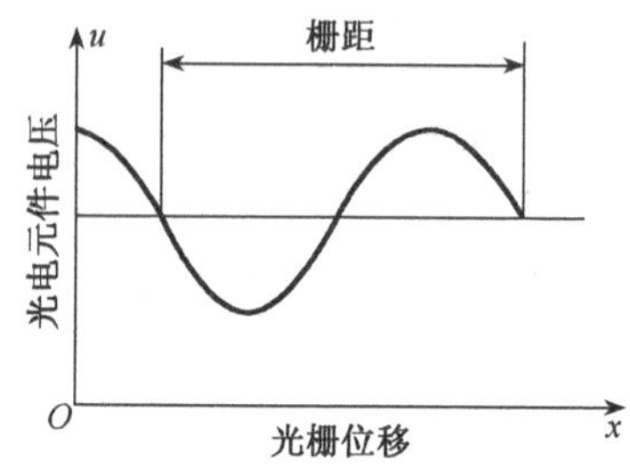

图 4.3.8 电信号输出结果

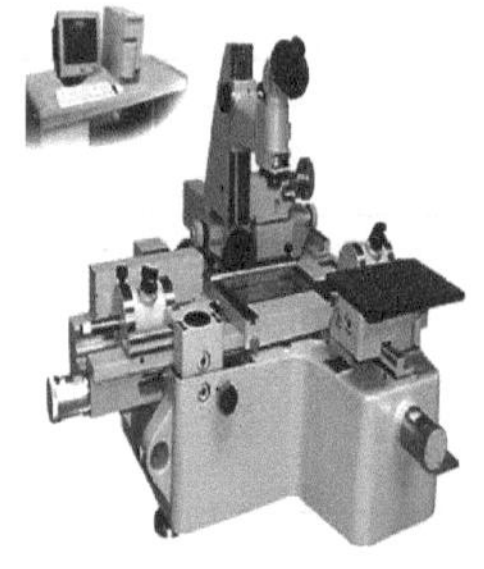

图 4.3.9 数字式万能工具显微镜实物图

数字式万能工具显微镜采用光电数显技术,精密光栅尺作为测量元件,测量长度以数字显示,直观、方便. 以影像法和轴切法按直角坐标与极坐标精确地测量各种零件. 如各种刀具、齿轮、凸轮同时能测量内外螺纹的大、中、小径、螺距、牙形角等. 其纵、横向分度值: 0. 2 μm, 测角目镜角度分度值为 1′(图 4.3.9).

2. 三维形貌测量

莫尔条纹大量应用于应变、物体表面形貌等测量中. 将一光束照射放置在待测物体上的光栅，光栅条纹被投影到待测物体表面而产生弯曲，在与投影方向不同的方向看，物体表面弯曲的栅线与原光栅重叠产生莫尔条纹，它是物体表面的等高线，通过对此莫尔条纹的分析，可得到物体表面的高度信息. 图 4. 3. 10 是莫尔条纹，图 4. 3. 11 是物体表面等高线.

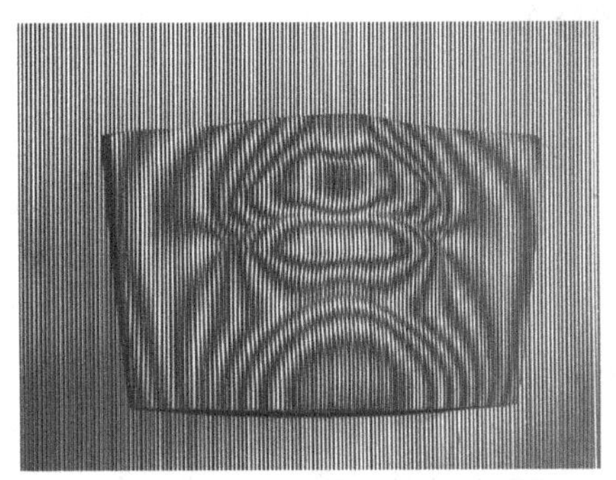

图 4. 3. 10　莫尔条纹

图 4. 3. 11　物体表面等高线

投影光栅在物体表面形貌测量也有成功的应用. 将光栅投影到待测物体表面，原来平直的栅线受物体表面高度调制而弯曲，在另一方向上采集这一弯曲的栅线图，经过计算机按照一定算法运算，可得到待测物体的表面形貌. 图 4. 3. 12 所示为变形栅线图，图 4. 3. 13 为计算所得物体形貌.

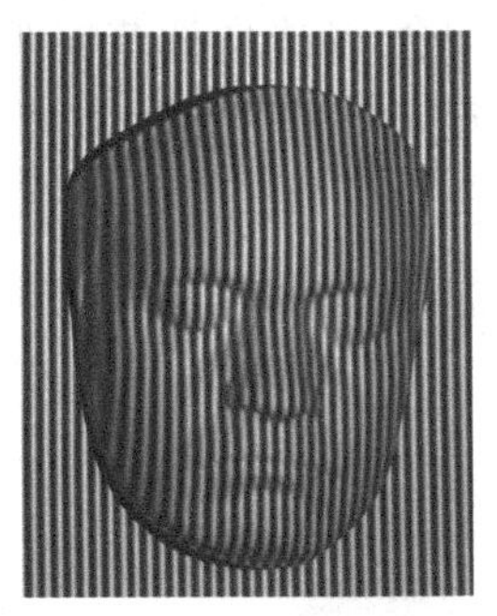

图 4. 3. 12　变形栅线图

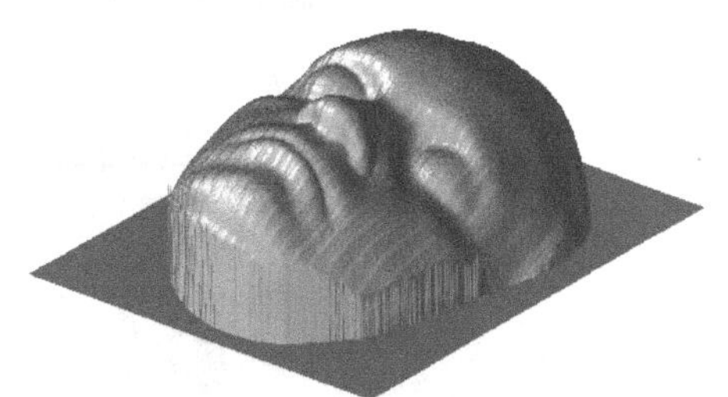

图 4. 3. 13　计算机所得物体形貌

4. 4　霍尔元件测磁场

1879 年，美国物理学家霍尔在研究载流导体在磁场中受力时发现了一种电磁效应，在与电流垂直的方向若存在磁场，则在与电流和磁场都垂直的方向将建立一个电场，这种效应后来被称为霍尔效应. 具有霍尔效应功能的元件称为霍尔元件. 霍尔元件在测量中具有频率响应宽(从直流到微波)、可靠、无接触、体积小、灵敏度高、稳定性好、使用寿命长和成本低等优点. 一般霍尔效应法用于测量磁场. 常用的成品仪器是特斯拉计，而利用霍尔效应的传感器则有很多，如防盗报警传感器、位移传感器、接近传感器、角度传感器、计数传感器等. 录像机中的主轴稳速控制、一些随身听中的计数器都使用了霍尔传感器.

【实验目的】

(1)掌握霍尔元件的工作特性.
(2)学习用霍尔效应法测量磁场的原理和方法.
(3)学习用霍尔元件测量长直螺线管内轴向磁场分布.

【实验仪器】

螺线管磁场测定实验组合仪、导线等.

【仪器介绍】

LX-CF 型螺线管磁场测定实验组合仪由实验仪和测试仪两大部分组成.

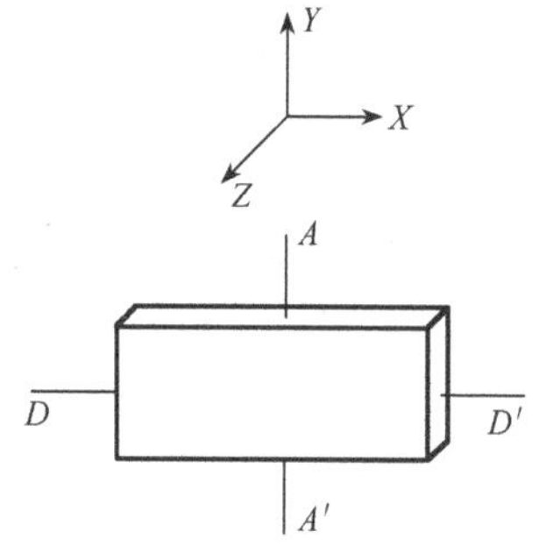

图 4.4.1 霍尔器件

1)实验仪

霍尔器件如图 4.4.1 所示,它有两对电极,A、A'电极用来测量霍尔电压 V_H,D、D'电极为工作电流电极,两对电极用四线扁平线经探杆引出,分别接到实验仪的 I_S换向开关和 V_H输出开关处.

实验仪器如图 4.4.2 所示,探杆固定在二维(X、Y 方向)调节支架上.其中 Y 方向调节支架通过旋钮 Y 调节探杆中心轴线与螺线管内孔轴线位置,应使之重合.X 方向调节支架通过旋钮 X 调节探杆的轴向位置.读数装置如图 4.4.3 所示.

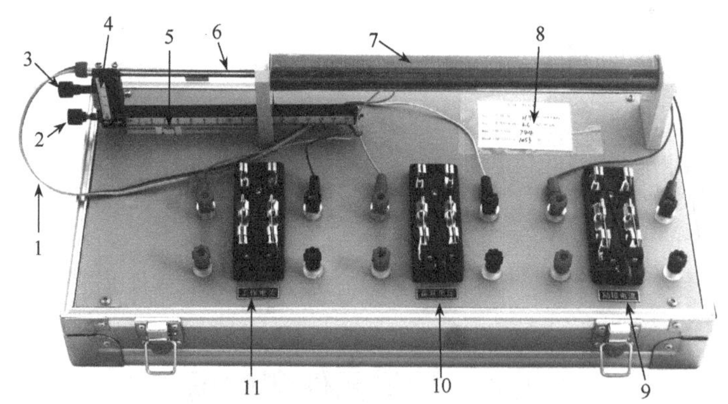

图 4.4.2 TH-S 型螺线管磁场测定实验组合仪

1.四线扁平线;2.轴向调节 X 旋钮;3.纵向调节 Y 旋钮;4.纵向调节 Y 读数装置;5.轴向 X 读数装置;6.探杆;7.螺线管;8.仪器 N、S_H 参数;9.励磁电流 I_M 换向开关及接线柱;10.霍尔电势换向开关及接线柱;11.霍尔片工作电流 I_M 换向开关及接线柱

仪器出厂前探杆中心轴线与螺线管内孔轴线已按要求进行了调整,因此,实验中,Y 旋钮无需调节.要想使霍尔探头从螺线管的右端移至左端,为调节顺手,应先调节 X 旋钮,使调节支架 X 的测距尺读数 X 从 0.0cm→16.0cm,反之,要使探头从螺线管左端移至右端,应先调节 X,读数从 16.0cm→0.0cm.

(a) 读数装置

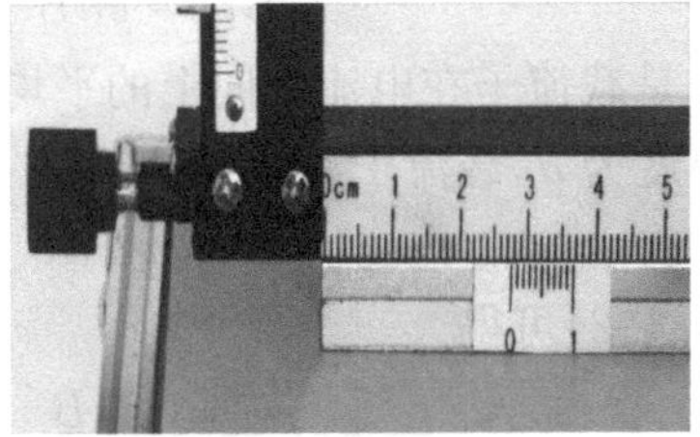
(b) X读数装置

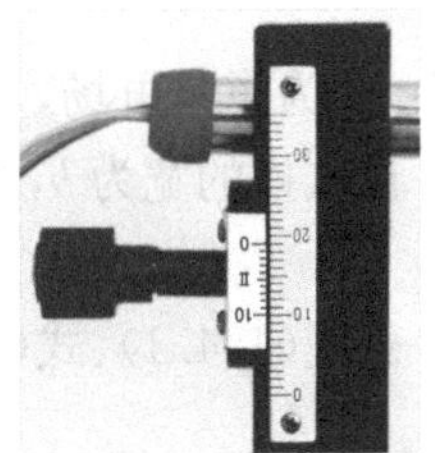
(c) Y读数装置

图 4.4.3　读数装置图

2)测试仪(图 4.4.4)

测试仪上的几个主要装置：

(1)"工作电流(mA)"I_S. 霍尔器件工作电流源，输出电流 0～10mA，通过 I_S调节旋钮连续调节.

(2)"励磁电流(mA)"I_M. 螺线管励磁电流源，输出电流 0～1A. 通过 I_M调节旋钮连续调节.

(3)"霍尔电压(mV)"V_H. 数字毫伏表，供测量霍尔电压用.

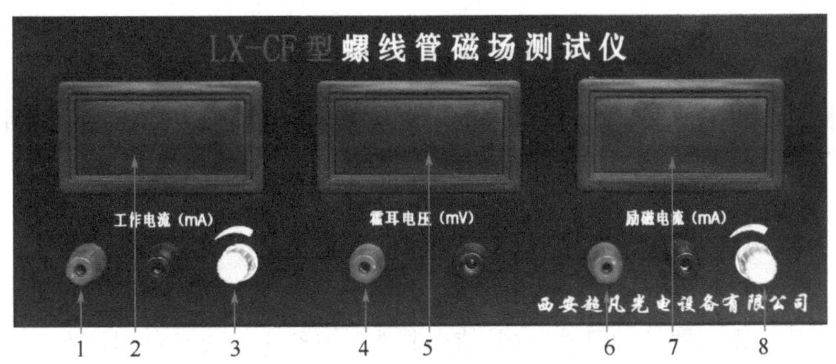

图 4.4.4　测试仪面板

1. 霍尔片工作电流 I_S 输出；2. 数字电流表；3. 工作电流 I_S 调节；4. 霍尔电压 V_H 输入；5. 数字电压表；6. 励磁电流 I_M 输出；7. 数字电流表；8. 励磁电流 I_M 调节

【实验原理】

1. 霍尔效应法测量磁场原理

霍尔效应从本质上讲是运动的带电粒子在磁场中受洛伦兹力作用而引起的偏转. 当带电粒子(电子或空穴)被约束在固体材料中时，这种偏转就导致在垂直电流和磁场的方向上产生正负电荷的聚积，从而形成附加的横向电场. 对于图 4.4.5 所示的半导体试样，若在 X 方向通以电流 I_S，在 Z 方向加磁场 B，则在 Y 方向，即试样 A、A'电极两侧就开始聚积异号电荷，产生相应的附加电场——霍尔电场. 电场的指向取决于试样的导电类型. 显然，该电场会阻止载流子继续向侧面偏移，当载流子所受的横向电场力 eE_H与洛伦兹力 $e\bar{v}B$ 相等时，样品两侧电荷的积累就达到平衡，故有

$$eE_H = e\bar{v}B \tag{4.4.1}$$

其中 E_H 为霍尔电场，$\bar{v}$ 是载流子在电流方向上的平均漂移速度.

设试样的宽为 b，厚度为 d，载流子浓度为 n，则

$$I_S = ne\bar{v}bd \tag{4.4.2}$$

由式(4.4.1)、式(4.4.2)可得

$$V_H = E_H b = \frac{1}{ne}\frac{I_S B}{d} = R_H \frac{I_S B}{d} \tag{4.4.3}$$

即霍尔电压 V_H（A、A' 电极之间的电压）与 $I_S B$ 乘积成正比，与试样厚度 d 成反比. 比例系数 $R_H = \frac{1}{ne}$ 称为霍尔系数，它是反映材料的霍尔效应强弱的重要参数.

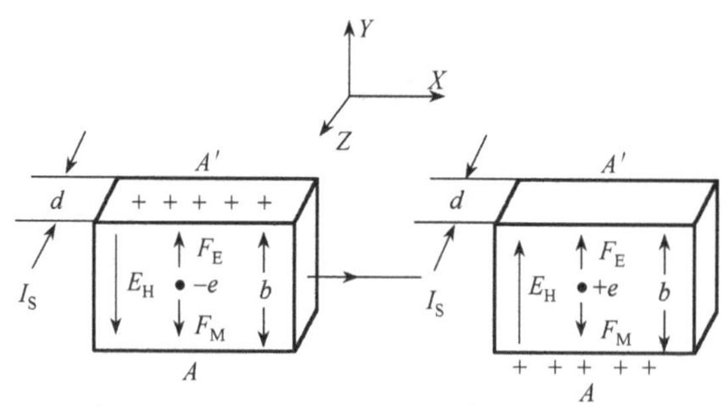

图 4.4.5　运动的带电粒子在磁场力作用下的偏转

霍尔器件就是利用上述霍尔效应制成的电磁转换元件，对于成品的霍尔器件，其 R_H 和 d 已知，因此在实用上就将式(4.4.3)写成

$$V_H = S_H I_S B \tag{4.4.4}$$

$$B = \frac{V_H}{S_H I_S} \tag{4.4.5}$$

其中 $S_H = \frac{R_H}{d}$ 称为霍尔器件的灵敏度（其值由制造厂家给定），表示该器件在单位工作电流和单位磁感应强度下输出的霍尔电压. 式(4.4.4)中的单位取 I_S 为毫安、B 为特斯拉、V_H 为毫伏，则 S_H 的单位为毫伏/(毫安·特斯拉). 根据式(4.4.4)，因 S_H 已知，而 I_S 可由实验测出，所以只要测出 V_H 就可以求得未知磁感应强度 B. 但在实际情况中，由于存在其他因素而引起各种附加电压，所以会给霍尔电压的测量带来误差.

2. 几种附加电压产生的原因及其消除方法

1）不等势电压 V_0

如图 4.4.6 所示，由于器件的 A、A' 两电极的位置不在一个理想的等势面上，因此，即使不加磁场，只要有电流 I_S 通过，就有电压 $V_0 = I_S r$ 产生，r 为 A、A' 所在的两等势面之间的电阻，结果在测量 V_H 时，就叠加了 V_0，使得 V_H 值偏大（当 V_0 与 V_H 同号）或偏小（当 V_0 与 V_H 异号），显然，V_H 的符号取决于 I_S 和 B 两者的方向，而 V_0 只与 I_S 的方向有关，因此可以通过改变 I_S 的方向予以消除.

2）温差电效应引起的附加电压 V_E

如图 4.4.7 所示，由于构成电流的载流子速度不同，若速度为 v 的载流子所受的洛伦兹力

与霍尔电场的作用力刚好抵消，则速度大于或小于 v 的载流子在电场和磁场作用下，将各自朝对立面偏转，由于它们的动能不同，转化到各极板的热能也不同，从而在 Y 方向引起温差 $T_A-T'_A$，由此产生的温差电效应（埃廷斯豪森(Ettingshausen)效应），在 A、A' 电极上引入附加电压 V_E，且 $V_E \propto I_S B$，其符号与 I_S 和 B 的方向关系跟 V_H 是相同的，因此不能用改变 I_S 和 B 方向的方法予以消除，但其引入的误差很小，可以忽略.

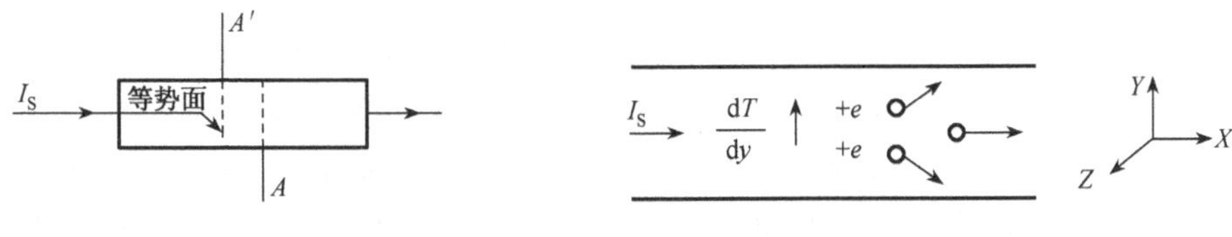

图 4.4.6　不等势电压　　图 4.4.7　温差电效应

3）能斯特(Nernst)效应引起的附加电压 V_N

如图 4.4.8 所示，因器件两端电流引线的接触电阻不等，通电后在接点两处将产生不同的焦耳热，导致在 X 方向有温度梯度，引起载流子沿梯度方向扩散而产生热扩散电流，热流 Q 在 X 方向磁场作用下，类似于霍尔效应在 X 方向产生一附加电场 E_N（能斯特效应），相应的电压 $V_N \propto QB$，而 V_N 的符号只与 B 的方向有关，与 I_S 的方向无关，因此可通过改变 B 的方向予以消除.

4）里吉-勒迪克(Righi-Leduc)效应引起的附加电压 V_{RL}

如图 4.4.9 所示，由于存在温度梯度 $T_A-T'_A$，热流电子的迁移率有不同，由此在 X 方向引入附加电压 $V_{RL} \propto QB$，V_{RL} 的符号只与 B 的方向有关，通过改变 B 的方向，亦能消除.

图 4.4.8　热磁效应　　图 4.4.9　Righi-Leduc 效应

综上所述，实验中测得的 A、A' 之间的电压中，除 V_H 外还包含 V_0、V_N、V_{RL} 和 V_E 各电压的代数和，其中 V_0、V_N 和 V_{RL} 均可通过 I_S 和 B 的换向，即对称测量法（异号法）予以消除. 设 I_S 和 B 的方向均为正向时，测得 A、A' 之间电压记为 V_1，即

当 $+I_S$、$+B$ 时

$$V_1 = V_H + V_0 + V_N + V_{RL} + V_E \tag{4.4.6}$$

将 B 换向，而 I_S 的方向不变，测得的电压记为 V_2，此时 V_H、V_N、V_{RL} 均改号而 V_0 符号不变，即当 $+I_S$、$-B$ 时

$$V_2 = -V_H + V_0 - V_N - V_{RL} - V_E \tag{4.4.7}$$

同理，按照上述分析，当 $-I_S$、$-B$ 时

$$V_3 = V_H - V_0 - V_N - V_{RL} + V_E \tag{4.4.8}$$

当 $-I_S$、$+B$ 时

$$V_4 = -V_H - V_0 + V_N + V_{RL} - V_E \tag{4.4.9}$$

求以上四式数据 V_1、V_2、V_3 和 V_4 的代数和，可得

$$V_H + V_E = \frac{V_1 - V_2 + V_3 - V_4}{4} \tag{4.4.10}$$

由于 V_E 符号与 I_S和 B 两者方向关系和 V_H是相同的,故无法消除,但在非大电流、非强磁场下,$V_H \gg V_E$,因此 V_E 可略而不计,所以霍尔电压为

$$V_H = \frac{V_1 - V_2 + V_3 - V_4}{4} \tag{4.4.11}$$

3. 霍尔电压 V_H的测量方法

通过以上的分析可以知道,在产生霍尔效应的同时,因伴随着多种附加电压的产生,实验测得的 A、A'两电极之间的电压并不等于真实的 V_H值,而是包含着各种副效应引起的附加电压,因此必须设法消除. 采用电流和磁场换向的对称测量法,基本上能够把副效应的影响从测量结果中消除,具体的做法是保持 I_S和 B(即 I_M)的大小不变,在设定电流和磁场的正、反方向后,依次测量由下列四组不同方向的 I_S 和 B 组合的 A、A'两点之间的电压 V_1、V_2、V_3和 V_4,即

$$\begin{array}{lll} +I_S & +B & V_1 \\ +I_S & -B & V_2 \\ -I_S & -B & V_3 \\ -I_S & +B & V_4 \end{array}$$

然后求上述四组数据 V_1、V_2、V_3和 V_4的代数和,可得

$$V_H = \frac{1}{4}(V_1 - V_2 + V_3 - V_4) \tag{4.4.12}$$

通过对称测量法求得的 V_H,虽然还存在个别无法消除的副效应,但其引入的误差甚小,可以略而不计.

式(4.4.5)、式(4.4.12)就是本实验用来测量磁感应强度的依据. 用霍尔片测螺线管内磁场的实验装置如图 4.4.10 所示.

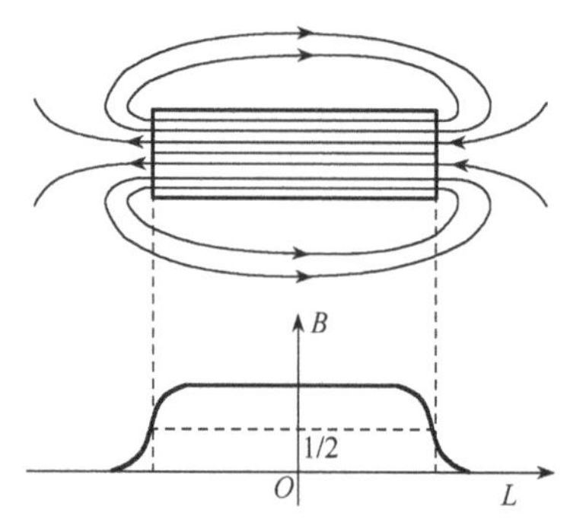

图 4.4.10　长直螺线管内磁场分布

4. 载流长直螺线管内的磁感应强度

螺线管是由绕在圆柱面上的导线构成的,对于密绕的螺线管,可以看成是一列有共同轴线的圆形线圈的并排组合,因此一个载流长直螺线管轴线上某点的磁感应强度,可以从对各圆形电流在轴线上该点所产生的磁感应强度进行积分求和得到,对于一个有限长的螺线管,在与两端口等距的中心点,磁感应强度为最大,且等于

$$B_0 = \mu_0 n I_M \tag{4.4.13}$$

其中 μ_0 为真空磁导率,n 为螺线管单位长度的线圈匝数,I_M 为线圈的励磁电流.

由图 4.4.10 所示的长直螺线管的磁力线分布可知,其内腔中部磁感线是平行于轴线的直线系,渐近两端口时,这些直线变为从两端口离散的曲线,说明其内部的磁场是均匀的,仅在靠近两端口处,才呈现明显的不均匀性,根据理论计算,长直密绕螺线管一端的磁感应强度为内腔中部磁感应强度的 1/2.

【实验内容】

1. 实验步骤

(1) 熟悉 TH-S 型螺线管磁场测定实验组合仪.

(2) 按电路图 4.4.11 连接好电路.

测试仪的"I_S调节"和"I_M调节"旋钮均置零位(即逆时针旋到底);测试仪的"工作电流 I_S"接实验仪的"工作电流","励磁电流"接"励磁电流",并将 I_S及 I_M换向开关掷向任一侧.(特别提示:决不允许将测试仪的"励磁电流"接到实验仪"工作电流"或"霍尔电压"处,否则,一旦通电,霍尔元件将被损坏.)实验仪的"霍尔电压"接测试仪的"霍尔电压","霍尔电压"开关应始终保持闭合状态.

(3) 经老师检查后方可接通电源,调节 $I_S=8.00\text{mA}$,$I_M=0.800\text{A}$. 在测试过程中保持不变.

(4) 调节旋钮 X,将霍尔片分别置于 0.0cm,0.5cm,1.0cm,1.5cm,2.0cm,…,14.0cm,14.5cm,15.0cm,15.5cm,16.0cm 等处,按表 4.4.1 所示 I_S和 B 不同实验条件情况,分别测出相应的 V_1、V_2、V_3和 V_4值,将数据填入表 4.4.1 中.

(5) 记录仪器面板上螺线管匝数 N 及霍尔元件的灵敏度 S_H等数值.

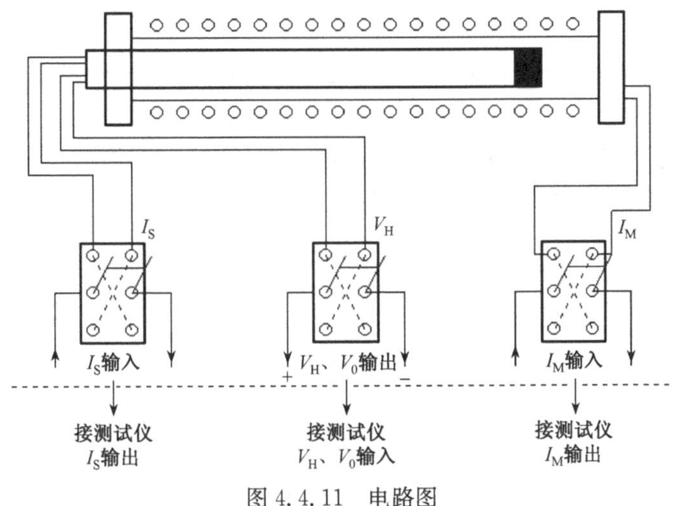

图 4.4.11　电路图

2. 数据处理

(1)由式(4.4.11)计算出 V_H,由 V_H 计算出 B,填入表 4.4.1 中.

(2)用坐标纸作出 B-L 曲线,由此曲线得到 $L=8.00\text{cm}$ 处的 B 值.

(3)将螺线管中心 $L=8.00\text{cm}$ 的 B 值与理论值进行比较,求出百分差.

表 4.4.1

L/cm	V_1/mV	V_2/mV	V_3/mV	V_4/mV	V_H/mV	B(KGS)
	$+I_S$、$+B$	$+I_S$、$-B$	$-I_S$、$-B$	$-I_S$、$+B$		
0.0						

续表

L/cm	V_1/mV	V_2/mV	V_3/mV	V_4/mV	V_H/mV	B(KGS)
	$+I_S$、$+B$	$+I_S$、$-B$	$-I_S$、$-B$	$-I_S$、$+B$		
0.5						
1.0						
1.5						
2.0						
2.5						
3.0						
…						
…						
13.0						
13.5						
14.0						
14.5						
15.0						
15.5						
16.0						

【注意事项】

(1)开机(或关机)前应将 I_S、I_M 调节旋钮逆时针方向旋到底,使其输出电流趋于最小状态,然后再开机(或关机).

(2)决不允许将"I_M输出"接到"I_S输入"或"V_H输出"处,否则,一旦通电,霍尔元件将被损坏.

(3)连接电路和拆除电路前,先关闭电源,以免损坏仪器.

【思考题】

(1)如何测量霍尔元件的灵敏度?

(2)试分析霍尔效应仪测量磁场的误差来源.

【应用提示】

霍尔元件除用于磁场测量以外,在定量测量和定性判断等方面还有着十分广泛的应用.如磁控开关、报警器、录像机转速测量、录音机磁带计数等.

1. 特斯拉计(高斯计)

数字式特斯拉计采用先进的单片机技术,使用灵活、方便,用于测量形状各异的磁体表面磁场,如环形、柱形、方块、多极磁钢,配备进口探头,可测量扬声器音圈间隙磁场及电机间隙磁场,直接用数字显示磁场强度,如图 4.4.12 所示.图 4.4.13 为便携式高斯计,用其可快速、可靠和容易地量测环绕在电线、家电和工业设备的电磁场辐射等级.携带方便,并可准确量测低至 50Hz/60Hz 电磁场辐射的不同频宽.

图 4.4.12　数字式特斯拉计

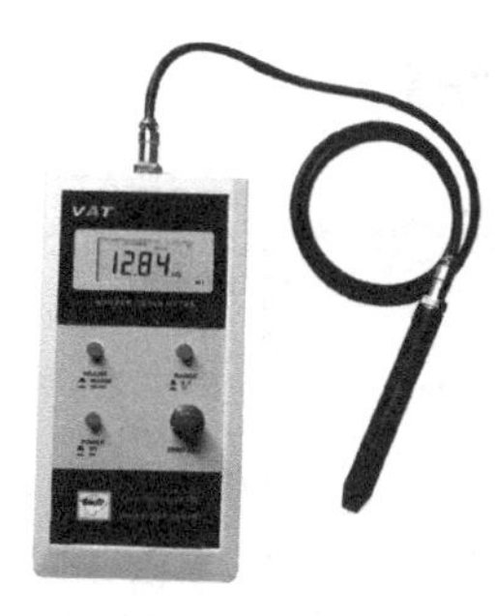

图 4.4.13　便携式高斯计

2. 霍尔旋转传感器(霍尔流量计)

若将磁体安置在旋转提上，将其和霍尔开关电路构成旋转传感器. 霍尔电路通电后，磁体每经过霍尔电路一次，便输出一个电压脉冲. 由此，可对转动物体实施转数、转速、角度、角速度等物理量的检测. 在转轴上固定一个叶轮和磁体，用气体、液体去推动叶轮转动，便可构成流速、流量传感器. 在车轮转轴上装上磁体，在靠近磁体的位置上装上霍尔开关电路，可制成车速表、里程表等. 图 4.4.14 为一种实用的霍尔流量计.

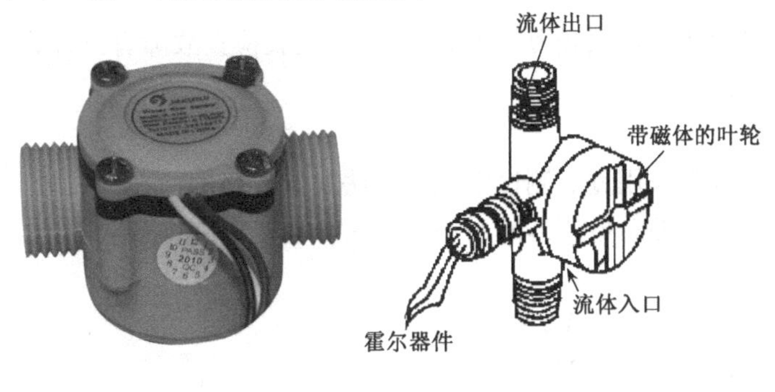

图 4.4.14　霍尔流量计

4.5　电路故障分析

在物理实验和日常生活中，常常遇到各种各样的电子设备和电子电路，往往会出现各种各样现象的故障，对同学们来说排除故障并非易事. 但是，只要遵循检查故障的原则，掌握检查故障的方法，就能排除常见故障，即可拥有“一技之长”，排除各种电器和电路中的故障.

【实验目的】

通过实验，掌握分析检查及排除电路故障的方法，提高分析、解决问题的能力及实验技能，培养创新意识.

【实验仪器】

电路故障分析实验仪、万用电表、收音机、直流电源等.

【仪器介绍】

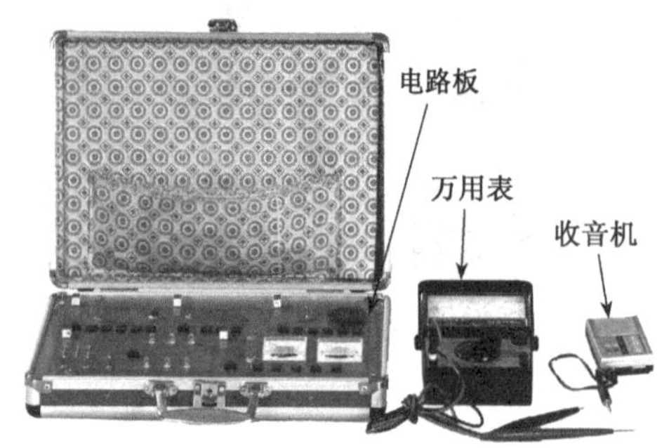

图 4.5.1　实验系统

(1)本实验备有五个基本电路,共用一个电源.实验系统如图 4.5.1 所示.

(2)为便于测量,设有专门测量孔.

(3)利用“故障设置开关”设置故障,故障查出后无需焊接,用“故障设置开关”排除之.

(4)电源用法.首先将直流电源插头插入“电源”插孔,然后接通 220V 交流电源,分别接入五个实验电路的电源输入端.若按下某实验电路的电源开关,则相应的 LED 显示电路序号,以示该电路已经接通电源.

【实验原理】

1.检查故障常用的测量方法

最常用、最简单的测量仪表是万用电表,用万用电表检查故障有三种方法:电压检查法、电流检查法和电阻检查法.

1)电压检查法

在通电的情况下,常采用逐点测试电压的方法找寻故障的所在.

首先测量外加电压(即总电压),然后用比例法可确定电路中各电阻上应该测得多大电压.如图 4.5.2 所示.

$$V_{总}=E=6\text{V},\quad V_{R_1}=V_{R_2}=2\text{V},$$
$$V_{R_3}=V_{R_4}=1\text{V},\quad V_{R_5}=1\text{V}$$

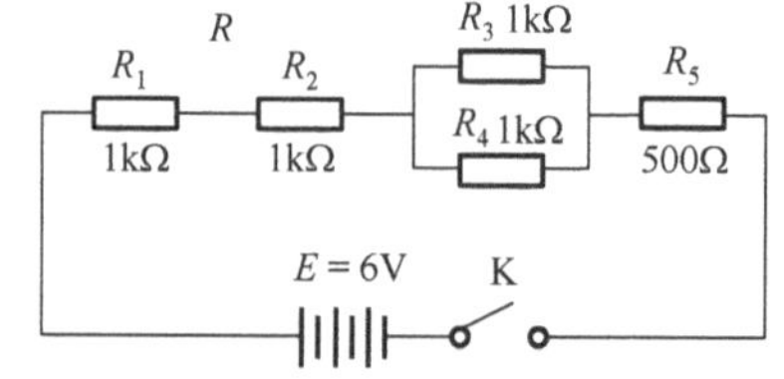

图 4.5.2　电压检查法

这是电路正常情况下的示值.

不正常电压的分析:

R_2短路:$V_{R_2}=0\text{V}$,$V_{R_1}+V_{并}+V_{R_5}=3+1.5+1.5=6(\text{V})$,各电阻上的电压均高于正常值.

R_2断路:$V_{R_2}=6\text{V}$,V_{R_1}、$V_{并}$、V_{R_5}均为零,这是由于串联电路被开路的R_2断开,电路里没有电流通过,R_1、R_3、R_4、R_5上也就没有电压降.当电压表接到两端时,电压表的内阻代替R_2闭合电路,由于电压表内阻很高,它两端测得的就是电源电压.

用电压表检查串联电路的故障是最简单的,如果在并联电路中出现了故障,常常不能用电压表方便地查出,因为不论并联各支路中任何一个支路电阻有无变化(短路除外),所有并联支路电压相同.

电压检查法的优点是在有源的电路中能带电测量,检查运行状态下的电路,既简便见效又快.

2)电流检查法

由于串联电路中各处电流相等,所以电流检查不能确定故障所在处,但它可用于并联电路中的故障检查. 如图 4.5.2 中,若故障出在 R_3,R_4 并联支路上,则测量各支路和干路上的电流可确定故障所在之处. 用电流表时需将电路断开,将电流表串入测量,因此用电流表检查不很方便.

3)电阻检查法

用欧姆表检查电路各部分电阻是否完好、线路是否通畅也是常用的比较方便的方法. 使用欧姆表时一定要将待测电路的电源断开,欧姆表不能带电测量. 如果测量并联电路元件的电阻,则需将待测元件从并联电路上断开一端,或者测量该并联组合电阻值与计算值相比较,以判断是否存在故障.

2. 分析故障的基本原则

1)根据现象缩小范围

故障发生后往往会出现异常现象,我们可以根据这些现象判断故障的大致部位,以缩小检查范围.

例 4.5.1　如图 4.5.3 所示是伏安法测量电阻电路,当开关 K 闭合时,移动 W 的滑动触头,正常情况是电压表和电流表均有指示. 如果两表均无指示,那么不管电压表及其右侧电路有无故障,应首先检查电压表及其左侧电路. 不必把精力放在右侧电路上.

如果接通开关 K 时,电压表无指示,电流表有指示,则电压表及其连线必有故障. 显而易见,做出这样的判断之后,可大大缩小检查范围.

例 4.5.2　当使用的万用表出现故障时,也可以根据现象判断故障所在. 如果发现使用欧姆挡时电表无指示,其他各挡均有指示,这说明故障出在欧姆挡. 如果各挡均无指示,则说明表头及其连线有故障. 经过分析则可大大缩小故障范围.

2)追根究源,顺序检查

故障范围确定之后,再用顺序检查的方法依次寻找故障.

例 4.5.3　如图 4.5.4 所示是电流表改装为电压表后的校正电路,接通电源,将电位器 W 调至适当,假设标准电压表有指示,而微安表无指示,此时可断定故障一定出在标准电压表的右侧,具体检查步骤:

用万用表电压挡测量 a、b 之间的电压,然后将万用表黑表笔固定于 b 点,将红表笔按 1、2、3、4、5 的顺序检查,当电压表在某处无指示时,说明故障发生在该点以前的电路中,但若测得 b、5 两点之间有电压,则说明它们之间有断路. 也可以用电阻挡测量标准电压表右侧的电阻和连线是否正常,但要注意断开电源和并联回路.

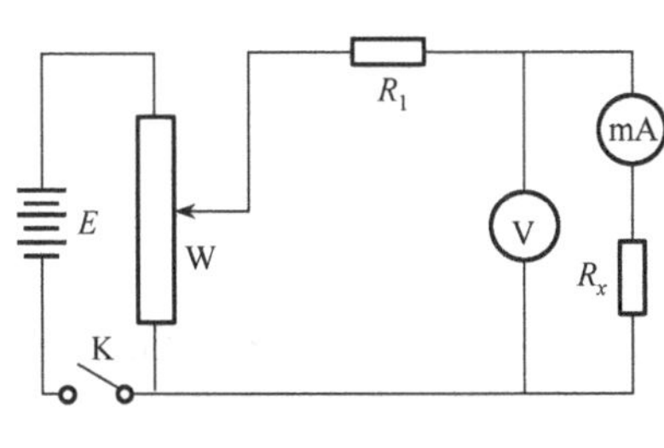

图 4.5.3　伏安法测电阻

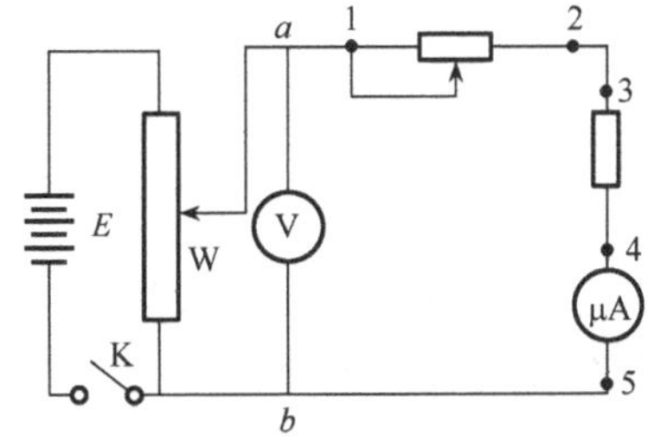

图 4.5.4　校正电路

电路的故障往往与电源不正常有关,因此,在接通电源的情况下,用电压检查法检查故障最方便. 如果故障的存在会损坏元件或仪表,就必须切断电源,用电阻法检查. 也可以把易损坏部件拆除后再进行检查.

3)认真分析识破假象

在检查故障时,往往遇到各种各样的现象,怎样不为假象所迷惑,是一个需要长期摸索、不断积累经验来解决的问题.

例 4.5.4 如图 4.5.5 所示的分压电阻 R_1、R_2 分别是 20kΩ 和 40kΩ,当电源为 3V 时,计算得输出电压 $V_{R_2}=2V$,$V_{R_1}=1V$,但用 5V 挡内阻为 30kΩ 的万用表测得 $V_{R_1}+V_{R_2}=3V$ 而 $V_{R_2}=1.383V$,$V_{R_1}=0.69V$,不但 V_{R_2} 和 V_{R_1} 与理论值有很大差异,且实测值 V_{R_1} 与 V_{R_2} 之和不等于 $V_{R_1}+V_{R_2}$,产生的原因是 30kΩ 的电压表内阻并联到与之相当的 20kΩ、30kΩ 电阻两端引起的假象.

例 4.5.5 图 4.5.6 是晶体管放大电路,设晶体管集电极断开,电路工作不正常. 此时用万用电表 5V 挡(内阻约 30kΩ)检查,$V_{ae}=4.5V$,这说明电源没有问题,顺序检查 V_{ce} 为 3.37V,此时很容易误认为电路畅通,根据是 R_c 上有压降即有电流通过. 实际上这又是电压表内阻引起的假象. 此时量得的电压是 R_c 和电表内阻的分压. 若只测 R_c 上电压 $V_{ac}=0$ 则可判断为集电极开路.

同理,若图中不是集电极断开,而是 R_c 上边断开,用万用表测量时 V_{ac} 等于某值(不同的晶体管有不同的值),也会误认为 R_c 良好,如果测量 $V_{ce}=0$ 则可判断为 R_c 开路.

实际工作中遇到的故障是千变万化的,要做到判断准确、排除迅速,要靠大量的实践,积累丰富的经验,绝非一日之功.

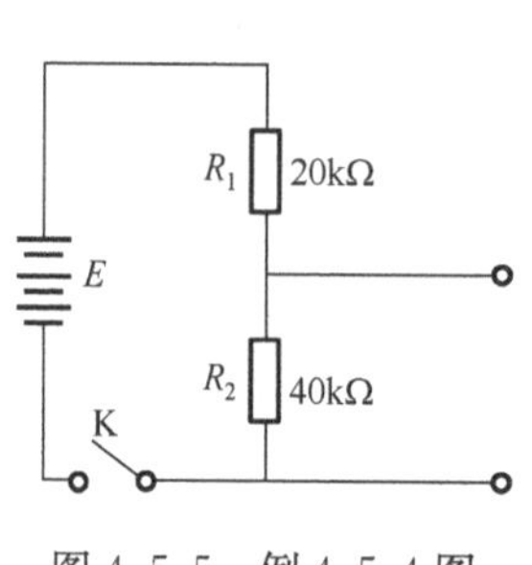

图 4.5.5 例 4.5.4 图

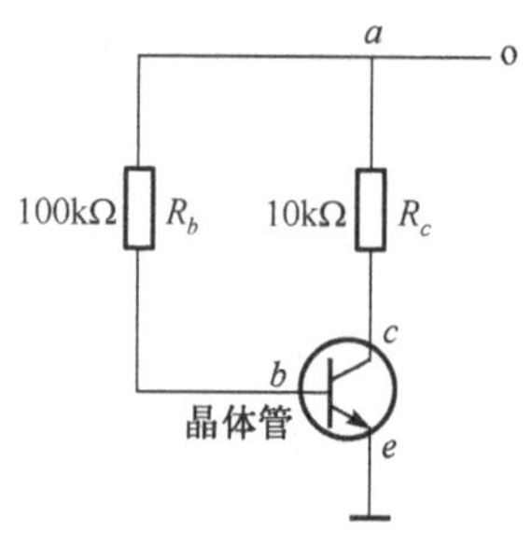

图 4.5.6 例 4.5.5 图

【实验内容】

1. 电路 1

图 4.5.7 是一个“分压灯控电路”.

(1)设置故障.

(2)检查并排除故障.

(3)调节电位器 W 观察灯泡发光情况.

(4)在自行绘制的原理图上(并非仪器面板图上!),标出故障之处及故障原因.

2. 电路 2

图 4.5.8 是一个收音机放大电路以及和收音机的连接图,虽然同学们尚未学习电子线路,

对该电路比较陌生，但只要掌握分析故障的方法，就可以像排除其他电路故障一样予以排除.

(1)连接收音机和实验电路，注意：插头不要插错，电源极性不要接反.

(2)设置故障，用万用表测量有关电压值.

(3)分析原因，查出故障.

(4)排除故障，调节收音机就可以听到有关电台的节目，享受成功的喜悦.

(5)在自行绘制的原理图上，标出故障之处及故障原因.

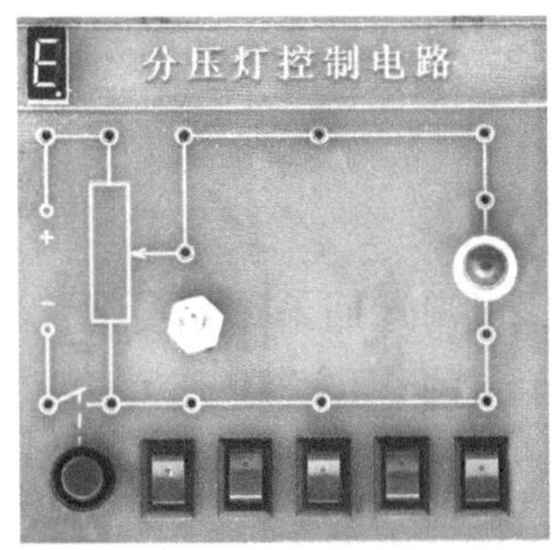

图 4.5.7　分压灯控电路

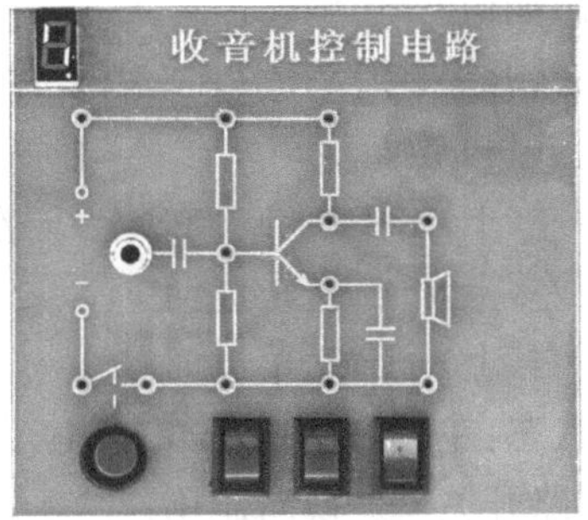

图 4.5.8　收音机控制电路

3. 电路 3

图 4.5.9 是一个电扇正/反转控制电路，扳动换向开关 K 即可控制电扇的正/反转.

(1)考查电扇正/反转控制电路接线方法. 并设置故障.

(2)分析原因，查出故障，并排除故障.

(3)在自行绘制的原理图上，标出故障之处及故障原因.

4. 电路 4

图 4.5.10 是一个“智力游戏控制电路”，该题目是 2001 年山东电视台与山东大学联合举办的“趣味奥林匹克”电视节目之一，深受参赛者的欢迎和电视观众的好评.

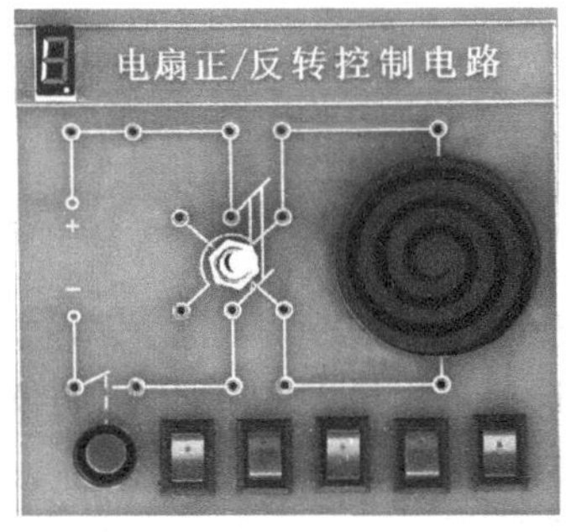

图 4.5.9　电扇正/反转控制电路

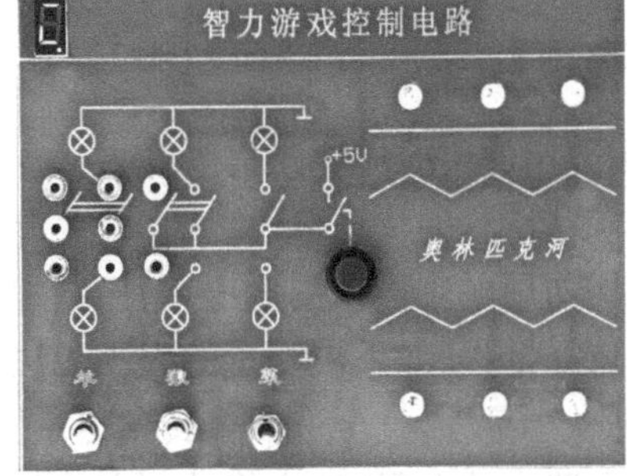

图 4.5.10　智力游戏控制电路

故事　一只狼、一头羊和一筐卷心菜在河的同侧，一个摆渡人要将它们运过河去，但由于船小，他一次只能载三者之一过河，显然，不管是狼和羊还是羊和卷心菜，都不能在无人看管的情况下留在一起，问摆渡人该怎样把它们运过河去？(选自大学教材“离散数学”)

设计　根据故事情节和给定的器材(指示灯 6 个、双刀双掷开关 2 个和单刀双掷开关 1

个、连线若干),试设计一智力游戏实验板,让故事中的摆渡人顺利运物过河.

要求 认真分析“顺利过河”过程和逻辑关系,正确连接电路,扳动开关,往返一次只能扳动一下开关(或者向上/或者向下),相应图案指示灯亮.

初始状态:此岸三灯全亮(表示羊、狼、菜一起由摆渡人看管,准备过河);

最终状态:彼岸三灯全亮(表示羊、狼、菜一起与摆渡人顺利过河).

问题 (1)让故事中的摆渡人顺利运物过河,您扳动了几次开关?顺序、作用(结果)和开关最终状态如何?

(2)左路开关、中路开关在“过河”中起何作用?

答案 (1)4次;

顺序:左(上)—中(上)—右(上)—左(下);

作用:左(上)——送羊过河　　中(上)——送狼过河运回羊

右(上)——送菜过河　　左(下)——送羊过河;

最终状态:左(下)、中(上)、右(上).

(2)左路开关——换向作用;

中路开关——控制电源;

两开关(逻辑关系)相互配合,实现“羊”、“狼”分离.

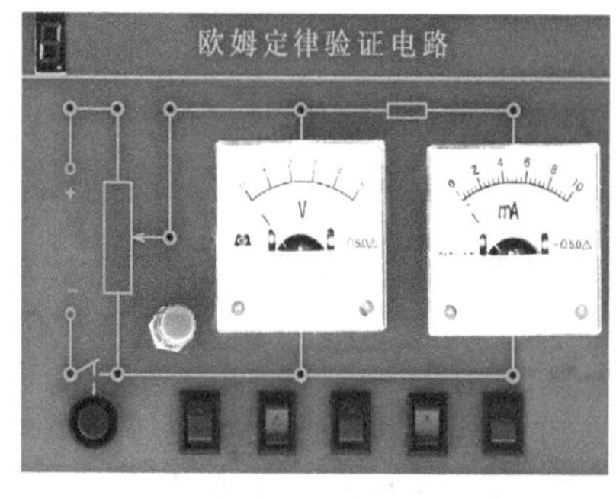

图 4.5.11　欧姆定律验证电路

5. 电路 5

图 4.5.11 是一个欧姆定律验证电路,电压表量程 0～5V,电流表量程 0～10mA.

(1)设置故障.

(2)分析原因,查出故障,并排除故障.

(3)调节电位器,改变电压表、电流表示数,读出 10 组数据,绘制出电阻的特性曲线.

(4)在自行绘制的原理图上,标出故障之处及故障原因.

【注意事项】

(1)使用万用电表时应注意以下几点:

①首先确认待测的物理量.将选择开关旋至相应的测量挡.

注意 切勿用电流挡误测电压,勿用欧姆挡测量电压、电流.

②正确选择量程.如果被测量的大小无法估计,应选择量程最大的一挡,以防仪表过载,若偏转过小,则减小量程,直至选择偏转角尽量大而未超格的量程.

③测量电路中的电阻时,应将被测电路的电源切断.

④用万用电表测量电阻时,应在测量前先校正电阻挡的零点,在换量程后也需重新调零,否则产生定值系统误差.

⑤万用电表用毕,应将旋钮调到交流电压最大一挡或空挡(有的万用电表旋钮调至空挡“·”处),以免下次使用时不慎损坏电表,特别注意不要停在欧姆各挡,以免表棒两端短路,致使电池长时间通电.

(2)其他应注意问题：

①实验中，切勿用手触碰、按压电风扇，以防割伤手指、损坏设备.

②收音机电路检测完毕，应及时关闭收音机的电源开关.

③勿对仪器面板施力、加压，以防损坏仪器.

④实验前或完毕后，各电路中的所有电位器应检查触点，并旋至中部位置.

【应用提示】

万用电表是电器测量中最常用的仪器之一. 随着科技的发展，由最初的指针式(图 4.5.12)发展到现在的数字式(图 4.5.13)，而且功能也更加强大. 一种新式数字万用电表功能简单介绍如下：

带背光大屏 LCD 显示；交直流电压、电流、欧姆、频率、周期、脉宽、电容测量；短路蜂鸣测试、二极管测试、dBm、热电偶、热电阻；交流＋直流测量(AC＋DC)、交流＋频率(AC＋Hz)测量；最大值、最小值、平均值测量，相对值测量；测量显示 55000 字，基本精度为 0.02%；交流电压、电流真有效值测量；4 种操作方便的数据记录功能；内置 256K 大容量数据存储器，可独立存储多达 1000 个(组)测量数据；仪表通过隔离 USB 接口与计算机通讯等.

图 4.5.12　指针式万用表

图 4.5.13　数字式万用表

4.6　CCD 摄像法测直径实验

【实验目的】

(1)了解有关图像处理的基本知识.

(2)学习利用 CCD 摄像法测量工件直径.

【实验仪器】

光电传感器系统实验仪、CCD 摄像机、计算机、标准件(ϕ=10.00mm)、待测试件若干.

【实验原理】

1. 数字图像处理技术简介

图像是由若干个图像点构成的，每一个点被称为一个像素(图 4.6.1)，像素即构成图像的基本元素.我们说一个图像大小是 800×600,实际上讲的就是这个图像的像素数目:该图像在水平方向上有 800 个像素,在垂直方向上有 600 个像素,它是一个 800×600 个像素的矩形区域的图像.图像的水平方向上的像素个数称为图像的宽,垂直方向的像素个数称为图像的高.图像的每一个点都有自己的属性,如颜色(color)、灰度(gray scale 或 gray level)等.颜色或灰度是决定一幅图像表现能力的关键因素.颜色即图像中像素可以区别的颜色数目,如单色、4 色、16 色、256 色、24 位真彩色等,颜色越丰富,图像的表现能力越强.灰度是像素的亮度,它用于表示黑白图像像素之间的可区分程度,用级或等级来度量,级数越多,黑白图像的表现力越强.灰度值一般为 1 级、16 级和 256 级.需要指出的是,图像越大,颜色值越多,或灰度级别越高,则在处理图像时对计算机的硬件和软件环境要求也会相应提高.

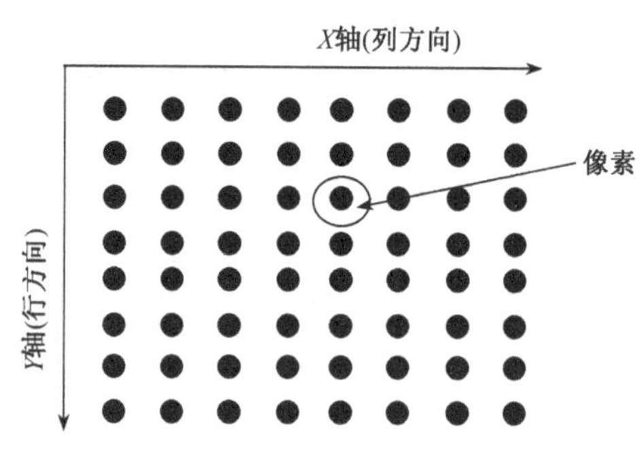

图 4.6.1 图像矩阵

为了研究和分析图像,就需要对图像进行处理.所谓图像处理,就是按特定的目标,用一系列特定的操作来“改造”图像.图像处理可以应用光学方法,也可以应用电子学方法.光学图像处理方法已有很长的历史,如光学滤波器等.在激光全息技术出现后,它得到了很大的发展.光学图像处理是并行处理,处理速度快,信息容量大,分辨率高,又很经济;其不足是处理精度较低,灰阶少,处理缺乏灵活性,如处理过程中功能不全、没有判断功能、没有数量概念等,常用在定性分析中.

数字图像处理就是把在空间上离散的,幅度上量化的、分层的数字图像,经过一些特定的数理模式进行加工处理,以达到有利于人眼视觉或某种接收系统所需要的图像的过程.数字图像处理的过程包括:

(1)图像变换:①几何变换,平移、转置、旋转、缩放等;②傅里叶变换;③小波变换等.

(2)图像滤波:各种图像数据,在形成、传输、接收和处理过程中,由于受到媒介的实际性能和接收设备的限制,不可避免地存在着外部干扰和内部干扰.这些随机干扰使得图像信号质量下降.为了改善这些下降的图像质量,图像处理一般采用两种技术,即图像恢复技术和图像增强技术.在上述两种处理手段中,常用的具体方法有:改变图像的亮度;变换图像的对比度(图像亮度的最大值和最小值之比);图像滤波;图像校正等.这其中,图像滤波起着重要的作用.滤波技术能有效地抑制(平滑)各种噪声、加强(锐化)边缘信息,将很大程度上改善图像质量,提高后续工作(如图像分割)的精度.

①线性滤波器:线性均值滤波因为理论基础完善、数学处理简单、易于采用快速傅里叶变换(FFT)和硬件实现等优点,一直在图像滤波领域占有举足轻重的地位.线性均值滤波对加性高斯噪声有较好的平滑作用.均值滤波是采用 $N\times N$(如 3×3,5×5,7×7)窗口对图像进行滤波操作.滤波的目的:将叠加窗口 $N\times N$ 各像素灰度值加权平均,然后该窗口每个像素点的灰

度值用加权平均值代替，达到滤波的效果. 这种滤波方式可去除图像中如尖锐噪声等噪声的影响，进一步优化图像. 均值滤波就是用一个含有奇数点的滑动窗口，将窗口正中的那一点的值用窗口内各点的平均值代替. 假设窗口内有九点，其值分别为 80、85、100、105、110、120、130、150、200，那么此窗口内的均值为 120，均值滤波过程如图 4.6.2 所示.

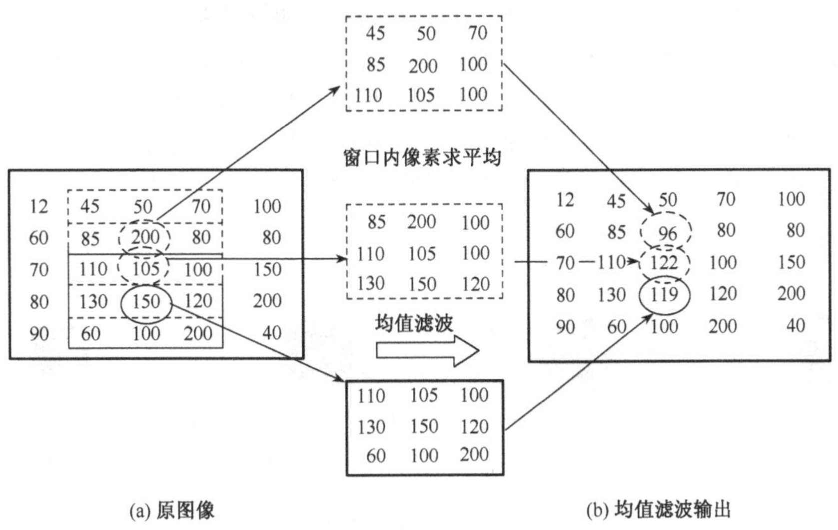

图 4.6.2　均值滤波过程

②中值滤波器：著名学者 Tukey 提出了一种非线性滤波器——中值滤波器. 对正态分布噪声，中值滤波的方差比线性均值滤波的方差大 57%. 中值滤波和均值滤波类似，只不过把滤波窗口内像素点的灰度值排序，取中间值代替每个像素点的灰度值. 中值滤波就是用一个含有奇数点的滑动窗口，将窗口正中的那一点的值用窗口内各点的中值代替. 假设窗口内有九点，其值分别为 80、85、100、105、110、120、130、150、200，那么此窗口内的中值为 110. 中值滤波过程如图 4.6.3 所示.

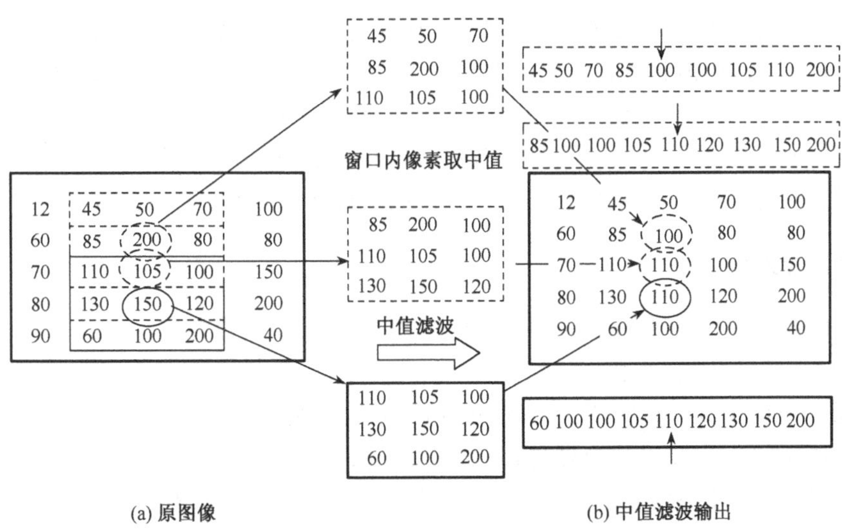

图 4.6.3　中值滤波过程

③图像分割:图像分割的目的是把图像划分成具有一定意义的区域,把人们对图像中感兴趣的部分或者目标从图像中提取出来,作进一步的分析应用. 以物体边界为对象进行分割的技术称为图像边缘检测技术. 通过检测图像中的局部不连续性得到图像的边缘,也即两个具有不同灰度的均匀图像区域的边界. 局部边缘是图像中局部灰度级以简单(即单调)的方式作极快变化的小区域. 这种局部变化可用一定窗口运算的边缘检测算子来检测.

④二值化处理:二值图像就是指只有两个灰度级的图像,由灰度图产生二值图像时,如果输入像素的灰度值大于给定的阈值(一个特定的灰度值),则输出像素赋为 1(显示为白色),否为 0(显示为黑色). 只有两级灰度的数字图像(黑和白)称为二值化图像.

对图像进行均值滤波、中值滤波和二值化处理的效果如图 4.6.4 所示.

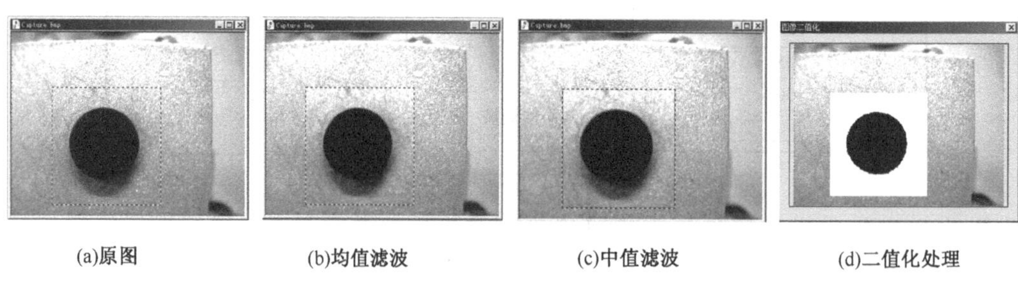

(a)原图　(b)均值滤波　(c)中值滤波　(d)二值化处理

图 4.6.4　图像处理效果

2. 数字图像处理技术的应用

随着计算机技术的突飞猛进以及数字图像处理技术的发展,数字图像处理在科学研究、工业生产、国防、现代管理决策等众多行业得到越来越多的应用. 数字图像技术在医学上应用十分广泛,如 B 型超声、X 射线-CT、放射性同位素扫描和核磁共振成像,它们是现代医学的四大影像技术. 数字图像处理技术在工业自动化、工业检测方面的应用也相当广泛. 利用图像处理技术,可以进行器件的内结构分析、失效分析和可靠性筛选. 数字图像处理技术在公安方面的应用有两个突出的成果,即指纹查询、识别及人像组合、查询和识别. 在现代战争里,数字图像处理技术极为重要. 例如,将来自卫星的图像用于军事侦察,以地形匹配实现精确轰炸,以相关运算实现活动目标跟踪等. 当前呼声很高的电子商务中,图像处理技术也大有可为,如身份认证、产品防伪、水印技术等. 另外,图像处理技术在通信工程、文字识别中均起着重要作用. 总之,数字图像处理技术的应用在国家安全、经济发展、日常生活中起着越来越重要的作用.

3. 数字图像处理设备

数字图像处理过程,包括图像采集、传输、处理,使用的主要设备有:

(1)CCD 摄像机、数码相机.

CCD 摄像机由于没有几何畸变,而且对光的响应是高度线性的,故往往作为图像传感应用的首选设备. CCD——电荷耦合器件,是英文 charge couple device 的缩写. CCD 能将二维光学图像信息通过驱动电路转变成一维的视频信号输出. CCD 可以按不同的方式配置构成一系列可以应用于电视和图像数字化目的的小型而稳定的固态摄像机.

CCD摄像机的图像一般只有数十万像素. 由于CCD摄像机可以输出连续图像，特别适合于动态监视和测量，也可用于精度要求不高的静态测量. 普通CCD摄像机每秒钟输出一二十帧图像，价格便宜. 高速的每秒钟可输出数百甚至上千帧图像，但价格昂贵.

CCD摄像机有单色和彩色之分，单色CCD摄像机一般具有较低的噪声，根据测量要求和测量环境选择不同的CCD摄像机.

目前，数字摄像机的使用逐渐多起来. 数字摄像机具有上百万的像素，且直接是数字信号输出(一般采用USB或1394接口)，使用更加方便，分辨率高，价格逐渐降了下来.

数码相机具有数百万像素的分辨率，一般都可利用USB接口与计算机相连，分辨率高，使用方便. 但数码相机一般只能采集静态图像，且不便于用计算机直接控制进行拍摄.

(2)图像采集卡.

一般CCD摄像机的输出信号是模拟信号，需用图像采集卡将其转换为数字图像. 一般图像采集卡插在计算机的扩展插槽内，速度快. 也有采用USB接口的图像采集盒，使用方便，但速度较慢. 目前采用的数字摄像机，由于使用标准的USB或1394接口，不再需要图像采集卡，使用方便，速度也足够达到要求.

(3)计算机、显示器、打印机、绘图仪等.

计算机、显示器等是大家都比较熟悉的设备，在此不再赘述.

4. CCD摄像法测直径

利用标准直径试件(圆形物件，样品杯面有红标志点)，$D_0=10.00$mm，通过CCD摄像机，拍摄物体影像，然后利用计算机软件捕获该图像，此时试件直径就反映为图像上尺寸(占有的像素数;注意CCD与物体的距离不同、放大倍数不同，得到的像素尺寸就不同.)在图像上测出此图像尺寸，记为D_1，单位为像素，然后利用D_0、D_1标定整个测量系统的测量转换系数，记为K

$$K=\frac{D_0}{D_1} \tag{4.6.1}$$

利用测量转换系数K，就可以把待测试件的实际尺寸计算出来.

$$D_{x_0}=K\cdot D_{x_1} \tag{4.6.2}$$

其中D_{x_0}为试件的实际尺寸，单位为毫米;D_{x_1}为试件的图像尺寸，单位为像素.

直径测量分为软件法测量和手工测量.

(1)软件法测量:利用CCD摄像法测径软件提供的"直径测量"功能进行测量. 在测量的过程中，软件自动计算选定测量区域所有像素点灰度值为0(黑色区域)的面积.

由

$$S=\frac{1}{4}\pi D^2$$

得

$$D=\sqrt{\frac{4S}{\pi}} \tag{4.6.3}$$

其中D为测量试件的直径，$\pi=3.1416$，此时测量出的直径可为小数，单位为像素. 若试件为正方形，得到试件的面积后，利用正方形面积公式可求得边长.

(2)手工测量:通过标定水平方向上灰度值为 0 的像素点坐标最大值和最小值的差完成直径测量. 此时由于是坐标(像素)差,故而测量出的直径为整数,单位为像素.

【实验内容】

本实验所用 CCD 摄像机与样品位置关系如图 4.6.5 所示.

图 4.6.5 CCD 摄像机安装示意图

1. 样品架; 2. 待测样品; 3. 摄像机焦距调节; 4. CCD 摄像机; 5. 摄像机视频信号线; 6. 导轨; 7. 滑块

(1)确认正确安装了图像采集卡及其驱动程序,确认安装了 CCD 测试实验软件.

(2)打开光电传感器系统实验仪电源,启动计算机,启动 CCD 测试实验软件,程序主界面如图 4.6.6 所示.

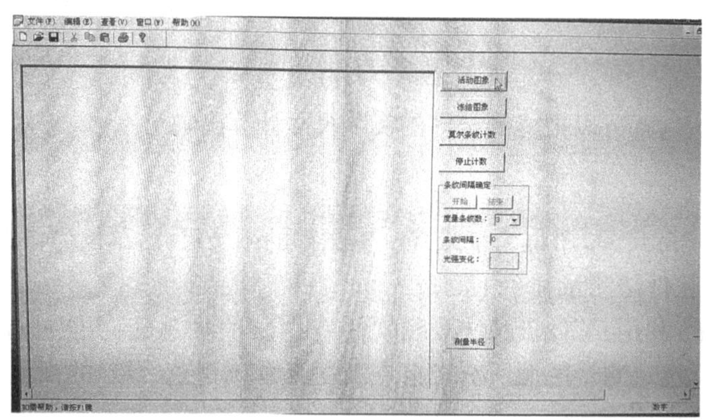

图 4.6.6 测量程序运行界面

(3)设置视频格式撷取格式为 RGB24 Bit,设置视频源:设置影像输入(AV),影像标准(PAL)亮度、对比、色度可根据情况设置;彩度设置为 0;这时应该有视频图像显示. 若无,请重新调整. 通过调整 CCD 与测量目标之间的距离、CCD 镜头的焦距、背景照明光源使测量目标基本成像于图像的中央并占据图像的大部分,保证图像清晰、轮廓分明.

注意 调整好后,为保证精度,更换测量目标时应保持 CCD 与测量目标之间的距离、CCD 镜头的焦距、背景照明光源不变.

(4)分别将标准件和待测件安放在仪器上,进行测量.

① 将标准件放入样品架,单击“活动图像”按钮,捕获一幅图像进行测量,则显示图 4.6.7(a)所示界面.

② 单击“灰度”按钮,将该图像转化为灰级图像.

③ 选定工作区域,对图片进行“负片”处理,则工作区图片显示出黑白图像,且待测区域成为白色,如图 4.6.7(b)所示,软件中计算的即为其中白色像点的面积.

④ 调整“二值化”按钮对应的阀块,使图像达到最佳视觉效果;单击“计算”按钮,则显示工作区域的白色图像以像素为单位的面积值.

⑤ 把标准件从样品架取下换上待测工件. 重复①～④的步骤对待测工件分别采用不滤波条件的二值化处理、二值化处理后中值滤波、二值化处理后均值滤波这三种不同的处理方式,得到各条件下待测工件以像素为单位的面积值,记录数据填入表 4.6.1.

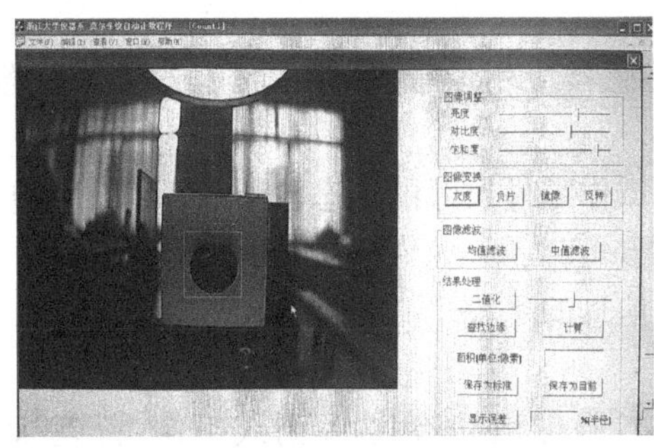

(a)

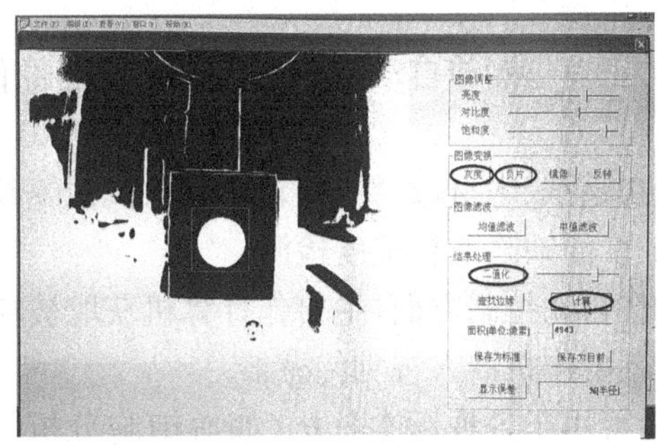

(b)

图 4.6.7　工件测量样块

注意

① 同一幅图像进行不同滤波方式测量时,必须在上一次测量完后,按返回快捷键“灰度”返回到滤波之前,以使得每次测量的图像不要进行两次及以上的滤波处理.

② 每种滤波处理的各试件的各次采集图像必须用相同的阈值进行二值化.(为什么?)

(5)利用式(4.6.1)～式(4.6.3)分别计算试件在不同处理方式下的实际尺寸.

表 4.6.1

组别/物理量 ＼ 工件/处理方式		1		2		3	
		S/像素	D/mm	S/像素	D/mm	S/像素	D/mm
标准件	不滤波						
待测件	不滤波						
	中值滤波						
	均值滤波						

【思考题】

(1)简单分析一下在对图像进行二值化处理时,阈值的不同选取对测量结果的影响.

(2)对于其他几何对称的物体(如正方形、正三角形)能否用相似的方法处理? 如何计算? 对于非几何对称的物体呢?

【应用提示】

CCD 图像传感器的应用

CCD 分为线阵 CCD 和面阵 CCD 两类. 像扫描仪、传真机用的就是线阵 CCD,它在测量领域应用较多. 面阵 CCD 应用则更为广泛,像数码相机、摄像机等使用的都是面阵 CCD. CCD 的七个主要应用领域:

(1)小型化黑白、彩色 TV 摄像机. 这是面阵 CCD 应用最广泛的领域.

(2)传真通信系统. 用 1024~2048 像元的线阵 CCD 作传真机,可在不到 1s 内完成 A4 开稿件的扫描.

(3)光学字符识别. CCD 图像传感器代替人眼,把字符变成电信号,进行数字化,然后用计算机识别.

(4)广播 TV.

(5)工业检测与自动控制. 这是 CCD 图像传感器应用量很大的一个领域,统称机器视觉应用.

①在钢铁、木材、纺织、粮食、医药、机械等领域作零件尺寸的动态检测,产品质量、包装、形状识别、表面缺陷或粗糙度检测.

②在自动控制方面,主要作计算机获取被控信息的手段.

③还可作机器人视觉传感器.

(6)可用于各种标本分析(如血细胞分析仪),眼球运动检测,X 射线摄像,胃镜、肠镜摄像等.

(7)天文观测.

①天文摄像观测.

②从卫星遥感地面. 如美国用 5 个 2048 位 CCD 拼接成 10240 位长取代 125mm 宽侦察胶卷,作地球卫星传感器.

③航空遥感、卫星侦察. 如 1985 年欧洲空间局首次在 SPOT 卫星上使用大型线阵 CCD 扫描,地面分辨率提高到 10m. 还在军事上应用,如微光夜视、导弹制导、目标跟踪、军用图像通信等.

4.7 迈克耳孙干涉仪实验

迈克耳孙干涉仪是美国物理学家迈克耳孙和莫雷为进行“以太漂移实验”于 1883 年创制的. 在光的电磁理论与爱因斯坦相对论形成之前,大多数物理学家相信光波在一种称为“以太”的物质中传播,这种物质充满整个宇宙空间. 迈克耳孙和莫雷试图用迈克耳孙干涉仪测量出地球相对于以太的运动. 他们预计这种相对运动会导致将仪器旋转 90°后能观察到 4/10 个条纹的移动,实际观察到的结果是少于 1/100. 这个结果令迈克耳孙感到十分失望,但他们因此却创制了一个精密度达四亿分之一米的测长仪器并运用这套仪器转向长度的测量工作. 1907 年,迈克耳孙由于在“精密光学仪器和用这些仪器进行光谱学的基本量度”的研究工作而荣获诺贝尔物理学奖.

直到爱因斯坦于 1905 年提出了相对论，指出光速不变，即真空中光波相对于所有惯性参考系的速度都是相同的值 c. 假想的以太概念被彻底地抛弃. 迈克耳孙-莫雷所得的否定结果给相对论以很大的实验支持. 它因此被称作历史上最有意义的“否定结果”实验(“negative-result”experiment).

【实验目的】

(1)了解迈克耳孙干涉仪的构造原理，初步掌握调节方法.
(2)观察等倾干涉现象，测氦氖激光的波长.
(3)学习法布里-珀罗干涉装置的调节和使用.

【实验仪器】

迈克耳孙干涉仪、氦氖多束光纤激光器.

【实验原理】

1. 仪器的构造

迈克耳孙干涉仪的构造如图 4.7.1 所示，图 4.7.2 是其俯视图. 其中，1. 底座；2. 毫米刻度尺，3. 导轨，4. 精密丝杠，5. 拖板，6. 反射镜调节螺丝，7. 可动反射镜 M_1，8. 分光板 G_1，9. 补偿板 G_2，10. 固定反射镜 M_2，11. 读数窗口，12. M_2 水平微调拉簧螺丝，13. 观察屏，14. 观察屏滑动导杆，15. 粗调手轮，16. 水平调节螺丝，17. 微调手轮.

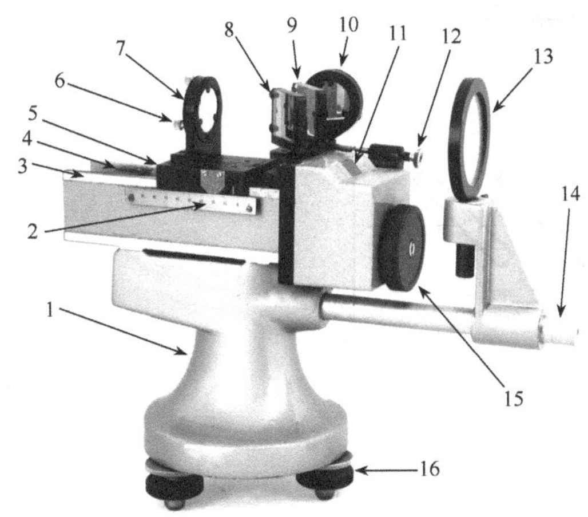

图 4.7.1　迈克耳孙干涉仪的构造

迈克耳孙干涉仪的干涉光路图如图 4.7.3 所示. M_1、M_2 为两个平面反射镜. M_2 固定，M_1 可由一套精密的丝杆系统控制其沿导轨前后移动. G_1 和 G_2 为同一玻璃切割而成的平行平面玻璃板，有相同的厚度和对光的折射率，两者平行放置，并与 M_1 和 M_2 成 45°夹角. G_1 的后表面镀了一层半透膜，使射在上面的光一半反射，一半透射，因此 G_1 称为分光板. 反射光束经 M_1 反射通过 G_1 形成光束 $1'$. 透射光束经 G_2 被 M_2 反射，再由 G_1 的半透膜反射形成光束 $2'$. 光束 $1'$ 与 $2'$ 是满足相干条件的相干光，相遇时发生干涉现象，干涉形成干涉条纹. 放置 G_2 的目的是保证光束 $1'$ 与光束 $2'$ 在玻璃中通过的光程相同，因此 G_2 称为补偿板.

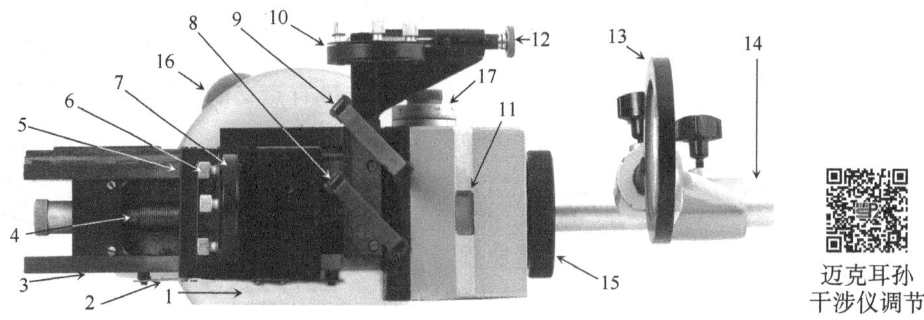

图 4.7.2　迈克耳孙干涉仪俯视图

2. 等效光原理

迈克耳孙干涉仪的等效光路图如图 4.7.4 所示，S 是单色点光源，S′是 S 由 G_1 的半透膜所成的像. S 发出的光可等效为由 S′发出. M_2'是 M_2 由 G_1 的半透膜所成的像，S_1'、S_2'分别是 S′在 M_1、M_2'中的像. 由 S′发出的光经 M_1 和 M_2 反射形成的光束 1′和光束 2′可等效为分别由S_1'和 S_2'发出. 作等效光路图的目的是可以方便地计算光程差. 若 M_1 与 M_2'平行，且两者距离为 d，则 S_1'、S_2'之间距离为 $2d$.

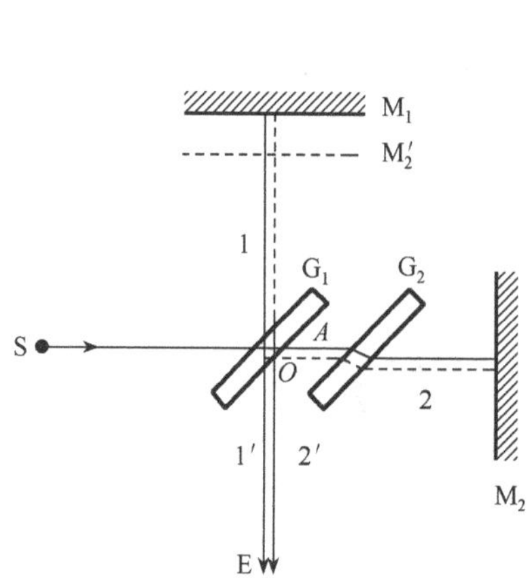

图 4.7.3　迈克耳孙干涉仪的干涉光路

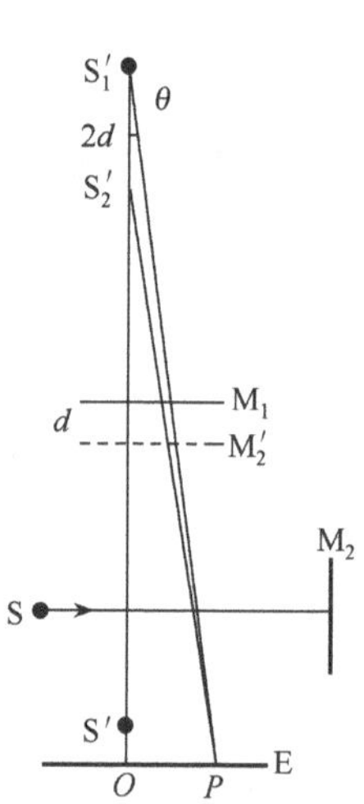

图 4.7.4　等效光路图

将观察屏 E 垂直于 $S_1'S_2'$连线放置，则 S_1'、S_2'发出的光到屏上某点 P 的光程差为

$$\delta \approx 2d\cos\theta \tag{4.7.1}$$

其中 θ 为 $S_1'S_2'$与 $S_1'P$ 连线之间的夹角.

光程差 δ 满足

$$\delta = 2d\cos\theta = \begin{cases} k\lambda, & P\text{ 点为亮点} \\ (2k+1)\dfrac{\lambda}{2}, & P\text{ 点为暗点} \end{cases} \tag{4.7.2}$$

对应 θ 角相同的点，光程差相同，所以屏上观察到一组明暗相间的同心圆形条纹，叫做等倾干涉圆环，圆心为 O，如图 4.7.5 所示. 由式(4.7.2)看出，对同一级次的条纹(k 一定)，d 增大，θ

角增大，环向外扩，在中心有条纹涌出；反之，d 减小，θ 角减小，圆环向内收缩，在中心有条纹陷入. d 每改变一个 $\lambda/2$，中心有一个条纹涌出(或陷入). 当有 N 个条纹变化时

$$\Delta d = N\frac{\lambda}{2}$$

$$\lambda = \frac{2\Delta d}{N} \tag{4.7.3}$$

由式(4.7.3)可测量光波波长. 其中，Δd 为中心有 N 个条纹变化时动镜 M_1 的位置变化量. M_1 的位置可由丝杆传动系统的刻度读出.

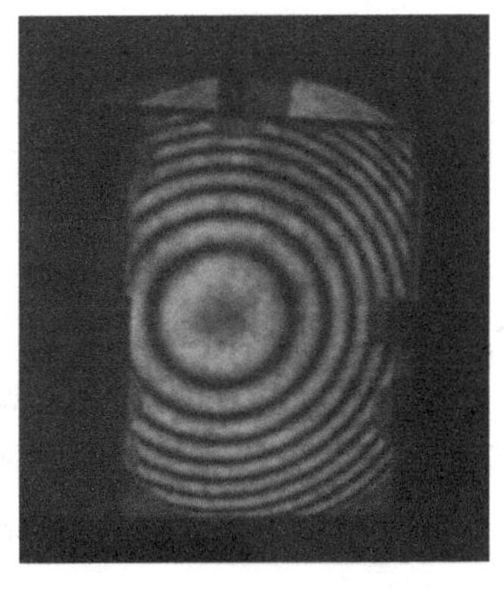

图 4.7.5　等倾干涉条纹

相互平行的 M_1 与 M_2' 距离很近时，将其中一个稍稍倾斜，M_1 与 M_2' 之间即形成一个楔形空气膜. 在屏上会出现等厚干涉图样，其干涉条纹基本上是平行于中央条纹的直线，在远处条纹略向内凸.

迈克耳孙干涉仪条纹

3. 法布里-珀罗干涉仪的工作原理

法布里-珀罗干涉仪主要由平行放置的两块平面板组成. 图 4.7.6 为这种干涉仪的装置图，图 4.7.7 为其光路图. 在两块板 G、G′ 相向的平面镀有银膜或反射率较高的薄膜，要求镀膜的平面与标准样板之间的偏差不超过 1/20～1/50 波长. 面光源 S 放在透镜 L_1 的焦平面上，使许多方向不同的平行光束入射到干涉仪上，在 G、G′ 间来回多次反射，最后透射出来的平行光在透镜 L_2 的焦平面上形成同心圆形条纹.

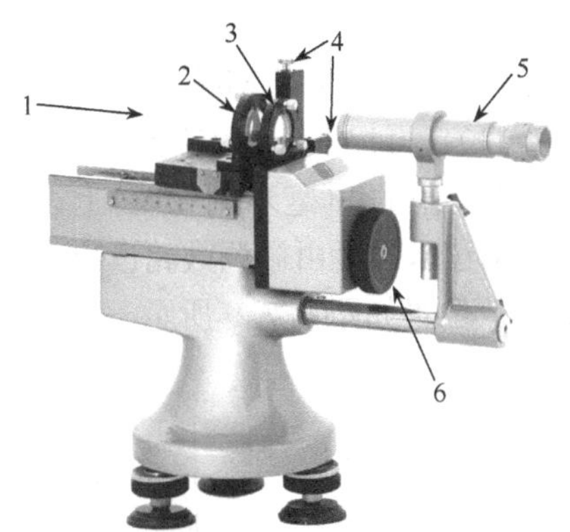

图 4.7.6　法布里-珀罗干涉仪装置图
1. 激光入射方向；2. 可移动反射镜；3. 固定反射镜；4. 微调钮；5. 望远镜头；6. 粗调轮

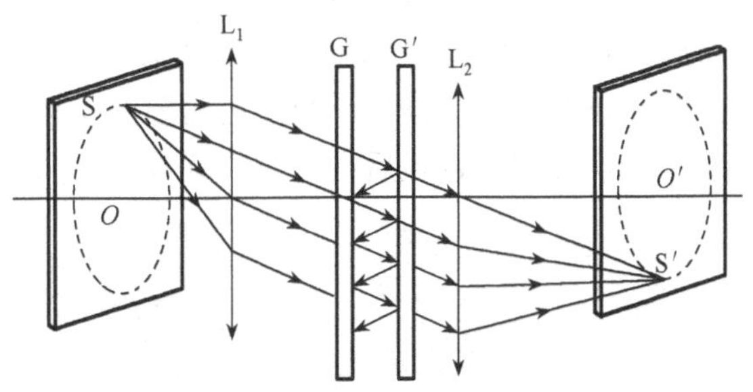

图 4.7.7　法布里-珀罗干涉仪光路图

法布里-珀罗干涉仪两相邻透射光的光程差与迈克耳孙干涉仪的完全相同，由此决定了两种干涉仪产生的圆条纹的间距、径向分布很相似. 但由于法布里-珀罗干涉仪是振幅急剧递减的多光束干涉，它的干涉条纹极其清晰明锐，由几乎全黑的背景上的一组很细的亮条纹构成. 因此它具有很高的分辨本领，可以被用来考察光谱线宽度及其精细结构. 如钠光灯的双黄线，在迈克耳孙干涉仪中不能被分辨，在法布里-珀罗系统中则形成两套同心圆环. 激光器的谐振腔也是应用了法布里-珀罗干涉仪的原理.

【实验内容】

1. 测氦氖激光波长

(1)打开氦氖多束光纤激光器,将一束光纤安装在分光板的前端,使出射的激光斑照射在分光板上,光轴基本与固定镜 M_2 垂直.

(2)放倒观察屏,透过 G_1 观察 M_1,可看到两排光点,这是由 M_1 和 M_2 上的反射光束在 G_1 前后表面多次反射产生的,如图 4.7.8(a)所示.轻微调节 M_1(或 M_2)背后的三只调节螺钉,使两排光点依次严格重合,此时表明 M_1 与 M_2 相垂直,见图 4.7.8(b).

(a) (b)

图 4.7.8 测激光波长

(3)立起观察屏,即可看到等倾干涉条纹,微调 M_2 的两个拉簧螺丝,使条纹圆心处于屏中央.

(4)观察干涉条纹形状、疏密,旋转干涉仪的粗调鼓轮和微调鼓轮,从条纹的涌出(或陷入)判断 d 在增大还是在减小.

(5)单向缓慢转动微调鼓轮,将干涉环中心调至最暗(或最亮),记下此时 M_1 的位置的 d_1,继续单向转动微调鼓轮,当条纹"吞进"或"吐出" N 个时($N \geqslant 100$),再记下 M_1 的位置 d_2. 重复测量多次. 读取 M_1 位置的方法为(以毫米为单位):先从图 4.7.1 中的 2(毫米刻度尺)上读出整数,再从读数窗口上读出小数点后的前两位数(这两步不需估读),最后由微调鼓轮读出小数点后的第 3、4、5 位数(最后一位是估读数). M_1 位置的三处读数位置如图 4.7.9 所示.

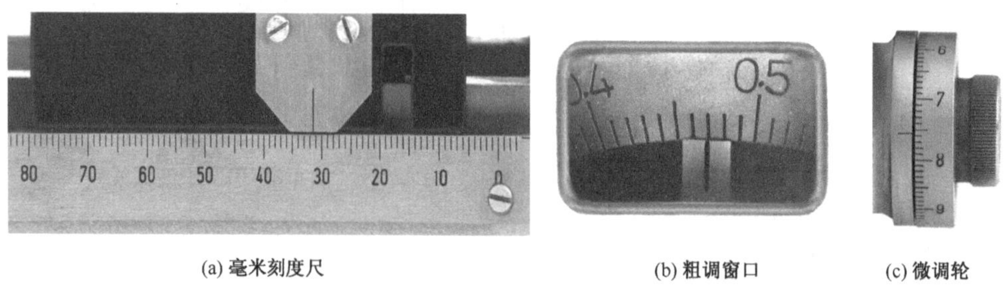

(a) 毫米刻度尺 (b) 粗调窗口 (c) 微调轮

图 4.7.9 迈克耳孙干涉仪的读数装置

(6)计算氦氖激光的波长,与理论值比较($\lambda_{理论}=632.8\text{nm}$),计算相对误差

$$E=\frac{|\lambda-\lambda_{理论}|}{\lambda_{理论}}\times 100\%$$

2. 观察多光束干涉

(1)将干涉仪上的分光部件和移动镜拆除,换上法布里-珀罗系统.

(2)转动粗调鼓轮,使法布里-珀罗系统的移动镜和固定镜保持 2～3mm 的距离(注意:切勿使两镜面相接触,否则会使反射膜受到严重损伤).用扩束的氦氖激光从移动镜的后面射入,仔细调整两镜后面的螺钉,使每个亮点后拖的“小尾巴”(即一排逐渐变暗的小亮点,是由 G、G′表面多次反射形成)消失,此时表明两镜基本平行.

(3)将一块毛玻璃放在光源与移动镜之间,此时可在 E 处用眼睛直接观察干涉圆条纹.仔细调节固定镜上的两个拉簧螺丝,使眼睛上下左右移动时,没有条纹涌出或陷入且各圆大小不变,此时表明 G、G′两反射面比较严格地平行.

(4)立起望远镜,通过望远镜可看到更清晰的圆条纹.比较与迈克耳孙干涉仪所看到的条纹的异同.

【数据记录与处理】

i	1	2	3	…
d_{1i}				
d_{2i}				
$\Delta d=\|d_{2i}-d_{1i}\|$				

$\Delta\bar{d}=$________ mm,　　$\bar{\lambda}=$________ nm,　　$E=$________%

【注意事项】

(1)迈克耳孙干涉是精密仪器,实验者应细心操作.仪器上各镜面严禁用手或物触碰,调整、测量中勿碰工作台.

(2)应单向旋转粗、微调鼓轮,不得中途倒转出现空程而造成误差.

【思考题】

(1)什么是定域条纹?什么是非定域条纹?两者用的光源与观察仪器有何不同?

(2)请设计一个实验用迈克耳孙干涉仪测量固体透明薄膜的折射率或厚度.

【应用提示】

1. 激光器简介

激光器也称为“光激射器”,是利用受激辐射原理使光在某些受激发的工作物质中放大或发射的器件.用电学、光学及其他方法对工作物质进行激励,使其中一部分粒子激发到能量较高的状态中去,当这种状态的粒子数大于能量较低状态的粒子数时,由于受激辐射作用,该工作物质就能对某一定波长的光辐射产生放大作用,也就是当这种波长的光辐射通过工作物质时,就会射出强度被放大而又与入射光波相位一致、频率一致、方向一致的光辐射,这种情况便称为光放大.

激光器一般由三个部分组成:①能实现粒子数反转的工作物质.例如,氦氖激光器中,通过氦原子的协助,氖原子的两个能级实现粒子数反转;②光泵.通过强光照射工作物质而实现粒子数反转的方法称为光泵法. 例如,红宝石激光器是利用大功率的闪光灯照射红宝石(工作物质)而实现粒子数反转,制造了产生激光的条件. ③光学共振腔. 最简单的光学共振腔由放置在氦氖激光器两端的两个相互平行的反射镜组成. 当一些氖原子在实现了粒子数反转的两能级间发生跃迁,辐射出平行于激光器方向的光子时,这些光子将在两反射镜之间来回反射,于是就不断地引起受激辐射,很快就产生相当强的激光. 这两个互相平行的反射镜,一个反射率接近 100%,即完全反射,另一个反射率约为 98%,激光就是从后一个反射镜射出的.

激光器的种类很多,如氦氖激光器、二氧化碳激光器,红宝石激光器、钇铝石榴石激光器、砷化镓激光器、染料激光器、氟化氢激光器、氩离子激光器、半导体激光器等,发射的激光波长有 325nm、405nm、457nm、635nm、650nm、680nm、808nm、850nm、980nm、1310nm 及 1550nm 等. 常用的激光器如图 4.7.10 和图 4.7.11 所示.

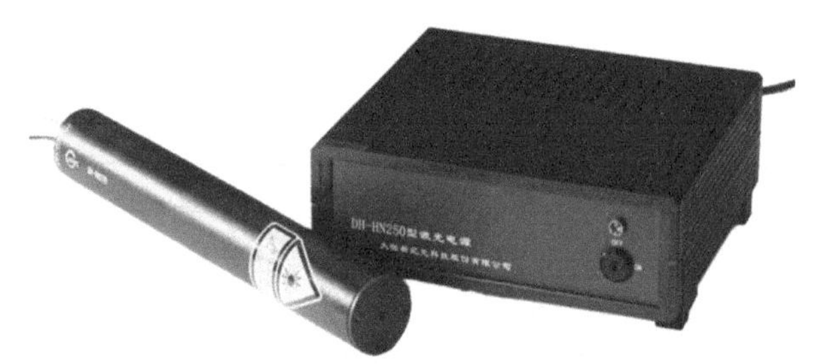

图 4.7.10　氦氖激光器

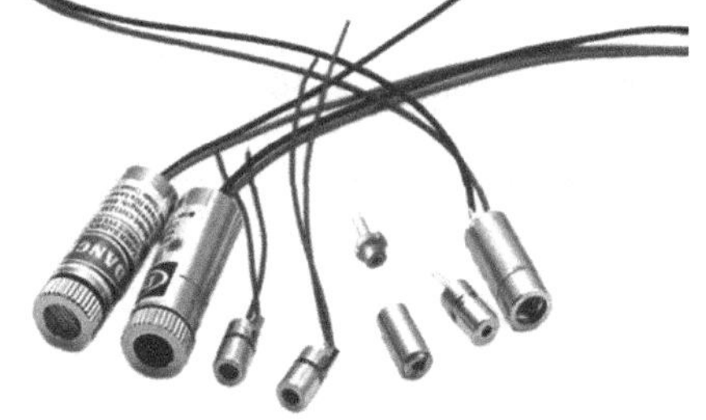

图 4.7.11　半导体激光器

实验中利用迈克耳孙干涉仪测量了氦氖激光器的波长. 其中的基本干涉光路也在许多测量中得到广泛应用. 在这里两个反射镜完全垂直,得到的是等倾干涉;若两个反射镜没有完全垂直,则可得到等厚干涉,可以用来测量介质的折射率、厚度等.

2. 激光测量中的应用实例

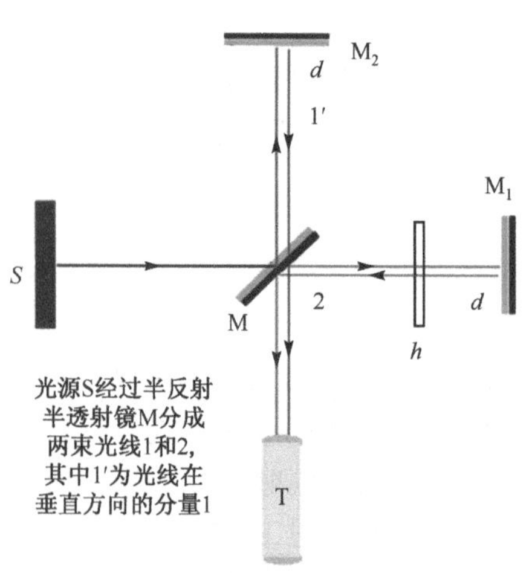

图 4.7.12　激光测量

1)测玻璃的折射率

(1)以钠光为光源调出等倾干涉条纹,如图 4.7.12 所示.

(2)移动 M_2 镜,使视场中心的视见度最小,记录 M_2 镜的位置;在反射镜前平行地放置玻璃薄片,继续移动 M_2 镜,使视场中心的视见度又为最小,再记录 M_2 镜位置,连续测出 6 个视见度最小时的 M_2 镜位置.

(3)用逐差法求光程差 Δd 的 $2d=2(n-1)h$,其中 h 为薄片的厚度平均值,再除以该透明介质的厚度,就是折射率了.

2)测空气折射率

当激光束通过 M_1 前面的气室时,干涉图样随气室里气压的变化而变化:当气压增加时,干涉圆环从中心涌出；反之，干涉圆环向中心陷入. 通过研究气体压强变化与条纹移动的关系可以得到气体折射率.

3)测材料的微小长度变化

迈克耳孙干涉仪把一束激光分成两束，经过平面镜分别反射，再干涉，形成干涉环，如果有材料的长度变化，反映出光程差的变化，这样，原来干涉相消的位置可能就会干涉相长，看起来就像环溢出或者收回，通过数干涉环溢出或者收回的个数，就可以计算长度变化的多少. 折射率×变化的长度÷激光波长＝相位差＝2×3.14×变化的干涉环数.

4)测量薄膜的反射率

光学薄膜早已成为各种光学系统及精密仪器中不可或缺的组成部分，光波入射到光学薄膜时，光的强度、相位、偏振等一系列光学特性都会发生相应的变化，而反射率即是反映这些变化的重要参数. 国内外的学者们通过各种方法来进行反射率的精确测量，有分光光度计法的近似计算法，单次、多次反射法，谐振腔法等. 迈克耳孙干涉仪是典型的双光束干涉系统，主要用来观察干涉现象，测量微小长度和光源波长等. 但是，自由空间型干涉仪体积较大，光路安装和调整较为困难，并且又受外界环境影响较大，如温度、振动的影响等. 随着光纤和光纤传感技术的发展，把光纤应用到干涉仪中使得传统的光学干涉仪有了更大的发展空间. 光纤型干涉仪比自由空间型干涉仪的抗外界干扰性能强，并且安装方便，体积小，有利于控制，灵敏度高. 利用迈克耳孙光纤干涉仪测量薄膜反射率，采用了两束相干光束分离的原理，因此可以很方便地对两路光束分别进行控制. 通过在参考臂上引入光学延迟线和相位调制器，可达到群速度和相速度的分离控制的目的，使得两路光束的群速度和相速度相匹配，并且通过光学延迟线可以实现两光束之间的不同光程差，从而获得两束光的干涉信号. 采用低相干光源和外差探测的方法，提高了干涉仪系统的灵敏度和信号采集的准确性. 利用短时傅里叶变换和希尔伯特变换对得到的干涉信号进行处理，通过对光谱信息的比较分析，得到薄膜反射率曲线.

3. 马赫-曾德尔干涉仪

根据相对运动原理，航空工程中用风洞实验来研究飞机在空气中飞行时空气中的情况. 由于气体中各处压强或密度的差异可以通过折射率的变化反映出来，所以用干涉方法研究气体中各处的折射率便可推知气体中压强或密度分布. 图 4.7.13 是为此目的设计的马赫-曾德尔干涉仪原理图，图 4.7.14 是高速气流经过尖锥时的干涉图样干涉仪的调节状态是使平波面与通过气流的波面略有倾斜，这样在不受影响的气体区域中有等间距的平行直条纹.

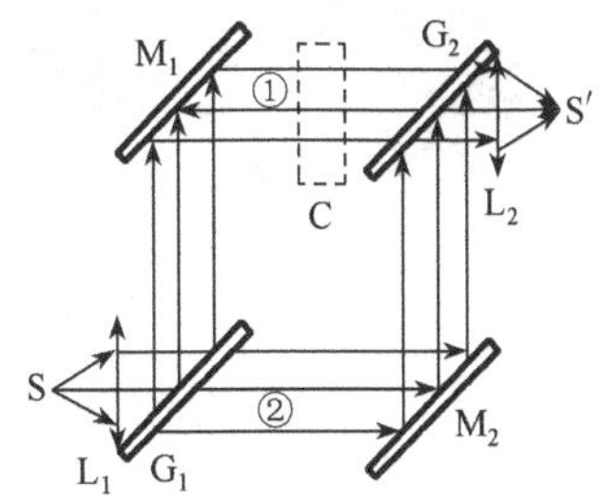

图 4.7.13　马赫-曾德尔干涉仪原理图

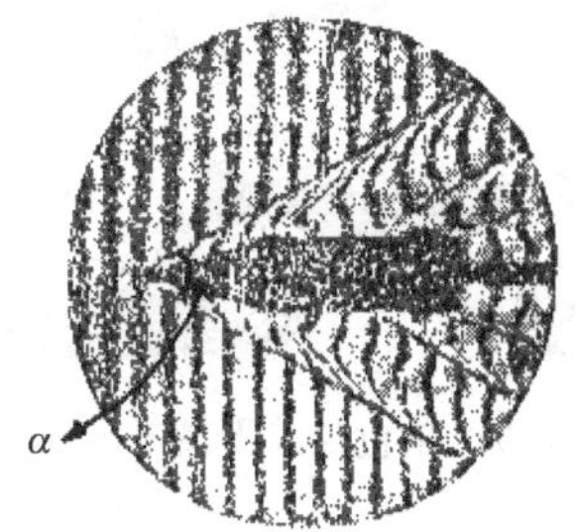

图 4.7.14　高速气流经过尖锥时的干涉图样

4.8　单色仪的定标

1672 年牛顿发现了光的色散现象,而早在我国北宋初年(公元 974～1020 年),杨亿著的《杨文公谈苑》一书中说:“嘉州峨眉山有菩萨石,人多收之,色莹白如玉,如上饶水晶之类,日射之有五色.”这表示物质的折射率和光的频率有关,而折射率取决于光在真空中的传播速度和在物质中的传播速度之比.不同频率的光在同一物质中的传播速度不同,因而棱镜的色散作用是显而易见的.

单色仪是一种常用的分光仪器,利用色散元件把复色光分解为准单色光,能输出一系列独立的、光谱区间足够窄的单色光,可用于各种光谱分析和光谱特性的研究,如测量介质的光谱透射率曲线、光源的光谱能量分布、光电探测器的光谱响应等,应用相当广泛.

【实验目的】

通过单色仪的定标,掌握棱镜单色仪的工作原理和正确使用方法.

【实验仪器】

反射式棱镜单色仪、会聚透镜、汞灯、读数显微镜.

【实验原理】

实验室中常用的棱镜单色仪通常分为两类,一类是透射式单色仪,一类是反射式单色仪.本实验所用的是国产的 WDF 型瓦兹渥斯反射式单色仪,其外形图如图 4.8.1 所示,内部俯视图如图 4.8.2 所示,主要由以下三部分组成.

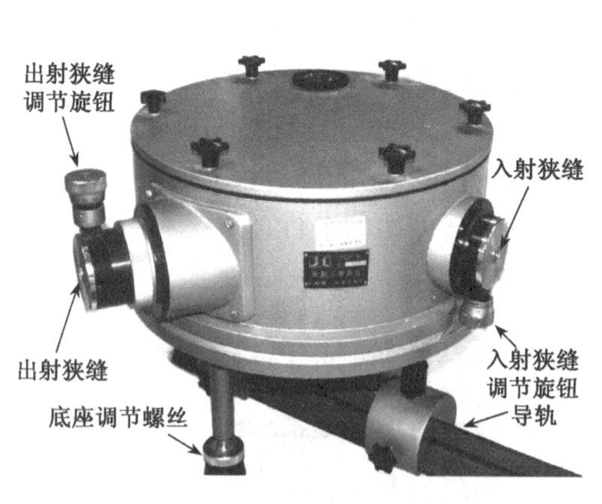

图 4.8.1　单色仪外形图

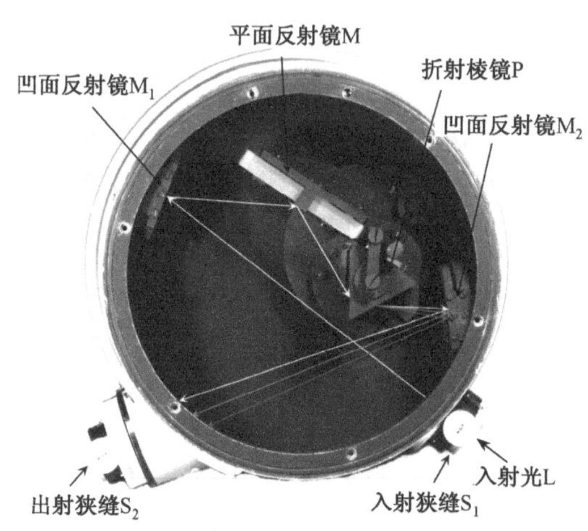

图 4.8.2　单色仪内部俯视图

1. 入射准直系统

由入射狭缝 S_1 和使入射光束变为平行光束的准直物镜 M_1 组成.

2. 色散系统

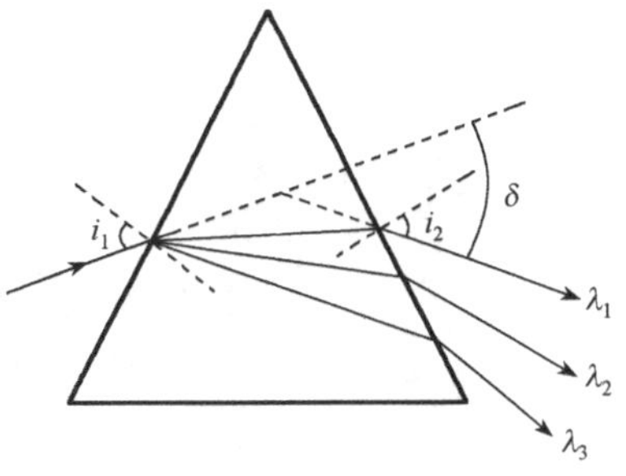

图 4.8.3　棱镜色散原理图

主要是分光棱镜 P 使光束色散，这是因为棱镜的材料对不同波长（或频率）的光有不同的折射率 n，即 $n=n(\lambda)$. 所以各种波长的光透过棱镜后能向不同方向散开，如图 4.8.3 所示. 复色光 $\lambda(\lambda_1,\lambda_2,\cdots)$ 以入射角 i_1 射入棱镜，单色光 λ_1 以出射角 i_2 射出，不同波长的光的出射角 i_2 是不相等的. 入射光和出射光之间的夹角称偏向角，如图 4.8.3 中的 δ 即为单色光 λ_1 与入射光之间的偏向角.

棱镜转动时，偏向角可以发生变化，当转动到某一位置时，偏向角具有最小值，称最小偏向角，用 $\delta_{\min}$ 表示. 光学理论可以证明，当 $\delta=\delta_{\min}$ 时，$i_1=i_2$，并且还可以证明，对顶角一定的棱镜，$\delta_{\min}=f(n)$，n 为棱镜 P 的折射率，前面已经指出了 $n=n(\lambda)$，所以，$\delta_{\min}=f(\lambda)$. 棱镜 P 和平面镜 M 作为一个整体，由单色仪下部的鼓轮手柄操纵. 转动鼓轮，就改变棱镜 P 的位置，刻度鼓轮上的读数 T 就表示出棱镜 P 的精确位置. 由此可知，对一定棱镜而言，$T\sim\delta_{\min}=f(\lambda)$. 另外，由于反射镜 M 和棱镜 P 一起转动，这就保证了轴向光束始终满足最小偏向角的条件.

3. 出射光聚系统

由出射狭缝 S_2 和聚焦物镜 M_2 组成. 色散后沿不同方向行进的单色光经物镜 M_2 会聚到出射狭缝 S_2 的平面上形成不同波长的光谱. 随着棱镜的转动，在出射狭缝处将得到不同波长的单色光.

图 4.8.2 所示为瓦兹渥斯单色仪色散装置的俯视图，该装置的作用是使以最小偏向角通过棱镜的光束在未经平面反射镜 M 反射之前和通过棱镜之后的光线只有一个平行的位移，方向不变. 这种设计的目的是为了保证不论棱镜处于何种位置，只有对应于最小偏向角的波长的光正好成像在出射狭缝 S_2 上. 这样，在入射准直系统位置保持不变的情况下，随着棱镜 P 的转动，对应于最小偏向角的光的波长将跟着改变，出射狭缝 S_2 处将有不同波长的光射出，而棱镜转动的位置与仪器外部转动轴杆的鼓轮读数相对应，因此出射光的波长即与鼓轮读数相对应. 这样只要读出鼓轮读数 T，就可以知道所对应的出射光的波长 λ. 由于单色仪不是直接用波长分度标定，而是采用相应的鼓轮读数来表示，因此使用前必须对该单色仪定标，即利用已知波长的光谱线来定标鼓轮读数，作出鼓轮读数 T 与波长 λ 的关系曲线，该对应曲线称为单色仪的色散曲线或定标曲线. 这样，在测量未知光的波长时，用该光作入射光源，只要读出鼓轮读数，就可以在定标曲线中查知入射光的波长值.

单色仪在出厂时，一般都附有色散曲线的数据或图表，但由于长期使用之后，或是经长途运输，重新组装调整后会有偏离（这就是单色仪不便于直接用于波长标定的原因），就需要重新测定色散曲线进行定标，以对原数据进行修正.

单色仪色散曲线的定标是借助于已知线光谱波长的光源来进行的，为了获得较多的点，必须有一套包含多个已知谱线波长的光源，通常采用汞灯、钠灯、氢灯、氖灯以及用铜、锌、铁做电极的弧光源等. 借助于这些光源可以进行光谱范围较为宽广的标定工作. 本实验选用汞灯作为已知线光谱光源，在可见光波长范围（400～760nm）进行定标，可见光波长范围内汞灯主要谱线的波长见表 4.8.1. 观察汞灯的谱线采用的是读数显微镜. 实验所用装置如图 4.8.4 所示.

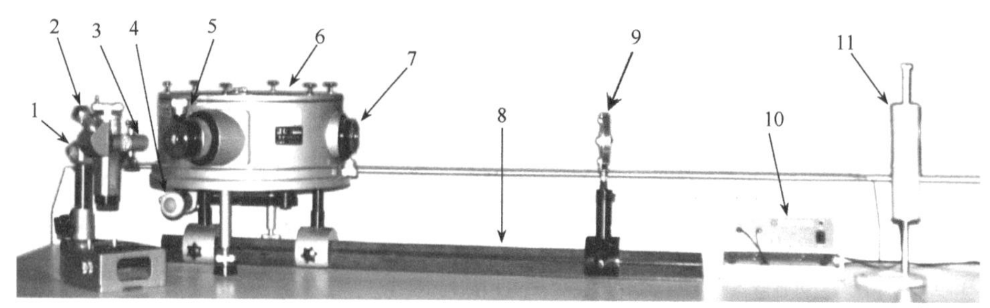

图 4.8.4　实验装置图

1.显微镜；2.目镜；3.物镜；4.鼓轮；5.出射狭缝；6.单色仪；7.入射狭缝；8.导轨；9.会聚透镜；10.汞灯电源；11.汞灯

单色仪入射狭缝和出射狭缝(图 4.8.5)的调节旋钮从上方看,沿顺时针方向旋转打开狭缝,沿逆时针方向旋转则关小狭缝.实验中当狭缝宽度比较窄时,应在通过显微镜看清谱线的情况下调节狭缝宽度,切忌将狭缝全部关闭.

调节棱镜的鼓轮上的刻度是一个镜像,与平常刻度尺上左小右大相反,是左大右小,其最大值为 25mm,通过反射镜可看到与平常习惯一致的刻度尺.如图 4.8.6 所示.

图 4.8.5　出射狭缝

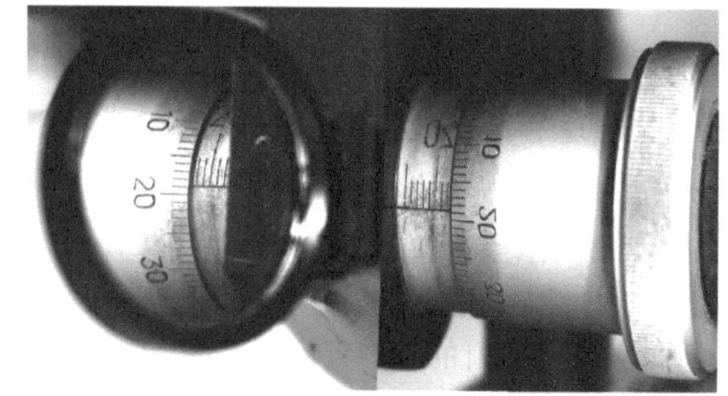

图 4.8.6　鼓轮

【实验内容】

1. 光源的调整

将汞灯放在入射狭缝 S_1 前一定距离,并把 S_1 和 S_2 适当放宽(缝宽约 0.3mm),用眼睛在出射狭缝 S_2 处向单色仪内观察,同时缓慢地转动鼓轮,当视场中出现单色的光源像时,再调节光源的高低和左右位置,使光源像处在视场中央.这就保证光源和入射狭缝 S_1、准直物镜 M_1 共轴.然后,在光源和 S_1 之间放置会聚透镜,使光源成像在 S_1 上.

2. 调节狭缝宽度

(1)用眼睛在出射狭缝 S_2 处向单色仪内观察,转动鼓轮使看到黄光.如图 4.8.7(a)所示.

(2)置读数显微镜于出射狭缝 S_2 处,对出射刀口进行调焦,使清晰地看到谱线.如图 4.8.7(b)所示.

(3)将 S_1 缝减小到 50μm(或者黄谱线清晰地分成两条)之后,如图 4.8.7(c)所示;将 S_2 缝宽减小到恰好与一条黄谱线等宽,如图 4.8.7(d)所示;观察出射的光线光谱,根据谱线的颜色、间距和相对强度辨认谱线.

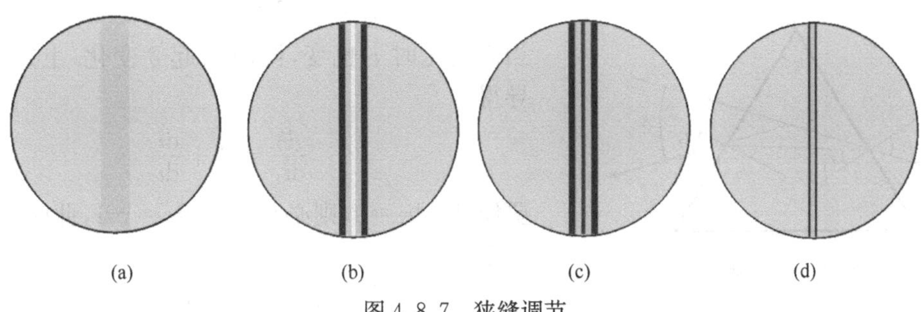

图 4.8.7 狭缝调节

3. 定标

(1)让鼓轮从 18mm 处开始缓慢地顺时针转动(注意:必须向一个方向转动,如从红光区到紫光区,中途不要倒退).

(2)当各谱线恰好位于狭缝中心时,记下鼓轮读数 T 与谱线所对应的波长,填入表 4.8.1 中. 重复测量三遍,取 T 的平均值. 三遍的测量方向必须一致.

(3)在直角坐标纸上以 λ 为横坐标,以 $\overline{T}$ 为纵坐标,绘制拟合曲线即得定标曲线. 并在图上标出鼓轮转向(如从小到大读数).

表 4.8.1

波长 λ/nm \ 鼓轮读数 T/mm	黄$_1$ 579.1	黄$_2$ 577.0	绿 546.1	蓝绿 491.6	紫$_1$ 435.8	紫$_2$ 404.7
T_1						
T_2						
T_3						
$\overline{T}$						

【注意事项】

调节狭缝时,以右手螺旋前进方向将调宽狭缝,倒退时特别注意观察狭缝跟随螺旋逐渐变窄,如宽窄不变应立即停止倒退,并告知指导教师,尤其在狭缝闭合后,不准再行倒退,否则很容易损坏仪器.

【思考题】

(1)本实验单色仪为什么要用凹面镜作物镜? 改用平面镜行吗?

(2)实验时如何判断入射光源已聚焦成像在入射狭缝处?

【附录】

证明 当 $\delta=\delta_{\min}$时,$i_1=i_2$;对顶角一定的棱镜,$\delta_{\min}=f(n)$. 如图 4.8.8 所示,由于$A=r_1+r_2$,则

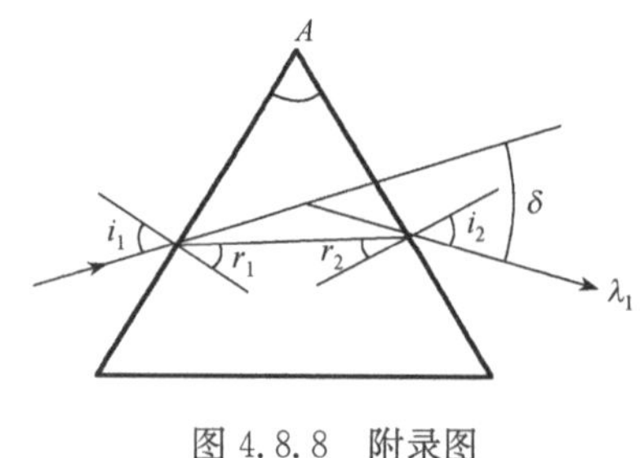

图 4.8.8　附录图

$$\delta = i_1 - r_1 + i_2 - r_2 = i_1 + i_2 - A$$

当 i_1 变化时 i_2 也变,同时引起 δ 变化.上式对 i_1 求导得

$$\frac{d\delta}{di_1} = 1 + \frac{di_2}{di_1}$$

要使 $d\delta/di_1=0$,则必须 $di_2/di_1=-1$,此时 $\delta=\delta_{min}$,由于

$$A = r_1 + r_2, \quad \sin i_1 = n\sin r_1, \quad \sin i_2 = n\sin r_2$$

则

$$\frac{di_2}{di_1} = \frac{di_2}{dr_2}\cdot\frac{dr_2}{dr_1}\cdot\frac{dr_1}{di_1} = \frac{n\cos r_2}{\cos i_2}\cdot(-1)\cdot\frac{\cos i_1}{n\cos r_1} = (-1)\frac{\cos r_2}{\cos r_1}\cdot\frac{\cos i_1}{\cos i_2}$$

$$= -\frac{\cos r_2}{\cos r_1}\cdot\frac{\sqrt{1-n^2\sin^2 r_1}}{\sqrt{1-n^2\sin^2 r_2}} = -\frac{\sqrt{\sec^2 r_1 - n^2\tan^2 r_1}}{\sqrt{\sec^2 r_2 - n^2\tan^2 r_2}}$$

$$= -\frac{\sqrt{1+(1-n^2)\tan^2 r_1}}{\sqrt{1+(1-n^2)\tan^2 r_2}}$$

可见,当 $r_1=r_2$ 时,$di_2/di_1=-1$,δ 有最小值.当 $r_1=r_2$ 时,有 $i_1=i_2$.所以,δ 取极小值的条件是 $r_1=r_2$ 或 $i_1=i_2$.此时

$$\delta_{min} = 2i_1 - A, \quad 即 \quad i_1 = \frac{\delta_{min}+A}{2}$$

$$A=2r_1, \quad 即 \quad r_1 = \frac{A}{2}$$

由折射定律得

$$n = \frac{\sin i_1}{\sin r_1} = \frac{\sin\dfrac{A+\delta_{min}}{2}}{\sin\dfrac{A}{2}}$$

【应用提示】

单色仪是产生单色光和测量波长,进行光谱分析的基本仪器.在本实验中所使用的反射式棱镜单色仪的色散器件是棱镜,目前许多单色仪使用的是光栅.通过使用不同光栅常数的光栅可以有不同的波长分辨率.

1. 光栅单色仪

光栅单色仪是把复合光分解为一系列高纯度的单色光的仪器.仪器具有波长范围宽、分辨本领高、波长精度高、扫描速度调节范围大等特点.主要用于物质的定量和定性分析、光源特性、溶液的浓度、光的生物效应和透明物质的光学特性等研究工作.自动化程度高(能自动扫描光谱,自动换滤光片),可用于测各种辐射源的光谱分布、探测器的光谱灵敏度、发光材料及光学薄膜的光谱特性等.可广泛地用于化学、制药、造纸、建筑、材料、仪器仪表、环境保护、光学真空镀膜等方面.

与棱镜单色仪不同,光栅单色仪是通过衍射来实现复色光的分解的(在“衍射光栅测波长”

实验中我们看到了衍射产生的色散). 光栅光谱仪是多种多样的, 主要由光栅、狭缝、成像系统和感光板(或出射狭缝)等部件组成. 光栅单色仪与棱镜单色仪最大的不同主要是在光学系统上. 如图 4.8.9 所示, 这是一种平面光栅单色仪的光学系统.

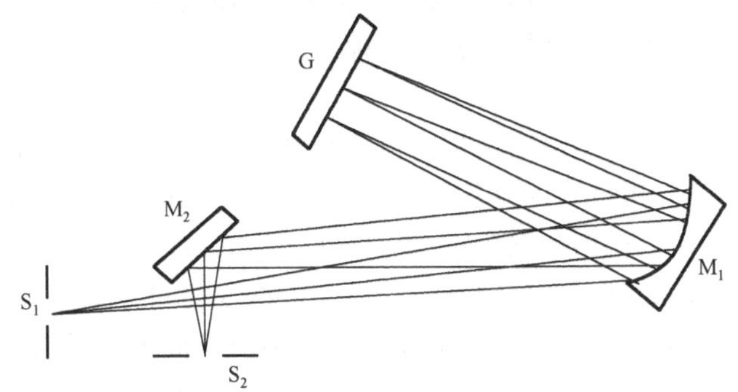

图 4.8.9　平面光栅单色仪的光路图

它的工作原理是光源发出的光均匀地照亮在位于抛物镜的焦平面上的狭缝 S_1, 然后经过凹面镜 M_1 反射到光栅 G 上. 由光栅衍射的光再经过 M_1、M_2 的反射后射出狭缝 S_2. 相比于棱镜单色仪来说, 光栅单色仪由于没有太多折射, 光强减少相对较小, 出射光强较大. 因此光栅单色仪比较容易与其他检测设备配套使用. 而且由于光栅相对于棱镜来说体积较小, 并且光栅制作技术不断进步, 现在光栅单色仪的应用更加广泛. 因此, 光栅单色仪的分类也就比较多了. 它们的结构大多是保持入射狭缝和出射狭缝不动, 仅光栅自身转动来实现谱线的扫描和波长的选择.

现在, 众多的光谱仪谱线的观测一般也不再是凭肉眼观察, 而是利用光电倍增管、线阵 CCD 等高灵敏光电转换器件, 不仅可以观察谱线位置, 而且可以精确测量各波长处的光谱强度; 其棱镜或光栅的转动也利用步进装置实现自动精确的转动, 在计算机的控制下自动实现调节、测量和分析.

2. 光谱

光谱是复色光经过色散系统(如棱镜、光栅)分光后, 被色散开的单色光按波长(或频率)大小而依次排列的图案, 全称为光学频谱. 根据实验条件的不同, 各个辐射波长都具有各自的特征强度. 通过光谱的研究, 可以得到原子、分子等的能级结构、能级寿命、电子的组态、分子的几何形状、化学键的性质、反应动力学等多方面物质结构的知识, 广泛应用于材料、考古、生物科学、食品科学、医疗等领域.

3. 原子光谱

原子光谱是由原子中的电子在能量变化时所发射或吸收的一系列波长的光所组成的光谱. 原子吸收光源中部分波长的光形成吸收光谱, 为暗淡条纹; 发射光子时则形成发射光谱, 为明亮彩色条纹. 两种光谱都不是连续的, 且吸收光谱条纹可与发射光谱一一对应. 每一种原子的光谱都不同, 称为特征光谱.

原子光谱中某一谱线的产生是与原子中电子在某一对特定能级之间的跃迁相联系的. 因此, 用原子光谱可以研究原子结构. 另外, 由于原子光谱可以了解原子的运动状态, 从而可以研究包含原子在内的若干物理过程. 原子光谱技术广泛应用于化学、天体物理学、等离子物理学和一些应用技术科学中.

4. 拉曼光谱

拉曼光谱(Raman spectra)是一种散射光谱. 拉曼光谱分析法是基于印度科学家 C. V. 拉曼(Raman)所发现的拉曼散射效应,对与入射光频率不同的散射光谱进行分析以得到分子振动、转动方面信息,并应用于分子结构研究的一种分析方法.

通过对拉曼光谱的分析,可以获得:

(1)定性的信息:拉曼光谱是物质结构的指纹光谱,拉曼光谱常包含有许多确定的能分辨的拉曼峰,应用拉曼光谱分析可以区分各种各样的试样. 定性分析的必须做的一个工作是根据测得的拉曼谱判定出可能的材料和混合物,限定这些可能物的数量.

(2)定量的信息:测得的分析物拉曼峰强度与分析物浓度间有线性比例关系. 分析物拉曼峰面积与分析物浓度间的关系曲线是直线. 即通过拉曼频率的确认可以判断物质的组成,根据拉曼偏振可以确认晶体对称性和取向,根据拉曼峰宽可以判断晶体质量好坏,而根据拉曼峰强度可以确定物质的总量.

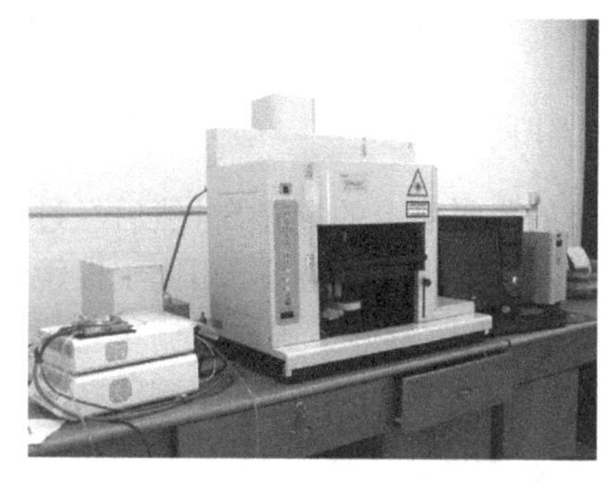

图 4.8.10 显微拉曼谱仪

拉曼光谱方法具有以下诸多优点:对样品无接触,无损伤;样品无需制备;快速分析、鉴别各种材料的特性与结构;能适合黑色和含水样品;低温及高压条件下测量;光谱成像快速、简便,分辨率高;仪器稳固,体积适中,维护成本低,使用简单等. 因此,拉曼光谱在半导体材料,聚合体,碳材料,地质学,物学/宝石鉴定,生命科学,医药,化学,环境,物理,法庭科学,违禁药品检查,区分各种颜料、色素、油漆、纤维等,爆炸物的研究,墨迹研究,子弹残留物和地质碎片研究等领域有着广泛应用(图 4.8.10).

4.9 等厚干涉

观察光的干涉现象,可以加深对光的波动性的认识,也可进一步了解并掌握诸如长度的精密测量、光测弹性和平整度,以及全息术等光学计量技术.

在科研和生产实践中,常常利用光的干涉法作各种精密的测量,如测量薄膜厚度、微小角度、曲面的曲率半径等几何量,也普遍用于磨光表面质量的检验. "牛顿环"和"劈尖"是其中十分典型的例子. "牛顿环"是牛顿在 1675 年制作天文望远镜时,偶然将一个望远镜的物镜放在平板玻璃上发现的. 牛顿环属于用分振幅的方法产生的定域干涉现象,也是典型的等厚干涉条纹. 而"劈尖"干涉也如此,利用此法制成的干涉膨胀计,可以检测物体的膨胀系数.

【实验目的】

(1)通过对牛顿环和劈尖干涉现象的观测,加深对光的波动性认识.

(2)学会使用读数显微镜.

(3)掌握用干涉法测量透镜的曲率半径和微小厚度的方法.

(4)进一步学习用逐差法进行数据处理.

【实验仪器】

读数显微镜、钠光灯、牛顿环干涉仪、劈尖装置、游标卡尺等.

【实验原理】

1. 牛顿环

把一块曲率半径很大的平凸透镜的凸面置于一光学平玻璃板上，则透镜与玻璃板之间就形成了一层空气薄膜，其厚度在中心切点处为零，向外逐渐增大. 当用单色平行光垂直入射时，在此薄膜的上、下表面产生的两束反射光可在上表面相遇而相干，如图 4.9.1 所示. 形成以中心触点为圆心，内疏外密、明暗相间的同心圆环形干涉图样，称为“牛顿环”. 两束反射光的光程差及干涉明暗条件为

$$\delta = 2e + \frac{\lambda}{2} = \begin{cases} k\lambda & (k = 1,2,3,\cdots) \quad 明 \\ (2k+1)\dfrac{\lambda}{2} & (k = 0,1,2,\cdots) \quad 暗 \end{cases} \tag{4.9.1}$$

式中 e 是干涉明(或暗)纹处的空气膜厚度，λ 为入射光的波长. 可见在平行光垂直入射条件下，同一干涉条纹对应的薄膜厚度相同，故称为“等厚干涉”.

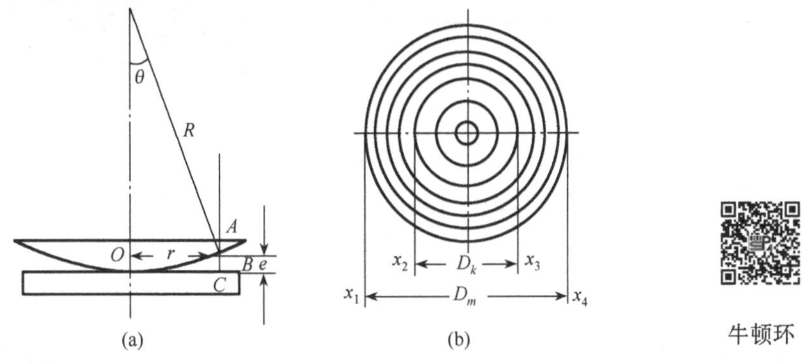

图 4.9.1　牛顿环

设某一干涉暗纹半径为 r，则由几何关系，$r^2 = R^2 - (R-e)^2 = 2eR - e^2$，因为 $R \gg e$，可略去 e^2，所以 $r^2 = 2eR$. 将干涉暗纹条件代入式(4.9.1)，则得 k 级暗环的半径为

$$r_k = \sqrt{kR\lambda} \qquad (k = 0,1,2,\cdots) \tag{4.9.2}$$

透镜的曲率半径为

$$R = \frac{r_k^2}{k\lambda} \qquad (取\ k > 0) \tag{4.9.3}$$

因机械压力的存在，透镜和平玻璃板的接触不是理想的点接触，故该处呈现的干涉图像不是一个暗点，而是一个模糊的圆斑. 这样就难以确定干涉暗环的圆心及半径 r，为此改测暗环的直径 D_k，显见

$$D_k^2 = 4kR\lambda \tag{4.9.4}$$

又由于灰尘等的存在，触点处的 $e_k \neq 0$，其级数 k 也是未知的，则使任一暗环的级数和直径 D_k 难以确定. 故取任意两个不相邻的暗环，记其直径分别为 D_m 和 D_n $(m>n)$，其中 m 和 n 分别是

此两个不相邻的暗环相对中心的相对级数，设中心条纹的绝对级数为 l，则两暗环的绝对级数分别为 $m+l$ 和 $n+l$. 求其平方差

$$D_m^2 - D_n^2 = 4[(m+l)-(n+l)]R\lambda = 4(m-n)R\lambda \tag{4.9.5}$$

则

$$R = \frac{D_m^2 - D_n^2}{4(m-n)\lambda} \tag{4.9.6}$$

分别测出第 m 级和第 n 级暗环的直径，实验用钠黄光的波长 $\lambda=589.3\text{nm}$，利用式(4.9.6)就可算出透镜的曲率半径 R. 当然，利用已知曲率半径 R 的透镜，可测未知单色光的波长.

2. 劈尖干涉

把两块光学平板玻璃叠在一起，一端插入一纸片(或细丝)，则两玻璃板之间形成一个劈尖形空气薄膜，称为"劈尖"，如图 4.9.2(a)所示. 用单色平行光垂直入射，在此空气劈尖的上、下表面产生两束反射光，二者在空气膜的上表面相遇而相干. 干涉图样是一组平行于两玻璃板交线的等间隔的明暗条纹，而交线处是一条暗纹，如图 4.9.2(b)所示.

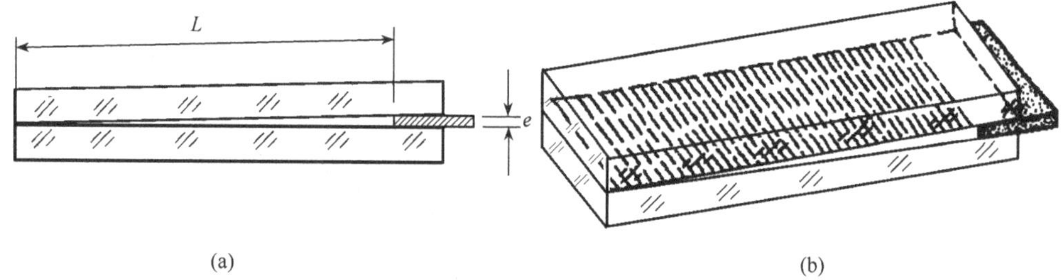

图 4.9.2 劈尖干涉

劈尖上、下表面的两束反射光的光程差及干涉明暗条件为

$$2e + \frac{\lambda}{2} = \begin{cases} k\lambda & (k=1,2,3,\cdots) \quad 明 \\ (2k+1)\dfrac{\lambda}{2} & (k=0,1,2,\cdots) \quad 暗 \end{cases} \tag{4.9.7}$$

式中 e 是 k 级明(或暗)条纹处的劈尖厚度，可见仍是等厚干涉. 对于 k 级暗纹

$$e_k = k\lambda/2 \tag{4.9.8}$$

如图 4.9.2(a)所示，L 为玻璃片交线到纸片(或细丝)处的距离，数出 L 内暗条纹的总数 k，则纸片厚度(或细丝直径)为 $d=k\lambda/2$. 通常 k 较大，为避免数错，实际中常测出 n 条暗纹(如 $n=30$)的总宽度 l_n，则 $k=L(n/l_n)$，所以

$$d = \frac{k\lambda}{2} = \frac{nL\lambda}{2l_n} \tag{4.9.9}$$

在实际应用中，如在半导体元件生产中，需在材料表面镀膜，如在 Si($n=3.42$)表面上镀 SiO_2 膜($n=1.46$)，为了测定镀膜的厚度，往往将其加工成劈形，用单色平行光入射，观测 SiO_2 劈尖上、下表面的反射光形成的等厚干涉条纹，即可算出膜厚 d.

【实验内容】

1. 测平凸透镜的曲率半径

(1)安放好仪器，打开钠光灯开关，把牛顿环干涉仪置于读数显微镜的载物台上，使之处于

物镜正下方. 实验系统如图 4.9.3 所示，其中读数显微镜和钠光灯的使用方法和注意事项请参阅第 2 章的相关内容.

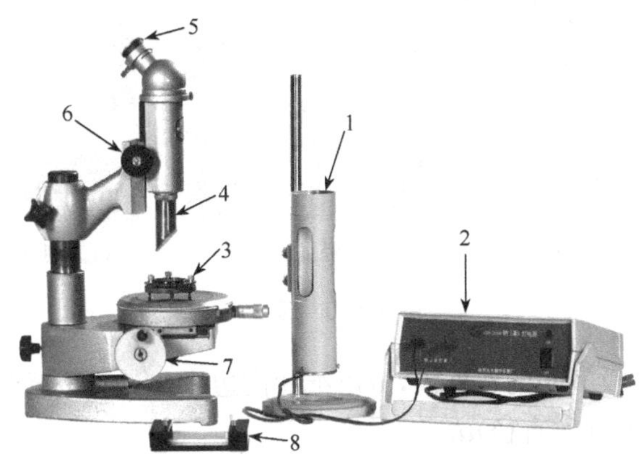

图 4.9.3　等厚干涉实验系统

1. 钠光灯；2. 钠光灯电源；3. 牛顿环；4. 45°半反镜；5. 目镜；6. 调焦手轮；7. 水平鼓轮；8. 劈尖

(2)调节显微镜，使十字叉丝清晰、视场光强最大，且能看到清晰的牛顿环，并转动目镜使载物台移动的方向平行于十字叉丝之一，如图 4.9.4 所示. 显微镜目镜的调节参见"金属丝杨氏弹性模量的测定"实验中的操作提示.

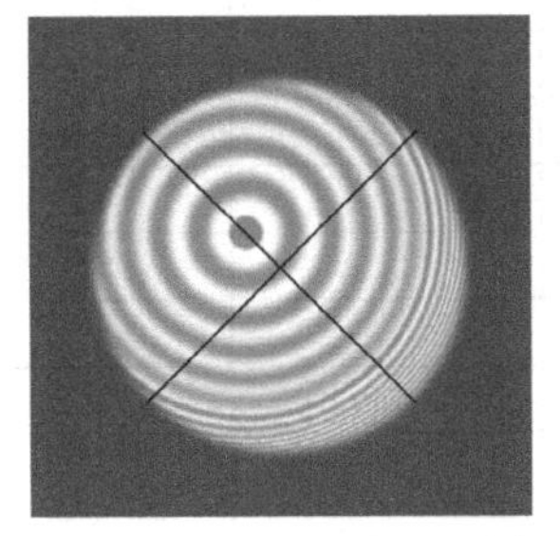

(a) 圆心与十字叉丝中心不重合

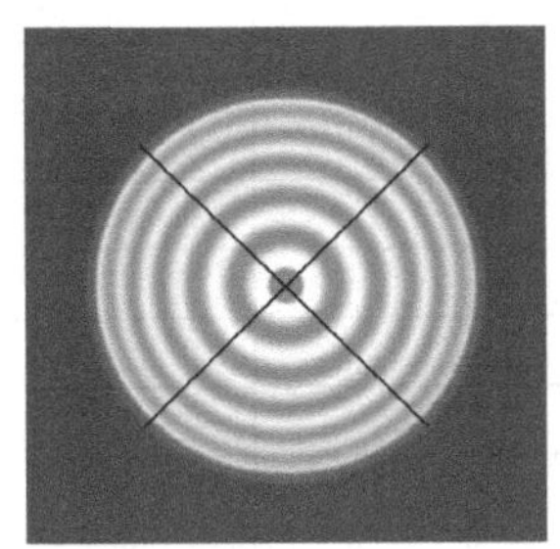

(b) 圆心与十字叉丝重合

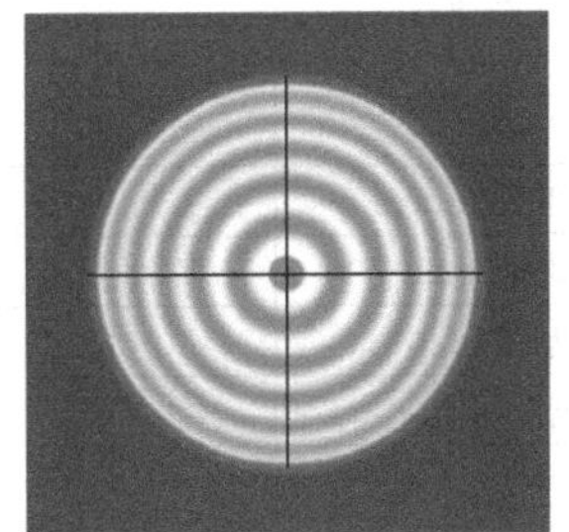

(c) 载物台移动方向平行于十字叉丝之一

图 4.9.4　调节十字叉丝

(3)观察干涉条纹的分布特征，如形状、中央斑的情况、条纹疏密等.

(4)转动测微鼓轮，依次测各级暗纹相应位置的刻度值：使叉丝从牛顿环中心向一侧移动，从环中心向一侧数到第 21 环，然后倒回两环从第 19 环开始读数，单向旋转鼓轮，依次读出叉丝对准 19～10 环暗纹中心时的刻度值，之后继续转动鼓轮，使叉丝过牛顿环中心向另一侧移动，依次读出前述 10～19 环暗纹对应另一侧的刻度值，如图 4.9.5 所示.

(5)将所测数据记录于表格中，计算各暗环的直径 D 和 D^2，用逐差法求 $\overline{D_m^2-D_n^2}$，从而求出透镜的曲率半径 $\bar{R}=\dfrac{\overline{D_m^2-D_n^2}}{4(m-n)\lambda}$ 及其标准不确定度 U_s、E.

2. 利用劈尖干涉现象测微小厚度

(1)将劈尖装置放于读数显微镜载物台上.

(2)调节显微镜以看清叉丝和干涉条纹.

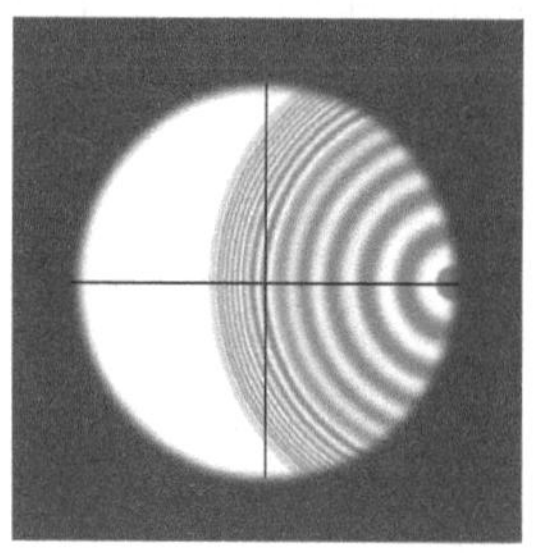

(a) 从一侧某一级开始测量

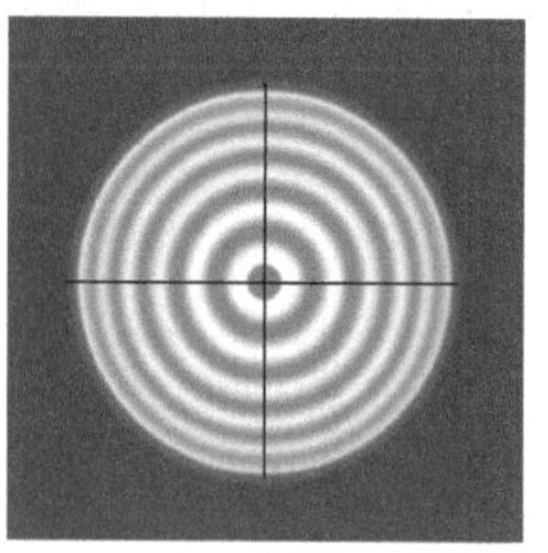
(b) 依此经过圆心

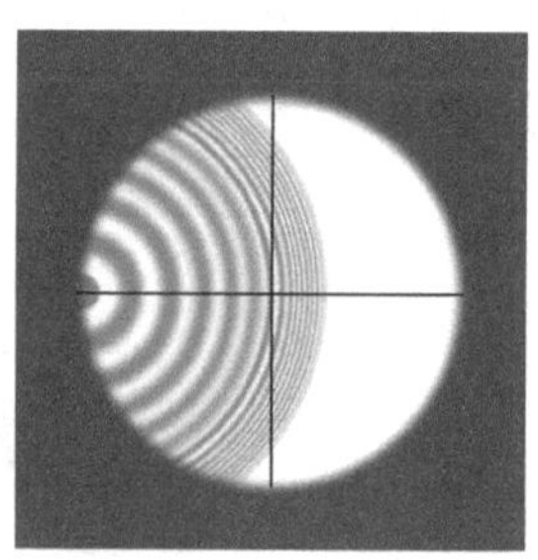
(c) 直到另一侧相同级数

图 4.9.5 读数

(3)测出 $n=30$ 个暗纹间距的宽度 l_n,测出纸片内边缘(或细丝)至劈尖棱边的距离 L.

(4)求出纸片厚度(或细丝直径)d.

【数据记录与处理】

m	19	18	17	16	15
左刻度/mm					
右刻度/mm					
D_m/mm					
D_m^2/mm^2					
n	14	13	12	11	10
左刻度/mm					
右刻度/mm					
D_n/mm					
D_n^2/mm^2					
$(D_m^2-D_n^2)$/mm^2 $(m-n=5)$					
$\overline{D_m^2-D_n^2}=$		mm^2	$\sigma_{\overline{D_m^2-D_n^2}}=$		mm^2

$$\bar{R}=\frac{\overline{D_m^2-D_n^2}}{4(m-n)\lambda}=\frac{\overline{\Delta D}}{4(m-n)\lambda}= \qquad \text{(m)}$$

其标准不确定度为

$$U_{s\bar{R}}=\frac{U_{s\overline{\Delta D}}}{4(m-n)\lambda}= \qquad \text{(m)}$$

其中

$$U_{sA\overline{\Delta D}}=\sigma_{\overline{\Delta D}}=\sqrt{\frac{\sum\left[(D_m^2-D_n^2)-\overline{D_m^2-D_n^2}\right]^2}{N(N-1)}}=$$

$$U_{sB\overline{\Delta D}}=\sqrt{(2D_m)^2U_{sBD}^2+(2D_n)^2U_{sBD}^2}=$$

(计算中 D_m 取最大测量值,D_n 取最小值)

因为

$$D = x_{左} - x_{右}$$

$$U_{\mathrm{sBD}} = \sqrt{U_{\mathrm{sB左}}^2 + U_{\mathrm{sB右}}^2} = \sqrt{\left(\frac{\Delta_x}{\sqrt{3}}\right)^2 + \left(\frac{\Delta_x}{\sqrt{3}}\right)^2} = \sqrt{2}\,\frac{\Delta_x}{\sqrt{3}}$$

$$U_{\mathrm{s}\overline{\Delta D}} = \sqrt{U_{\mathrm{sA}\overline{\Delta D}} + U_{\mathrm{sB}\overline{\Delta D}}} \qquad (\mathrm{m})$$

$$E = \frac{U_{\mathrm{s}\bar{R}}}{\bar{R}} \times 100\% = \qquad (\%)$$

结果表达

$$\begin{cases} R = \bar{R} \pm U_{\mathrm{s}\bar{R}} = \qquad (\mathrm{m}) \\ E = \qquad (\%) \end{cases}$$

【注意事项】

(1)测量过程中，测微鼓轮只能向一个方向旋转，不得中途倒转，以免“空转”引起误差.

(2)爱护仪器，各光学表面不得用手或其他物体触摸.

(3)牛顿环镜上的夹持螺丝不可拧得过紧，以防压碎镜片.

(4)测量中，应保持桌面稳定，不受振动，显微镜与牛顿环之间不能有位置错动. 实验完后应将牛顿环的调节螺丝松开，以免凸透镜变形.

【思考题】

(1)从读数显微镜看到的是放大的牛顿环的像，测出的干涉环直径是否也为放大值？

(2)牛顿环是非等间隔的干涉环，为什么在实验中仍用逐差法处理数据？

(3)怎样利用劈尖干涉现象测表面平整度？

(4)牛顿环等厚干涉条纹与迈克耳孙等倾干涉条纹有什么相同与不同？

【应用提示】

1. 关于式(4.9.6)的讨论

根据式(4.9.6)，分别测出两个环的直径就可以计算出待测透镜的焦距，并且可以消除中心条纹绝对级数无法确定带来的影响. 但为了准确测量直径，需要将读数显微镜分划线与牛顿环相切时的位置读数读出，这样可得牛顿环的直径. 如果没有将分划线调整到与牛顿环移动方向(测量尺)垂直，则不能准确得到直径的值，而是大于直径的值，这将造成测量误差. 因此，采用此方法测量时，必须调整一条分划线与其移动方向垂直，否则会造成测量误差.

下面再看另一种测量方法. 将分划线交点调节至过牛顿环的圆心，测量时使分划线交点依次与牛顿环相交，则对应同一环两侧的交点间的距离即为该环的直径. 由于牛顿环圆心不容易确定，调整时分划线交点难以保证过圆心，这样，交点间的距离为圆的弦而非直径，但将其代入式(4.9.6)后仍可得到正确的结果. 如图 4.9.6 所示，当分划线交点不过圆心时，

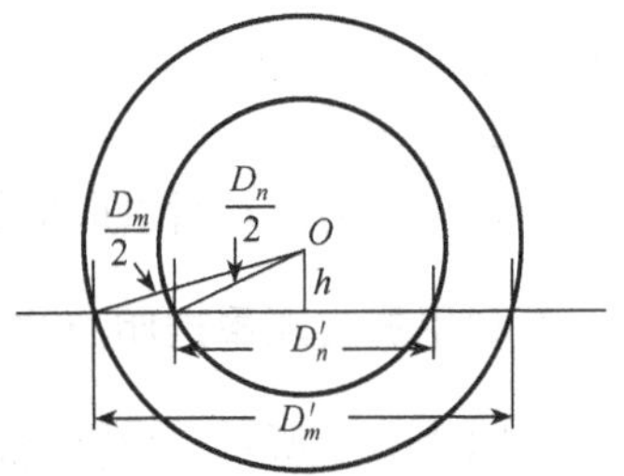

图 4.9.6　讨论图

设其运动轨迹到圆心的距离为 h,则由图知

$$\left(\frac{D_m}{2}\right)^2=h^2+\left(\frac{D'_m}{2}\right)^2,\qquad \left(\frac{D_n}{2}\right)^2=h^2+\left(\frac{D'_n}{2}\right)^2$$

易得

$$D_m^2-D_n^2=D'^2_m-D'^2_n$$

由此可见,将计算公式变换成式(4.9.6),不仅可以解决牛顿环绝对级数无法准确得到的问题,还可通过适当的测量方式既降低调节难度,又保证测量的准确性.

2. 根据干涉环的形状和变化判断镜面质量

检查一块精磨的镜面是否合格,最常用的办法是:用一块标准玻璃平面(平晶)与一块待检验的平面面对面地叠在一起.然后用单色光从上面照射,可由两面中间所夹空气薄膜产生的干涉条纹的形状及在一定条件下的变化规律来分析镜面的平度,判断其质量.

(1)直接由条纹形状来判断镜面是否为标准平面:把待检验镜面与标准镜面重叠在一起,用钠光灯从上照射,即可看到干涉条纹.

①如果待检验镜面是标准平面,则其干涉条纹应是一组等距离的平行条纹,如图 4.9.7(a)所示.

②如果待检验镜面是凸球面或凹球面,则其干涉条纹都是一组同心圆环,如图 4.9.7(b),(c)所示.

③如果待检验镜面是凸柱面,则其干涉条纹是一组不等距的平行条纹,如图 4.9.7(d)所示.

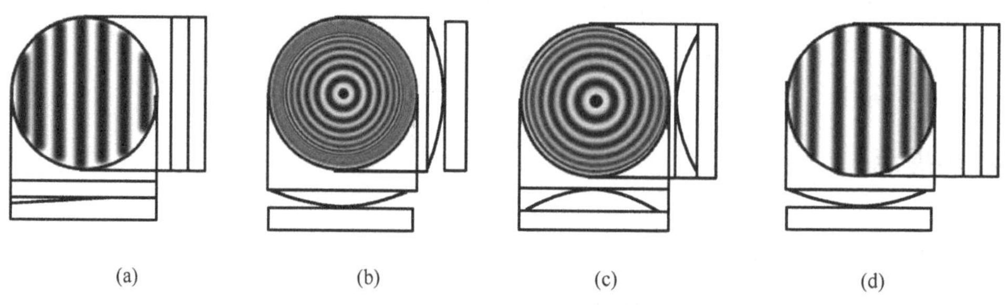

图 4.9.7　判断镜面质量

(2)利用条纹变化规律来判断镜面的凹凸.

由于凹凸镜面所产生的干涉条纹都是一组同心圆,所以不能单从条纹形状来判定其凹凸,必须另想办法,常见的办法是边缘加压法:如果镜面是凸的,当在边缘加压时,干涉圆环的中心将移近施力点,如图 4.9.8(a)所示;如果镜面是凹的,则远离施力点,如图 4.9.8(b)所示.

用此方法也可检验曲率半径很大的镜面.对微凸的镜面来说,当在边缘加压时,其条纹的凹侧将移向施力点;对微凹的镜面来说,其条纹的凹侧将远离施力点.

3. 利用劈尖测量透明液体折射率

如图 4.9.9 所示,将待测液体冲入劈尖的两玻璃面间,只要测出同一劈尖下的空气膜和液体膜的条纹宽度,根据已知的劈尖参量即可求出液体的折射率.

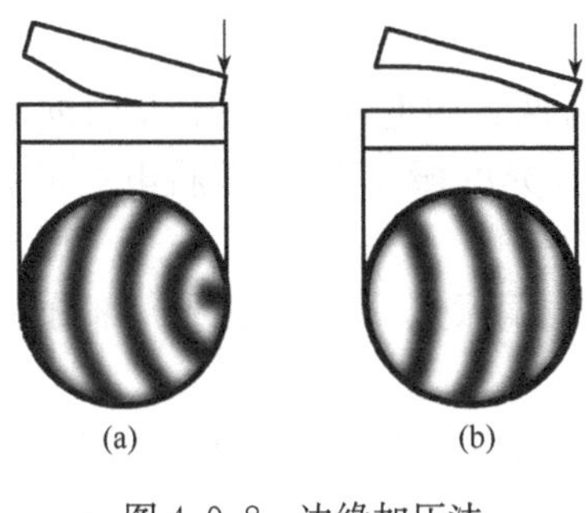

图 4.9.8　边缘加压法

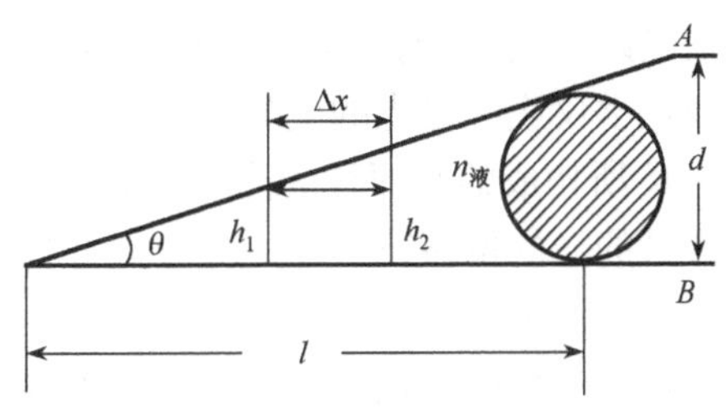

图 4.9.9　测量液体的折射率

4.10　偏振光的特性研究

光的干涉和衍射实验证明了光的波动性质. 而偏振(polarization)现象表明光是横波而不是纵波,即其 E 和 H 的振动方向垂直于光的传播方向. 对光偏振现象的解释在光学发展史中有很重要的地位.

1809 年,马吕斯在实验中发现了光的偏振现象. 在进一步研究光的简单折射中的偏振时,他发现光在折射时是部分偏振的. 因为惠更斯曾提出过光是一种纵波,而纵波不可能发生这样的偏振,这一发现清楚地显示了光的横波性. 1811 年,布儒斯特在研究光的偏振现象时发现了光的偏振现象的经验定律.

偏振光是指只在某个方向上振动或者某个方向的振动占优势的光. 太阳光本身并不是偏振光,但当它穿过大气层,受到大气分子或尘埃等颗粒的散射后,便变成了偏振光. 天空中任何一点偏振光的方向都垂直于由太阳、观察者和这一点所组成的平面. 因此,根据天空偏振光的图形,就可以确定太阳的位置. 偏光天文罗盘是科学家从蜜蜂等动物利用偏振光定向的本领中得到启发制成的用于航空和航海的一种定向仪器.

光的偏振性使人们对光的传播(反射、折射、吸收和散射)规律有了新的认识,偏振光在国防、科研和生产中有着广泛的应用:海防前线用于观望的偏光望远镜、立体电影中的偏光眼镜、光纤通信系统、分析化学和工业中用的偏振计和量糖计都与偏振光有关. 激光电源是最强的偏振光源,高能物理中同步加速器是最好的 X 射线偏振源,液晶(liquid crystal)光开关是根据其偏振特性来完成光交换的技术,偏振镜是数码影像的基础. 随着新概念的飞速发展,偏振光成为研究光学晶体、表面物理的重要手段.

【实验目的】

(1)观察光的偏振现象,熟悉偏振的基本规律.

(2)验证布儒斯特定律,测定玻璃的折射率.

(3)了解产生与检验偏振光的器件,掌握产生与检验偏振光的原理与方法.

【实验仪器】

分光计、偏振片(2 个)、1/4 波片(2 个)、玻璃片、钠光灯.

【实验原理】

光是电磁波,它的电矢量 E 和磁矢量 H 相互垂直,且两者均垂直于光的传播方向 C. 能引起视觉和化学反应的是光的电矢量,通常用电矢量 E 代表光的振动方向,并将电矢量 E 和光传播方向 C 所构成的平面称为光振动面.

最常见的光的偏振态大体上可分为五种,即自然光、线偏振光(平面偏振光)、部分偏振光、圆偏振光和椭圆偏振光.

能使自然光变成偏振光的装置或仪器称为起偏器,用来检验光是否为偏振光的装置或仪器称为检偏器,实际上起偏器也可用来做检偏器.

1. 产生线偏振光的方法

1)反射起偏器(或透射起偏器)

光线由自然光斜射向各向同性介质光滑平面上时,反射光和透射光都会产生偏振现象,其偏振化程度取决于光的入射角以及反射物的性质. 当入射角为某一特定值 i_B时,反射光为线偏振光,其振动面垂直于入射面,如图 4.10.1 所示,i_B称为起偏角或布儒斯特角. 由布儒斯特定律得

$$\tan i_B = \frac{n_2}{n_1} \tag{4.10.1}$$

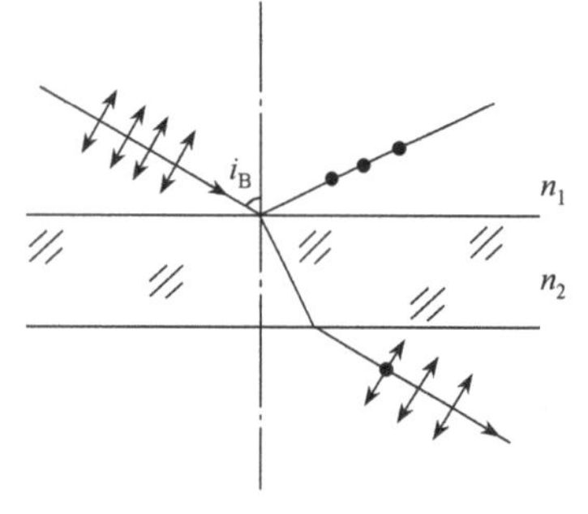

图 4.10.1　布儒斯特定律示意图

式中 n_1是空气的折射率,n_2是玻璃的折射率.

从空气入射到玻璃介质,起偏角一般在 53°～58°. 根据布儒斯特定律,可以简单地利用玻璃片起偏,此方法也可以用于测定物质的折射率. 表面反射的线偏振光的振动方向总是垂直于入射面的. 透射光是部分偏振光,使用多层玻璃组合成的玻璃片堆,可得到很好的透射线偏振光,其振动方向是平行于入射面的.

2)晶体起偏器

晶体起偏器是利用某些晶体的双折射现象来获得线偏振光.

实验发现,当光线进入某类晶体时,将产生双折射现象. 实验证明,当改变入射角 i 时,两束折射线之一遵守通常的折射定律,这束光线称为寻常光线,并简称 o 光. 另一束光线不遵守通常的折射定律,它不一定在入射面内,而且入射角 i 改变时,其正弦值与折射角 γ 的正弦值相比不是一个常数,这束光线通常称为非常光线,并简称 e 光,产生双折射的原因是寻常光线与非常光线在晶体中具有不同的传播速度.

如果入射光束足够细,同时晶体足够厚,则有可能让透射出来的 o 光和 e 光完全分开,从而获得线偏振光,用这种方法获得线偏振光的晶体器件称为晶体起偏器. 尼科耳棱镜就是利用方解石的双折射现象制成的偏振器,如图 4.10.2 所示.

3)偏振片

若聚乙烯醇胶内部含有刷状结构的链状分子(如碘化硫酸奎宁),在胶膜被拉伸时,这些链状分子被拉直并互相平行地排列在拉伸方向上. 这种胶膜具有二向色性,它能吸收光振动方向与拉伸方向垂直的光而只让与拉伸方向相平行的光振动通过(实际上也有吸收,但吸收不多),

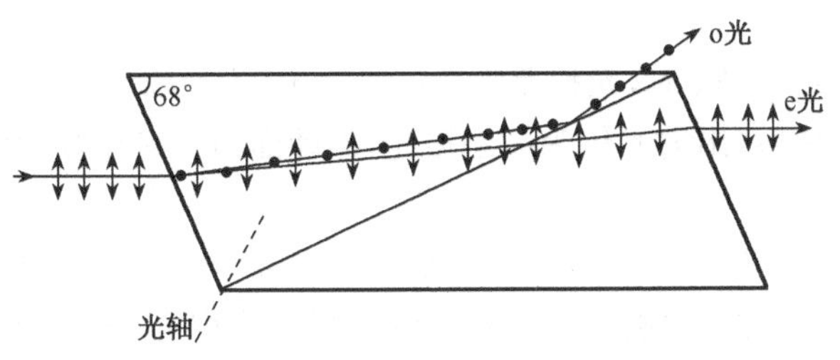

图 4.10.2　尼科耳棱镜示意图

因而产生线偏振光，如图 4.10.3 所示．用这类具有二向色性的物质制成的器件称为偏振片，可获得较大截面积的偏振光束，而且出射光的偏振程度可达 98%．为使用方便，在偏振片上标记"↑"，此标记表明该偏振片允许通过的光振动方向，并称为该偏振片的"偏振化方向"或"透振化方向"．

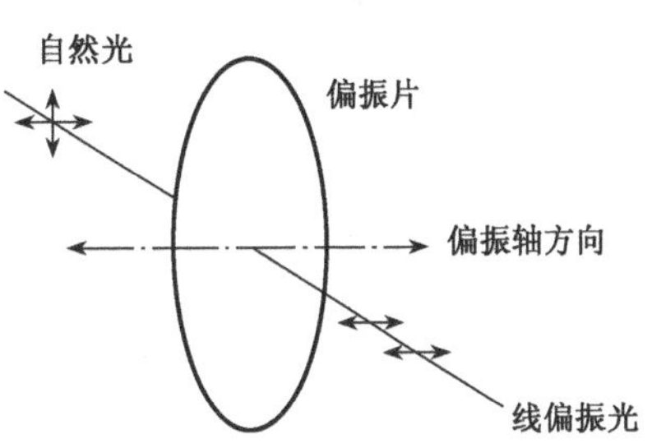

图 4.10.3　线偏振光的产生

利用偏振片作起偏器，最简便也最易理解，其缺点是用它很难得到理想的线偏振光，透射光的偏振化程度达不到百分之百．

2. 波片、圆偏振光和椭圆偏振光的产生

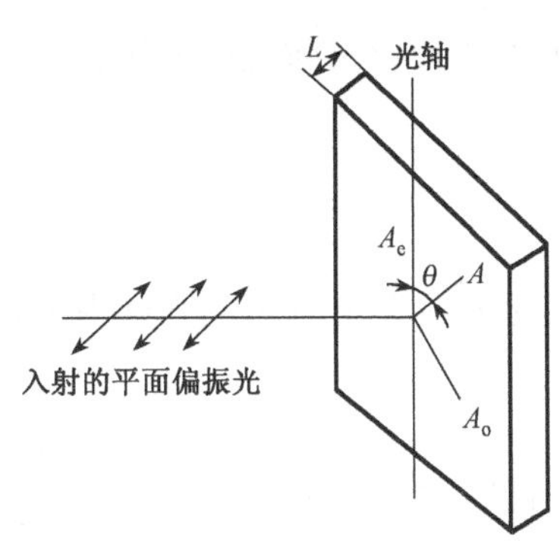

图 4.10.4　线偏振光垂直入射晶片

波片是从单轴晶体中切割下来的平面平行板，其表面平行于光轴，也称为相位延迟片．一束平行的线偏振光垂直入射到厚度为 L 的单轴晶片上时，光在晶体内分解为 o 光和 e 光．虽然它们在晶体内的传播方向一致，但传播速度不相同，如图 4.10.4 所示．于是，o 光和 e 光通过晶片后，两者之间就产生相位差，即

$$\Delta\varphi = \frac{2\pi}{\lambda}(n_o - n_e)L \qquad (4.10.2)$$

式中 λ 为入射线偏振光的波长，n_o 和 n_e 分别为晶片对 o 光和 e 光的折射率．

通过晶片后的 o 光和 e 光的振动是两个互相垂直、同频率且有固定相位差的简谐振动，设其振幅分别为 A_o 和 A_e，相位差为 $\Delta\varphi$，振动方程可表示为

$$\begin{aligned} x &= A_e \cos\omega t \\ y &= A_o \cos(\omega t + \Delta\varphi) \end{aligned} \qquad (4.10.3)$$

经运算后得到合振动的旋转矢量的端点轨迹方程

$$\frac{x^2}{A_e^2} + \frac{y^2}{A_o^2} - \frac{2xy}{A_o A_e}\cos\Delta\varphi = \sin^2\Delta\varphi \qquad (4.10.4)$$

此式一般为椭圆方程，即由晶片出射的光一般为椭圆偏振光．随着相位差 $\Delta\varphi$ 的不同，式(4.10.4)表现为不同的椭圆形态．适当选择晶片的厚度 L，可使线偏振光通过晶片后的出射光具有不同的偏振态．

1)全波片

当晶片厚度满足 $\Delta\varphi=2k\pi$ 时,光程差为 $\delta=(n_o-n_e)L=k\lambda$($k$ 为整数),该晶片称为全波片.线偏振光经过全波片后,出射光仍为线偏振光,振动面与入射光振动面平行.

2)1/2 波片

当晶片厚度满足 $\Delta\varphi=(2k+1)\pi$ 时,光程差为 $\delta=(n_o-n_e)L=(2k+1)\lambda/2$($k$ 为整数),该晶片称为 1/2 波片或半波片.线偏振光经过 1/2 波片后,出射光仍为线偏振光,但振动面相对于原入射光的振动面转过 2θ 角度,θ 是入射光振动面与波片光轴的夹角.

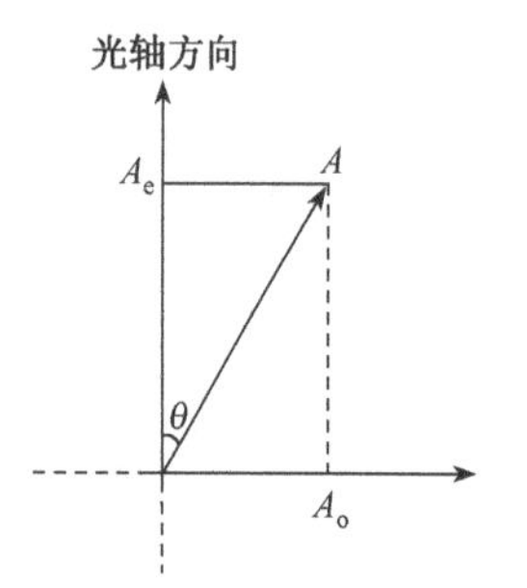

图 4.10.5　偏振光通过 1/4 波片示意图

3)1/4 波片

当晶片厚度满足 $\Delta\varphi=(2k+1)\pi/2$ 时,光程差为 $\delta=(n_o-n_e)L=(2k+1)\lambda/4$($k$ 为整数),该晶片称为 1/4 波片.如图 4.10.5 所示,当线偏振光垂直射到 1/4 波片且振动方向与波片光轴成 θ 角时,由于 o 光和 e 光的振幅是 θ 的函数,所以通过 1/4 波片后合成光的偏振状态也将随角度 θ 的变化而不同:

(1)当 $\theta=0$ 时,获得振动方向平行于光轴的线偏振光(e 光);

(2)当 $\theta=\pi/2$ 时,获得振动方向垂直于光轴的线偏振光(o 光);

(3)当 $\theta=\pi/4$ 时,$A_e=A_o$,获得圆偏振光;

(4)当 θ 为其他值时,经过 1/4 波片后透出的光为椭圆偏振光.

因此,可用 1/4 波片获得椭圆偏振光和圆偏振光.同样,1/4 波片也可将椭圆或圆偏振光变为线偏振光.

3.偏振光的检测

按照马吕斯定律,如果线偏振光的振动面与检偏器的偏振化方向夹角为 θ,则强度为 I_0 的线偏振光通过检偏器后,光强变为

$$I=I_0\cos^2\theta \tag{4.10.5}$$

显然,当以光的传播方向为轴旋转检偏器时,每转 90°透射光强将交替出现极大和消失.如果部分偏振光或椭圆偏振光通过检偏器,当旋转检偏器时,虽然透射光每隔 90°也从极大变为极小,再由极小变为极大,但无消光现象.而圆偏振光通过检偏器,当旋转检偏器时,透射光强无变化.

【实验内容】

本实验所用仪器是在分光计上加椭圆偏振仪组成的,分光计在"衍射光栅测波长"实验中已有较详细的介绍.图 4.10.6 为椭圆偏振仪,图 4.10.7 为组装到分光计上的情形.

1.测量平面玻璃片的布儒斯特角,并计算玻璃的折射率

(1)调整分光计至使用状态(参看"衍射光栅测波长"实验).

(2)将待测平面玻璃片置于载物台上,使玻璃片的法线与分光计主轴垂直.用钠光灯照亮平行光管的狭缝,转动望远镜,使其叉丝竖线对准狭缝像,测出入射光的方位角 θ_1、θ_1'.

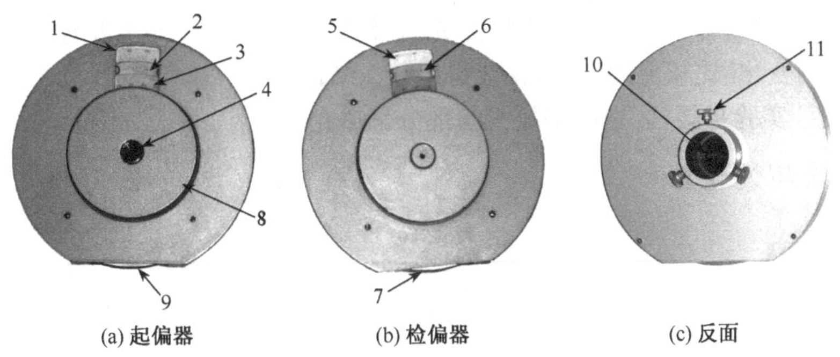

图 4.10.6　椭圆偏振仪

1. 起偏器偏振片角度读数；2、6. 游标；3. 1/4 波片角度读数；4. 1/4 波片；5. 检偏器偏振片角度读数；7、9. 偏振片转动拨轮；8. 1/4 波片转动拨轮；10. 偏振片；11. 固定螺丝

(3)将检偏器套在望远镜的物镜前，转动载物台以改变入射角，转动望远镜使反射光进入望远镜筒，旋转检偏器，观察光强的变化. 若不消光，则需改变入射角和转动望远镜，同时旋转检偏器，找到消光位置，此时入射角即为布儒斯特角 i_B. 用叉丝竖线对准此时反射光的方位，记录分光计的读数 θ_2、θ'_2，数据填入表 4.10.1 中. 则望远镜转过的角度为

$$\varphi = \frac{1}{2}[\,|\theta_1 - \theta_2| + |\theta'_1 - \theta'_2|\,] \tag{4.10.6}$$

入射角为

$$i_B = \frac{1}{2}(180° - \varphi) \tag{4.10.7}$$

(4)重复测量三次，求 i_B 的平均值，将结果代入式(4.10.1)计算玻璃的折射率.

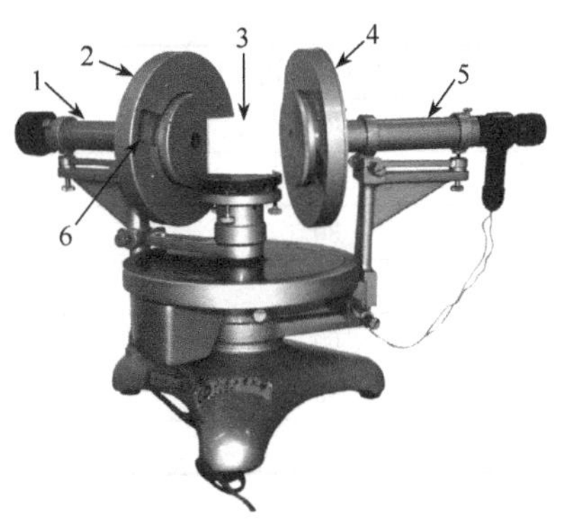

图 4.10.7　实验系统

1. 平行光管；2. 起偏器；3. 玻璃片；4. 检偏器；5. 望远镜；6. 偏振片角度标尺

2. 用 1/4 波片产生椭圆偏振光和圆偏振光

(1)将起偏器 N_1 套在平行光管物镜前，检偏器 N_2 套在望远镜物镜前. 调节 N_1 与 N_2 至正交位置(即消光位置)，将 1/4 波片置于载物台上，转动 1/4 波片至消光位置.

(2)使 1/4 波片在消光位置不动，将 N_2 转动 360°，在此旋转过程中，观察从波片射出的透射光的光强度变化，说明经过 1/4 波片后的透射光的偏振状态.

(3)依次将 1/4 波片从消光位置转过 15°、30°、45°、60°、75°、90°，分别再使 N_2 转动 360°，将观察到的现象填入表 4.10.2 中，并判断出射光的偏振态.

3. 圆偏振光和椭圆偏振光的检验

(1)在正交的 N_1、N_2 之间，使 1/4 波片从消光位置转过 45°，这时通过 1/4 波片后的出射光为圆偏振光. 在 1/4 波片和 N_2 之间再插入第二个 1/4 波片，使 N_2 旋转 360°，观察和记录出射光强的变化，并加以解释.

(2)取下 N_1 和第一个 1/4 波片,让自然光直接入射到第二个 1/4 波片上,再使 N_2 旋转 360°,观察光强的变化. 比较上述结果,你能得出什么结论?

(3)自行设计实验步骤,区别圆偏振光与部分偏振光.

【数据记录与处理】

表 4.10.1

次数 \ 测得值	θ_1	θ_1'	θ_2	θ_2'	$\lvert\theta_1-\theta_2\rvert$	$\lvert\theta_1'-\theta_2'\rvert$	i_B	$\overline{i_B}$	$n=\tan\overline{i_B}$
1									
2									
3									

表 4.10.2

1/4 波片转动的角度	N_2 转动 360°观察到的现象	出射光的偏振态
0°		
15°		
30°		
45°		
60°		
75°		
90°		

【注意事项】

(1)偏振片、玻璃片等要轻拿轻放,防止打碎.

(2)所有的镜片、光学表面等应保持清洁、干燥,严禁用手或他物触碰,以免污损.

【思考题】

(1)本实验为什么要用单色光源照明? 根据什么选择单色光源的波长? 若光波波长范围较宽,会给实验带来什么影响?

(2)在确定起偏角时,若找不到全消光的位置,试根据实验条件分析原因.

(3)试说明椭圆偏振光通过 1/4 波片后变成平面偏振光的条件.

(4)自然光垂直照射在一个 1/4 波片上,再用一个偏振片观察该波片的透射光,转动偏振片 360°,能看到什么现象? 固定偏振片,转动 1/4 波片 360°,又看到什么现象? 为什么?

【应用提示】

偏振光现象在许多领域也有广泛的应用,光弹性方法是其中较典型的例子.

工程构件承受载荷时,其内部各处受力情况一般是不均匀的,而构件的破坏总是从应力最大的部位开始. 因而,了解构件中各点的应力状态,找出最大应力的位置十分重要. 对于承受复杂载荷的形状复杂的构件,理论分析和计算十分繁难甚至无法进行,光弹性方法为实验应力分析提供了方便的方法.

方解石一类天然晶体所具有的双折射性质称为永久双折射. 有些人造透明材料,如环氧树脂、玻璃、赛璐珞等，原来并无双折射性质，但受外力作用内部产生应力后，也具有双折射性质，称为人工双折射，撤去外力后其内部无应力，双折射效应随之消失. 用人工双折射材料制成构件模型，加热模型并施加外力，冷却后去除外力，则双折射材料模型中保持施力时的应力，将模型裁成薄片，将模型薄片置于起偏器与检偏器之间，模型薄片中应力不同的地方折射率不同，由于人工双折射效应，将产生光弹条纹，视场中将同时出现两类黑条纹——等差线和等倾线，分别对应相同的主应力差和相同的主应力方向，利用一定措施可以分离等差线和等倾线. 通过对等差线和等倾线的分析就可以得到结构的应力分布情况.

4.11　巨磁电阻效应及应用

人们早就知道过渡金属铁、钴、镍能够出现铁磁性有序状态，后来发现很多过渡金属和稀土金属的化合物具有反铁磁有序状态，相关理论指出这些状态源于铁磁性原子磁矩之间的直接交换作用和间接交换作用. 直接交换作用的特征长度为 0.1～0.3nm，间接交换作用可达 1nm 以上，所以，科学家们开始探索人工微结构中的磁性交换作用.

1986 年，德国物理学家彼得 · 格伦贝格尔(Peter Grunberg)采用分子束外延方法制备了铁-铬-铁三层单晶薄膜，发现对于非铁磁层铬的某个特定厚度，没有外磁场时，两边铁磁层磁矩是反平行的，这个新现象称为巨磁电阻(giant magneto resistance，GMR)效应出现的前提. 进一步发现，两个磁矩反平行时对应高电阻状态，平行时对应低电阻状态.

1988 年，法国物理学家阿尔贝 · 费尔(Albert Fert)的研究小组，将铁、铬薄膜交替制成几十个周期的铁-铬超晶格薄膜，发现当改变磁场强度时，超晶格薄膜的电阻下降将近一半，这个前所未有的电阻巨大变化现象被称为巨磁电阻效应.

GMR 效应的发现，导致了新的自旋电子学的创立，GMR 效应的应用使得计算机硬盘的容量从几百、几千兆字节，一跃而提高几百倍，达到几百吉字节乃至上千吉字节. 阿尔贝 · 费尔和彼得 · 格伦贝格尔因此获得 2007 年诺贝尔物理学奖.

【实验目的】

(1)了解 GMR 效应的原理.

(2)测量 GMR 模拟传感器的磁电转换特性曲线.

(3)测量 GMR 的磁阻特性曲线.

(4)测量 GMR 开关(数字)传感器的磁电转换特性曲线.

(5)用 GMR 传感器测量电流.

(6)用 GMR 梯度传感器测量齿轮的角位移，了解 GMR 转速(速度)传感器的原理.

【实验仪器】

巨磁电阻效应及应用实验仪、基本特性组件、电流测量组件、角位移测量组件.

【仪器介绍】

1. 巨磁电阻效应及应用实验仪

图 4.11.1 所示为实验系统的实验仪前面板图.

区域 1——电流表部分:作为一个独立的电流表使用.

两个挡位:2mA 挡和 20mA 挡,可通过电流量程切换开关选择合适的电流挡位测量电流.

区域 2——电压表部分:作为一个独立的电压表使用.

两个挡位:2V 挡和 200mV 挡,可通过电压量程切换开关选择合适的电压挡位.

区域 3——恒流源部分:可变恒流源.

实验仪还提供 GMR 传感器工作所需的 4V 电源和运算放大器工作所需的±8V 电源.

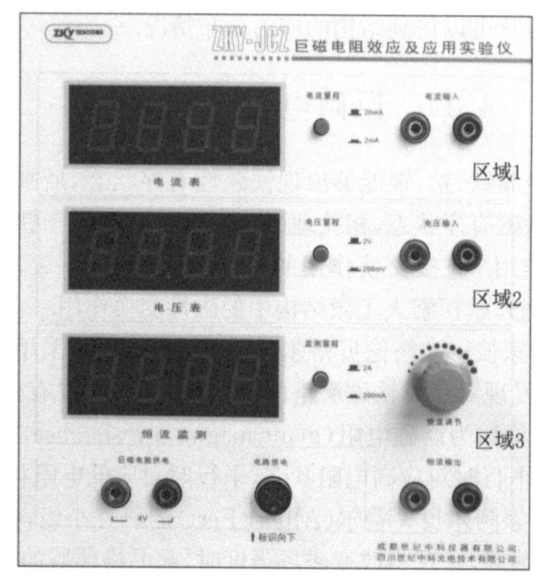

图 4.11.1　实验仪前面板

2. 基本特性组件

基本特性组件(图 4.11.2)由 GMR 模拟传感器,螺线管线圈及比较电路,输入输出插孔组成. 用以对 GMR 的磁电转换特性、磁阻特性进行测量.

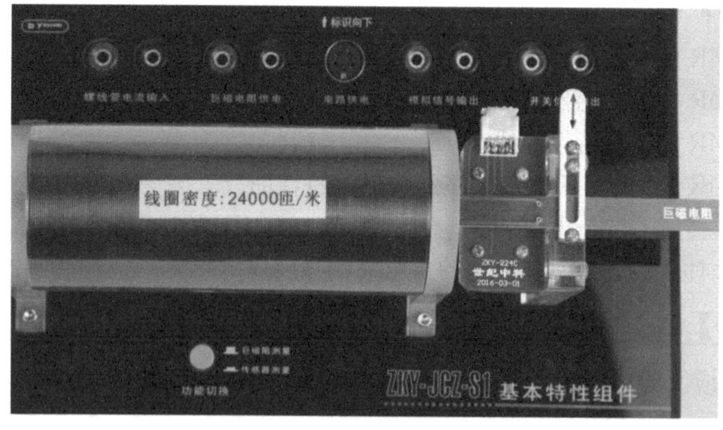

图 4.11.2　基本特性组件

GMR 传感器置于螺线管的中央.

螺线管用于在实验过程中产生大小可计算的磁场,由理论分析可知,无限长直螺线管内部

轴线上任一点的磁感应强度为

$$B = \mu_0 nI \tag{4.11.1}$$

式中 n 为线圈密度，I 为流经线圈的电流强度，$\mu_0=4\pi\times10^{-7}\,\mathrm{H/m}$ 为真空中的磁导率. 采用国际单位制时，由式(4.11.1)计算出的磁感应强度单位为特斯拉(1 特斯拉=10000 高斯).

3. 电流测量组件

电流测量组件(图 4.11.3)将导线置于 GMR 模拟传感器近旁，用 GMR 传感器测量导线通过不同大小电流时导线周围的磁场变化，就可确定电流大小. 与一般测量电流需将电流表接入电路相比，这种非接触测量不干扰原电路的工作，具有特殊的优点.

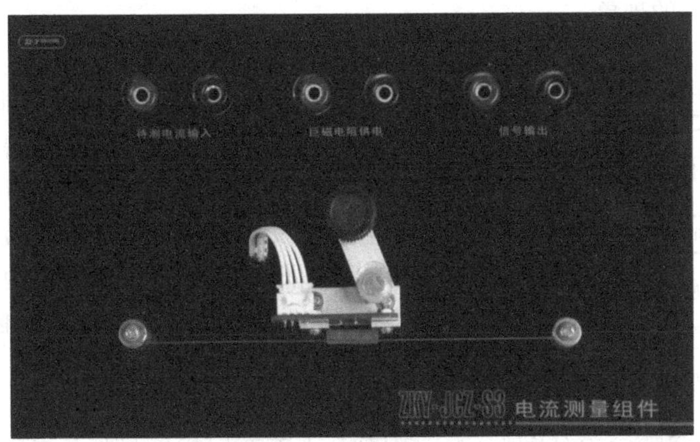

图 4.11.3　电流测量组件

4. 角位移测量组件

角位移测量组件(图 4.11.4)用巨磁阻梯度传感器作传感元件，铁磁性齿轮转动时，齿牙干扰了梯度传感器上偏置磁场的分布，使梯度传感器输出发生变化，每转过一齿，就输出类似正弦波一个周期的波形. 利用该原理可以测量角位移(转速、速度). 汽车上的转速与速度测量仪就是利用该原理制成的.

图 4.11.4　角位移测量组件

【实验原理】

根据导电的微观机理,电子在导电时并不是沿电场直线前进,而是不断和晶格中的原子产生碰撞(又称散射),每次散射后电子都会改变运动方向,总的运动是电场对电子的定向加速与这种无规则散射运动的叠加. 电子在两次散射之间走过的平均路程称为平均自由程,电子散射概率小,则平均自由程长,电阻率低. 电阻定律 $R=\rho l/S$ 中,把电阻率 ρ 视为常数,与材料的几何尺度无关,这是因为通常材料的几何尺度远大于电子的平均自由程(例如铜中电子的平均自由程约 34nm),可以忽略边界效应. 当材料的几何尺度小到纳米量级,只有几个原子的厚度时(例如铜原子的直径约为 0.3nm),电子在边界上的散射概率大大增加,可以明显观察到厚度减小、电阻率增加的现象.

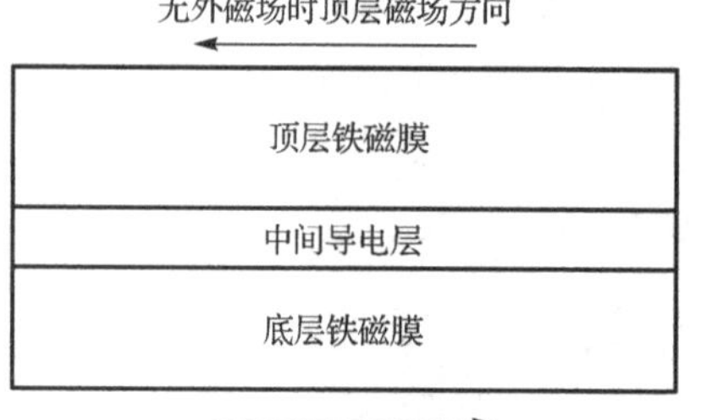

图 4.11.5　多层膜 GMR 结构图

电子除携带电荷外,还具有自旋特性,自旋磁矩有平行或反平行于外磁场两种可能取向. 早在 1936 年,英国物理学家、诺贝尔奖获得者 N. F. Mott 指出:在过渡金属中,自旋磁矩与材料的磁场方向平行的电子,所受散射概率远小于自旋磁矩与材料的磁场方向反平行的电子. 总电流是两类自旋电流之和;总电阻是两类自旋电流的并联电阻,这就是所谓的两电流模型.

在图 4.11.5 所示的多层膜 GMR 结构中,无外磁场时,上下两层磁性材料是反平行(反铁磁)耦合的. 施加足够强的外磁场后,两层铁磁膜的方向都与外磁场方向一致,外磁场使两层铁磁膜从反平行耦合变成了平行耦合. 电流的方向在多数应用中是平行于膜面的.

图 4.11.6 是图 4.11.5 结构的某种 GMR 材料的磁阻特性. 由图 4.11.6 可见,随着外磁场增大,电阻逐渐减小,其间有一段线性区域. 当外磁场已使两铁磁膜完全平行耦合后,继续加大磁场,电阻不再减小,进入磁饱和区域. 磁阻变化率 $\Delta R/R$ 达百分之十几,加反向磁场时磁阻特性是对称的. 注意到图中的曲线有两条,分别对应增大磁场和减小磁场时的磁阻特性,这是因为铁磁材料都具有磁滞特性.

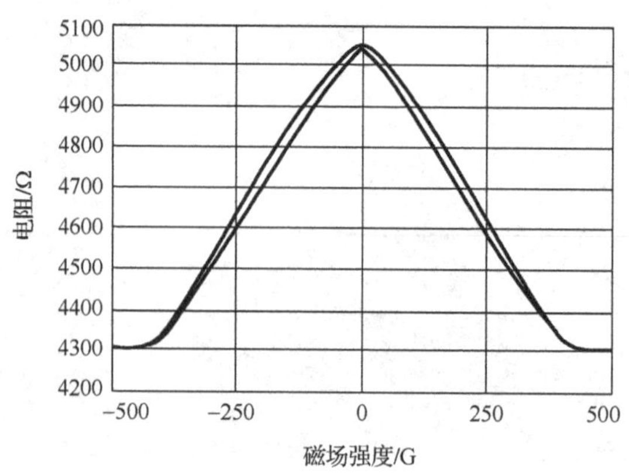

图 4.11.6　某种 GMR 材料的磁阻特性

有两类与自旋相关的散射对巨磁电阻效应有贡献.

其一,界面上的散射. 无外磁场时,上下两层铁磁膜的磁场方向相反,无论电子的初始自旋状态如何,从一层铁磁膜进入另一层铁磁膜时都面临状态改变(平行－反平行,或反平行－平行),电子在界面上的散射概率很大,对应于高电阻状态. 有外磁场时,上下两层铁磁膜的磁场方向一致,电子在界面上的散射概率很小,对应于低电阻状态.

其二,铁磁膜内的散射. 即使电流方向平行于膜面,由于无规散射,电子也有一定的概率在上下两层铁磁膜之间穿行. 无外磁场时,上下两层铁磁膜的磁场方向相反,无论电子的初始自旋状态如何,在穿行过程中都会经历散射概率小(平行)和散射概率大(反平行)两种过程,两类自旋电流的并联电阻相似于两个中等阻值的电阻的并联,对应于高电阻状态. 有外磁场时,上下两层铁磁膜的磁场方向一致,自旋平行的电子散射概率小,自旋反平行的电子散射概率大,两类自旋电流的并联电阻相似于一个小电阻与一个大电阻的并联,对应于低电阻状态.

【实验内容】

1. GMR 模拟传感器的磁电转换特性测量

在将 GMR 构成传感器时,为了消除温度变化等环境因素对输出的影响,一般采用桥式结构,图 4.11.7 是某型号传感器的结构.

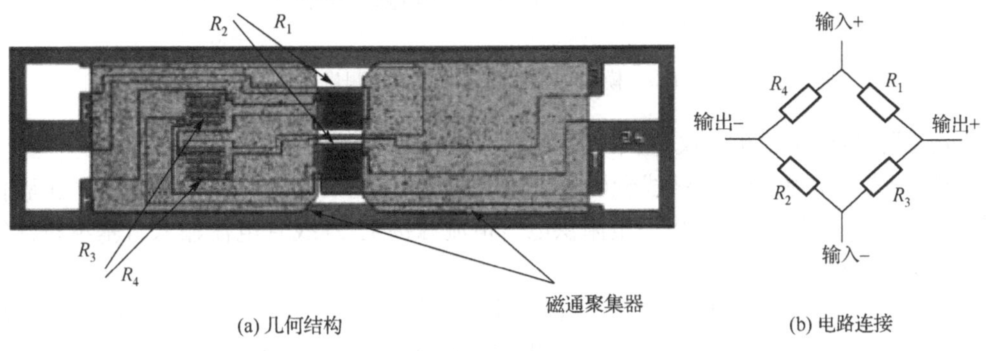

(a) 几何结构　　(b) 电路连接

图 4.11.7　GMR 模拟传感器结构图

对于电桥结构,如果 4 个 GMR 对磁场的响应完全同步,就不会有信号输出. 图 4.11.7 中,将处在电桥对角位置的两个电阻 R_3、R_4 覆盖一层高磁导率的材料如坡莫合金,以屏蔽外磁场对它们的影响,而 R_1、R_2 阻值随外磁场改变. 设无外磁场时 4 个 GMR 的阻值均为 R,R_1、R_2 在外磁场作用下电阻减小 ΔR,简单分析表明,输出电压

$$U_{\mathrm{OUT}} = U_{\mathrm{IN}}\Delta R/(2R-\Delta R) \tag{4.11.2}$$

屏蔽层同时设计为磁通聚集器,它的高磁导率将磁力线聚集在 R_1、R_2 电阻所在的空间,进一步提高了 R_1、R_2 的磁灵敏度.

从图 4.11.7 的几何结构还可见,GMR 被光刻成微米宽度迂回状的电阻条,以增大其电阻至 kΩ,使其在较小工作电流下得到合适的电压输出.

图 4.11.8 是某 GMR 模拟传感器的磁电转换特性曲线. 图 4.11.9 是磁电转换特性的测量原理图.

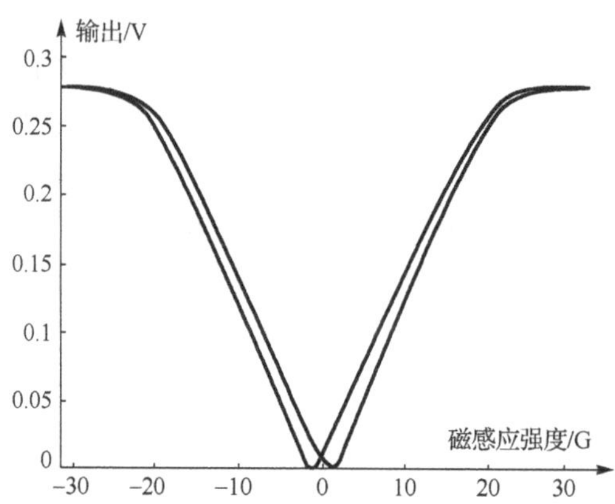

图 4.11.8　某 GMR 模拟传感器的磁电转换特性曲线

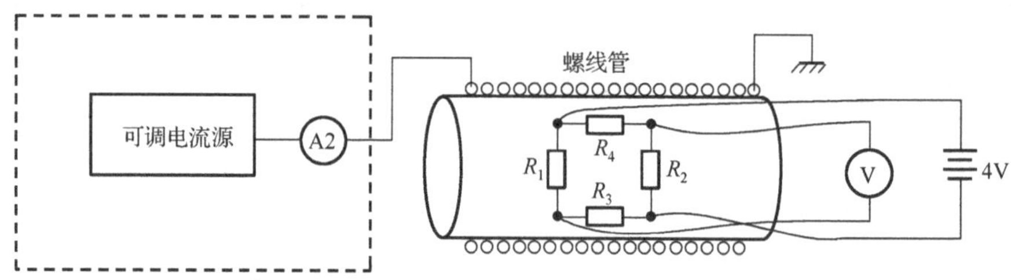

图 4.11.9　模拟传感器磁电转换特性测量原理图

实验装置:巨磁电阻实验仪,基本特性组件.

将 GMR 模拟传感器置于螺线管磁场中,功能切换按钮切换为“传感器测量”. 实验仪的 4V 电压源接至基本特性组件“巨磁电阻供电”,恒流源接至“螺线管电流输入”,基本特性组件“模拟信号输出”接至实验仪电压表.

按表 4.11.1 数据,调节励磁电流,逐渐减小磁场强度,记录相应的输出电压于表格“减小磁场”列中. 由于恒流源本身不能提供负向电流,当电流减至 0 后,交换恒流输出接线的极性,使电流反向. 再次增大电流,此时流经螺线管的电流与磁感应强度的方向为负,从上到下记录相应的输出电压.

电流至－100mA 后,逐渐减小负向电流,电流到 0 时同样需要交换恒流输出接线的极性. 从下到上记录数据于“增大磁场”列中.

理论上讲,外磁场为零时,GMR 传感器的输出应为零,但由于半导体工艺的限制,4 个桥臂电阻值不一定完全相同,导致外磁场为零时输出不一定为零,在有的传感器中可以观察到这一现象.

表 4.11.1

电桥电压:4V

磁感应强度/G		输出电压/mV	
励磁电流/mA	磁感应强度/G	减小磁场	增大磁场
100			
90			

续表

磁感应强度/G		输出电压/mV	
励磁电流/mA	磁感应强度/G	减小磁场	增大磁场
80			
70			
60			
50			
40			
30			
20			
10			
5			
0			
−5			
−10			
−20			
−30			
−40			
−50			
−60			
−70			
−80			
−90			
−100			

根据螺线管上标明的线圈密度，由式(4.11.1)计算出螺线管内的磁感应强度 B.

以磁感应强度 B 为横坐标，电压表的读数为纵坐标作出磁电转换特性曲线.

不同外磁场强度时输出电压的变化反映了 GMR 传感器的磁电转换特性，同一外磁场强度下输出电压的差值反映了材料的磁滞特性.

2. GMR 磁阻特性测量

为加深对巨磁电阻效应的理解，我们对构成 GMR 模拟传感器的磁阻进行测量. 将基本特性组件的功能切换按钮切换为“巨磁阻测量”，此时被磁屏蔽的两个电桥电阻 R_3、R_4 被短路，而 R_1、R_2 并联. 将电流表串联进电路中，测量不同磁场时回路中电流的大小，就可计算磁阻. 测量原理如图 4.11.10 所示.

实验装置：巨磁电阻实验仪，基本特性组件.

将 GMR 模拟传感器置于螺线管磁场中，功能切换按钮切换为“巨磁电阻测量”实验仪的 4V 电压源串联电流表后接至基本特性组件“巨磁电阻供电”，恒流源接至“螺线管电流输入”.

按表 4.11.2 数据，调节励磁电流，逐渐减小磁场强度，记录相应的磁阻电流于表格“减小

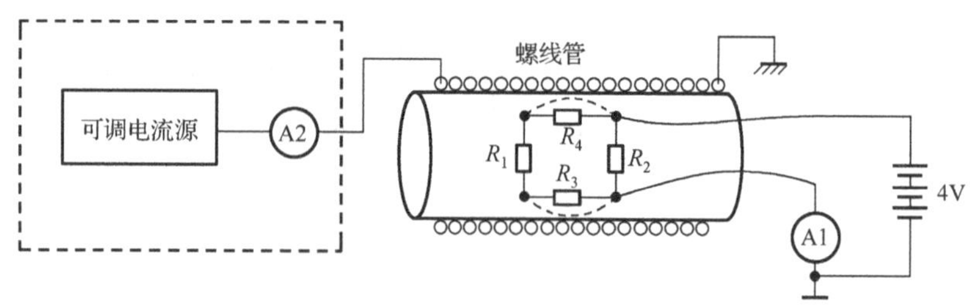

图 4.11.10 磁阻特性测量原理图

磁场”列中. 由于恒流源本身不能提供负向电流,当电流减至 0 后,交换恒流输出接线的极性,使电流反向. 再次增大电流,此时流经螺线管的电流与磁感应强度的方向为负,从上到下记录相应的输出电压.

电流至−100mA 后,逐渐减小负向电流,电流到 0 时同样需要交换恒流输出接线的极性. 从下到上记录数据于“增大磁场”列中.

表 4.11.2

磁阻两端电压:4V

磁感应强度/G		磁阻/Ω			
		减小磁场		增大磁场	
励磁电流/mA	磁感应强度/G	磁阻电流/mA	磁阻/Ω	磁阻电流/mA	磁阻/Ω
100					
90					
80					
70					
60					
50					
40					
30					
20					
10					
5					
0					
−5					
−10					
−20					
−30					
−40					
−50					
−60					
−70					
−80					
−90					
−100					

根据螺线管上标明的线圈密度，由式(4.11.1)计算出螺线管内的磁感应强度 B.

由欧姆定律 $R=U/I$ 计算磁阻.

以磁感应强度 B 为横坐标，磁阻为纵坐标作出磁阻特性曲线. 不同外磁场强度时磁阻的变化反映了 GMR 的磁阻特性，同一外磁场强度下磁阻的差值反映了材料的磁滞特性.

3. GMR 开关(数字)传感器的磁电转换特性曲线测量

将 GMR 模拟传感器与比较电路、晶体管放大电路集成在一起，就构成 GMR 开关(数字)传感器，结构如图 4.11.11 所示.

比较电路的功能是：当电桥电压低于比较电压时，输出低电平；当电桥电压高于比较电压时，输出高电平. 选择适当的 GMR 电桥并结合调节比较电压，可调节开关传感器开关点对应的磁场强度.

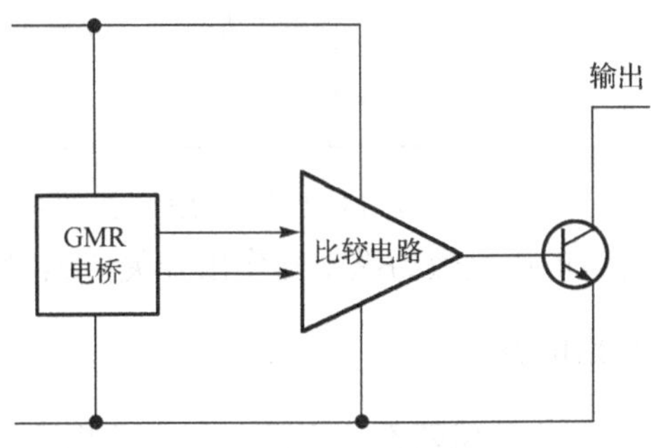

图 4.11.11　GMR 开关传感器结构图

图 4.11.12 是某种 GMR 开关传感器的磁电转换特性曲线. 当磁场强度的绝对值从低增加到 12G 时，开关打开(输出高电平)；当磁场强度的绝对值从高减小到 10G 时，开关关闭(输出低电平).

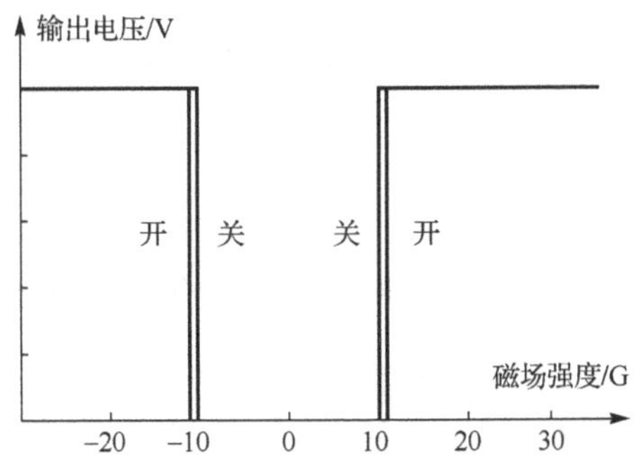

图 4.11.12　GMR 开关传感器磁电转换特性曲线

实验装置：巨磁电阻实验仪，基本特性组件.

将 GMR 模拟传感器置于螺线管磁场中，功能切换按钮切换为“传感器测量”. 实验仪的 4V 电压源接至基本特性组件“巨磁电阻供电”，“电路供电”接口接至基本特性组件对应的“电路供电”输入插孔，恒流源接至“螺线管电流输入”，基本特性组件“开关信号输出”接至实验仪电压表.

从 50mA 逐渐减小励磁电流，输出电压从高电平(开)转变为低电平(关)时记录相应的励磁电流于表 4.11.3“减小磁场”列中. 当电流减至 0 后，交换恒流输出接线的极性，使电流反向. 再次增大电流，此时流经螺线管的电流与磁感应强度的方向为负，输出电压从低电平(关)转变为高电平(开)时记录相应的负值励磁电流于表 4.11.3“减小磁场”列中. 将电流调至 −50mA.

逐渐减小负向电流，输出电压从高电平(开)转变为低电平(关)时记录相应的负值励磁电流于表 4.11.3“增大磁场”列中，电流到 0 时同样需要交换恒流输出接线的极性. 输出电压从低电平(关)转变为高电平(开)时记录相应的正值励磁电流于表 4.11.3“增大磁场”列中.

表 4.11.3

高电平=　　V　低电平=　　V

减小磁场			增大磁场		
开关动作	励磁电流/mA	磁感应强度/G	开关动作	励磁电流/mA	磁感应强度/G
关			关		
开			开		

根据螺线管上标明的线圈密度，由式(4.11.1)计算出螺线管内的磁感应强度 B.

以磁感应强度 B 为横坐标，电压读数为纵坐标作出开关传感器的磁电转换特性曲线.

4. 用 GMR 模拟传感器测量电流

从图 4.11.13 可见，GMR 模拟传感器在一定的范围内输出电压与磁场强度呈线性关系，且灵敏度高，线性范围大，可以方便地将 GMR 制成磁场计，测量磁场强度或其他与磁场相关的物理量. 作为应用示例，我们用它来测量电流.

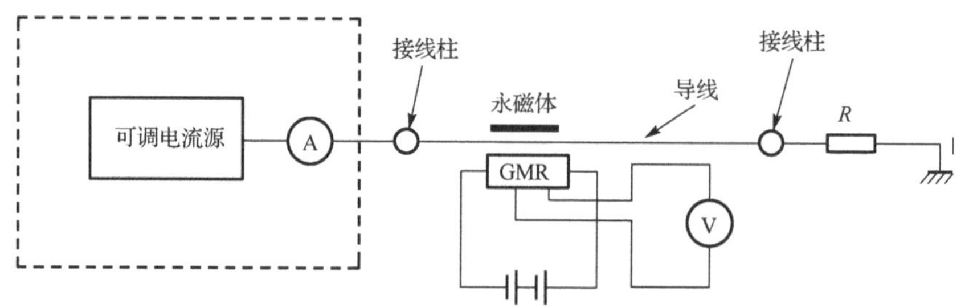

图 4.11.13　GMR 模拟传感器测量电流实验原理图

由理论分析可知，通有电流 I 的无限长直导线，与导线距离为 r 的一点的磁感应强度为

$$B = \mu_0 I/(2\pi r) = 2I \times 10^{-7}/r \tag{4.11.3}$$

在 r 不变的情况下，磁场强度与电流成正比.

在实际应用中，为了使 GMR 模拟传感器工作在线性区，提高测量精度，还常常预先给传感器施加一个固定已知磁场，称为磁偏置，其原理类似于电子电路中的直流偏置.

实验装置：巨磁电阻实验仪，电流测量组件.

实验仪的 4V 电压源接至电流测量组件“巨磁电阻供电”，恒流源接至“待测电流输入”，电流测量组件“信号输出”接至实验仪电压表.

将待测电流调节至 0.

将偏置磁铁转到远离GMR传感器,调节磁铁与传感器的距离,使输出约25mV.

将电流增大到300mA,按表4.11.4数据逐渐减小待测电流,从左到右记录相应的输出电压于表格“减小电流”行中. 由于恒流源本身不能提供负向电流,当电流减至0后,交换恒流输出接线的极性,使电流反向. 再次增大电流,此时电流方向为负,记录相应的输出电压.

逐渐减小负向待测电流,从右到左地记录相应的输出电压于表格“增加电流”行中. 当电流减至0后,交换恒流输出接线的极性,使电流反向. 再次增大电流,此时电流方向为正,记录相应的输出电压.

将待测电流调节至0.

将偏置磁铁转到接近GMR传感器,调节磁铁与传感器的距离,使输出约150mV.

用低磁偏置时同样的实验方法,测量适当磁偏置时待测电流与输出电压的关系.

表4.11.4

待测电流/mA			300	200	100	0	−100	−200	−300
输出电压/mV	低磁偏置(约25mV)	减小电流							
		增加电流							
	适当磁偏置(约150mV)	减小电流							
		增加电流							

以电流读数为横坐标,电压读数为纵坐标作图. 分别作出4条曲线.

由测量数据及所作图形可以看出,适当磁偏置时线性较好,斜率(灵敏度)较高. 由于待测电流产生的磁场远小于偏置磁场,磁滞对测量的影响也较小,根据输出电压的大小就可确定待测电流的大小.

用GMR传感器测量电流不用将测量仪器接入电路,不会对电路工作产生干扰,既可测量直流,也可测量交流,具有广阔的应用前景.

5. GMR梯度传感器的特性及应用

将GMR电桥两对对角电阻分别置于集成电路两端,4个电阻都不加磁屏蔽,即构成梯度传感器,如图4.11.14所示.

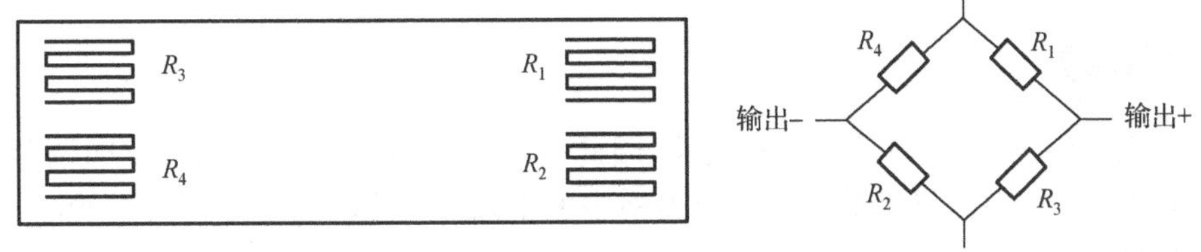

图4.11.14 GMR梯度传感器结构图

这种传感器若置于均匀磁场中,由于4个桥臂电阻的阻值变化相同,电桥输出为零. 如果磁场存在一定的梯度,各GMR电阻感受到的磁场不同,磁阻变化不一样,就会有信号输出. 图4.11.15以检测齿轮的角位移为例,说明其应用原理.

将永磁体放置于传感器上方,若齿轮是铁磁材料,永磁体产生的空间磁场在相对于齿牙不

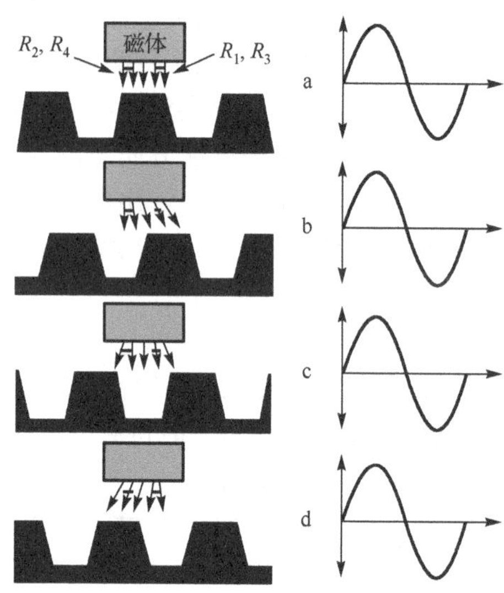

图4.11.15 用GMR梯度传感器检测齿轮角位移

同位置时，产生不同的梯度磁场. a位置时，输出为零. b位置时，R_1、R_2感受到的磁场强度大于R_3、R_4，输出正电压. c位置时，输出回归零. d位置时，R_1、R_2感受到的磁场强度小于R_3、R_4，输出负电压. 于是，在齿轮转动过程中，每转过一个齿牙便产生一个完整的波形输出.

实验装置：巨磁电阻实验仪，角位移测量组件.

将实验仪4V电压源接角位移测量组件“巨磁电阻供电”，角位移测量组件“信号输出”接实验仪电压表.

逆时针慢慢转动齿轮，当输出电压为零时记录起始角度，以后每转3°记录一次角度与电压表的读数. 转动48°齿轮转过2齿，输出电压变化2个周期，数据记入表4.11.5.

表4.11.5

转动角度/(°)															
输出电压/mV															

以齿轮实际转过的度数为横坐标，电压表的读数为纵向坐标作图.

【注意事项】

(1)由于巨磁电阻传感器具有磁滞现象，因此，在实验中，恒流源只能单方向调节，不可回调. 否则测得的实验数据将不准确. 实验表格中的电流只是作为一种参考，实验时以实际显示的数据为准.

(2)实验过程中，实验仪器不得处于强磁场环境中.

第 5 章　综合和设计性实验

5.1　金属丝杨氏弹性模量的测定

杨氏弹性模量(简称杨氏模量)是表征固态材料抵抗弹性形变能力的重要力学参量,在机械设计及材料性能研究中必须给予考虑.杨氏模量测量方法有静态测量法、共振法、脉冲波传输法等,本实验采用静态拉伸法.按照光杠杆放大原理组成的测量微小长度变化的装置,也被其他测量广泛地应用.实验中的仪器结构、实验方法、数据处理、误差分析等涉及内容较广,能使学生得到全面的训练.

【实验目的】

(1)学习静态拉伸法测金属丝的杨氏模量.

(2)掌握用光杠杆法测量微小长度变化的原理和方法.

(3)学习利用有效的多次测量及相应数据处理来减小误差的方法.

【实验仪器】

杨氏模量测量仪、光杠杆、望远镜尺组、米尺、游标卡尺、螺旋测微器.

【实验原理】

当外力作用于固体时,可使之发生形变.若在一定限度内,外力停止作用后,物体能恢复原来的形状,此类形变称为弹性形变,而固体能恢复原状的性质称为弹性.固体的弹性是组成固体的微粒之间相互作用的结果.

对如图 5.1.1 所示的长度和横截面积分别为 L 和 S 的一段粗细均匀的金属丝,沿长度方向施以拉力 F,使金属丝发生形变,伸长量为 ΔL.金属丝单位截面所受的作用力 F/S 称为应力;单位长度的伸长量 $\Delta L/L$ 称为应变.根据胡克定律,在弹性限度内应力与应变成正比,即 $F/S \propto \Delta L/L$,写成等式为

$$\frac{F}{S}=Y\frac{\Delta L}{L} \tag{5.1.1}$$

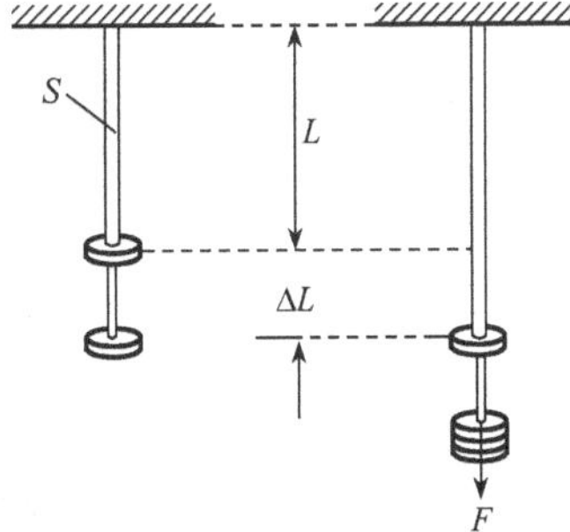

图 5.1.1　静态拉伸法示意图

式中比例系数 Y 为金属丝的杨氏模量,单位为 N/m^2,则

$$Y=\frac{F/S}{\Delta L/L}=\frac{FL}{S\Delta L} \tag{5.1.2}$$

Y 取决于材料的性质,与其长度和截面面积无关.

若金属丝的横截面是直径为 d 的圆,则面积为 $\pi d^2/4$,因此其杨氏模量可写成

$$Y=\frac{4FL}{\pi d^2\Delta L} \tag{5.1.3}$$

式中 F、L、d 均易于测量，而金属丝的伸长量 ΔL 很小，难以直接准确测量，本实验采用光杠杆法进行测量.

实验所用的杨氏模量测量仪如图 5.1.2 所示. 仪器底部是一个三脚架，其上有两立柱，架脚上有调节螺丝，用于调整立柱的铅直. 待测金属丝的上端被夹紧固定于立柱上端的横梁中间. 立柱上有可沿柱移动的平台 C，其上有一孔洞，一夹紧金属丝下端的夹子穿过该孔，并可上下移动，夹子下端接一砝码托. 光杠杆由一平面反射镜及三足支架构成，如图 5.1.3 所示. 望远镜尺组由望远镜、标尺及支架组成.

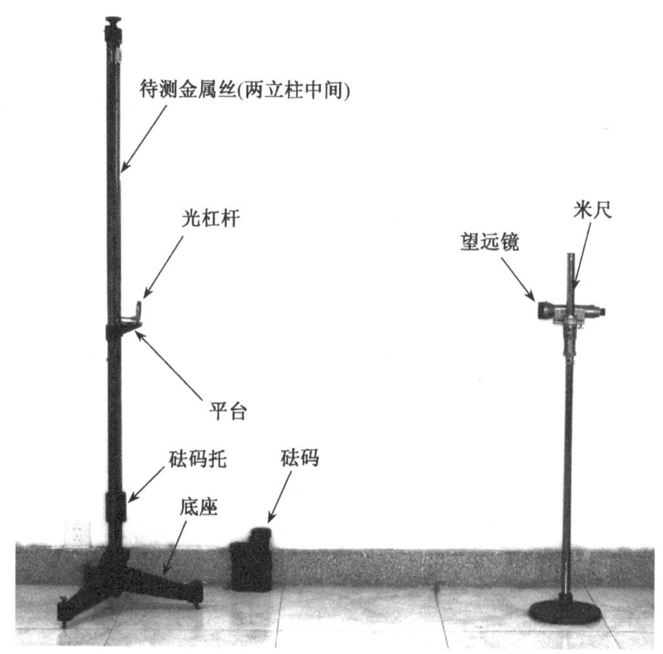

图 5.1.2 杨氏模量测量仪

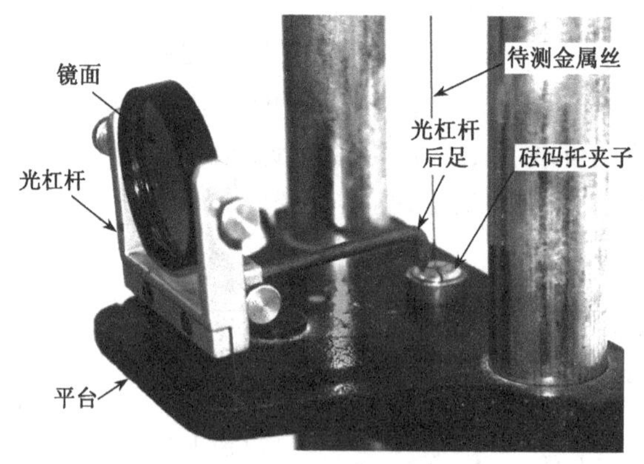

图 5.1.3 光杠杆

使用时，置望远镜尺组距光杠杆反射镜面 1.5～2m 处，使望远镜对准反射镜，从望远镜中能看到米尺在反射镜中的像. 测量时，以望远镜分划线为准线，读出米尺的刻度值，记为 R_0. 将砝码置于砝码托上时，金属丝被拉长 ΔL，使置于平台 C 孔中的夹子上的光杠杆后足随之下降，镜面后仰 α_i 角. 根据几何光学，此时米尺的刻度值 R 经平面镜反射进入望远镜，对齐了分划线，如图 5.1.4 所示，而入、反射光线的夹角为 $2\alpha_i$，有

$$\tan 2\alpha_i = \frac{R_i - R_0}{D} = \frac{H_i}{D}, \qquad \tan\alpha_i = \frac{\Delta L_i}{b} \tag{5.1.4}$$

式中 D 为反射镜面到标尺的距离；b 为光杠杆的臂长(光杠杆后足到两前足连线的距离).

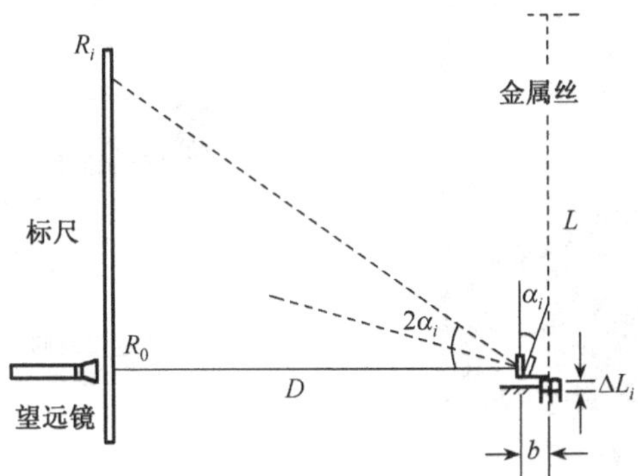

图 5.1.4　光杠杆放大测量

因为 $\Delta L \ll b$，α_i 很小，可近似为

$$\tan 2\alpha_i \approx 2\alpha_i \approx \frac{H_i}{D}, \qquad \tan\alpha_i \approx \alpha_i \approx \frac{\Delta L_i}{b} \tag{5.1.5}$$

则

$$\begin{aligned} 2\frac{\Delta L_i}{b} &= \frac{H_i}{D} \\ \Delta L_i &= \frac{H_i b}{2D} \end{aligned} \tag{5.1.6}$$

可见，利用光杠杆将微小的长度变化转变为微小的角度变化，再利用望远镜尺组，可将其转换为较大的标尺读数之差 $H_i = R_i - R_0$. 将式(5.1.6)写成

$$H_i = \frac{2D}{b}\Delta L_i = \beta \Delta L_i \tag{5.1.7}$$

式中 $\beta = 2D/b$ 称为光杠杆的放大倍数. 当 D 约为 2m，b 在 5～8cm 时，β 为 50～80. 由式(5.1.7)可知，D 越大，b 越小，β 越大. 虽然 D 增大，相对误差会减小，但调整却越困难；b 过小则会使相对误差增大.

将式(5.1.6)代入式(5.1.3)得

$$Y = \frac{8FLD}{\pi \bar{d}^2 b \bar{H}} \tag{5.1.8}$$

【实验内容】

1. 仪器的调整

(1)调节杨氏模量测量仪的三个底脚螺丝，使两立柱铅直. 为避免金属丝弯曲影响对其长

度的测量,实验中使用了较重的砝码托,能够使金属丝在没有加砝码时也是直的.

(2)光杠杆放在平台上,使两前足置于平台上的凹槽中,后足放置在夹子的顶面平滑处,勿与金属丝相触,如图 5.1.5 所示. 使平面镜铅直. 将望远镜尺组置于距光杠杆镜面适当距离处,调节望远镜的高低(图 5.1.6),使其镜头正对光杠杆镜面并平行、等高,且二者的轴线为同一条水平线. 调望远镜尺组的标尺使之铅直,高度合适.

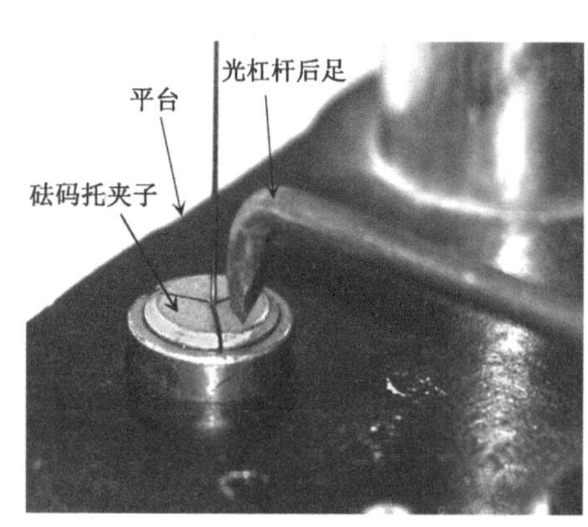

图 5.1.5　光杠杆后足的放置

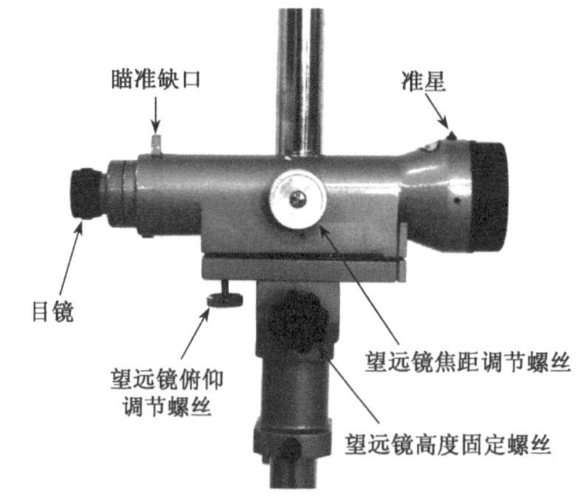

图 5.1.6　望远镜侧视图

(3)借助望远镜上侧的缺口及准星装置,沿镜筒轴线观看光杠杆平面镜中是否有标尺的像. 若没有,则左右移动望远镜尺组,上下微调镜筒,微调俯仰角,使望远镜筒上的缺口、准星及光杠杆反射镜三者共一条水平线(这是尽快调节好仪器的关键),直至看到标尺的像(即四点成一线)(图 5.1.7).

(4)调节目镜,使看到的十字形分划线清晰;再调节物镜,使标尺的像清晰. 仔细调节,直至无视差(即人眼上下移动时,从望远镜中观察到的标尺刻度线与十字分划线之间无相对移动,且都清晰)(图 5.1.8).

图 5.1.7　沿望远镜轴线四点成一线

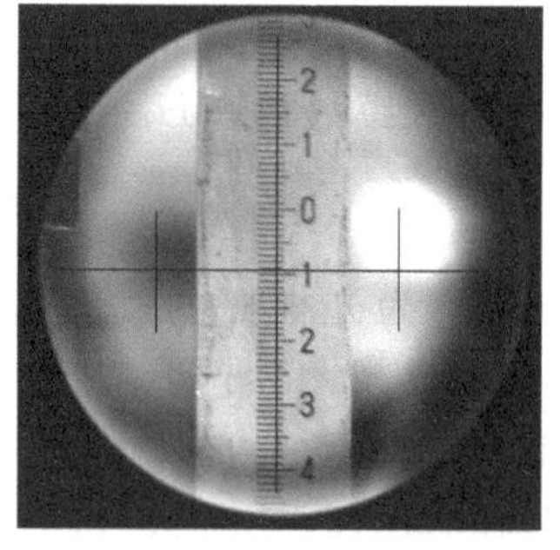

图 5.1.8　望远镜中消除视差的情形

2. 测量

(1)本实验提供米尺、游标卡尺及螺旋测微器等长度测量仪器,选用合适的测量仪器对各长度量进行测量,注意哪些量需要多次测量,哪些量单次测量即可,为什么?

(2)本实验每组提供十几个砝码,利用自己所学习过的知识,设计一个测量方案,使测量结果尽可能精确,同时也要注意测量效率.

(3)金属丝末端的夹子与外框间会存在摩擦,方案设计时要注意考虑减小这个摩擦力的影响.

3. 实验数据处理

除了计算出本实验提供金属丝的杨氏模量 Y 以外,还要计算出其标准差.注意写清公式、计算过程.

【注意事项】

(1)仪器一经调好,测量开始,切勿碰撞、移动仪器,否则要重新调节,教师检查数据前也不要破坏调节好的状态,否则一旦有错误,将难以查找原因或补作数据.

(2)望远镜、光杠杆属精密器具,应细心使用操作.避免打碎镜片,勿用手或他物触碰镜片.

(3)调节旋钮前应先了解其用途,并预见到可能产生的后果或危险,不要盲目乱调,以免损坏仪器,调节旋钮时也不要过分用力,防止滑丝.

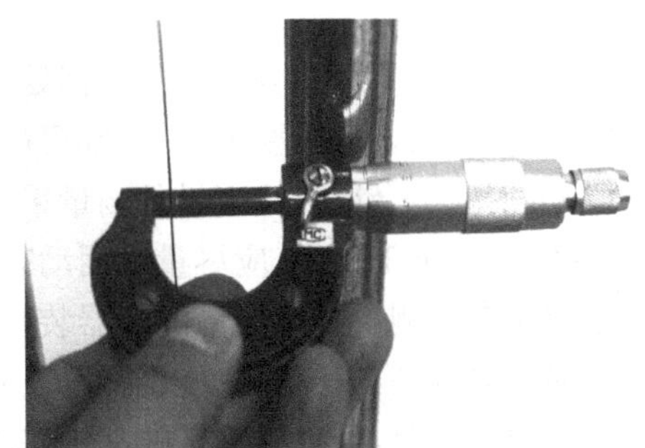

图 5.1.9　钢丝直径的测量

(4)用螺旋测微器测量钢丝直径时,要端平测微器,避免钢丝弯曲(图 5.1.9).

【数据表格】

自己设计数据记录表格,要规范、整洁.

【思考题】

(1)在本实验中,为什么可以用不同精确度的量具测量多种长度量?为什么有些需要多次测量,有些单次测量就可以?

(2)如何用十几个砝码既快又精确地测量出金属丝的平均伸长量?应该用什么方法来计算?

(3)光杠杆法可测微小长度变化,其主要是采用了光放大原理,放大率为 $\beta=2D/b$.试分析能否一味以增大 D,减小 b 的手段来提高 β.

【操作提示】

(1)望远镜(显微镜)目镜的调整规程:

①调节目镜使分划线成像在明视距离上(观察者眼睛放松地看清分划线).

操作技巧:眼要放松,调节目镜,若分划线变得更不清楚,则反向调节目镜,直至分划线清晰.

②调整望远镜焦距(或显微镜镜筒位置),使待观测物成像清晰.

③眼睛上下(或左右)轻微移动,若分划线与观测物有相对移动,说明分划线与待测物的像之间有视差.仔细调节焦距,直至无视差.

(2)测量过程中,采用依次增加砝码再依次减少砝码的方法,可以有效地减小摩擦产生的影响,而不仅仅是普通的多次测量.若采用同向的多次测量则无法削减摩擦的影响.

(3)螺旋测微器使用时,必须注意消除零点误差.

【应用提示】

(1)在本实验中用到几种较典型的实验方法和数据处理方法. 光杠杆是放大法的一种,应用非常广泛,除了测量微小长度量外,还可测量微小的角度变化等,如灵敏电流计中也使用了光杠杆的原理,但不是使用望远镜观测尺子,而是将一细束光照射到光杠杆上,通过观察反射到观察屏(读数屏)上光点的移动情况可确定光杠杆的转动大小,进而得到待测微小角度或微小长度等量.

(2)逐差法是应用十分广泛的数据处理方法,在本教材中的多个实验中都用到此方法,在实际的测量中,只要符合要求,一般都可应用逐差法处理数据.

(3)本实验中金属杨氏模量的测量采用的是静态拉伸法. 目前,国家标准推荐使用动态法,因此,在实际测试工作中,应尽量采用动态法,可参考有关资料进行,图 5.1.10 所示是实验室中常用的动态法测量杨氏模量的仪器装置. 本课程中之所以仍保留静态拉伸法,主要是在本实验中使用了多种基本长度测量仪器,以及光杠杆、逐差法等实验方法和数据处理方法,在学生刚接触物理实验时,可以有较好的基础实验技能和方法的学习与训练.

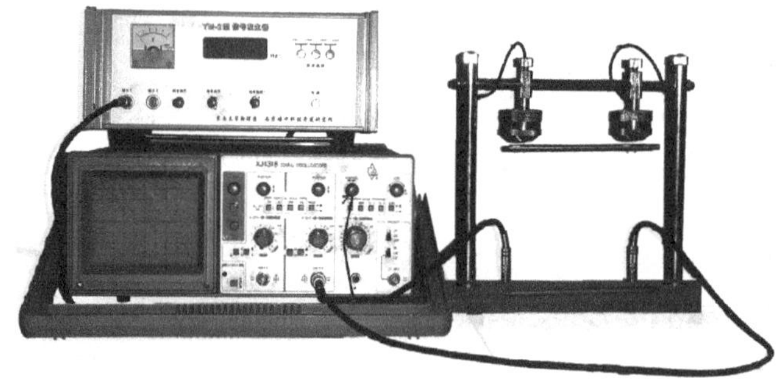

图 5.1.10 动态法杨氏模量测量实验仪

图 5.1.11 便携式激光测距仪

(4)本实验中用到了多种测长仪器,它们适用于不同长度范围的测量,要根据待测长度的大小合理选择. 在实际应用中它们有时也会受到一些限制,必须选择其他的测量仪器. 如有时待测物体无法接触测量,对于微小长度,螺旋测微器就无法使用,可以选用读数显微镜;而数米乃至数十米的长度,直尺或卷尺也常常有无能为力时. 目前,超声波测距和激光测距在工程上的应用越来越多,图 5.1.11 是一款便携式激光测距仪,其量程为 200m,测量精度为 2mm,除一般长度测量外,还可以测量面积、体积,并用勾股定理测量远处两点间的距离.

5.2 电子电荷的测定(仿真实验)

仿真实验又称虚拟仿真实验,是计算机模拟的实验过程,它通过计算机构造虚拟物体及环境,而在虚拟物体上施加的是真实力. 所谓真实力就是指在宏观尺度、低速运动的情形满足牛顿运动定律,在微观或高速运动的情形满足量子力学和相对论力学的基本原理的力. 仿真实验通过计算机程序来实现，因程序的人机交互界面是仿照真实实验设备设计的，故称虚拟仿真实验.

仿真实验是新型的实验技术，同传统实验相比具有如下优点：

(1)仿真实验可以将复杂的实验过程简化. 有些实验过程非常复杂，难以控制，还有些实验时间跨度大，或者空间转换复杂，这些实验通过计算机仿真可以很方便地实现.

(2)仿真实验可以保护昂贵设备，节约实验成本. 很多现代实验的设备非常昂贵，运行费用高，这些设备通常由专人使用. 通过虚拟仿真，可以让更多人了解其实验过程.

(3)仿真技术与网络结合可以让实验者随时随地地通过手机、PC 机、电视机、iPad 等电子设备了解、熟悉真实实验过程.

电子电荷的测定和普朗克常量的测量实验都是近代物理实验，真实过程很复杂，所以我们选择用仿真技术完成.

1897 年，J. J. 汤姆孙通过测定阴极射线的荷质比，证实了电子的存在，为近代物理学的发展奠定了重要实验基础. 然而，仅仅从荷质比的数据还不足以确定电子的性质，因为由此无法直接得出电子电荷和质量的绝对值. 美国杰出的物理学家密立根(R. A. Millikan)在前人工作的基础上，从 1909 年到 1917 年大约花了 8 年的时间，用实验的方法证明了电子电荷的量子性、不连续性，并精确地测定了这一基本电荷的数值 $e=(1.602\pm0.002)\times10^{-19}$ C. 密立根由于测定了电子电荷和借助光电效应测量出普朗克常量等成就，荣获 1923 年诺贝尔物理学奖. 密立根 1911 年设计并完成的油滴实验，是近代物理学发展史上一个十分重要的实验. 今天我们重温这一著名的实验，不仅应该了解密立根所用的基本实验方法，更要借鉴与学习密立根采用经典宏观的力学模式，揭示微观粒子量子本性的物理构思、精湛的实验设计和严谨的科学作风，从而更好地提高我们的实验素质和能力.

【实验目的】

(1)验证电荷的不连续性.

(2)测定单位电荷的电量.

【实验仪器】

本实验仿真软件为科大奥锐公司的“大学物理仿真实验 2010 版”，对应真实实验的仪器有：密立根油滴实验仪、显示器及喷雾器等附件.

【仪器介绍】

油滴实验装置由油滴仪、电源、计时仪器、喷雾器及其他辅助设备等组成.

1. 油滴仪

油滴仪由如下三个部分组成：

(1)平行电极. 油滴仪的核心部分是两块平行放置、间距 d 为几毫米的金属圆电极板. 在上电极板中央有一个小孔，喷雾器喷出的油滴由小孔落入两极板之间. 实验中平行板电极间的电场方向应与重力方向平行，也即平行电极板必须水平放置. 为此目的，油滴仪上设有调节螺丝和水准仪. 实验开始之前，应把这项调节认真做好.

(2)显微镜. 用来观察和测量油滴的运动情况. 其中的网格是安装在目镜中的分划板的像. 每一格相当于空间的距离是一定的. 因此由油滴下降的格数,很容易知道其下落的实际距离 l. 应该注意,显微镜中观察到的像是倒立的,因此匀速下落的油滴,在显微镜中看到的却在匀速上升.

(3)照明系统. 光源发出的光束照射到油滴区,经油滴散射后,在显微镜内就可以在黑暗的背景上看到明亮而清晰的油滴. 为了防止光照引起油滴区空气产生热扰动,入射光束一般都先经过吸热水槽或导光玻璃棒导引再射入油滴区.

2. 显示器

通过 CCD 摄像机将显微镜视野延伸到显示器,可以更清楚地观察油滴及其运动,以方便实验过程.

3. 电源

500V 直流平衡电压:连续可调,读数由电压表显示. 当换向开关置"+"挡时,能平衡带正电荷的油滴;置"−"挡时,能平衡带负电荷的油滴;置 0 挡时,上下两极板同时接地.

300V 直流升降电压:连续可调,无读数显示. 该电压可通过其换向开关叠加(或减)在平衡电压上以控制油滴在分划板中的上下位置.

【实验原理】

1. 带电油滴受力分析

两水平放置的金属板 A 和 B,间距为 d,两板间加电压 V,则其间为均匀电场 $E=V/d$. 若一质量为 m,带电量为 q 的油滴处于两板间,通常受以下四个力的作用.

(1)重力 F_g.

$$F_g = mg = \frac{4}{3}\pi r^3 \rho g \tag{5.2.1}$$

其中 r 为球形油滴半径,ρ 为油滴密度.

(2)电场力 F_E.

$$F_E = qE = q\frac{V}{d} \tag{5.2.2}$$

(3)油滴运动时受到的空气黏滞阻力 F_r.

由斯托克斯(Stokes)定律知

$$F_r = 6\pi\eta r v \tag{5.2.3}$$

式中 η 为空气的黏滞系数,v 是油滴运动速度.

(4)空气浮力 F_b.

$$F_b = \frac{4}{3}\pi r^3 \sigma g \tag{5.2.4}$$

式中 σ 为空气密度. 因空气密度 σ 与油密度相比很小,故浮力很小,可忽略不计.

2. r、v_g、v_E 的测定及 η 的修正

(1)油滴半径 r 的测定.

金属板 A、B 间不加电压时,油滴受重力作用而加速下降,但因受空气黏滞阻力作用,下降一段距离后，将以匀速下降，此时 $F_g=F_r$，即 $\frac{4}{3}\pi r^3\rho g = 6\pi\eta r v_g$，则

$$r = 3\left(\frac{\eta v_g}{2\rho g}\right)^{\frac{1}{2}} \tag{5.2.5}$$

(2)v_g、v_E的测定.

金属板A、B间不加电压，若油滴在极板间以匀速下降一段距离，历经时间为 t_g，则

$$v_g = \frac{l}{t_g} \tag{5.2.6}$$

极板间加适当电压时，带电油滴在电场作用下，将最终以匀速 v_E上升一段距离，若上升时间为 t_E，则

$$v_E = \frac{l}{t_E} \tag{5.2.7}$$

如果 l 为定值，这样就把速度的测量变成了对时间的测量.

(3)η 的修正.

由于油滴很小(半径为 $10^{-6}\sim10^{-4}$cm)，其线度可以与空气分子的平均自由程相比拟，这样，空气不能再看成是连续介质，因此必须对黏滞系数进行修正. 空气的实际黏滞系数 η'将比式(5.2.3)中的 η 小，其减小量必定是空气的平均自由程 $\bar{\lambda}$ 或空气压强 P 和油滴半径 r 的函数，可表示为

$$\eta' = \frac{\eta}{1+\frac{b}{pr}} \tag{5.2.8}$$

式中 b 为常数，$b=6.17\times10^{-6}\,\text{m}\cdot\text{cmHg}$；$p$ 为大气压强，单位为 cmHg；r 为油滴半径. 由于修正项本身就不十分精确，故其中的油滴半径 r 仍可用 $r = 3\left(\frac{\eta v_g}{2\rho g}\right)^{\frac{1}{2}}$ 代入，于是得

$$\eta' = \frac{\eta}{1+\frac{b}{3p}\left(\frac{2\rho g}{\eta l}\right)^{\frac{1}{2}} t_g^{\frac{1}{2}}} = \frac{\eta}{1+Bt_g^{\frac{1}{2}}} \tag{5.2.9}$$

式中 $B = \frac{b}{3p}\left(\frac{2\rho g}{\eta l}\right)^{\frac{1}{2}}$，在给定的实验条件下，$B$ 为一常数.

3. 电子电荷的测量方法

测量方法有两种，即油滴静态平衡法、油滴反转运动法，本实验只介绍静态平衡法部分.

所谓静态平衡法，就是在极板间加适当电压，使油滴静止不动，此时有 $F_g=F_E$，即 $mg=qV/d$；当 $V=0$ 时，油滴最终以匀速下降，则 $F_g=F_r$，即 $mg=6\pi\eta r v_g$，所以

$$q = \frac{18\pi\eta^{\frac{3}{2}} l^{\frac{3}{2}} d}{(2\rho g)^{\frac{1}{2}}} \cdot \frac{1}{V} \cdot \frac{1}{t_g^{\frac{3}{2}}} = A\frac{1}{V}\left(\frac{1}{t_g}\right)^{\frac{3}{2}} \tag{5.2.10}$$

式中 $A = \frac{18\pi\eta^{\frac{3}{2}} l^{\frac{3}{2}} d}{(2\rho g)^{\frac{1}{2}}}$，在给定的实验条件下，$A$ 为一常数.

利用修正系数 $1+Bt_g^{1/2}$，对黏滞系数 η 进行修正，则有

$$q' = \frac{A}{\left[t_g\left(1+Bt_g^{\frac{1}{2}}\right)\right]^{\frac{3}{2}}}\frac{1}{V} \tag{5.2.11}$$

这就是用静态平衡法测量油滴所带电量的理论公式. 只要测得平衡电压 V 和去掉电压后油滴匀速下降一段距离 l 所经历的时间 t_g，便可求出 q.

如果测量多个油滴所带的电量 q，就有可能验证电荷分布的非连续性，并且也能够求出电荷最小单位的电量是多少. 有了多个油滴的电量以后，如何对这些数据进行处理成为关键，这由同学们自己来研究，实验报告中要写清数据处理过程，并计算系统误差的大小.

【实验内容】

1. 启动实验

双击桌面"大学物理仿真实验 2010 实验大厅"启动仿真实验软件，单击"近代物理实验"按钮，双击"密立根油滴实验"项，启动实验. 关闭"实验数据表格"窗口，在"实验内容"窗口单击鼠标选择"静态法测量基本电荷".

2. 调节仪器

双击油滴仪图标打开其调节窗口(图 5.2.1 上)，双击显示器打开其调节窗口(图 5.2.2).

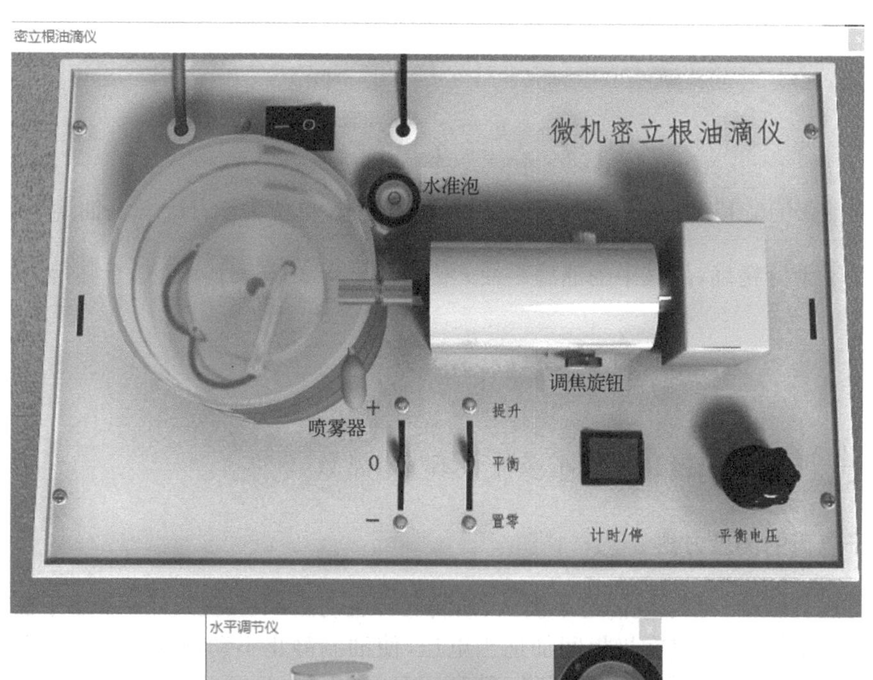

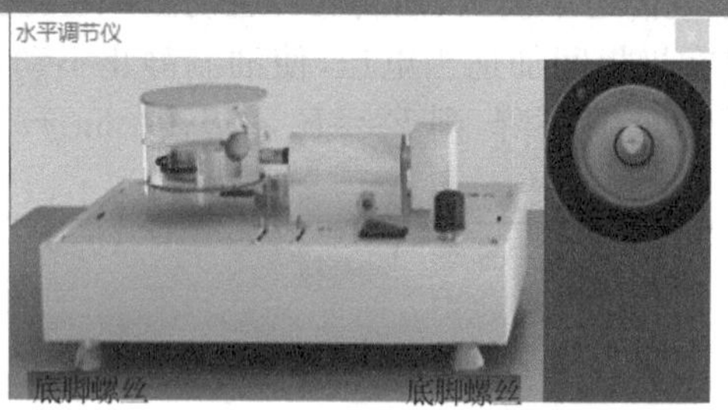

图 5.2.1　油滴仪调节窗口

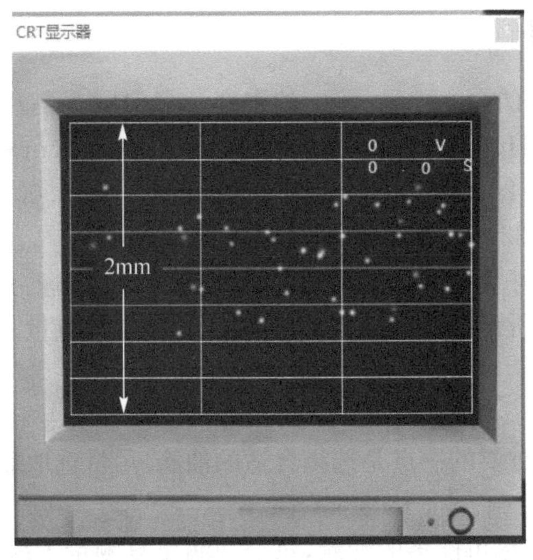

图 5.2.2　显示器窗口

(1)调平:用鼠标左键单击水准泡,显示调平窗口(图 5.2.1 下). 鼠标左键或右键在调平螺丝处单击,可以改变其高低. 观察气泡的位置,当气泡停留在气泡室中央的圆圈内部时即可认为已经调平. 若未调平即进入实验状态,将导致极板间的电场方向与重力场方向不平行,油滴不能沿同一铅直线往复上下,不久就会偏离视野.

(2)调焦:单击调焦旋钮,即可调节显微焦距. 鼠标左右键单击此旋钮使油滴清晰可见(此步也可在油滴平衡后进行).

(3)打开油滴仪及显示器电源.

3. 开始实验

(1)左侧闸刀开关置"+"端,右侧闸刀开关置"平衡"处,在电容器上施加正向电压,调节平电压到 200V 左右. (注意:单击鼠标左键,开关位置上扳,单击右键下扳.)

(2)单击喷雾器图标,显示器中出现多个运动的油滴.

(3)观察油滴的运动,选择合适的油滴,调节平衡电压使其静止在视野中,记下此时的平衡电压. 若没有找到合适的油滴,则重复步骤(2)、(3).

(4)右侧闸刀开关置"提升"处,将油滴向上移动,与显示器最上面的横线对齐,再将开关置于"平衡"处.

(5)将右侧闸刀开关置零,此时电容器极板间电压被释放,秒表清零并开始计时,油滴将向下运动,待油滴运动到最下方横线时,将开关置于"平衡"处令油滴停止运动并停止计时,记下秒表的时间.

(6)重复步骤(5)、(6),可以对同一个油滴进行多次时间测量,以减小误差.

(7)一个油滴测量结束后,再通过喷油选择其他油滴进行测量,一般来说,测量的油滴越多,得到的结果就越有说服力,每个油滴反复测量下落时间的次数越多,则该油滴电量的测量误差也越小. 由同学们自己确定测量油滴的数量、每个油滴反复测量的次数.

【数据记录与处理】

重力加速度 $g=9.80\text{m/s}^2$　　油密度 $\rho=981\text{kg/m}^3(t=20℃)$

大气压强 $p=76.0\text{cmHg}$　　常数 $b=6.17\times10^{-6}\text{m}\cdot\text{cmHg}$

油滴匀速下降距离 $l=2.00\times10^{-3}\text{m}$　　平行极板距离 $d=5.00\times10^{-3}\text{m}$

空气黏滞系数 $\eta=1.832\times10^{-5}\text{kg/(m}\cdot\text{s)}(t=20℃)$

试验前自己设计准备好规范的数据记录表格.

首先计算出每个油滴所带的电量,然后再计算出单位电荷电量.

【注意事项】

(1)要做好本实验,很重要的一点是选择合适的油滴.尽量选取靠近中线的油滴,且油滴速度不易太快或太慢.

(2)在实验时间内测量尽可能多的油滴,每个油滴反复测量下落时间合适的次数,得到的结果将更精确、更有说服力.如果在实验数据处理过程中发觉自己的数据还是不够用,你可以加入其他同学的测量数据,但要注明其出处.

(3)如何从多个油滴所带的电量中验证电荷分布的非连续性,并求出最小单位电荷的电量有多种处理方法,建议你自己好好研究,提出更有说服力、更科学的方法.

【思考题】

(1)忽略空气浮力,对 e 的最终结果有何影响?

(2)影响测量结果的环境条件有哪些?

【附注】

测量 e 值的更精确和更完善的方法,是密立根研究改进后的动态测量法.该方法的基本思想是:挑选一个由喷雾时的摩擦已带有较多电荷的油滴,然后加上方向合适的电场,油滴就会被迫向上极板运动,当油滴在碰到上极板之前,取消极板之间的电场,让油滴依重力下降,待其快接近下极板时,再加上电场,使油滴作反方向的运动,这样可控制油滴在两极板间上下来回地运动.借助 X 射线或放射性物质使极板间气体(空气)电离,油滴将在往复运动中(主要是重力下落时)擒住空气中的正负离子而改变其电量,于是在电场作用下油滴上升的速度发生变化.由这些速度的不连续变化,通过对测量数据的整理就可发现油滴上的电荷是最小电荷值,或是这个值的整数倍.用动态测量法不仅可以测出电子电荷 e 值,还可以令人信服地说明电荷的不连续性,此外还引导出一些极为重要的结论.

【应用扩展】

1. 质谱仪

质谱仪是一种分析各种同位素并测量其质量及含量百分比的仪器.如图 5.2.3 所示,它由两部分组成:M 板左侧是带电粒子选择器,其内有相互正交的均匀电场和磁场,M 板右侧是匀强磁场.当不同速率的正离子进入速度选择器后,受到电场力和洛伦兹力的作用,离子在满足

条件 $Eq=Bqv$，即 $v=E/B$ 时，不发生偏转，即能够从速度选择器出射口出射的带电离子必为此速度的离子，与它所带电量和质量无关. 经过速度选择器后相同速率的不同离子在右侧的偏转磁场中作匀速圆周运动，其核质比与离子轨道半径的关系如下：

$$\frac{q}{m}=\frac{E}{rBB'}$$

不同核质比的离子轨道半径不同，分别落在底片的不同位置，即元素将按其质量大小的顺序而排列，故称之为“质谱”. 由于 E、B、B' 及 r 可直接测量得到，所以，如果知道离子所带电量 q，则由上式可求出离子的质量 m. 当然，如果知道离子的质量 m 则可求得离子的带电量 q.

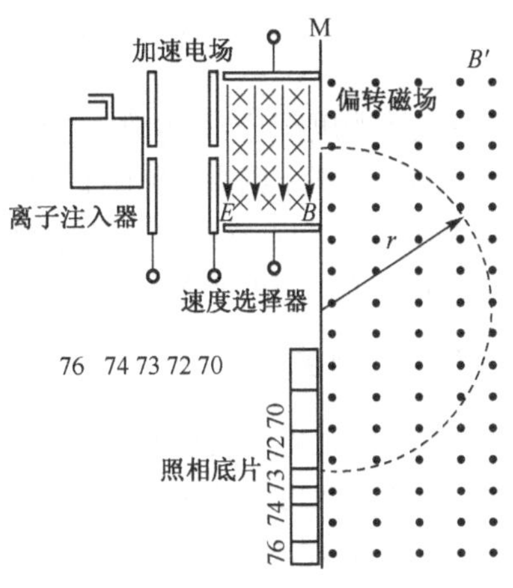

图 5.2.3　质谱仪

目前应用的质谱仪是非常准确的仪器，它不但可以测量出每种同位素的准确质量，并可测量其在元素中所占的比例.

2. 静电除尘

现代生活中的空气污染问题，越来越严峻地摆在我们面前，如处理不当，将严重地影响人类的生存环境，因此，“除尘”就成为现代工业生产所迫切需要解决的一个问题. 电除尘技术自 20 世纪初问世以来，由于具有除尘效率高、电能消耗小、处理气量大、能处理高温及有害气体等优点，已被越来越多的生产部门所采用(图 5.2.4).

静电除尘是利用气体放电的电晕现象，使带电尘粒在电场力的作用下趋向集尘极，从而达到除尘的目的. 其除尘机理大致分为四个过程，如图 5.2.5 所示.

(1)气体电晕放电. 当施加在放电极及当电极间的电压在临界电晕电压与临界击穿电压之间时，放电极附近形成强电场，气体电离生成大量正、负离子，形成电晕区.

(2)尘粒荷电. 气流中的尘粒与自由电子、负离子碰撞结合在一起，实现粉尘荷电.

(3)粉尘沉积. 集尘极与电源正极相接，电场力驱使带有负电荷的尘粒迁移到集尘极并释放所携带的电荷，沉积在集尘极上，实现净化气流的目的.

(4)消除积灰. 通过振动或冲洗使积灰落入灰斗.

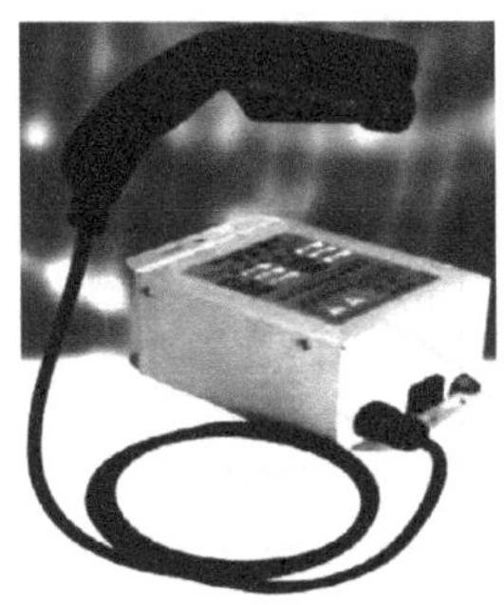
图 5.2.4　小型静电除尘仪

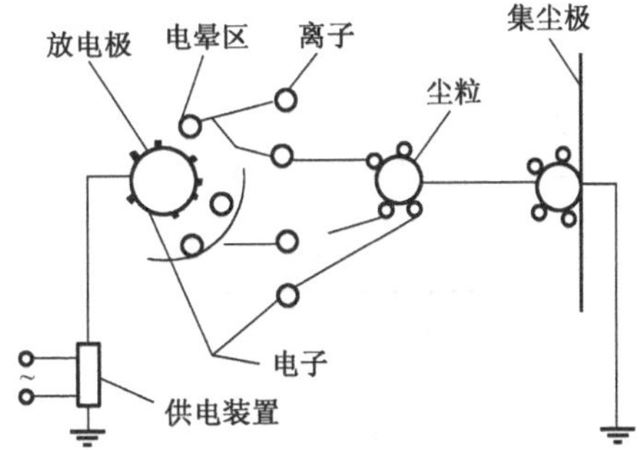

图 5.2.5　静电除尘机理

5.3　光电效应测定普朗克常量仿真实验

在近代物理学中,光电效应在证实光的量子性方面有着重要的地位. 1905 年爱因斯坦在普朗克量子假说的基础上圆满地解释了光电效应. 约十年后,密立根以精确的光电效应实验证实了爱因斯坦的光电效应方程,并测定了普朗克常量. 而今光电效应已经广泛地应用于各科技领域. 利用光电效应制成的光电器件如光电管、光电池、光电倍增管等已成为生产和科研中不可缺少的器件.

【实验目的】

(1)了解光电效应的基本规律.

(2)测量光电管的伏安特性曲线.

(3)验证爱因斯坦光电效应方程.

(4)测量普朗克常量.

【实验仪器】

本实验仿真软件为科大奥锐公司的“大学物理仿真实验 2010 版”,对应真实实验的仪器有:光电管,光源(汞灯),滤波片组(577. 0nm,546. 1nm,435. 8nm,404. 7nm,365nm 滤波片),50%、25%、10%的滤光片,直流电源,检流计(或微电流计),直流电压计等.

【实验原理】

1. 光电效应与爱因斯坦方程

以合适频率的光照射在金属表面上,有电子从表面逸出的现象称为光电效应. 观察光电效应的实验示意图如图 5.3.1 所示. GD 为光电管,K 为光电管阴极,A 为光电管阳极,G 为微电流计,V 为数字电压表,R 为滑线变阻器. 调节 R 可使 A、K 之间获得从 $-U$ 到 0 到 $+U$ 连续变化的电压. 当光照射光电管阴极时,阴极释放出的光电子在电场的作用下向阳极迁移,并且在回路中形成光电流. 光电效应有如下的实验规律:

(1)光强一定时,随着光电管两端电压的增大,光电流趋于一个饱和值 I_s,对不同的光强,饱和电流 I_s 与光强 I 成正比,如图 5.3.2 所示.

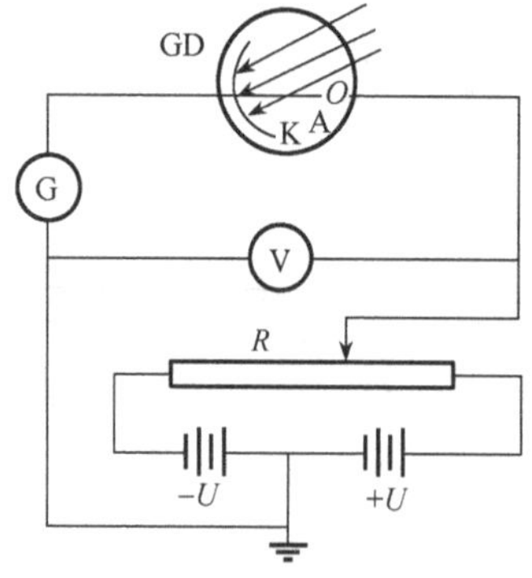

图 5.3.1　光电效应实验示意图

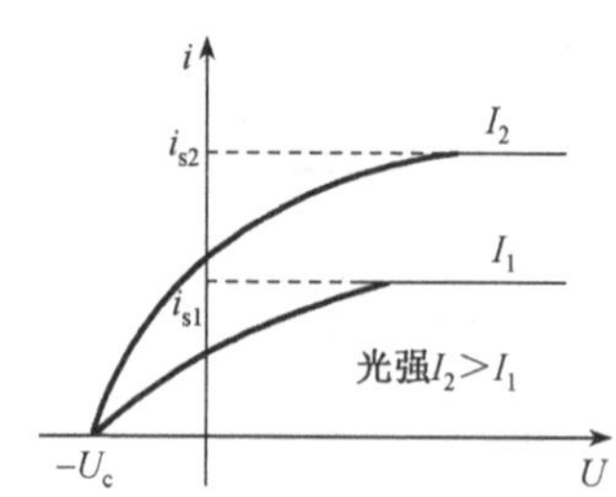

图 5.3.2　光电管的伏安特性

(2)当光电管两端加反向电压时,光电流迅速减小,但不立即降到零,直至反向电压达到U_c时,光电流为零,U_c称为截止电压. 这表明此时具有最大动能的光电子被反向电场所阻挡,则有

$$\frac{1}{2}mv_{\max}^2 = eU_c \tag{5.3.1}$$

实验表明光电子的最大动能与入射光强无关,只与入射光的频率有关.

(3)改变入射光频率ν时截止电压U_c随之改变,U_c与ν呈线性关系,如图 5.3.3 所示. 实验表明,无论光多么强,只有当入射光频率ν大于ν_c时才能发生光电效应,ν_c称截止频率. 对于不同金属的阴极ν_c的值也不同. 但这些直线的斜率都相同.

(4)射到光电管阴极上的光无论怎么弱,几乎在开始照射的同时就有光电子产生,延迟时间最多不超过 10^{-9} s.

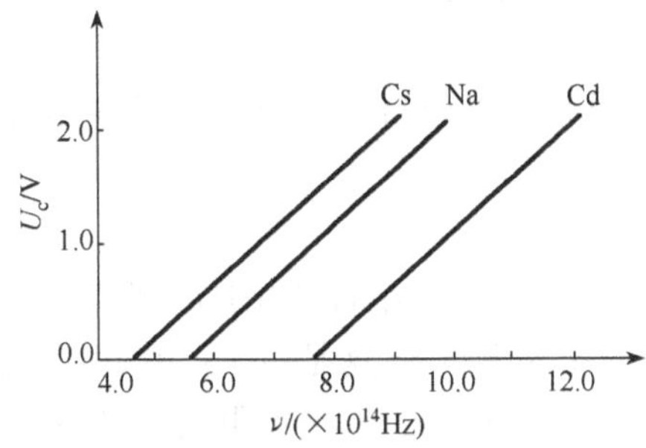

图 5.3.3　截止电压U_c与入射光频率ν的关系曲线

上述光电效应的实验规律是光的波动理论所不能解释的. 光电效应实验现象与经典理论的矛盾:①红限频率的存在;②光电子的最初动能与光强无关;③瞬时性. 爱因斯坦提出了光量子假说,解决了以上矛盾. 他假设光束是由能量为$h\nu$的粒子(称光子)组成的,其中h为普朗克常量,当光束照射金属时,光以粒子的形式射在表面上,金属中的电子要么不吸收能量,要么就吸收一个光子的全部能量$h\nu$. 只有当这能量大于电子摆脱金属表面约束所需要的逸出功W时,电子才会以一定的初动能逸出金属表面. 根据能量守恒有

$$h\nu = \frac{1}{2}mv_{\max}^2 + W \tag{5.3.2}$$

式(5.3.2)称为爱因斯坦光电效应方程. 将式(5.3.1)代入爱因斯坦光电效应方程可改写为

$$h\nu = eU_c + h\nu_c$$

$$U_c = \frac{h}{e}(\nu - \nu_c)$$

即

$$U_c = k\nu - b \tag{5.3.3}$$

式(5.3.3)表明了U_c与ν呈一直线关系,由直线斜率可求h,由截距可求ν_c,这正是密立根验证爱因斯坦方程的实验思想.

2. 实际测量中截止电压的确定

实际测量的光电管伏安特性曲线如图 5.3.4 所示,它要比图 5.3.2 复杂. 这是由于:

(1)存在暗电流和本底电流. 在完全没有光照射光电管的情形下,由于阴极本身的热电了

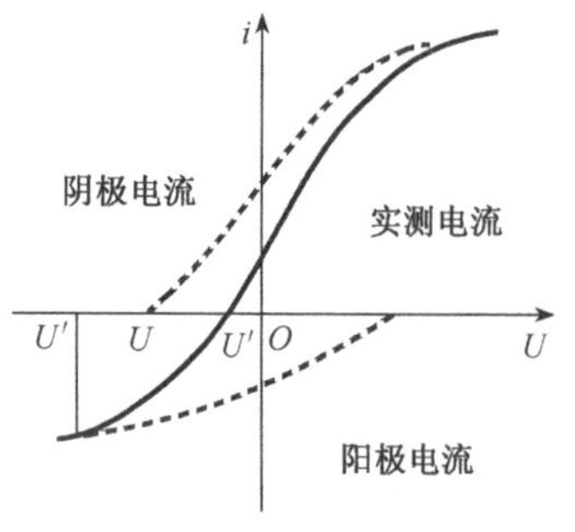

图 5.3.4 实际测量的光电管伏安特性曲线

发射等原因所产生的电流称为暗电流. 本底电流则是由外界各种漫反射光入射到光电管上所致. 这两种电流属于实验中的系统误差.

(2)存在反向电流. 在制造光电管的过程中,阳极不可避免地被阴极材料所沾染,而且这种沾染在光电管使用过程中会日趋严重. 在光的照射下,被沾染的阳极也会发射电子,形成阳极电流即反向电流.

因此,实测电流是阴极电流与阳极电流的叠加结果. 这就给确定截止电压 U_c 带来一定麻烦,此时电流降为零处所对应的电压已经不是遏制电压了,遏制电压是拐点所对应的电压,拐点是指在反向伏安特性曲线中电流下降和电流保持不变之间的分界点. 因此本实验应该用拐点法来确定遏制电压.

本实验要求用最小二乘法计算直线的斜率 k,然后再计算出普朗克常量 h.

3. 电阻箱的使用

在实验中要求把电阻箱调整到 8300Ω 左右(即临界电阻值). 电阻箱的使用是为了在测量中增加阻尼,以便使检流计的指针尽快回零. 这是由于:如果电阻较小或不使用电阻箱(过阻尼状态),此时检流计的指针将停止不动;反之,如果电阻较大(欠阻尼状态),当测量完毕后,检流计的指针将会在测量完后仍摆动一段时间. 因此,在测量中必须使用电阻箱,并且要调整到一合适的阻值即临界阻尼.

【实验内容】

1. 启动内容

双击桌面“大学物理仿真实验 2010 实验大厅”启动仿真实验软件,单击“近代物理实验”按钮,双击“光电效应和普朗克常量的测定”项,启动实验(图 5.3.5).

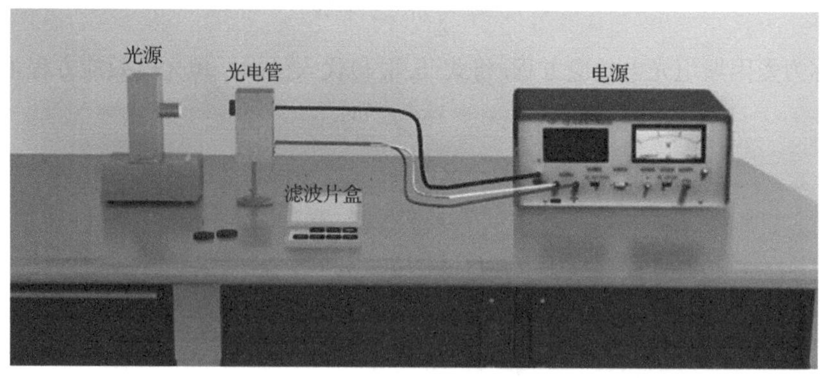

图 5.3.5 仪器以及连线

2. 调节仪器

(1)单击电源图标显示“电源及测试系统”窗口，观察电流输入、电压输出正、负极接线柱的位置(图 5.3.6).

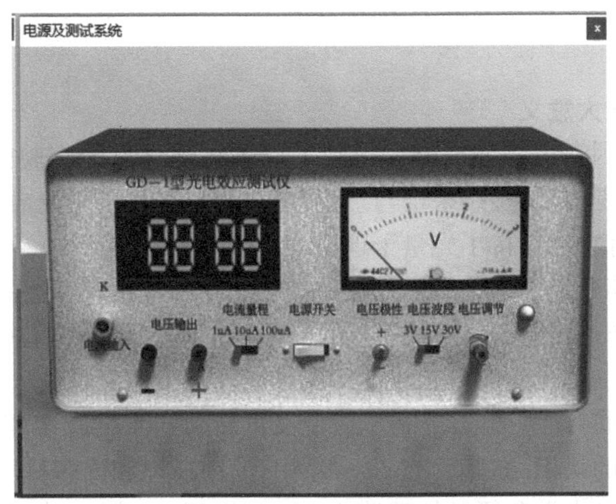

图 5.3.6　电源及测试系统窗口

(2)连接电路. 拖动鼠标，最上面的线(黑线)连接“电流输入”接线柱，中间的线(黄线)连接“电压输出负极”接线柱，最下面的线(红线)连接“电压输出正极”接线柱(图 5.3.5).

3. 系统初始化设置

(1)鼠标拖动光电管镜头盖和光源镜头盖至桌面，单击“滤波片盒”图标打开滤波片盒，拖动波长 365nm 的滤波片至光源镜头处. 单击“光源”图标打开光源显示窗口，单击开关接通光源电源，然后关闭光源显示窗口.

(2)在“电源及测试系统”窗口(图 5.3.6)，将电压波段置于 3V，电压极性置于负极，单击电源开关打开电源，在“电压调节”旋钮处单击或按下鼠标右键调节输出电压，使电压表示数为最大值 3V，此时电压输出为－3V.

(3)双击“光电管”图标打开光电管调节窗，鼠标单击四个绿色箭头调整光电管位置，使得电流计示数为－0.24 μA，至此系统初始化完成.

4. 光电管伏安特性测量

更换滤波片产生不同波长的入射光，在－3～14V 范围内改变电压，记录电压和电流的数值，测量不同波长的光照射时光电管的伏安特性. 建议反向电压时每隔 0.5V 记录一组数据，正向电压时每隔 1.0V 记录一组数据. 每个同学至少测量三种不同波长的曲线.

【实验要求】

(1)根据测量数据在坐标纸上画出四条伏安特性曲线，并在其上求出对应遏止电压 U_c.

(2)作出 U_c-ν 曲线，若为直线，即可验证爱因斯坦光量子假说.

(3)据式(5.3.3)，用最小二乘法可求出 k，进而求出 h，并计算误差.

【注意事项】

(1)根据实验要求正确操作计算机,不准在计算机上进行与实验内容无关的操作.

(2)实验完毕待任课教师检查无误后,正确退出程序,关闭主机及显示器.

【应用提示】

研究光电效应的重大意义

继密立根之后,爱因斯坦的光电方程得到了许多物理学家的实验验证,从可见光直至X射线,在宽广的波长范围内,实验结果都与理论严格相符.光量子理论成功地解释了光电效应,而光电效应的事实又有力地支持了光量子理论.

光电效应实验及其光量子理论的解释在物理学的发展中具有深远的意义.其一,证明普朗克提出的量子现象并非是辐射现象所特有,而在一般物理过程中都有表现.其二,爱因斯坦的研究揭示了光的两重性或“光的波粒二象性”,原来光既是微粒又是波动.爱因斯坦关于光的新理论是具有革命性和划时代意义的.光量子假说又重新引起了持续多年的关于光的本性的争论,加深了对光的本性的认识.在其后的20多年中,爱因斯坦和许多科学家不断试图了解光的这种“双重性格”,促进了光学和原子物理学的进一步发展.后来,德布罗意关于粒子具有波动性的假说以及戴维森和革末的电子衍射实验证明不仅光有二象性,实物也有二象性,二象性是普遍的.其三,利用光电效应制成了光电管等许多光电器件,并在科学技术中广泛应用,目前还在开辟新的应用领域,其发展前景也是广阔的(参阅郭奕玲、沙振舜等编写的《著名物理实验及其在物理学发展中的作用》).

本实验开头曾提到利用光电效应制成的光电器件已得到广泛应用,下面仅举几个光电开关的例子.

光电开关是通过把光强度的变化转换成电信号的变化来实现控制的.根据工作方式不同分为:漫反射光电开关,背景抑制型光电开关,反射板式光电开关,对射式光电开关和光纤放大器.

1. 漫反射光电开关

发光二极管发出的光落在任意形状、颜色的物体上,光被漫反射,一部分返回同一仪器上的接收器表面.光强足够,触动开关.工作距离取决于物体尺寸、颜色和表面纹理.内置灵敏度调整电位计可使感光度有很大的调制幅度.

2. 背景抑制型光电开关

与漫反射光电开关工作方式类似,但利用反射光的入射角度,而不是光强.因此,工作距离不易受物体的尺寸、颜色或表面纹理的影响,即使在强光背景下也可准确辨认对象.

3. 反射板式光电开关

发光二极管发出的光经过透镜聚焦,通过偏振滤光镜射向反射板.部分反射光再次经过偏振滤光镜到达接收器.滤光镜只让反射器的反射光能到达接收器.表面光亮的物体因反射光强烈不易被看见,但这种装置却能探测到这些对象.传感范围因此大幅度增加.在反射器到接收器的路途中用障碍物截断光束,就触动了开关.

4. 对射式光电开关

接收器和发射器各有独立外壳. 发射器相对安装以便调制，尽可能为接收器接收. 接收器把调制光从周围的其他光源中分离出来，任意对从反射器到接收器光束的阻截都会触动开关. 为达到良好的工作效果，被测对象尺寸不应小于接收器的直径.

5. 光纤放大器

发射器和接收器前端装上光纤(玻璃、塑料光纤的基本操作相同). 光纤是光电传感器的“眼”的延伸. 由于光纤导线体积小又具伸缩性，解决了不易进入部位的传感问题. 由于没有电流在光纤中，因此没有安全措施也能在易爆或强电磁场(高压设备、电焊设备)存在的区域正常工作. 光纤足够细可探测到最微小的物体. 光纤导线可用作漫反射光电开关和对射式光电开关.

图 5.3.7 和图 5.3.8 分别为对射式和漫反射式光电开关实物图.

图 5.3.7　对射式光电开关

图 5.3.8　漫反射式光电开关

5.4　阿贝比长仪及氢氘光谱测量

阿贝比长仪是基于阿贝原理而设计的精密计量仪器，主要用于测量两线之间的距离和平面两点之间的距离. 本实验用作测量谱线间的距离.

氢原子光谱是最简单的光谱，在原子物理学的早期发展中曾做出了特殊的贡献，早在 1885 年，瑞士年轻的中学数学教师巴耳末(J. J. Balmer)根据实验结果经验地确定了可见光区氢光谱线的分布规律为

$$\lambda = B \cdot \frac{n^2}{n^2 - 4}$$

为了更清楚地表明谱线分布规律，瑞典光谱学家里德伯(J. R. Rydberg)将上式改写为以下的形式

$$\nu = \frac{1}{\lambda} = R\left(\frac{1}{2^2} - \frac{1}{n^2}\right)$$

式中 ν 为波数，R 为里德伯常量. 里德伯常量在光谱学和原子物理学中有重要的地位，它是计算原子能级的基础，是联系原子光谱和原子能级的桥梁.

【实验目的】

(1)学习阿贝比长仪的设计原理和使用方法.

(2)掌握线性内插法求谱线波长的方法.

(3)测量氢和氘巴耳末线系前四条谱线的波长,并确定氢和氘的里德伯常量 R_H,R_D.

【实验仪器】

计算机、仿真软件等.

【仪器介绍】

1. 阿贝比长仪的原理与结构

阿贝比长仪由两个固定在一起的显微镜——对线显微镜和读数显微镜组成,用于精确测量两点之间的距离. 由于两个显微镜紧紧固定在一起,所以当移动其中一个显微镜时,另一个也获得相同的位移. 这样我们在对线显微镜中每确定一个点或一条线就把此时的读数显微镜示值记录下来,这些数据的差值就反映了与其相对应的点或线之间的距离.

阿贝比长仪有一个工作平台,可以呈水平状态,也可呈 45°倾斜状态. 工作平台的锁紧螺钉松开时,可沿钢梁纵向平移,螺钉锁紧后,转动手轮可驱使平台横向移动. 仪器中间为固定支架,左侧为“对谱”系统(对线系统),右侧为“读数”系统,两系统的显微镜用固定于支架上的防热钢板连成一体. 对谱系统由对线显微镜、采光反射镜、看谱孔、谱板压紧弹簧和谱板纵向移动装置等组成. 读数系统由读数显微镜、采光反射镜、嵌在平台右侧的 200mm 长的精密玻璃毫米尺等组成.

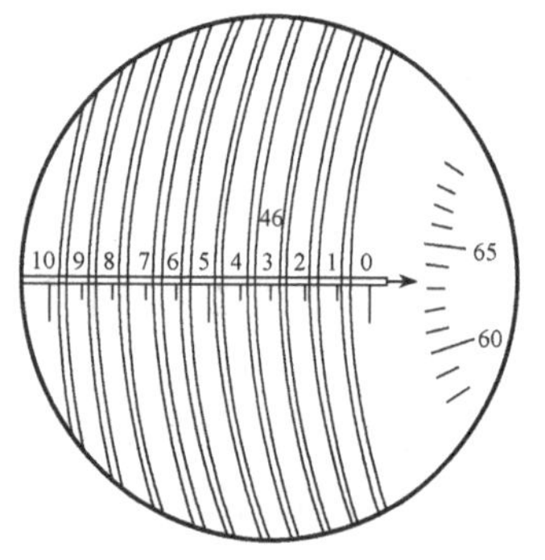

图 5.4.1　阿贝比长仪读数显微镜视场

2. 阿贝比长仪的读数方法

如图 5.4.1 所示为读数显微镜视场,旋转螺钉可使圆刻度尺(分为 100 格)从小到大或由大到小(实验时由鼠标控制)旋转,使在阿基米德螺线范围内的毫米刻度尺刻度线落在阿基米德双线之间,这时即可读数. 图中所示读数读法如下:毫米刻度尺读数为 46mm,1/10mm 分划板上的示值读为 0.2mm,分划板的箭头所指圆刻度盘上的示值读为 0.0632mm,其中最后一位为估读值,所以结果读数为 46.2632mm.

【实验原理】

1. 氢氘光谱的发现和规律

氢原子光谱是最简单的光谱. 早在 1885 年,瑞士年轻的中学数学教师巴耳末(J. J. Balmer)就将可见光范围内氢原子光谱波长规律写作

$$\frac{1}{\lambda_H}=R_H\left(\frac{1}{2^2}-\frac{1}{n^2}\right),\quad n=3,4,5,\cdots \tag{5.4.1}$$

其中 R_H 是氢谱线的里德伯常量.

1932 年,尤雷(H. C. Ureg)等拍摄巴耳末系的光谱时观察到在巴耳末系的短波一侧均有

一条弱的伴线，后来确定这是氘的谱线．由于氢和氘的核外均只有一个电子，二者的光谱极其相似，但氢与氘的核质量不同，氘核比氢核多一个中子，质量是氢核的两倍，因而相应光谱线的波长又略有差异，称其为“同位素移位”．

氘光谱线的巴耳末系公式为

$$\frac{1}{\lambda_D}=R_D\left(\frac{1}{2^2}-\frac{1}{n^2}\right),\qquad n=3,4,5,\cdots \tag{5.4.2}$$

其中 R_D 是氘谱线的里德伯常量．氘和氢光谱线之间的差别在于它们的里德伯常量不同．

2. 氢氘光谱的拍摄(简单了解)

氢氘原子光谱由氢氘放电管发出，同一 n 值下，H、D 光谱线的波长很相近，要分开它们需要采用色散率较大的摄谱仪，如果摄谱仪采用合适的闪耀光栅，按不同的光栅转角，可拍摄出巴耳末线系的全部谱线．在光谱技术中，一般以铁的电弧光谱作为标准，光谱工作者早已把每条铁光谱的波长作过精确测量，标注在分段放大 20 倍的相片上的各条谱线上，为了测量氢、氘谱线的波长，就需要在光谱底片上同时拍摄铁光谱，以供比较．

3. 线性内插法

在光谱底片的很小间隔内，摄谱仪的线色散可以看成是一个常数，因而谱线的间隔与谱线的波长成正比，这就是“内插法”的依据，如图 5.4.2 所示，λ_x 为待测谱的波长，λ_1、λ_2 为待测谱线附近两侧的两条标准铁谱线的波长，用阿贝比长仪测得三条谱线在光谱片上的位置为 d_x、d_1、d_2，则求得待测谱线的波长为

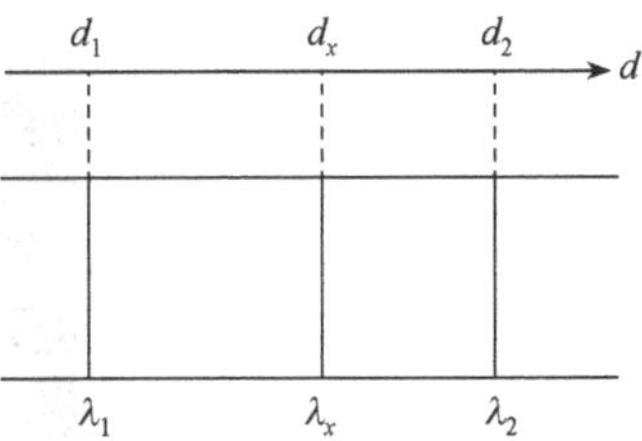

图 5.4.2　线性内插法

$$\frac{\lambda_x-\lambda_1}{\lambda_2-\lambda_1}=\frac{d_x-d_1}{d_2-d_1}\Rightarrow\lambda_x=\lambda_1+\frac{d_x-d_1}{d_2-d_1}\cdot(\lambda_2-\lambda_1) \tag{5.4.3}$$

当待测谱线不在两条标准谱线之间而位于两条标准谱线同一侧时，也可用此比例关系．

【实验内容】

1. 实验提示

在系统主界面上单击“氢氘光谱测量及阿贝比长仪”进入本仿真实验平台．平台主窗口的顶部是主菜单，其下为一段循环播放的从不同角度演示阿贝比长仪的动画．主菜单包括“系统”“阿贝比长仪”“实验原理”“实验内容”四项菜单．选择“阿贝比长仪”菜单，出现“原理”“结构和使用”“读数练习”三个选项．

(1)单击“原理”选项，弹出阿贝比长仪的原理图，鼠标所指的部件会变成红色，并在窗口下部的提示框里说明所指部件的名称、作用．窗口左半部分是对阿贝比长仪测量原理的文字说明．单击“返回”按钮可以退出本窗口，返回主窗口．

(2)单击“结构和使用”选项，出现阿贝比长仪的外观图，并有对每个部件的说明．窗口下方有进行本实验的步骤提示．单击“返回”按钮可以退出本窗口，返回主窗口．

(3)单击“读数练习”选项，弹出一个窗口，学习阿贝比长仪的读数方法．这个窗口左上面为

“对线显微镜视野”,左下面为调节旋钮,可用鼠标左键或右键来调节,右面为“读数显微镜视野”.

①在“对线显微镜视野”图中,淡青色的竖线(标志线)和波长 λ_3 的谱线重合,这时阿贝比长仪测量出的数值就表示谱线 λ_3 的位置.

②按照窗口左下方的文字提示,在小旋转钮上按住鼠标左键(或右键),直到窗口右方图片框中阿基米德双螺旋线把黄色的短竖线卡在中间,此时阿贝比长仪的读数就是 λ_3 的位置(可以存在小范围的误差).

③在左下图中的黑色框中输入此时阿贝比长仪的读数值,出现一个绿色的小框(正确信息). 单击绿色小框中的“确定”按钮,绿色小框消失,再单击窗口左下方的“返回”按钮,退出本窗口,返回主窗口.

2. 实验步骤

单击“实验内容”菜单,正式进入实验,弹出一个窗口,如图 5.4.3 所示,我们称之为“选择窗口”,其作用是用来选择所要测量的光谱底片和所要调节的部件等.

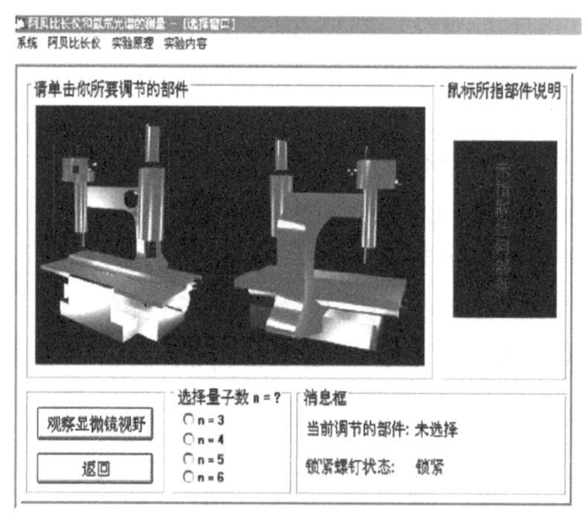

图 5.4.3　选择窗口

步骤 1:首先选择量子数 n=? 不同的 n 值对应着巴耳末线系上不同的谱线,所以该项选择确定了要测量的谱线,我们以 $n=3$ 为例对测量方法加以说明. 选择 $n=3$ 时,页面跳转到另一个窗口,如图 5.4.4 所示,我们称之为“调节窗口”或“测量窗口”,在该窗口中单击“选择调节部件”返回到“选择窗口”.

步骤 2:在“选择窗口”中选择部件“视野调节手轮”进行调节操作,目的是把谱线底片移到对线显微镜视野的中央,方便测量. 注意:该部件的调节对读数显微镜没有影响.

(1)当鼠标移到该部件上时,部件变为红色,同时窗口上部右边的黑色框里出现对该部件的文字说明. 用鼠标左键单击该部件,即选定该部件为工作部件. 一经选定,如单击“视野调节手轮”,窗口下部右图的消息框里的“当前调节的部件”一项显示为“视野调节手轮”.

(2)单击“选择窗口”中的“观察显微镜视野”按钮回到“调节窗口”,我们可以在这里一边调节仪器,一边观察调节所引起的显微镜视野中情况的变化. 以后每要调节一个部件,都要先在左下图中的旋钮上按住鼠标左键,左上图中的底片就会向上移动. 当它移动到视野中央时放开鼠标左键. 如果移动得太靠上了,可以在左下图中的旋钮上按住鼠标右键使底片往下移动,直到我们满意为止.

(3)该部件调节完毕，单击图 5.4.4 中的“选择调节部件”，回到“选择窗口”，选择调节另一个部件. 以后对每一个部件的调节，都先在“选择窗口”中选中这个部件，然后在“调节窗口”中进行调节. “调节窗口”左下方的旋钮就代表刚才选中的部件，用鼠标的左键或右键按住这个旋钮进行调节操作.

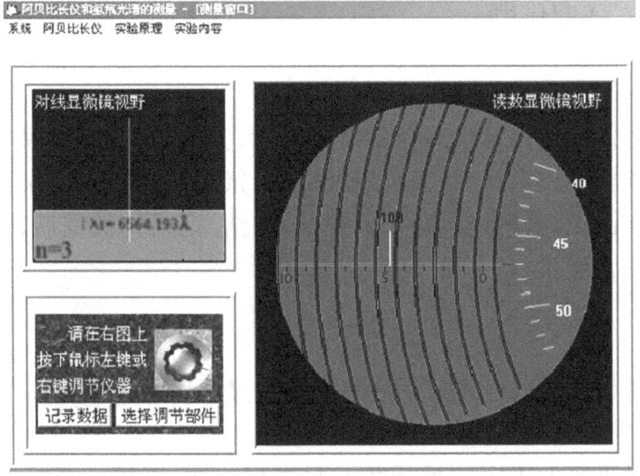

图 5.4.4　测量窗口

步骤 3：选择“调焦手轮”进行调节操作，使对线显微镜视野中的底片清晰可见.

(1)同步骤二对“视野调节手轮”的操作一样，鼠标指到“调焦手轮”以后，该部件变成红色，窗口上部右边的黑色框里出现对该部件的文字说明，单击该部件后，窗口下边右边消息框里的“当前调节部件”显示为“调焦手轮”(以后对其他部件的选择也是一样).

(2)单击“观察显微镜视野”按钮进入“调节窗口”，在左下图中的旋钮中按住左键或右键，直到底片清晰可见.

(3)该部件已经调节完毕，单击“调节窗口”上的“选择调节部件”回到“选择窗口”.

步骤 4：选择“对线手轮”进行调节操作，目的是用一个固定的参照系确定要测量谱线的位置.

(1)单击该部件，选定该部件为调节部件.

(2)单击“观察显微镜视野”按钮进入“调节窗口”.

(3)在“调节窗口”的左下方的旋钮上按住鼠标左键，直到对线显微镜视野中的标准谱 λ_1 和视野中央的青色竖线重合.

(4)调节完毕，按下“选择调节部件”回到“选择窗口”.

步骤 5：在“选择窗口”中单击“锁紧螺钉”，使其处于松开状态，目的是配合下一步的调零操作.

步骤 6：选择“调零手轮”进行调节，目的是使对于每个量子数 n 的氢氘光谱测量起始值都为一个整数，方便计算.

(1)单击“观察显微镜视野”进入“调节窗口”.

(2)在左下图的旋钮上按住鼠标左键，使读数显微镜视野中的黄色小游标(旁边有整数值)对准背景标尺的 0 刻度.

(3)单击“选择调节部件”回到“选择窗口”.

步骤 7：单击“锁紧螺钉”，使其处于锁紧状态，目的是配合下一步的读数操作.

步骤 8:选择“读数手轮”进行调节操作,目的是读出该谱线的位置的数值表示.

(1)单击“观察显微镜视野”按钮进入“调节窗口”.

(2)在左下图的旋钮上按住鼠标左键,直到读数显微镜视野中的黄色小游标被阿基米德双螺线卡住,此时从读数显微镜里读出的数字就是被测谱线的位置的数字表示,记下该数值.窗口左下方的“记录数据”不起作用.

【实验要求】

经过以上步骤,我们就能测量出一条谱线的位置.重复以上操作,测量出每一个量子数 n 对应的 4 条谱线(两条标准铁谱线、一条氢谱线、一条氘谱线)位置,每条谱线位置读数次数由同学们自己决定,并自己设计好数据表格,要规范、整洁.记录完数据后,根据有关公式计算出各谱线的波长、里德伯常量.

【注意事项】

(1)在测量第一条谱线时已经调好了底片在对线显微镜中的位置和对线显微镜的焦距,以后的测量中就不必再进行这两项操作.

(2)“调零”操作对于每个确定的量子数 n 只进行一次,即第一条标准铁谱线的位置为整数,其他的谱线位置测量都在此基础上进行,对于 n 等于 3、4、5、6 四种情况,只需进行四次调零操作即可.

5.5 塞曼效应

1896 年,塞曼(Pieter Zeeman,1865～1943 年,荷兰物理学家)在洛伦兹电磁理论的指导下发现,当光源放在足够强的外磁场中时,原来的一条光谱线分裂成波长靠得很近的几条偏振化的谱线,这种现象称为塞曼效应.塞曼效应是继法拉第效应和克尔效应之后被发现的第三个磁光效应,是物理学的重要发现之一.

通常人们把谱线在磁场中分裂为 3 条,两边 2 条与中间 1 条的波数差正好是 $eB/(4\pi mc)$(即一个洛伦兹单位 L)的效应称为正常塞曼效应;而谱线的分裂多于 3 条,谱线的裂距是洛伦兹单位 L 的简单分数倍的效应,则称为反常塞曼效应.

塞曼效应证实了原子具有磁矩和空间量子化.不但可以精确测定电子的荷质比,而且至今仍是研究原子能级结构的重要方法之一.

【实验目的】

(1)理解塞曼效应原理以及实验的设计思想和方法.

(2)研究汞(546.1nm)的谱线在磁场中的分裂情况.

【实验原理】

1. 原子的总磁矩与总动量矩的关系

原子中的电子由于作轨道运动和自旋运动,它们有轨道角动量 P_L 和轨道磁矩 μ_L 及自旋角动量 P_S 和自旋磁矩 μ_S.轨道角动量 P_L 及自旋角动量 P_S 的数值分别为

$$P_L = \sqrt{L(L+1)}\,\frac{h}{2\pi}$$

$$P_S = \sqrt{S(S+1)}\,\frac{h}{2\pi}$$

式中 L、S 分别表示轨道量子数和自旋量子数，它们合成为原子的总角动量 P_j，如图 5.5.1(a)所示.

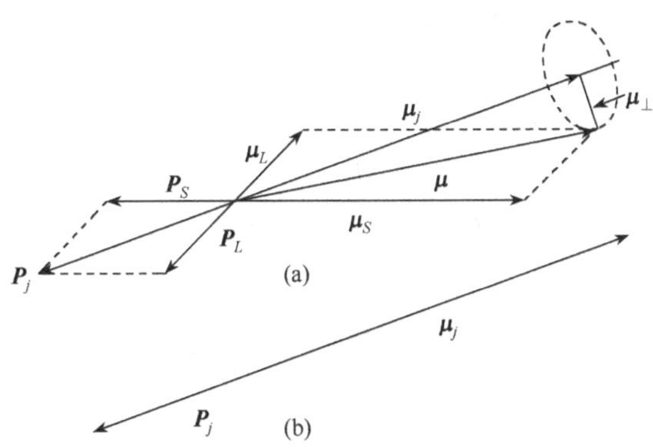

图 5.5.1　原子角动量和磁矩矢量图

电子的轨道总磁矩 μ_L 和自旋总磁矩 μ_S 的数值分别为

$$\mu_L = \frac{e}{2m}P_L$$

$$\mu_S = \frac{e}{m}P_S$$

式中 e、m 分别为电子的电荷和质量. 它们合成为原子的总磁矩 μ，如图 5.5.1(a)所示. 由于 μ_L 与 P_L 的比值不等于 μ_S 与 P_S 的比值，因此原子总磁矩 μ 不在总角动量 P_j 的延长线上. 但是 P_L 和 P_S 是绕 P_j 旋进的，因此 μ_L、μ_S 和 μ 都绕 P_j 的延长线旋进. 将 μ 分解为两个分量，一个沿 P_j 的延线以 μ_j 表示，另一个垂直于 P_j 的以 $\mu_\perp$ 表示. 由于 μ 的旋进很快，$\mu_\perp$ 绕 P_j 旋转对时间的平均效应为零，因此只有平行于 P_j 的 μ_j 是有效的. 这样有效总磁矩就是 μ_j，如图 5.5.1(b)所示，其数值为

$$\mu_j = g\,\frac{e}{2m}P_j$$

其中 g 为朗德因子. 对于 L_S 耦合

$$g = 1 + \frac{J(J+1) - L(L+1) + S(S+1)}{2J(J+1)}$$

当原子处于磁场中时，总角动量 P_j，也就是总磁矩 μ_j 将绕磁场的方向作旋进，这使原子能级有一个附加能量

$$\Delta E = \mu_j \cdot B = Mg\,\frac{eh}{4\pi m}B = Mg\mu_B B$$

由于 P_j 或 μ_j 在磁场中的取向是量子化的，即 P_j 与磁感应强度 B 的夹角 (P_jB) 不是任意的，则 P_j 在磁场方向的分量 $P_j\cos(P_jB)$ 也是量子化的，它只能取如下的数值

$$P_j\cos(P_jB) = M\,\frac{h}{2\pi}$$

式中 M 为磁量子数，$M=-J, -J+1, \cdots, J-1, J$ 共 $2J+1$ 个值，于是得到

$$\Delta E = Mg\,\frac{eh}{4\pi m}B = Mg\mu_B B$$

其中 $\mu_B=\frac{eh}{4\pi m}$为玻尔磁子. 上式说明在稳定的磁场情况下,附加能量可有 $2J+1$ 个可能数值. 也就是说,由于磁场的作用,原来的一个能级分裂成 $2J+1$ 个能级,而能级的间隔为 $g\mu_B B$.

由能级 E_2 和 E_1 间的跃迁产生的一条光谱线的频率为

$$h\nu = E_2 - E_1$$

在磁场中,由于 E_1 和 E_2 能级的分裂,光谱线也发生分裂,它们的频率 ν' 与能级的关系为

$$\begin{aligned} h\nu' &= (E_2+\Delta E_2)-(E_1+\Delta E_1) \\ &= h\nu + (M_2 g_2 - M_1 g_1)\mu_B B \end{aligned}$$

分裂谱线与原线频率之差为

$$\Delta\nu = \nu' - \nu = (M_2 g_2 - M_1 g_1)\,\frac{eB}{4\pi m}$$

换为波数差的形式

$$\Delta\tilde{\nu} = (M_2 g_2 - M_1 g_1)\,\frac{eB}{4\pi mc} \tag{5.5.1}$$

式中 $\frac{eB}{4\pi mc}$ 为正常塞曼效应时的裂距(相邻谱线之波数差),规定以此为裂距单位,称为洛伦兹单位,以 L 表示,则式(5.5.1)可写为

$$\Delta\tilde{\nu} = (M_2 g_2 - M_1 g_1)L$$

M 的选择定则为 $\Delta M=0,\pm1$(当 $\Delta J=0$ 时,$M_2=0\rightarrow M_1=0$ 的跃迁被禁止).

(1)$\Delta M=0$. 垂直于磁场方向(横向)观察时,谱线为平面偏振光,电矢量平行于磁场方向. 如果沿与磁场平行方向(纵向)观察,则见不到谱线. 此分量称为 π 成分.

(2)$\Delta M=+1$. 迎着磁力线方向观察时,谱线为左旋圆偏振光(电矢量转向与光传播方向呈右手螺旋);在垂直于磁场方向(横向)观察时,则为线偏振光,其电矢量与磁场垂直. 此分量称为 σ^+ 成分.

(3)$\Delta M=-1$. 迎着磁场方向观察时,谱线为右旋圆偏振光(电矢量转向与光传播方向呈左手螺旋);在垂直于磁场方向(横向)观察时,则为线偏振光,电矢量与磁场垂直. 此分量称为 σ^- 成分.

从不同方向观察到的偏振状态如图 5.5.2 所示.

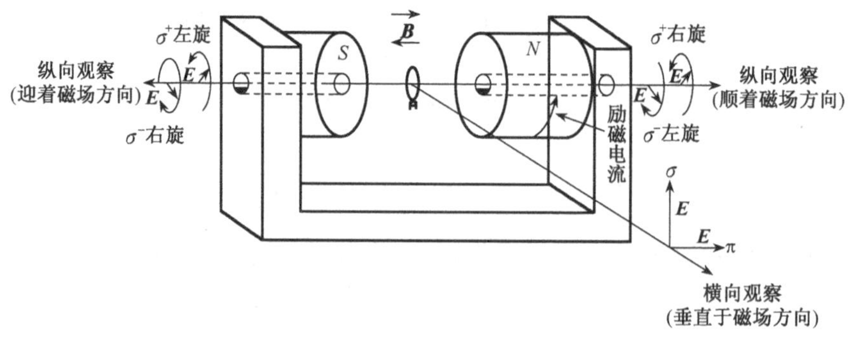

图 5.5.2　观察塞曼效应偏振状态图

以汞 5460.74Å 光谱线的塞曼分裂为例，该谱线是能级 6s7s ^{3}S1 到 6s6p ^{3}P2 的跃迁. 与这两能级及其塞曼分裂能级对应的量子数和 g、M、Mg 值列表如表 5.5.1 所示.

表 5.5.1

	L	J	S	g	M	Mg
初 $^3S_1$	0	1	1	2	1,0,−1	2,0,−2
末 $^3P_2$	1	2	1	3/2	2,1,0,−1,−2	3,3/2,0,−3/2,−3

在外磁场作用下支能级间的跃迁如图 5.5.3 所示.

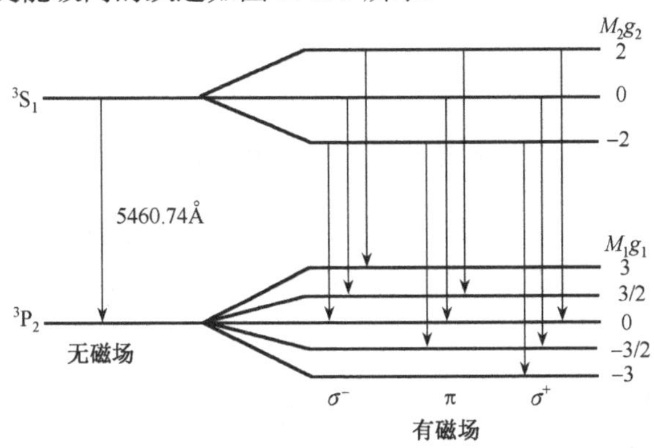

图 5.5.3　Hg5461Å 谱线的塞曼分裂示意图

由图 5.5.3 可见，在与磁场垂直的方向可观察到 9 条塞曼分裂谱线，而沿磁场方向只可观察到 6 条谱线. 由计算可知，相邻谱线的间距均为 1/2 个洛伦兹单位.

由公式 $\Delta\lambda=\frac{e}{4\pi mc}\lambda^2 B$ 我们可估计出塞曼分裂的波长差数量级的大小. 设 $\lambda=5000$Å，$B=1$T，而 $\frac{e}{4\pi mc}$ 可算得为 $46.7\text{m}^{-1}\cdot\text{T}^{-1}$，将各数值代入上式得 $\Delta\lambda=0.1$Å，可见分裂的波长差非常小. 要分辨如此小波长差的谱线，普通的摄谱仪是不能胜任的，必须用分辨本领相当高的光谱仪器，如大型光栅摄谱仪、阶梯光栅、法布里-珀罗标准具(简称 F-P 标准具)等. 在本实验中，我们使用 F-P 标准具作为色散器件.

2. F-P 标准具的原理及性能

F-P 标准具是由两块平行玻璃板及中间的间隔圈组成的. 平板玻璃内表面的平整度、加工精度要求很高，一般达到$\frac{1}{20}\lambda\sim\frac{1}{100}\lambda$，并且镀有高反射膜，膜的反射率高于 90%. 间隔圈用膨胀系数很小的熔融石英材料(或铟钢)精加工成一定的厚度，用于保证两块平面玻璃板之间精确的平行度和稳定的间距.

F-P 标准具是多光束干涉装置，一束光以 φ 角射入 F-P 标准具后，在标准具的 A、B 板的内表面之间经多次反射之后，分成相互平行的多束光，经透镜会聚后，在其焦平面上形成干涉条纹. 如图 5.5.4 所示.

设 A、B 两平面间的距离为 d，空气折射率近似为 $n=1$，则相邻两光束的光程差为 $\Delta=2d\cos\varphi$. 产生干涉极大的条件为 $\Delta=2d\cos\varphi=k\lambda$，式中 k 为整数，具有同一 φ 角的光线，在屏幕上显示的干涉条纹为　圆环. 对应不同的 φ、k，则形成一系列的同心圆环.

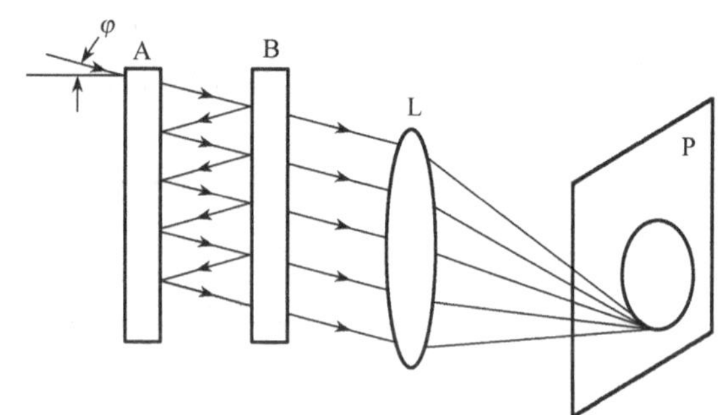

图 5.5.4　多光束干涉条纹的形成

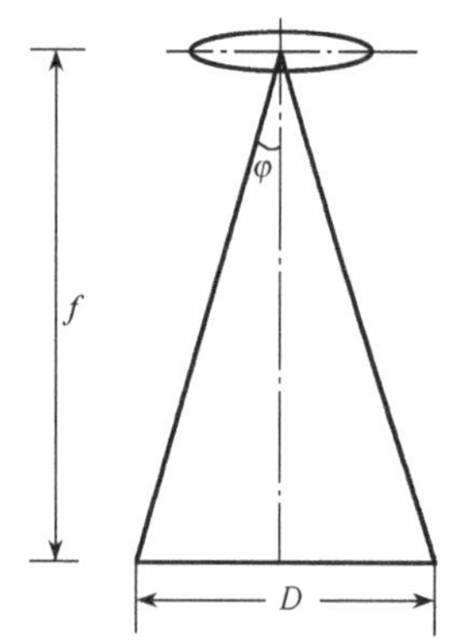

图 5.5.5　用 F-P 标准具测量波长差示意

3. 用标准具测量波长差的公式

用透镜把 F-P 标准具的干涉圆环成像在焦平面上，如图 5.5.5 所示，可见 $D/2=f\tan\varphi$. 对于近中心圆环，则

$$\tan\varphi\approx\sin\varphi\approx\varphi,\quad \cos\varphi\approx-\frac{\varphi^2}{2}$$

将 $\tan\varphi,\cos\varphi$ 代入 $\Delta=2d\cos\varphi=k\lambda$ 中得

$$2d\left(1-\frac{D^2}{8f^2}\right)=k\lambda \tag{5.5.2}$$

由式(5.5.2)可见，干涉级次 k 与圆环的直径 D 的平方呈线性关系，随着直径的增大，圆环将越来越密.

对于同一波长，相邻级次 k 和 $k-1$ 圆环直径分别为 D_k 和 D_{k-1}，其直径平方差为

$$\Delta D^2=D_{k-1}^2-D_k^2=\frac{4\lambda f^2}{d} \tag{5.5.3}$$

可见 ΔD^2 是与干涉级次 k 无关的常数.

对于同一级次有微小波长差的不同波长 $\lambda_a,\lambda_b,\lambda_c$ 而言，由式(5.5.2)、式(5.5.3)可得 $\Delta\lambda_{ab}$、$\Delta\lambda_{bc}$ 的关系为

$$\Delta\lambda_{ab}=\frac{\lambda^2}{2d}\cdot\frac{D_b^2-D_a^2}{D_{k-1}^2-D_k^2}$$

$$\Delta\lambda_{bc}=\frac{\lambda^2}{2d}\cdot\frac{D_c^2-D_b^2}{D_{k-1}^2-D_k^2}$$

用波数表示

$$\Delta\tilde{\nu}_{ba}=\tilde{\nu}_b-\tilde{\nu}_a=\frac{1}{2d}\cdot\frac{D_b^2-D_a^2}{D_{k-1}^2-D_k^2}=\frac{1}{2d}\cdot\frac{\Delta D_{ba}^2}{\Delta D^2}$$

$$\Delta\tilde{\nu}_{cb}=\tilde{\nu}_c-\tilde{\nu}_b=\frac{1}{2d}\cdot\frac{D_c^2-D_b^2}{D_{k-1}^2-D_k^2}=\frac{1}{2d}\cdot\frac{\Delta D_{cb}^2}{\Delta D^2}$$

4. F-P 标准具的调整

F-P 标准具靠三个压紧的弹簧螺丝来调整两个内表面的平行度.

在光具座上适当调整标准具、透镜对光源的位置，使得在标准具反射片中心找到干涉环.

如果标准具两个内表面严格平行，上下左右移动眼睛观察，花纹不随眼睛移动而变化. 若眼睛移动过程中有冒出环及吸入环的现象，表示标准具两内表面不平行：眼睛如果沿 d 增大的方向移动，则有干涉环冒出，那么便拧紧该方向的螺丝旋钮，或旋松另一侧的旋钮. 水平和竖直两个方向多次反复调节后，用望远镜即可看到细锐均匀的干涉环(图 5.5.6).

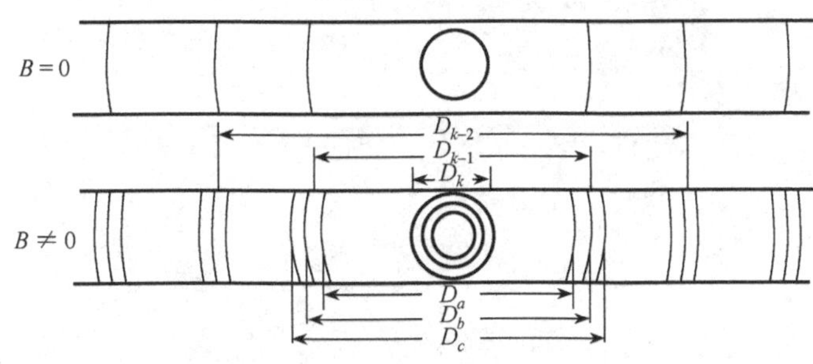

图 5.5.6　干涉圆环直径测量示意图

【实验内容】

1. 主窗口

在系统主界面上选择“塞曼效应”并单击，即可进入本仿真实验平台，显示主实验台.

2. 主菜单

在主菜单上单击鼠标右键，弹出主菜单. 移动鼠标到所要的实验项目上单击，就会进入相应的实验项目.

(1)选择“实验简介”和“实验原理”项，仔细阅读.

(2)“实验内容”分为两项：“垂直磁场观察塞曼分裂”和“平行磁场观察塞曼分裂”.

(3)退出实验平台，返回系统主界面.

3. 垂直磁场观察塞曼分裂

(1)在主菜单的内容里，选择“垂直磁场观察塞曼分裂”，鼠标在台面上移动时，进入主实验台一. 最下面的信息台会出现提示. 鼠标右键在台面上单击，会出现选项菜单. 选择“实验步骤”和“实验光路图”项，仔细阅读.

按照“实验光路图”，开始安排仪器位置.

①鼠标左键单击仪器，相应的仪器进入拖动状态，移动鼠标，仪器会随鼠标拖动. 在台面上你认为正确的位置上，再次单击鼠标左键，仪器进入放置状态.

注意　如果仪器位置不在台面，或者超出台面范围，放置仪器时，仪器会回到初始位置.

②所有仪器相对位置正确后，鼠标左键单击“电源”按钮，开启水银辉光放电管电源. 这时，台面上会出现一条水平的光线.

注意　如果仪器的相对位置不正确，开启电源时，会出现错误提示，光线不会出现.

③光线出现后，开始调节各仪器，使其共轴. 鼠标左键单击仪器，相应仪器的高度会降低；鼠标右键单击仪器，相应仪器的高度会上升.

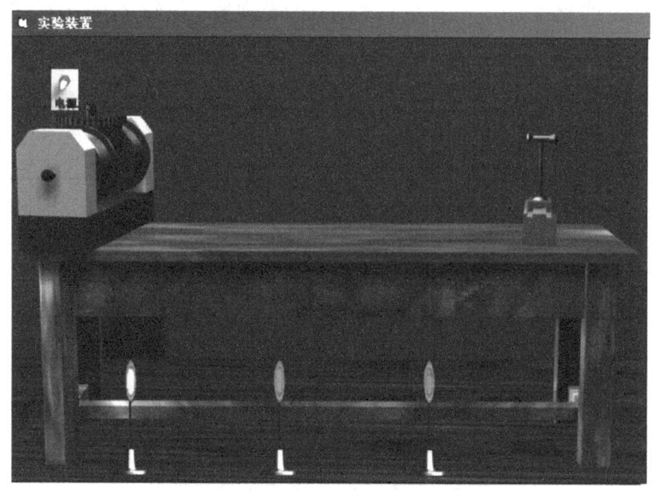

图 5.5.7 法布里-珀罗标准具

注意 标准具(图 5.5.7)的高度不需要调节.

④当每个仪器共轴后,开始调节标准具.鼠标左键双击标准具,标准具进入调整状态,会出现标准具调节控制台.

(a)鼠标左键单击不同方向的观察按钮,标准具中的分裂环会出现吞吐现象.

(b)鼠标左键单击“调整指导”按钮,会出现调整指导文本和思考题,完成思考题后,出现提示信息.鼠标右键单击文本退出“调整指导”.

(c)调节标准具视框上的三个按钮,旋钮逆时针转动 d 增大;鼠标左键单击旋钮,旋钮顺时针转动 d 减小.

(d)由于实验中的标准具难于调整,以至于影响后面的实验过程,所以控制台中设计了“自动调平”按钮.鼠标左键单击“自动调平”按钮,标准具自动达到调平状态.

(e)鼠标左键单击“返回”按钮,返回实验台一.

注意 光路不正确时,标准具不能进入调整状态.

(2)调节完光路和标准具后,方可选择实验项目开始观测.

①选择“鉴别两种偏振成分”进入下面的控制台(图 5.5.8).鼠标在控制台上移动时,最下面的信息台会出现相应的操作键和视窗信息.

(a)鼠标左键单击“观察指导”按钮,出现文本框.鼠标左键单击“返回”按钮退出.

(b)偏振片视窗上的红线表示偏振片透振方向,鼠标左键单击“偏振片透振方向逆时针旋转”或“偏振片透振方向顺时针旋转”按钮,偏振片偏振方向会作相应的旋转,望远镜视窗中的分裂线也会随透振方向的改变而改变.

(c)鼠标左键单击“返回”按钮,返回实验台一.

②选择“观察塞曼裂距的变化”选项.进入下面的控制台(图 5.5.9).鼠标在控制台上移动时,最下面的信息台会出现相应的操作键和视窗信息.

(a)鼠标左键单击“观察指导旋钮”,仔细阅读,然后返回.

(b)鼠标左键单击(或按下不放)“电流调节旋钮”,旋钮顺时针旋转,安培表指示电流增大,望远镜视窗中的塞曼裂距发生变化;鼠标右键单击(或按下不放)“电流调节旋钮”,旋钮逆时针旋转，安培表指示电流减小，望远镜视窗中的塞曼裂距发生变化. 按照实验指导中的要求，记录相应的电流数据.

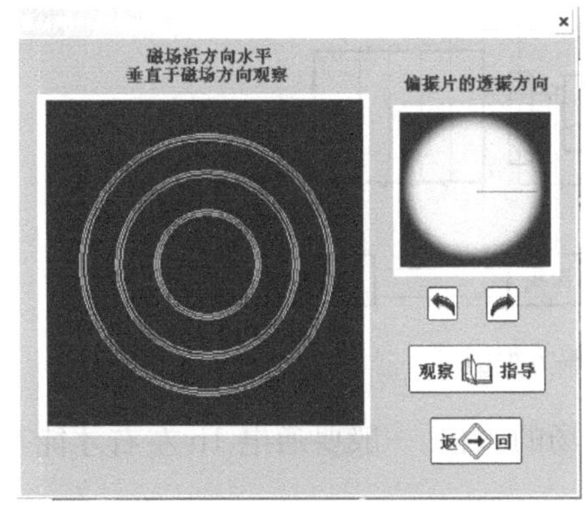

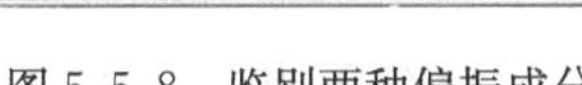
图 5.5.8　鉴别两种偏振成分

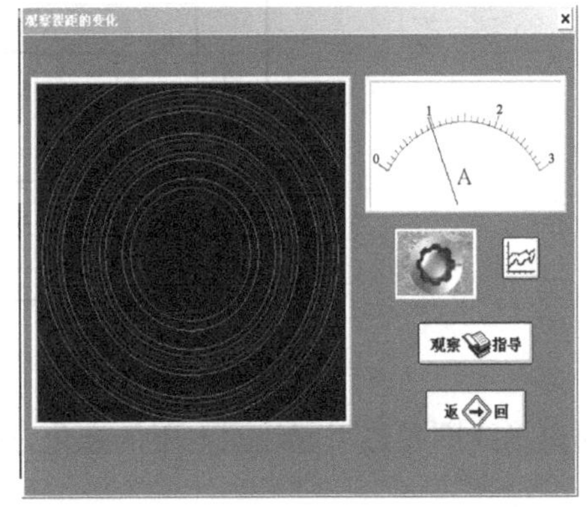

图 5.5.9　观察塞曼裂距的变化

(c)鼠标左键单击“电流—磁场强度坐标图”，出现一个坐标图. 鼠标左键单击横纵滚动条，坐标图移动，根据记录的电流值，查出相应的磁场强度值. 查完后，鼠标左键单击“返回”按钮，返回控制台.

(d)记录完毕后，鼠标左键单击控制台上的“返回”按钮.

③本实验台所有的实验项目完成后，选择“返回”项目.

4. 平行磁场方向观察塞曼分裂

在主实验台上选择“平行磁场方向观察塞曼分裂”选项，进入实验台二. 实验步骤同“垂直磁场观察塞曼分裂”.

5.6　核磁共振

泡利(Pauli)在 1924 年研究原子光谱的超精细结构时，首先提出了原子具有核磁矩的概念. 1938 年拉比(Rabi)等在原子束实验中首次观察到核磁共振现象. 但在宏观物体中观察到核磁共振却是 1946 年的事情——由珀塞尔(E. M. Purcell)和布洛赫(F. Bloch)所领导的两个小组，在几乎相同的时间里，用稍微不同的方法各自独立地发现在物质的一般状态中的核磁共振(NMR)现象，因此获得了 1952 年诺贝尔物理学奖.

【实验目的】

(1)观察核磁共振吸收现象，掌握核磁共振的实验原理和方法.

(2)测量^{1}H 和^{29}F 的 g 因子.

【实验仪器】

整个核磁共振实验装置如图 5.6.1 所示，它是由产生稳恒磁场 B_0 的电磁铁、扫场线圈及其电源、探头(包括样品)及边限振荡器、频率计、示波器等组成.

(1)对稳恒磁场 B_0 要求稳定性好，在样品所在范围内均匀性好. 同时 B_0 越强，热平衡时，上、下能级粒子数之差越大，核磁共振吸收信号也越强. 本实验中稳恒磁场由恒流电源供电，通

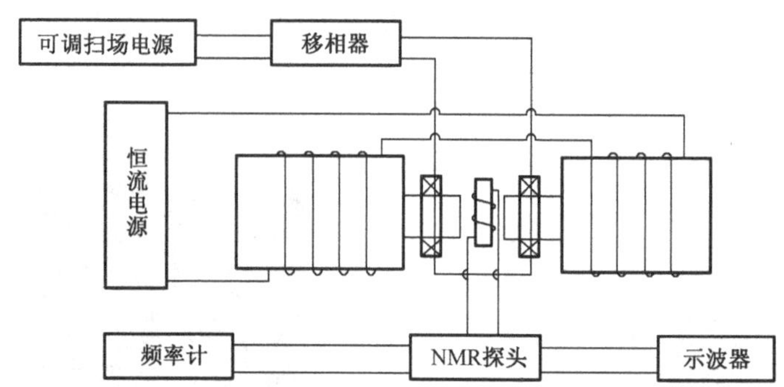

图 5.6.1　核磁共振实验方框图

电时磁场线圈发热引起线圈电阻的变化，这将导致磁场的漂移．一般要通电 1h 左右才能基本稳定．

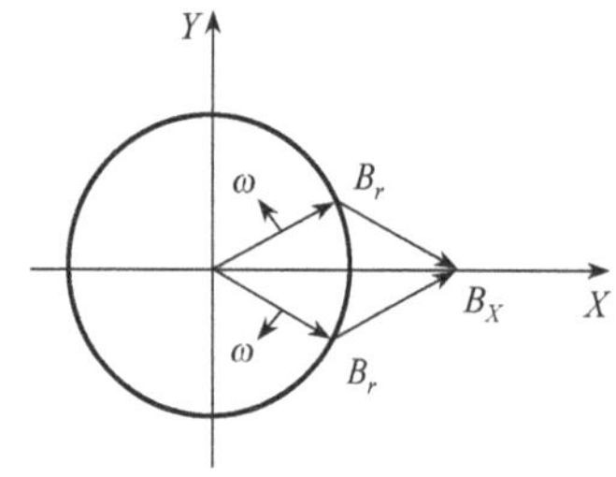

图 5.6.2　线偏振场的分析

(2)将边限振荡器的线圈放置在 X 方向，振荡时沿线圈轴线 X 方向就产生一个交变的磁场

$$B_X = 2B_1\cos\omega t \tag{5.6.1}$$

对这个线偏振磁场，我们可分解成两个方向相反的圆偏振磁场，如图 5.6.2 所示．对 γ 为正的系统，起作用的分量是在 XY 平面上沿顺时针方向旋转的磁场，当 $\omega=\omega_0$ 时，将产生共振吸收．而对于方向相反的分量，由于频率为 $-\omega$，与 ω_0 相差甚远，它的影响可忽略．

(3)信号的吸收——边限振荡器．

所谓边限振荡器，是指该振荡器被调节至振荡与不振荡的临界状态．振荡回路的振荡线圈包围着样品一起被放到稳恒磁场 B_0 中去．它既作发射线圈，也兼作接收线圈．当样品吸收的能量不同时，也相当于线圈的 Q 值变化，从而振荡器的振幅将有显著的变化．当共振时，样品吸收能量增强，振荡变弱．经过二极管，就可以把反映振荡器振幅大小变化的共振吸收信号检出来，通过放大后就可以用示波器显示出来，如图 5.6.3 所示．边限振荡器调节不好，就可能观察不到共振吸收信号．

(4)扫场．

观察核磁共振吸收信号有两种方法，一种是磁场 B_0 固定，让射场 B_1 的频率连续变化通过共振区，当 $\omega=\omega_0$ 时出现共振峰，称为扫频的方法；另一种方法是把射频场 B_1 的频率固定，而让磁场 B_0 连续变化通过共振区，称为扫场的方法．但二者显示的都是共振吸收信号 ν 与频率 ω 之间的关系曲线．为了便于观察核磁共振信号，通常应用大调制场技术．即在稳恒磁场 B_0 方向上叠加一个低频调制磁场，那么此时样品所在的实际磁场为 $B_0+B_1\sin\omega' t$．由于调制场幅值不大，磁场方向仍保持不变，只是磁场的幅值按调制频率周期的变化，所以拉莫尔振动频率也相应地发生周期性变化，即

$$\omega_0=\gamma(B_0+B_1\sin\omega' t) \tag{5.6.2}$$

这时只要射频场的角频率 ω 调到 ω_0 的变化范围之内，同时调制磁场扫过共振场范围，便很容易用示波器观察到共振信号(示波器的扫描电压与调制场的电压要通过移相器调成同相位)，如图 5.6.3 所示．

【实验原理】

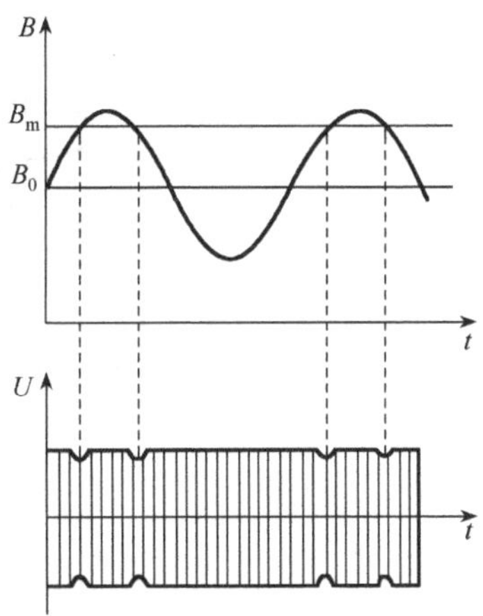

图 5.6.3 调制场与吸收

核磁共振是一种外加磁场和原子核磁矩之间发生的共振现象.自然界中,许多原子核是具有磁矩的.它们的磁矩来自核的自旋.核的自旋是一量子力学概念,在经典分析中,常将其比喻为核绕自身轴的旋转——"自转".这种原子核存在的磁矩在空间的取向是量子化的而不是任意的,我们定义核磁矩为

$$\mu_{\mathrm{I}} = \frac{e}{2m_{\mathrm{p}}} g_{\mathrm{N}} p_{\mathrm{I}} \tag{5.6.3}$$

这里 g_N称为核的朗德因子,是因原子核而异的.例如,质子 $g_N=5.585\ 691$,中子 $g_N=-3.8262$;中子 g_N是负值表示它的磁矩 μ 与自旋 P 方向相反.中子是电中性的,也有磁矩,似乎不可思议,实际上表明中子存在内部结构,内部有一定的电荷分布,总体来说是电中性的.各种由质子和中子组成的核,g_N都有特定的值.这些值目前还无法通过计算得到,只能由实验测定.m_p是质子的质量,由于质子的质量比电子大 1836 倍,因此原子核磁矩比原子中的电子磁矩要小得多,所以有时可将原子中的电子的总磁矩看成原子的总磁矩.

通常原子磁矩的单位用玻尔磁子 μ_B表示,核磁矩的单位用核磁子 μ_N表示,在 SI 单位制中

$$\mu_{\mathrm{B}} = \frac{e\hbar}{2m_{\mathrm{e}}} = 9.274078 \times 10^{-24}\,\mathrm{J/T}$$

$$\mu_{\mathrm{N}} = \frac{e\hbar}{2m_{\mathrm{p}}} = 5.050824 \times 10^{-27}\,\mathrm{J/T}$$

式中$\hbar=h/(2\pi)$(h 为普朗克常量).这样,原子中电子和原子核的磁矩可分别写成

$$\mu_{\mathrm{j}} = \frac{1}{\hbar} g \mu_{\mathrm{B}} p_{\mathrm{j}}$$

$$\mu_{\mathrm{I}} = \frac{1}{\hbar} g_{\mathrm{N}} \mu_{\mathrm{N}} p_{\mathrm{I}}$$

若将具有磁矩 μ_I的核置于稳恒磁场 B_0 中,则它要受到由磁场产生的磁转矩的作用,如图 5.6.4(a)所示,其大小为

$$L = \mu_{\mathrm{I}} \times B_0 = \frac{\mathrm{d}p_{\mathrm{I}}}{\mathrm{d}t} \tag{5.6.4}$$

此力矩迫使原子核的角动量 p_I改变方向.若从图 5.6.4(a)自上向下看,我们将看到 p_I的端点作圆周运动,如图 5.6.4(b)所示;因为 $\mu_I = \gamma p_I$,故磁矩在磁场 B_0中的运动方程为

$$\frac{\mathrm{d}\mu_{\mathrm{I}}}{\mathrm{d}t} = \mu_{\mathrm{I}} \times \gamma B_0 \tag{5.6.5}$$

其中 γ 为旋磁比.式(5.6.5)表示磁矩作拉莫尔进动,进动角频率 ω_0 为

$$\omega_0 = \frac{\mu_{\mathrm{I}}}{p_{\mathrm{I}}} B_0 = \gamma B_0 \tag{5.6.6}$$

μ_I 与 B_0之间的作用能为

$$E = -\mu_{\mathrm{I}} \cdot B_0 = B_0 \cos\theta \tag{5.6.7}$$

其中 θ 为 μ_I 与 B_0之间的夹角.

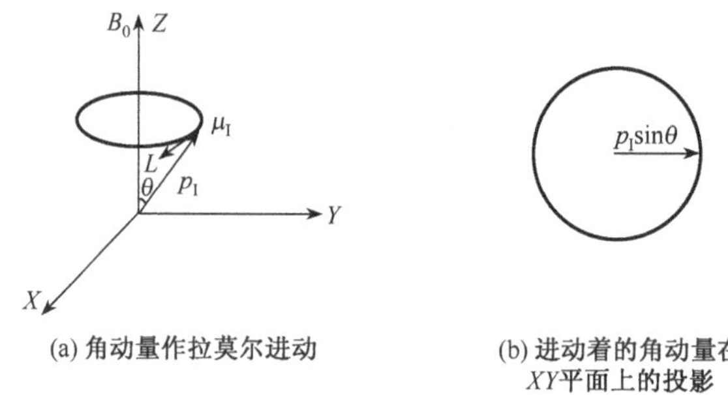

图 5.6.4 磁转矩对角动量的作用

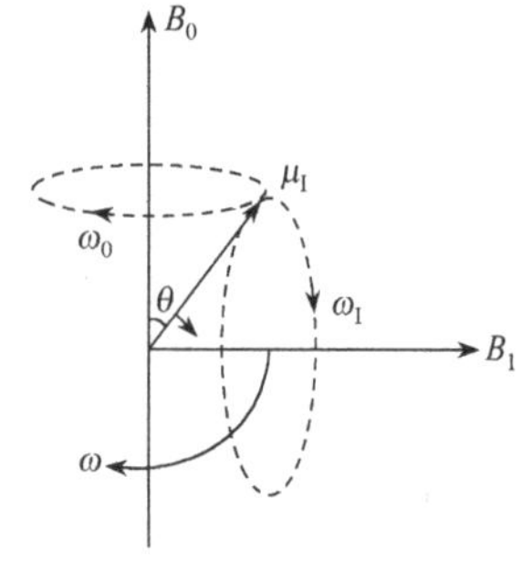

图 5.6.5 两磁场同时作用时 θ 角增大

如果这时再在垂直于 B_0 的平面内附加一个角频率大小和方向与磁矩进动的角频率大小和方向相同的弱旋转磁场 B_1，如图 5.6.5 所示. 则此时磁矩 μ_I 除受 B_0 作用以外,还受到旋转磁场 B_1 的影响;由于 B_1 的角频率 $\omega=\omega_0$，即 B_1 与 μ_I 的相对方位保持固定,则它对 μ_I 的作用也是以一个稳恒磁场的形式出现,如前所述,它也将导致 μ_I 绕 B_1 进动. 由于 B_1 很弱,两个磁场作用的综合效果使 μ_I 原来绕 B_0 进动的夹角 θ 发生改变. 由式(5.6.7)可知, θ 增大,说明粒子吸收了 B_1 的能量,它在磁场中的势能增加,这就是核磁共振现象.

【实验内容】

1. 主窗口

在系统主界面上选择“核磁共振”单击,进入本仿真实验平台,显示主窗口——实验室场景. 场景里有实验台和实验仪器. 用鼠标在实验室场景上四处移动,当鼠标指向仪器时,鼠标指针会显示相应的提示信息.

2. 主菜单

在主窗口上单击鼠标右键,弹出主菜单. 用鼠标左键单击相应的主菜单或子菜单,则进入相应的实验部分.

(1)实验简介.

打开“实验简介”文档,请认真阅读.

注意 鼠标移到“返回”处,鼠标变成手形,单击即可返回实验平台. 其他窗体上的“返回”类似.

(2)实验原理.

选择“磁共振的经典观点”子菜单,认真阅读. 鼠标在三个图像框上移动,则分别有相应演示框的提示. 选择“磁共振的方法图像”子菜单,认真阅读. 用鼠标操作滚动条,可以改变相应磁场的大小,从而观察到不同的共振图像.

单击“内扫法”命令钮,演示示波器的内扫原理.

单击“外扫法”命令钮，演示示波器的外扫原理.

(3)实验仪器.

包括子菜单“仪器装置图”和“仪器介绍”，认真阅读.

(4)实验内容.

包括子菜单“预习思考”“实验内容”和“进行实验”.

单击子菜单“预习思考”，需要实验者选择正确答案. 正在闪烁的方框，就是需要实验者回答的地方. 所有正确的答案全部包含在最下面的六个可能选项中. 将鼠标移到你所要选择的答案上，待鼠标指针光标变为手形，单击选择这个答案. 若答案选择正确，则继续下一问题. 若回答错误，则有相应的对话框出现，单击“OK”即可重新选择. 单击子菜单“实验内容”，认真阅读. 按照内容的要求观察现象和记录数据.

单击子菜单“进行实验”，开始实验.

基本操作方法：

①旋钮的操作方法：所有旋钮的操作方法都是一致的(包括旋钮“边限调节”“频率调节”，以及磁铁旋柄的手动)，即用鼠标右键单击，则旋钮顺时针旋转，用鼠标左键单击，则旋钮逆时针旋转.

②拨动开关(包括“核磁共振仪”的开关，“频率计”的开关，“内扫”“外扫”开关，以及样品的更换)的操作方法：用鼠标左键单击开关的上部，即把开关拨向上挡；类似地，用鼠标左键单击开关的下部，即把开关拨向下挡，如图 5.6.6 所示.

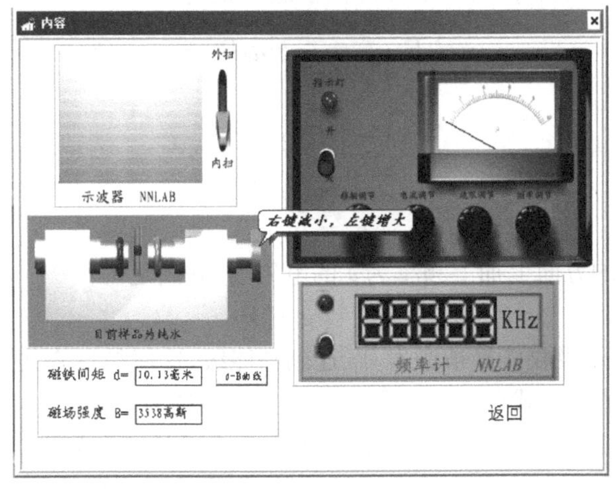

图 5.6.6　旋钮的操作方法

所有操作，必须当鼠标指针光标由箭头变为相应的手形时，才能进行.

实验中注意记下正确数据，留待实验报告中输入并处理.

间距值、频率值、磁场强度值均自动给出. 实验者也可以单击按钮“d-B 曲线”，根据 d 值得出相应 B 的值.

(5)现代应用：打开演示现代应用的文档.

(6)退出：退出实验平台.

5.7 电子自旋共振

【实验目的】

(1)观察电子自旋共振现象,掌握电子自旋共振的实验原理和方法.

(2)测量 DPPH 中电子的 g 因子.

【实验原理】

对于分子中具有一个未偶电子的化合物来说,对电子磁矩做近似计算时,可以不考虑轨道磁矩的贡献,因为绝大部分贡献(>99%)来自自旋磁矩.根据量子力学,电子自旋角动量 S 和自旋磁矩 μ_e 存在下列关系

$$\mu_e = -g_e\mu_B S \tag{5.7.1}$$

其中,g_e 是朗德因子,μ_e 是未偶电子的自旋磁矩,μ_B 是玻尔磁子,负号表示电子自旋磁矩和自旋角动量反向.

将分子中含有一个未偶电子的化合物置于稳恒磁场 B 中,由于 μ_e 与 B 的相互作用而产生能级分裂.

对于电子,$S=1/2$,能级分裂为二,相邻两能级分别为

$$E_{+1/2} = \frac{1}{2}g_e\mu_B B$$

$$E_{-1/2} = -\frac{1}{2}g_e\mu_B B$$

其能级差为

$$\Delta E = g_e\mu_B B \tag{5.7.2}$$

如果在垂直于 B 的方向上加上频率为 ν 的电磁场,并满足

$$h\nu = g_e\mu_B B \tag{5.7.3}$$

这时,处于低能级的电子吸收能量被激发,跃迁到高能级,这便是自旋共振现象.对自由电子而言,$g=2.00232$,将此值代入式(5.7.3),得发生共振的磁场为

$$B = B = 0.375\times 10^{-4}\nu \qquad (\nu \text{ 以 MHz 为单位})$$

从上述共振条件看,共振吸收谱线应该是单色的,谱线线宽似乎是无限窄的.当然这是不符合实际的.实际上,谱线只能是有限宽度,且对不同的样品也有很大差别,其基本原因有两方面:其一是“自旋-晶格相互作用”,使自旋不能静止地固定在某一个能级上而是不停地在两能级间跃迁,这是一个动态平衡.因此电子停留在一个能级上的寿命 σ_t 只能是有限值.由测不准关系 $\sigma_E\cdot\sigma_t\sim\hbar$,所以能级也不能无限窄.其二是样品中不能只有一个小磁体(未成对电子、磁性核等),因此存在“自旋-自旋相互作用”.每个小磁体除处在外磁场 B 中,还处在其他小磁体所形成的“局部磁场 B'”中,所以真正的共振磁场 B_r实际上是 $B_r=|B+B'|$.由于 ν 一定,B_r也一定,但 B' 有一个分布,因此 B 也是一个变量.也就是说,可以满足共振条件的 B 不是一个值,而是在以 B_r为中心的某一个小范围内有一个分布.

此外,还有一些因素也能使共振谱线的线宽、超精细结构、谱线位置发生显著变化.因此,通过对谱线形状的研究,可获得有关样品运动规律的信息.

【实验说明】

为了观察电子自旋共振现象,从共振条件可知,可以有两种方法来实现:①固定磁场 B_r,改变频率 ν,使之满足共振条件,这叫扫频法;②固定频率 ν,改变磁场 B,使之满足共振条件,这叫扫场法.由于技术上的原因,磁场容易做到均匀、连续、细微变化,故现在总是采用扫场法.例如,如图5.7.1所示,在这种情况下,样品所处的磁场即 $B(B=B_0+B_m)$ 大小变化而方向不改变,在调制场的一个周期内可以观察到两个吸收信号.如果改变 B_0,可观察到两个吸收信号相对位置的移动,如图5.7.2所示.只有当 $B_0=B_r$(B_r为共振磁场)时,即使改变 B_m(频率不变),吸收信号也不发生"相向移动",而且是等间距的.利用此现象,当已知 g 值时,便可测出在给定频率 ν 下满足共振条件的磁场强度:$B=h\nu/(g\mu_B)$;同理,在已知 ν、B 时,就可测出 g 因子,即

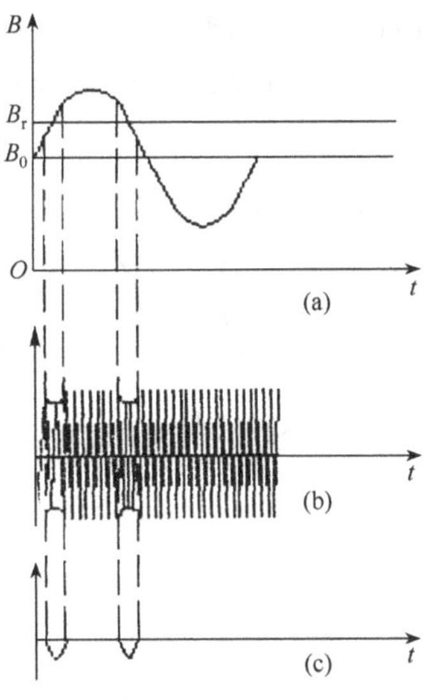

图5.7.1 实验原理

(a)样品处在磁场 $B=B_0+B_m$ 中;(b)共振吸收时的射频信号;(c)示波器观察到的共振信号

$$g=\frac{h\nu}{B\mu_B} \tag{5.7.4}$$

上述观察共振吸收现象是利用示波器内扫描来实现的.而在实际中,更为普遍的方法是将产生调制磁场的调制电压 V_m 作为示波器的外扫描信号直接接示波器的 X 轴输入.这样所观察到的图形如图5.7.3所示.特别是当 $B_0=B_r$时,共振吸收峰将出现在示波器荧光屏扫描线中央,如图5.7.4所示.所以,此时便可根据产生稳恒磁场 B_0的电流强度来计算出共振时的磁场 B_0.

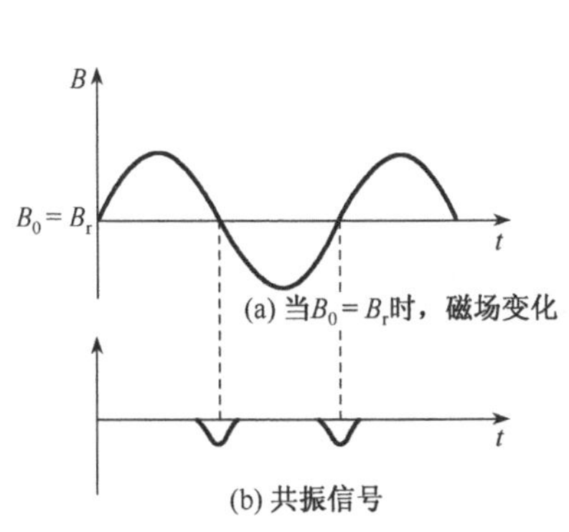

图5.7.2 当 $B_0=B_r$ 时的信号

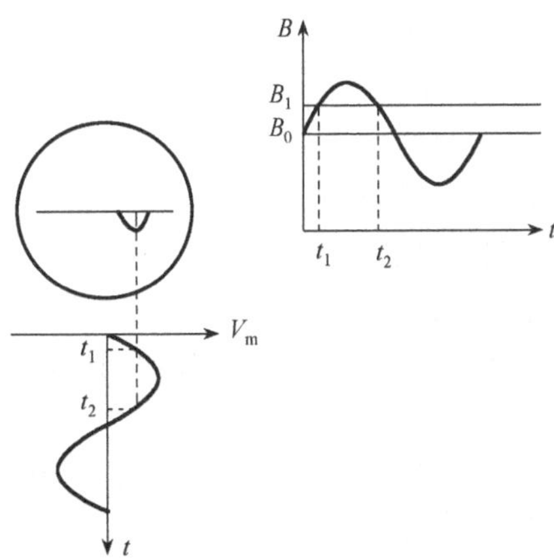

图5.7.3 用调制电压 V_m 作为 X 轴输入观察共振信号

这里需要注意的是:图 5.7.3、图 5.7.4 所示是调制磁场与产生调制磁场的电压之间相位为零时得到的. 而实际上,由于螺线管电感的作用,它们之间是会有一相位差的,荧光屏上出现的吸收信号的个数将增加 1 倍,如图 5.7.5 所示.

为避免这个情况发生,实验装置中有移相器,用以消除相位差.

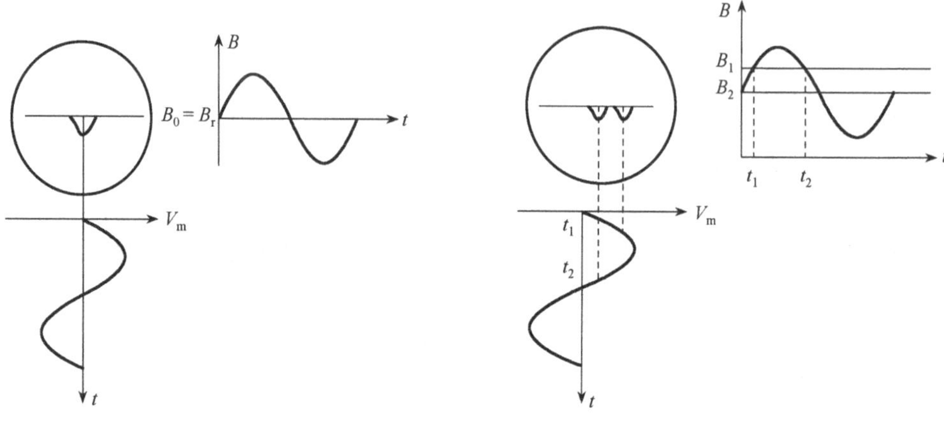

图 5.7.4 当 $B_0=B_r$ 时,共振峰处在扫描线中央

图 5.7.5 存在相位差的情况

【实验内容】

1. 主窗口

在系统主界面上选择“电子自旋共振”并单击,即可进入本仿真实验平台,显示平台主窗口,看到“实验目的”文档,请仔细阅读.

2. 主菜单

在主窗口上单击鼠标右键,弹出主菜单. 主菜单下还有子菜单. 鼠标左键单击相应的主菜单或子菜单,则进入相应的实验部分.

实验应按照主菜单的条目顺序进行.

(1)实验目的.

显示“实验目的”文档.

(2)实验原理.

选择“磁共振理论”子菜单,显示“磁共振理论”文档.

选择“Larmor 进动”子菜单. 使用鼠标拖动滚动条,观察磁矩在外磁场、旋转磁场及合成磁场中的运动情况.

选择“电子自旋共振”子菜单,显示“电子自旋共振”原理文档. 请认真阅读.

(3)实验内容.

包括子菜单“仪器装置”和“实验步骤”.

单击子菜单“仪器装置”,显示仪器装置图. 用鼠标单击命令框,选择要观察的仪器装置(或电路图).

(4)实验步骤.

单击子菜单"实验步骤",开始具体的实验操作(图 5.7.6).在实验之前,请阅读有关实验内容,按步骤进行实验.

图 5.7.6　实验内容选择

步骤 1:通过单击命令框"用内扫法观察电子自旋现象"(实验内容一)和命令框"测 DPPH 中的 g 因子及地磁场垂直分量"(实验内容二)来选择实验内容.阅读完毕,可以单击命令"继续下一步"开始下一步.

步骤 2:通过单击关键字"内扫法"和"外扫法"来查看扫场法的原理演示.

步骤 3:如图 5.7.7 所示.请仔细阅读给出的文档,并估计实验数值.阅读完毕,单击命令框"返回上一步"将退回到实验步骤 2,单击命令框"继续下一步"将开始实验步骤 4.

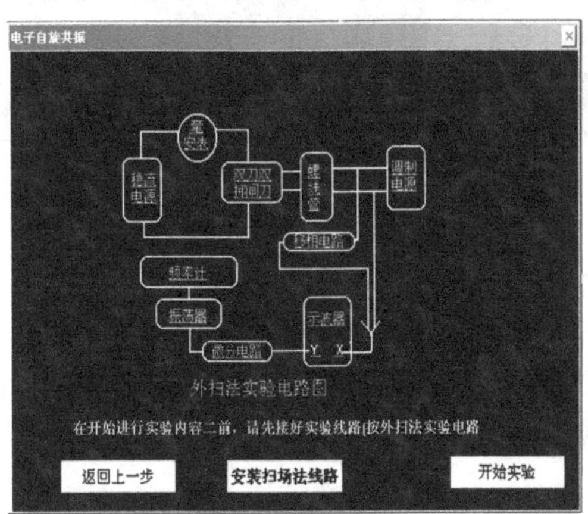

图 5.7.7　扫场法原理演示

步骤 4:如图 5.7.8 所示.请仔细阅读所给出的文字,单击命令框"开始实验"将正式开始实验操作,注意:如果在步骤 1 中选择的是实验内容二,则必须正确连接线路方可进入实验平台,这时请按命令框"安装扫场法线路"开始步骤 4.1,对内扫法无此要求.

步骤 4.1:如图 5.7.9 所示.在接线平台的下方,为了方便接线,给出接线状态,如果有错误接线,可以右击鼠标弹出菜单,选择菜单项"重新安装"清除以前接线,接线完毕,可以选择菜单项“安装完毕”判断接线结果是否正确，其最终结果将作为是否可以进入实验操作平台的依据(外扫法). 单击菜单项“退出”可以回到步骤 4.

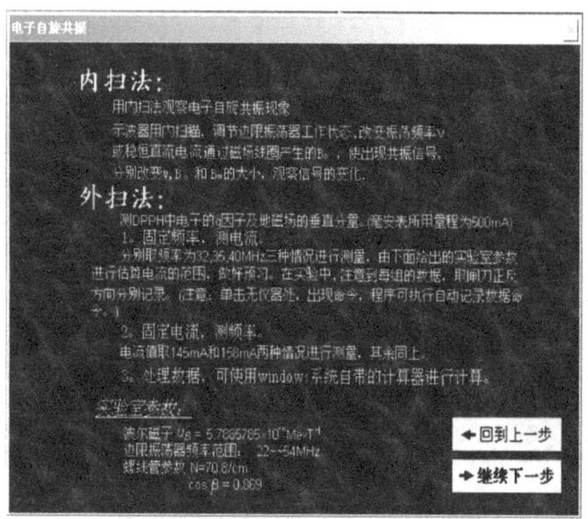

图 5.7.8 内容介绍

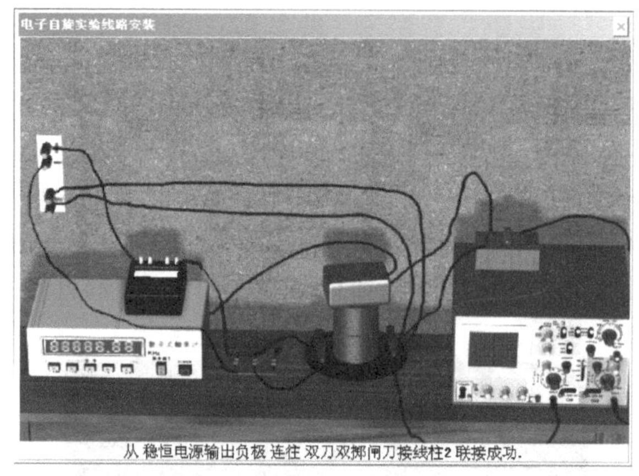

图 5.7.9 接线图

步骤 5:这将进入正式实验操作，屏幕显示实验室的操作平台.

可以单击各个仪器表面，弹出仪器以供调试或观察.

①频率计:通过单击 POWER 开关，打开频率计(图 5.7.10). 用鼠标单击频率调节的上下方向键，可以增加或减少频率输出. 改变倍率，将改变频率调节的幅度.

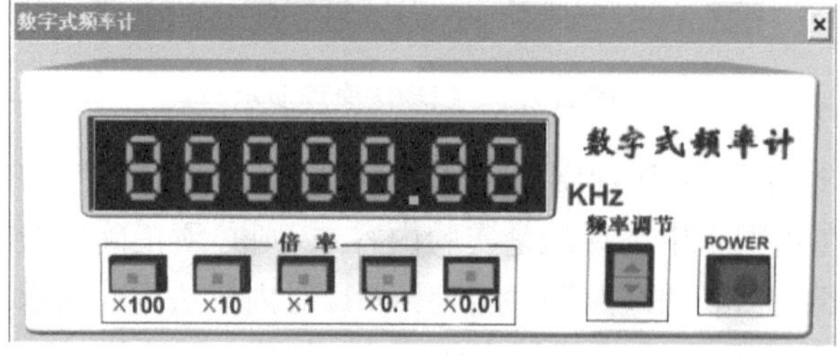

图 5.7.10 频率计面板图

②毫安表:仅供读取电流强度用,随"稳恒电流输出调节"的调节而变化. 毫安表所用量程为 500mA,读数时请注意.

③双刀双掷闸刀:通过闸刀表面,改变闸刀状态(正接、反接和断开).

④移相微分电路盒:左击和右击旋钮,可以改变示波器 X 输入的相位.

⑤示波器波形输出:供观察和判定电子自旋共振状况.

⑥在得到一组实验数据之后,可以右击操作平台无仪器处弹出菜单,单击"记录实验数据"菜单项,程序将自动记录下电流强度、频率值和开关倒向. 完成实验,可以通过单击"退出实验"正常退出.

⑦数据处理:选择"数据处理"菜单项,开始实验之后的数据处理. 数据处理提供了实验室常数和部分公式,实验者可以使用 Windows 系统提供的计算器进行计算.

(5)实验思考.

选择"实验思考"菜单项,回答有关问题.

(6)退出.

退出实验.

5.8　数码摄影技术

当今社会科学技术日新月异,数码技术更是发展迅速,它给摄影领域带来了多向、多元的技术变革. 数码摄影有着广阔的天地,在这个天地里人们更容易张扬自己的艺术个性,去开拓去创造. 回顾摄影术的发展里程,高科技数码摄影技术的介入是一次革命性质的飞跃,也是传统摄影现代化的必然归宿.

【实验目的】

(1)掌握数码相机的基本原理及正确的使用方法.

(2)提高动手操作能力.

(3)提高科研创新能力.

【实验仪器】

数码相机、计算机、三脚架、摄影灯箱.

【实验原理】

1. 数码相机的结构与原理

数码相机的结构总体可以分为光学结构、光电变换结构、信号处理结构、相机机能控制结构、电源部分和记录及输出部分等,如图 5.8.1 和图 5.8.2 所示.

1)光学部分

数码相机的光学部分主要由镜头和取景器构成,镜头的功能是将被摄景物成像到 CCD 摄像元件上.

光学系统主要包括镜头透镜组件部分、光圈快门、光学低通滤光器以及红外截止滤光器和 CCD 保护玻璃.

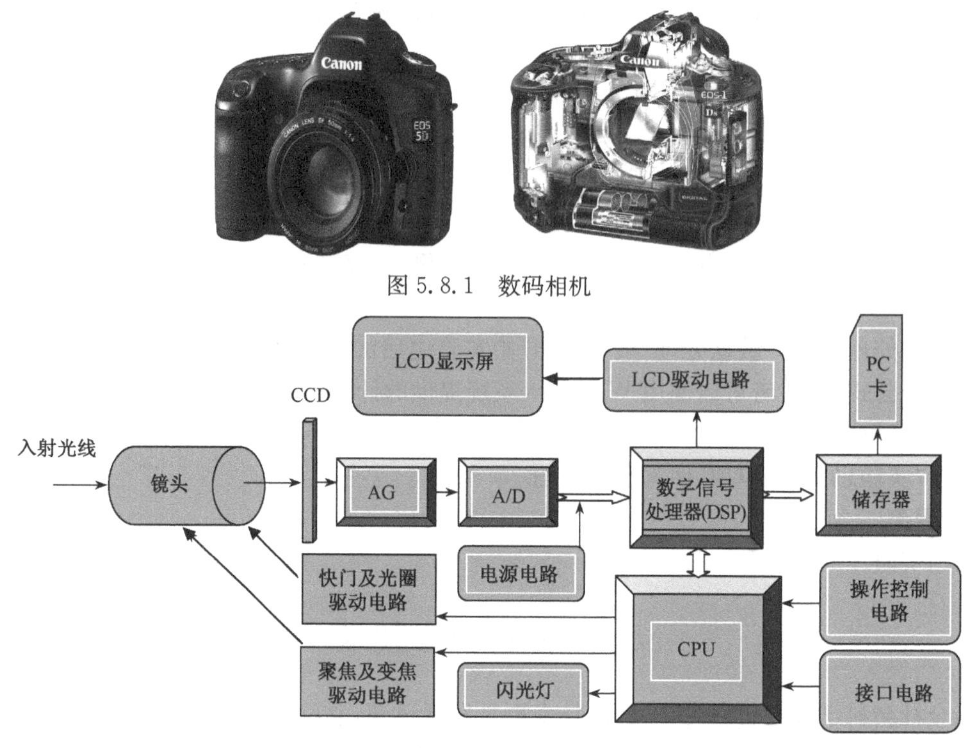

图 5.8.1　数码相机

图 5.8.2　数码相机结构

镜头透镜组件是由许多光学元件(镜片及镜片组)构成的,它的主要作用是把光线会聚到CCD或CMOS图像传感器上.由于透镜一般都存在球差和色差,影响成像质量,因此,为提高成像质量,通常采用消色差及非球面透镜组合.有的相机在透镜组件后面装有光学低通滤光器,用来消除紫光和波纹.由于CCD图像传感器对红外线较为敏感,因此,在光学镜头中安置有红外截止滤光器.

单反相机镜头后还设有45°反射镜,它将摄取的景物图像呈现到取景器中,使摄影者能够观察到所拍摄景物的情况.取景时反射镜是落下的,按下快门拍照时反射镜抬起,曝光结束后反射镜重新落下,如图5.8.3所示.

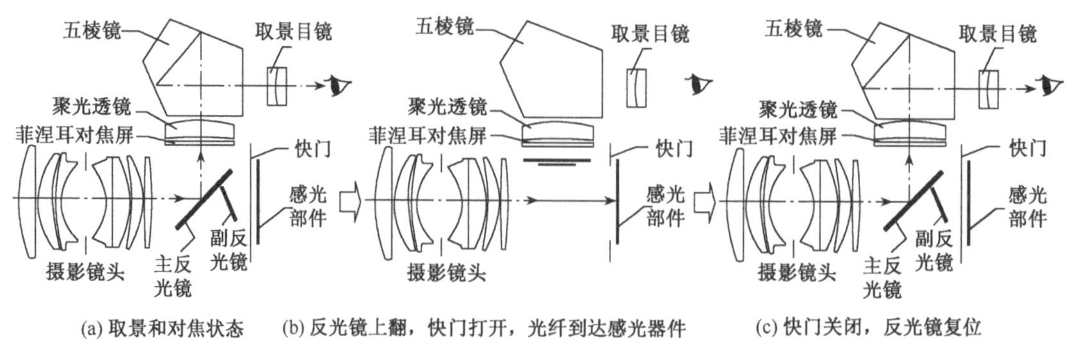

(a) 取景和对焦状态　(b) 反光镜上翻,快门打开,光纤到达感光器件　(c) 快门关闭,反光镜复位

图 5.8.3　单反相机工作原理

2)光电变换部分

光电变换部分的主要工作是完成光信号向电信号的转换.目前光电变换的主要器件多使用CCD(或CMOS)图像传感器,如图5.8.4所示.CCD器件一般是一个长方形的感光面,它安装在镜头的后面,在同一轴线上,镜头拍摄的景物图像就在此感光面上成像.

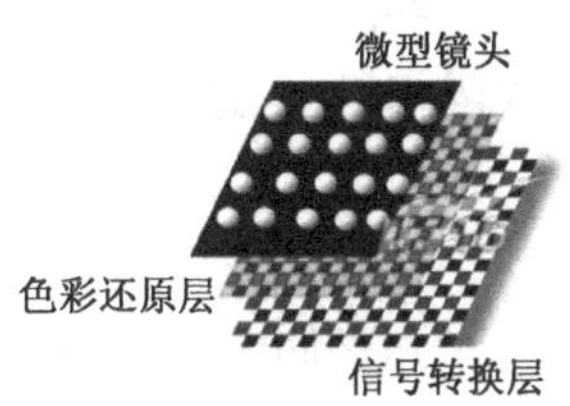

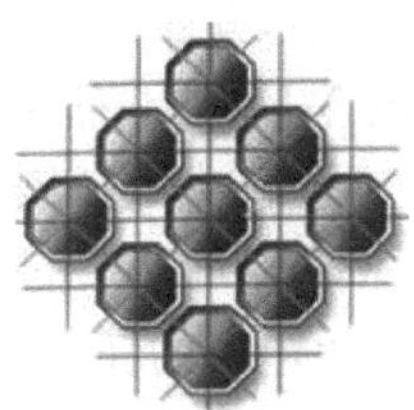

图5.8.4　图像传感器

CCD图像传感器通常比照相机的胶片要小,有2/3in(1in=2.54cm)等不同的规格.而传统的相机胶片为35mm(宽度标准,又称全画幅).传统相机胶片的对角线为43.2mm,而2/3in CCD器件感光面对角线的尺寸为11mm,只相当于传统胶片的1/4,这就要求数码相机的镜头应具有更高的精度,而其中聚焦的精度是最重要的方面之一.

另外,数码相机和数字摄像机虽都采用CCD固体摄像元件,但摄像机通常对解像度和信噪比等影响画质的因素有更高的要求,而数码相机的镜头相对要求高一些,成像质量相对好一些.

3)图像信号处理电路

图像信号处理电路又称主信号处理电路.它主要包括图像预放电路、A/D转换器和数字信号处理器.

(1)图像预放电路.由于CCD输出的图像信号比较小,还混有很多干扰和噪声,在CCD图像传感器的后面接有一个预放电路,它对图像信号进行放大,同时对图像信号中的亮度信号成分和色度信号的成分进行处理,以及消除噪声的处理.其实,感光度ISO的调整主要也就是改变放大电路的放大倍率来实现的.

(2)A/D转换器.它是数码相机中的一个重要核心的部件.它主要是将预放电路送来的亮度和色度信号进行A/D转换,并送到数字信号处理电路中做进一步处理.A/D转换器有两个重要性能指标:取样频率和量化精度.取样的频率就是A/D转换器在转换过程中每秒可以达到的取样次数.量化精度则是指每次取样可以达到的离散的电平等级,就是所能达到的精度.一般中档的数码相机的量化精度为16位或24位.高档相机多为36位.位数越长,则数据的量化精度越高,失真度就越小,还原出来的图像质量就越好.当然,随之产生的数据量也会增大,不仅文件大,处理时间也会较长.

(3)数字信号处理器(digital signal processor,DSP).主要就是运用数字信号处理的方法进行对亮度、色度信号的分离以及色度信号的形成和编码,它最终转出两组数字信号,即亮度和色度数字信号.可分别经D/A转换器将其转变成模拟亮度(Y)和色度(C)信号.

4)图像数据压缩电路

图像数据压缩电路主要是完成数据的压缩存储,目的是为了节省存储空间,目前大多数数码相机采用的压缩格式为JPG,是一种静止图像压缩格式.这种压缩格式的采用虽能够节省存储空间,但它是一种有损压缩(以牺牲图像质量作为代价).因此,不宜追求过高比例的压缩存储方式. 高档相机往往还可选择其他的几种格式,如 TIFF,这是一种无损压缩,用于出版等重要场合;RAW,(CMOS 或者 CCD)图像感应器将捕捉到的光源信号转化为数字信号的一种原始数据. 现在有的相机可以同时存储 RAW 和 JPG 两种格式的照片,方便照片的使用.

需注意:同样大小的存储卡在不同的机型上(同样的像素)能存储的张数是不一样的. 实际上张数多的图像质量要差一些,张数少的图像质量要相对好一些.

现在动态的 MPEG 压缩方式也已经广泛地运用到了数码相机上,这就使得数码相机在存储动态影像和声音上,大大拓展了其应用空间.

5)图像记录再生电路(图像信号 I/O)

图像记录再生电路的任务是将数字处理、压缩的信号记录到存储卡上,同时还可以将记录在存储卡上的数字图像信号再提取出来用于输出.

6)机能控制部分

数码相机的机能控制是由一套完善的总线控制电路组成的. 它是整个数码相机的“管理员”,通过主控程序来完成对相机的所有部件及任务的统一管理,实现多种运算、逻辑操作功能,如测光、自动光圈控制(AE)和自动聚焦控制(AF)等. 并且,通过各按钮实现手控操作. 还使用该相机的固化程序,对相机的工作预先做一个设定.

自动聚焦是由聚焦控制机构和自动控制电路构成的,在自动聚焦系统中,电路对焦距状态的检测和判断是关键的部分. 处在聚焦状态,则图像信号中的高频分量比较丰富;而处在散焦状态,图像中的高频分量比较弱或只有低频分量. 自动控制微处理器一边检测图像信号中高频分量的变化,一边控制聚焦伺服电机直到处于最佳聚焦状态.

7)电源电路部分

电源部分是为数码相机的各个电子元器件提供工作用电,它主要是由 DC/DC 转换器和电池等部分构成的. 因为在数码相机中不同的电器元件需要不同的电压,电池只能提供一种电压,经 DC/DC 转换后可输出多种电压供各部分使用.

8)输出控制单元

在数码相机的输出控制单元中,提供图像输出的界面以及连接端口. 其中包括在电视机上显示的 AV 接口、连接计算机的 RS-232 接口(目前已不采用)、USB 接口,A/V 接口及标准 1394 接口等. 通过连接端口可以把数码相机连到计算机、电视机或其他输入/出设备上.

9)LCD 液晶显示屏

当前数码相机的取景器主要有两种:一种是与传统的光学相机相同的单反(同轴)或伽利略式(旁轴)光学取景器;另一种是从 CCD 或 CMOS 中直接提取图像信号,用液晶或 TFT 显示作取景器. 液晶屏除主要用于取景或查看拍摄到的景物图像外,还用于显示多种拍摄的信息.

2. 数码相机的镜头结构

摄影镜头在照相机中主要起成像作用,一般由四部分构成:成像作用的光学系统、固定光学系统的镜头筒、前后移动光学系统的调焦机构和光圈,如图 5.8.5 所示.

(1)光学系统. 光学系统由光学玻璃制成的透镜组合而成,透镜数目有三片、四片,甚至几十片不等. 现代照相机镜头都采用多片凸、凹透镜组成,利用各种透镜的像差相互抵消来减少像差,提高成像质量. 照相机或说明书上都标明镜头透镜的片组情况,如 17 片 13 组、23 片 19

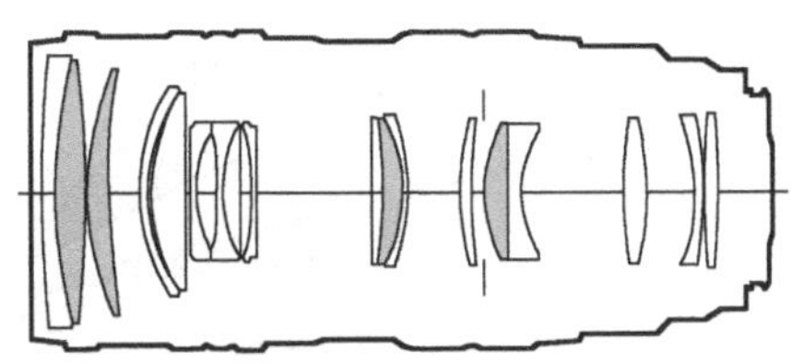

图 5.8.5 摄影镜头

组.对同样性能的镜头,一般认为透镜片数越多,成像质量越好.

(2)镜头筒.镜头筒一般由强度高而重量较轻的铝合金或工程塑料制成,镜头筒除了固定光学系统镜片,保证镜片同心外,还用来装置其他机构和操作机件等.

(3)调焦机构.调焦机构一般都设在镜头中(采用伸缩皮腔调节镜头位置的大型照相机除外).摄影时,通过调整调焦机构(调焦环)沿光轴方向前后移动光学系统,改变其物距、像距或焦距,调整像平面的位置使其与像传感器表面重合,可获得清晰的照片,这个过程称为调焦.调焦准确时能在感光胶片平面上获得最清晰的像.调焦距离标尺一般刻在镜头调焦环上,显示的数值是指被摄主体到镜头的距离.

(4)光圈.光圈主要的作用是控制进入镜头的光线,控制景深,控制成像质量.

3. 数码相机镜头的光学特性

镜头的光学特性可由三个参数来表示:焦距、视场角和光圈.

1)焦距

焦距是指相机镜头对准无限远的位置时.从照相机镜头中心到 CCD(感光片)的距离.镜头的焦距通常用“f”表示,标在镜头的前镜片压圈上或镜筒的外圆周上.例如,$f=50$mm、$f=100$mm 等,就分别表明该镜头焦距为 50mm、100mm,如图 5.8.6 所示.

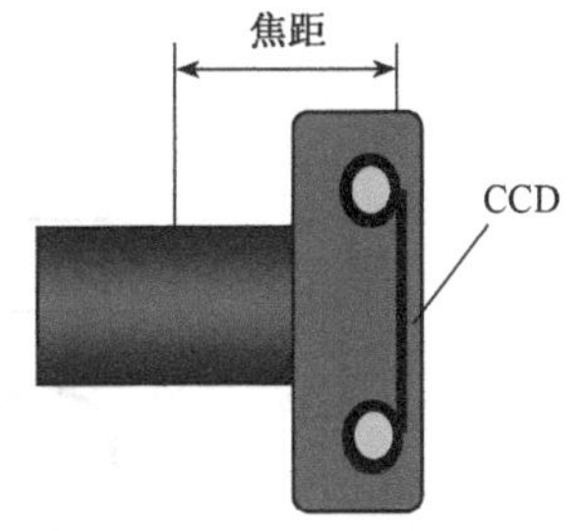

图 5.8.6 焦距

照相机镜头的焦距决定被摄景物在 CCD(感光片)上成像的大小.用不同焦距的镜头对同等距离位置的景物拍摄时,焦距长的成像大,但像的范围小;焦距短的成像小,但像的范围大.也就是说,当物像的比例关系确定后,使用长焦距的镜头拍摄,拍摄点可选得远些;反之,焦距越短,则要靠近物体进行拍摄.

2)视场角

视场角就是镜头能拍摄到景物范围的角度,它决定了能在 CCD(感光片)上良好成像的空间范围.当画幅尺寸一定时,视场角与焦距成反比,焦距越长,视场角越小;焦距越短,视场角越大.视场角大意味着能近距离摄取范围较广的景物;视场角小意味着能远距离摄取范围较窄的景物,但是影像比例较大.图 5.8.7 和表 5.8.1 显示出了 135 照相机镜头焦距与视场角的关系.

表 5.8.1

焦距 f/mm	15	28	35	45	50	58	85	135	200	400	800
视场角/(°)	110	75	63	51	46	41	28	18	12	6	3

焦距还决定被摄景物在感光片上成像的景深范围.焦距越长.景深越小;焦距越短,景深越大.关于景深将在下面介绍光圈的作用时阐述.

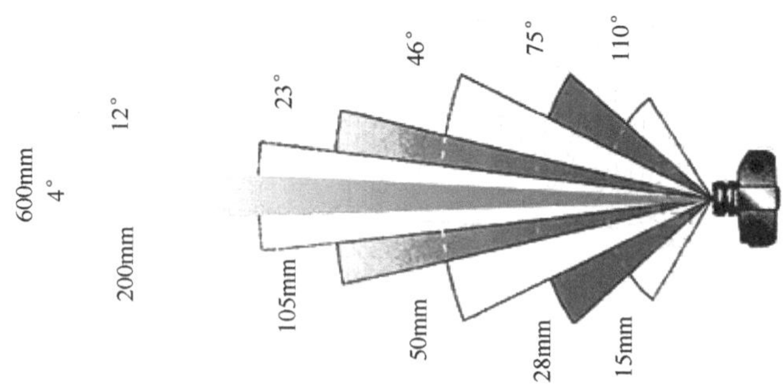

图 5.8.7　135 照相机镜头焦距与视场角的关系

3)光圈

镜头的光圈是由许多弧形的活动的金属叶片组成的,装在镜头的透镜中间,转动光圈调节环能使其均匀地开合,调整成大小不同的光孔,控制进入镜头到达感光胶片的光线,以适应不同的拍摄需要. 如果把镜头比成照相机的眼睛,那么光圈就起着瞳孔的作用. 眼睛的光通量是由瞳孔调节的. 光圈的作用和瞳孔一样,通过调节光圈的大小,可以调节进入镜头光线的多少,以获得正确曝光.

(1)光圈系数. 照相机的光圈大小是用光圈系数表示的,镜头上都标有光圈系数 f,如图 5.8.8 所示.

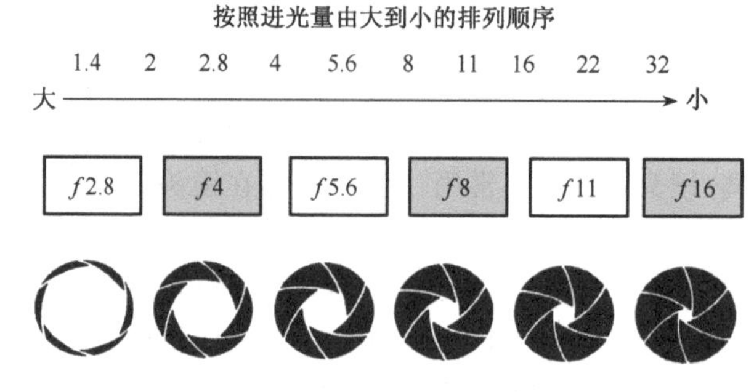

图 5.8.8　光圈

光圈系数越小,光圈越大,进入镜头到达感光胶片图像传感器的光线越多;光圈系数越大,光圈越小,进入镜头到达图像传感器的光线越少. 光圈变化一级(挡),图像传感器接收的曝光量也变化一级(挡).

光圈系数的各挡数值一般刻在镜头光圈调节环的外圆周上,如选用某挡光圈时,可转动调节环,使该挡数值与镜筒上的光圈基线对齐即可. 在照相机镜头的前压圈上标有 1∶1、1∶1.4 或 1∶2.8 字样,这是照相机的最大光圈.

(2)光圈的结构. 光圈的结构形式分为手动光圈(预调光圈)和自动光圈两种. 预调光圈调对后,光圈就开至调对的大小位置,在拍摄过程中固定不动. 自动光圈在调对时不动(在最大光圈位置),当按下快门按钮而快门尚未打开的瞬间,它自动收缩到调定的位置,快门关闭之后,又回到最大位置. 因为照相机在最大光圈时取景器明亮,所以自动光圈的照相机取景、调焦很方便.

光圈结构还有停滞和非停滞之分. 停滞光圈调对时,可以听到轻微的“哒”一声. 同时手上有稍微停顿一下的感觉,便于用手感或声音来判断光圈的挡数,适合在暗弱光线下使用. 例如,放大机光圈大部分采用停滞式的结构.非停滞光圈调对时,既无手感也无声音,只能按刻度来确定挡数.

(3)光圈的作用.

①调节控制进入镜头的光线,与快门配合达到胶片的正确曝光.

光线经过镜头上光圈的光孔和快门才可以到达CCD图像传感器,光圈通过光孔大小的改变来控制进入镜头光线的多少,以便让图像传感器获得正确光照强度.

为了保证准确的曝光,光圈的大小选择是很重要的.一般在光线较暗的场景下拍摄时,需要使用大光圈,以让足够的光线到达传感器;在光线较亮的场合拍摄时,则需要使用小光圈,以减少到达传感器的光线(图5.8.9).

(a)光圈35

(b)光圈2.8

图5.8.9　光圈调节

②控制影像的景深范围.

何谓景深?镜头对被摄主体对焦后,在底片上成清晰的影像,同时位于主体前后的一段距离范围内的景物在底片上成的影像,以人眼的鉴别能力也认为是清晰的,这一段范围的距离就叫景深,也可以说景深就是在像面上均能够清晰成像的景物前后距离范围,景深分为前景深和后景深.

影响景深的因素很多,主要有镜头的焦距、光圈的大小和拍摄距离.

在光圈的大小、拍摄距离不变的情况下,镜头的焦距越长,景深越小,镜头的焦距越短,景深越大.在镜头的焦距、拍摄距离不变的情况下,光圈越大,景深越小,光圈越小,景深越大.在镜头的焦距、光圈的大小不变的情况下,拍摄距离越近,景深越小,拍摄距离越远,景深越大.

用光圈大小来控制景深是摄影时最常用的方法.如在拍摄中为了突出主体,可以选择照相机上的最大光圈、采用长焦距镜头获得小景深,使主体清晰而背景虚化,利用虚实结合的方法突出主体.

③影响成像质量.

每个镜头都有一两个成像最好的光圈,称为最佳光圈.使用最佳光圈时,镜头的解像力(分辨图像细节的能力)和影像的反差都有所增强,底片边缘的效果也会得到改善.各种照相机结构不一样,对各种像差的矫正情况也不一样,因而最佳光圈也不相同.一般把摄影镜头的最大光圈收缩三级,就是该镜头的最佳光圈.

摄影镜头使用最小光圈拍摄时,影像质量有所降低.因此,除了景深的特殊需要外,应尽量避免使用最小光圈拍摄.

4)镜头的种类、特点与用途

摄影镜头的种类繁多,根据焦距值能否调节,可分为定焦距镜头和变焦距镜头两类.

(1)标准镜头(图 5.8.10).

图 5.8.10　标准镜头

标准镜头是指其焦距长度接近或者等于该照相机所拍摄的底片画幅对角线长度的镜头,固定焦距的镜头不一定是标准镜头. 135 照相机标准镜头为 45mm、50mm、58mm 左右,120 照相机(拍摄画幅为 6cm×6cm)的标准镜头为 75mm 或 80mm.

标准镜头的特点:

①标准镜头拍摄的景物范围视角为 45°～53°,接近人眼视角,所以用这种镜头拍摄的画面景物透视关系正常,符合人眼视觉习惯.

②标准镜头的应用范围较广,可用于风光、人像、生活等各种摄影.

③标准镜头最大光圈相对来说较大(一般在 1.4 或 1.8 左右),对低照度下拍摄很有利.

④标准镜头可接附件,如加近摄镜可以近拍(翻拍),加增距镜同中等焦距镜头一样使用.

⑤标准镜头的成像质量相对来说较高.

(2)广角镜头(图 5.8.11).

焦距比标准镜头焦距要短,同时又比鱼眼镜头焦距长的摄影镜头,称为广角镜头或短焦距镜头. 在 135 照相机系列中,焦距 17～21mm 的为超广角镜头,焦距 24～35mm 的为普通广角镜头,135 照相机常用的广角镜头大多为 35mm 或 28mm. 广角镜头有如下特点:

①焦距短,景深大,视场角大. 以表现场面和气势见长. 在室内拍摄中尤为见长.

②在近距离内摄影时有夸张前后景物大小和比例的作用,画面空间感强. 一般为调焦点前面景物大,调焦点后面景物小,中间景物大,两端景物小.

③适合拍场面和全景照片,不适合拍人像特写. 例如,拍摄人的头部特写时,能把鼻子拍摄得特别大或把伸在前面的一只手拍得大到超过全身.

使用广角镜头时需注意:

①尽量将相机端平. 俯摄、仰摄时,若相机不平,直立线条都会倾斜变形,给人以不稳定的感觉.

②避免水平和垂直线条位于画幅边缘. 若必须将水平和垂直线条拍摄下来,则尽量将其安排在画幅中心处,致使变形不明显.

(3)远摄镜头(长焦距镜头)(图 5.8.12).

焦距比标准镜头焦距长的镜头为长焦距镜头. 在 135 照相机系列中,焦距为 70～105mm 的是中焦距镜头,焦距为 135～300mm 的是摄远镜头,焦距为 300～2000mm 的是超摄远镜头. 长焦距镜头有如下特点:

图 5.8.11　广角镜头

图 5.8.12　远摄镜头

①焦距长，视场角小(在5°～15°)，成像大，景深小，所以在同一距离上能摄比标准镜头更大的影像. 它适合于从远处拍摄人物或动物的活动，拍摄一些不便靠近的物体，以免因过近而使被摄对象受到干扰. 另外，景深有利于虚化掉背景，突出主体.

②拍摄的对象不会出现变形问题.

③能拉近画面景物的距离，减小物体大小的差别，但画面透视感不强.

使用长焦距镜头时需要注意以下事项：

①长焦距镜头因为焦距长，镜头的长度也长，相对来说体积大，重量较大，不好操纵. 一般使用200mm以上的镜头，就得用三脚架固定.

②长焦距镜头长，易晃动. 拍摄时照相机稍有晃动，就会造成照片画面模糊. 所以在选择快门时间时，快门时间的分母值应等于或大于该镜头焦距值.

③因为焦距长、景深小，所以调焦要格外小心，以保证主体清晰.

④长焦距镜头的透镜一般比较突出，易受光线干扰而产生光晕. 最好在镜头前加遮光罩，防止在逆光、侧光或闪光灯拍摄时，非成像光线进入镜头. 同时，遮光罩也可以防止机械损伤和手指触到镜头的透镜.

镜头的焦距不同，遮光罩的长度也不同，要注意匹配. 遮光罩有金属、硬塑、软胶等多种质地.

(4)鱼眼镜头(图5.8.13).

鱼眼镜头的光学结构与普通摄影镜头的光学结构不同. 前镜片突出在外，很像鱼的眼睛. 最后一片透镜伸入机身内部，几乎到达感光胶片处. 其焦距很短，为6～16mm，视场角大于180°，有的甚至达到230°，因而能拍摄下照相机两侧部分的景物. 鱼眼镜头存在十分严重的畸变，只有画面中心部分的直线才能被拍摄成直线，位于其他部分的直线在画面上都表现为向内弯的弧形线，而且越靠近边缘，向内弯的弧度就越大，所摄画面大部分呈圆形.

鱼眼镜头用于创作特殊效果的照片，如地理学领域，用这种镜头拍摄照片以测定天顶角、方位角等，气象部门拍摄天空云图等. 使用鱼眼镜头时，应注意拍摄距离在1m以上时景深达无穷远，但是在近处摄影时，景深并不是无穷远，而是在一个小范围内.

(5)微距镜头(图5.8.14).

微距镜头又叫近摄镜头，主要用于近距离拍摄. 它有可延伸的镜组，因此可以在很短的距离内对焦，一般能拍摄实物1/2大小，甚至同样大小的图像，它所产生的图像质量也较好. 常用的135照相机微距镜头焦距约为50mm或100mm. 较长焦距的微距镜头，可以在距离较远处放大同一倍率，因此可用于拍摄难以接近的物体.

图5.8.13　鱼眼镜头

图5.8.14　微距镜头

(6)反射式远摄镜头.

反射式远摄镜头利用光线在镜头筒内的反射和折射,在较短的镜头内提供所需要的较长焦距.又因为它采用反射式,和同样焦距的镜头相比,镜头长度要短一些,一般只有相同焦距镜头长度的1/3左右.由于镜头中心部分被反光镜所占领,通光量损失较大,因此一般在焦距很长时才采用,其视角小于5°,如折返式天文望远镜头.此外,大部分反射式镜头均没有光圈叶片,因此只有一挡固定光圈值,在曝光时,只能依靠调节快门速度来确定最佳曝光量.

(7)变焦距镜头(图5.8.15).

变焦距镜头有变焦环,变焦距镜头的焦距在预定范围内可以改变.拍摄者在不改变拍摄距离的情况下,能够在较大幅度内调节感光胶片的成像比例.这意味着一个变焦距镜头起到了几个定焦距摄影镜头的作用.世界上第一个变焦距镜头于1959年问世,焦距变化为36～82mm,用于135照相机.现在,变焦距镜头的种类越来越多,成像质量也越来越高,变焦距镜头分为无级(连续)变焦型和分挡变焦型两类,但是后者应用较少.

图5.8.15　变焦距镜头

①变焦距镜头变焦的方式.变焦距镜头变焦的方式有手动变焦与自动变焦,手动变焦镜头用于相应的手动对焦照相机,而自动变焦镜头用于自动对焦照相机.自动变焦时轻按照相机上的变焦钮,照相机便自动伸缩镜头,完成变焦.手动变焦时,要用手轻推拉或转动变焦环来完成变焦.

②变焦距镜头的种类.根据变焦环的操作方式不同,变焦距镜头又可以分为转环式和推拉式两类.转环式变焦距镜头的变焦和调焦分别由两个独立的调焦环控制,优点是变焦和调焦互不干扰,所以精度高,而且仰、俯拍摄时变焦环不会自行移位.缺点是操作麻烦,不利于抓拍.推拉式变焦距镜头的变焦和调焦由一个调节环共同控制,推拉时变焦,转动时调焦.其优点是变焦、调焦操作简便、迅速,便于抓拍.缺点是俯拍、仰拍时镜头易滑动,对焦时易使已调好的焦距移位,造成影像清晰度下降.

③变焦距镜头的结构.变焦距镜头的结构比较复杂,一般由变倍组(变倍:最长焦距与最短焦距之比)、调焦组、补偿组和固定组组成.调节变焦环可以使变倍组沿光轴移动,改变透镜组之间的间隔,从而改变整个光学系统焦距.补偿组能随着变倍组移动而做相应位移,使像平面位置保持不变.

变焦距镜头的最大优点是,一个镜头代替若干个定焦距镜头的作用,因而携带方便,使用简便.变焦距镜头的缺点是,最大光圈一般很难做得较大,取景器内亮度不如定焦距镜头,在光线较差的情况下,调焦较困难.另外,变焦距镜头工作状态复杂,很难对在各种焦距、各种调焦距离下的像差进行完善的校正,所以成像质量相对来说不如定焦距镜头,一般只能在若干焦距处获得较好成像质量.目前,最高级的变焦镜头已达到普通焦距镜头的成像质量,但是无法与高级定焦距镜头相比.变焦距镜头工艺复杂,成本较高,价格昂贵.

4. 数码相机的快门

照相机的快门是从时间上控制光线到CCD(感光片)曝光的一种计时装置,计时单位为秒(s).平时用来遮挡光线以避免感光胶片曝光,可以说快门是可动的遮光屏.最初,照相机由于受感光材料与通光量的限制，曝光时间较长，因此控制曝光时间是采用镜头盖的装上与取下来实现的. 后来，由于感光材料的改进与镜头光学性能的提高，曝光时间大为缩短，才出现快门这个概念.

1)快门速度的标记

快门的开启时间被称为快门速度. 快门速度有的标在照相机机身调速盘上(帘幕快门)，也有的标在照相机镜头的调速环上(镜间快门)，快门速度的标记数值一般用“1”代表 1s，其他数字表示的是分数的分母值，即“2”表示的是 1/2s；“125′”表示的是 1/125s，有些照相机上还标出了比 1s 还慢的快门速度，一般另用颜色标出以示区别. B 门是实现较长时间曝光的一种装置，按下快门钮，快门打开，松开快门钮，快门才关闭. 也有的照相机上设置 T 门，T 门是实现更长时间曝光的一种装置，按下快门钮，快门打开，再按一下快门钮，快门才关闭.

数字越小，快门速度越小，进入镜头的光线越多；数字越大，快门速度越大，进入镜头的光线越少. 快门速度变化一挡，感光胶片接收的曝光量也变化一挡.

2)快门的作用

快门与光圈配合，共同控制进入镜头的光线，正确曝光.

镜头的光圈只能起到控制 CCD(感光片)(图 5.8.16)曝光量的部分作用，不开启快门，光线则不能照射到 CCD(感光片)，快门的开启和关闭控制着 CCD(感光片)曝光所经历的时间. 所以，快门和光圈一起构成感光胶片正确曝光的两个关键因素.

图 5.8.16　CCD

为了得到清晰而真实的影像，曝光一定要准确，曝光不足或曝光过度都会降低影像的质量. 在正常的照明条件下，无论是用高速快门配以大光圈，或用慢速快门配以小光圈，感光胶片得到的曝光量是一样的，即开大一级光圈并提高一级快门速度，CCD(感光片)上获得的曝光量是不变的.

同样的曝光量可以两个系列不同的光圈和快门组合而成，光圈的改变可由快门的相应变化补偿，可以说光圈和快门是互相配合互相补偿的关系：光圈越大，快门速度应该越快；光圈越小，快门速度应该越慢. 例如，测光表指示快门速度 1/60s、$f/8$ 光圈的曝光组合，那么以 1/125s、$f/5.6$ 光圈，1/250s、$f/4$ 光圈，1/500s、$f/2.8$ 光圈，1/30s、$f/11$ 光圈，1/15s、$f/16$ 光圈等搭配都可以得到完全相同的曝光量.

这里要注意，尽管不同的曝光组合曝光量相等，其拍摄的造型效果却迥然不同. 摄影是一门造型艺术，不仅在技术上要求达到曝光正确，而且在艺术上也要求达到一定水平. 调定快门速度和光圈时，要视具体情况而定. 例如，拍摄纪念照片时，常把快门速度定在 1/125s，因为它较快，照相机不易抖动，可保证画面的清晰，设定完速度后再根据曝光组合调定相应光圈的大小. 再例如，摄影时为了突出主体，可以采取获得小景深的方法，让背景虚化，这时候需要采用 $f/2.8$ 光圈或 $f/2$ 光圈，设定完光圈后再根据曝光组合调定相应的快门速度. 有时光圈和快门都很重要，就要二者兼顾，选用中等的光圈及快门速度，如 1/125s、$f/8$.

3)快门用来控制运动物体的动感

不同的快门速度能产生不同的动感，甚至可以将运动状态“冻结”. 在拍摄时，快门的速度高于动体的速度，就可以得到动体清晰的影像；若快门速度低于动体的速度，则可以得到动体较为模糊、动感较强的某一瞬间影像.

图 5.8.17 慢门摄影

(1)用慢门拍摄动体.

慢门摄影(图 5.8.17)就是用 1/30s 以下的快门速度拍摄,包括 B 门或 T 门在内的摄影,有时也指被摄体运动速度较快而快门速度较慢的摄影.用慢门拍摄运动的物体,动体在照片上形成虚影,有力地烘托出动体的运动状态.

用慢门拍摄时,画面上要有虚有实.如果只拍摄了动体的一片模糊虚像,画面上就很难辨别动体的基本内容.所以在取景时,要有意识地选取一小部分静止的景物,做虚影的衬托,这样才能达到虚实相衬的目的.例如,为了表现繁华城市夜晚车如流水的感觉,可以采用慢门拍摄(B门),运动的汽车车灯在感光胶片上移动曝光后会形成流水一样的线条,但是拍摄时要有意拍摄马路上清晰的路标,用清晰的路标表明环境的特点,来渲染车如流水的气氛.

使用慢门拍摄,不管拍摄对象是什么,照片上的景物都必须有虚有实,使之相互陪衬,让人们容易辨认和理解拍摄者的意图.

(2)追随拍摄法.

追随拍摄法也是采用慢门拍摄的一种方法,它是表现快速运动物体常用的一种技法.拍摄时拍摄者要随动体的运动方向转动照相机,在追随转动中按下快门.拍摄的画面效果是动体清晰,而背景和前景呈横线状虚影,突出主体、气氛强烈,给人以飞速运动之感.

图 5.8.18 追随拍摄法

追随拍摄时,两脚要站稳,双臂轻轻夹住身体,把照相机紧靠脸部,让照相机与头部作为一个整体来转动.拍摄时,先从取景框里选好被摄体的位置(预先对被摄运动体要到达的位置调好焦距),然后按动体运动的方向,相应转动照相机,并在转动中保持动体在取景框中的位置不变,待运动物体与照相机成 75°～90°(动体运动方向到拍摄点所形成的夹角)时按下快门,如图 5.8.18 所示.注意:按下快门时照相机应继续转动,不要停止.追随拍摄法较难,不易掌握,必须反复实践才行.采用追随拍摄法拍摄时,要注意以下两点:一是选择好快门速度.一般用 1/30s 或 1/60s,最高不要超过 1/125s.快门速度高,动感不强;快门速度太慢,技术上不易掌握,主体容易模糊.二是选择好拍摄点.拍摄点的选择既要考虑背景,又要考虑光线.为了使照片主次分明、对比强烈、动感显著,背景宜选用深色的、呈纷乱状态的物体,如树丛、人群、深色房屋等.这样,在照相机转动时,才能出现明显的模糊线条,才有利于用深色背景的虚动与明亮物体的清晰之间强烈对比来表现动感.在用光方面最好用逆光或侧逆光拍摄.因为逆光照明能使运动物体的轮廓清晰明亮、空间感较强,更有利于突出主体,使画面增色添辉.

(3)用较高快门速度“冻住”动体.

照相机能记录下客观事物在瞬息万变过程中的某些不为人所见,而又有价值的影像,如子弹穿过气球的瞬间、运动员飞跃栏杆等.虽然只是一刹那间的清晰静止影像,但却生动地表现出运动物体的运动趋势和动态特征，这样也就寓动感于静态之中了. 要使动体清晰，关键是选择好快门速度，选择快门速度的依据是运动物体的运动速度、方向、摄影距离、拍摄角度和镜头焦距等因素，如图 5.8.19 所示，水膜破裂的瞬间，水花四溅. 也就说，运动物体运动速度越大，运动物体与照相机间的距离越小，运动物体运动方向与视轴越接近直角，所需要的快门速度也越大，镜头焦距若增长 1 倍，快门速度应该提高一挡.

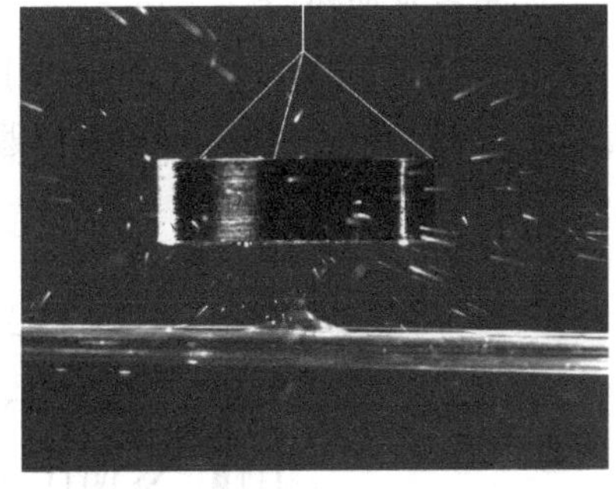

图 5.8.19　水膜破裂

(4)变焦摄影法.

变焦摄影法是在曝光过程中改变镜头的焦距(推拉或旋转变焦距镜头的变焦环)，画面效果是主体清晰而周围景物呈放射状模糊. 拍摄时需注意以下几点：①宜用推拉变焦距镜头，将照相机固定在三脚架上. ②快门速度不能太大，快门速度太大，放射线条不明显；快门速度也不能太小，快门速度太小，主体模糊不易分辨. 快门速度白天可以选择 1/30s～1/2s，夜景可用 1s 到数秒. ③宜选用主体上下左右都有丰富明暗变化的景物做背景，因为放射线条就是由明暗光点在变焦中造成的. ④按下快门与变动焦距必须同时进行，变焦距时宜从长焦距拉向短焦距，如图 5.8.20 所示.

图 5.8.20　变焦摄影法

随着数字技术的发展，可以利用图像处理软件 Photoshop 完成追随动感效果、变焦拍摄动感效果的制作.

4)快门种类与特点

快门种类较多，分类方法各不相同. 按操作方式可分为机械快门和电子快门两大类. 前者通过弹簧之类的机械装置来控制快门的开启与闭合，使其工作稳定，易于检修，快门最高速度比电子快门要小一些，而后者通过电子延时电路等控制曝光时间. 机械快门一般分为中心快门和焦点平面快门两种形式. 中心快门又有镜间快门和镜后快门两种结构；焦点平面快门有帘幕快门和钢片快门两种结构.

(1)镜间快门.

镜间快门最早出现在 1888 年，它在焦点平面快门发明之前一直处于照相机快门的主流，目前大量轻便型照相机仍采用这种快门. 这种快门装在镜头中间，由 3～5 片金属叶片组成，平时叶片聚合在一起遮挡光线. 快门开启时，叶片从中心迅速张开，曝光后再及时复位，以此来完成它的计时曝光任务，如图 5.8.21 所示.

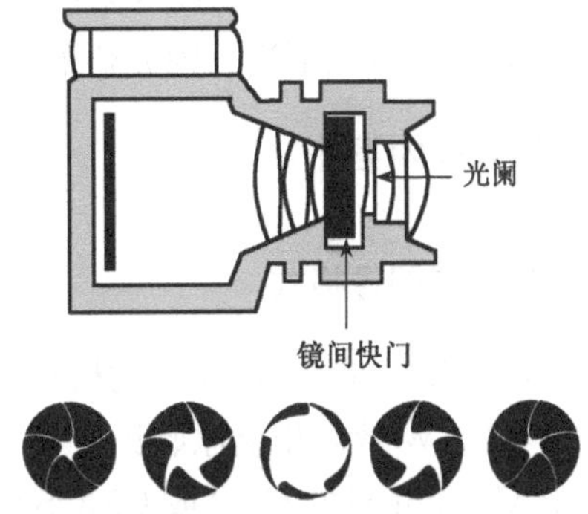

图 5.8.21　镜间快门

在拍摄曝光时，镜间快门的叶片从中心向外张开，全开后再向里关闭，整个画面同时曝光，不会产生畸变. 各级快门速度均可与闪光灯同步摄影，有利于在室外用闪光灯做辅助光. 但是这种快门也存在不足，一是它的快门速度不能太高，有时不利于拍摄快速运动的物体；二是由于它装在镜头的中间，所以采用镜间快门的照相机一般来说镜头不能更换.

(2)焦点平面快门.

焦点平面快门(图 5.8.22)位于照相机机身里,装在靠近焦点平面的位置上.按照遮光幕的运动状态分类,主要有帘幕快门(遮光幕为可卷紧、绕开的柔性帘幕)、钢片快门(遮光幕为可重叠、展开的刚性叶片).

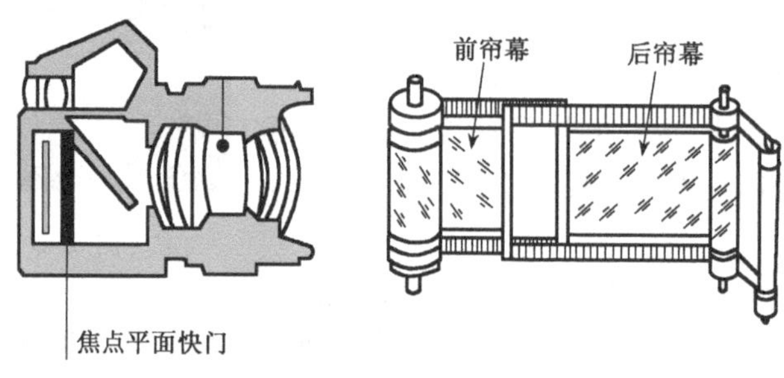

图 5.8.22　焦点平面快门

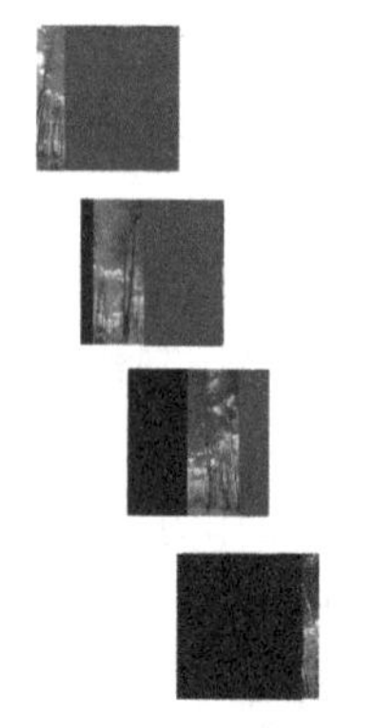

图 5.8.23　帘幕快门曝光示意图

帘幕快门一般由涂黑的丝织物制成的前后两个帘幕组成,快门开启时,前帘迅速移开,使感光胶片感光,接着后帘跟上来与前帘之间形成一定的缝隙,并迅速遮住光线.结果两帘幕就以缝隙扫过整个片窗,使不同部位的胶片以同样的时间曝光,可见感光胶片是逐段曝光的,如图 5.8.23 所示.

钢片快门也称羽翼式快门,定义为用上下两组多片金属或其他材料为前后帘的一种纵走式焦点平面快门.钢片快门多采用钛合金片、铝合金片或高强度塑料片等.钢片快门打开和遮挡片窗的叶片由若干片非常平直的小薄叶片相叠构成,这些小叶片既可迅速打开,又可彼此灵活地重叠在一起.当按下快门按钮时,第一组叶片即被释放,并迅速向下方叠合,第一组叶片的末片使片窗逐渐闪露出来,从而使感光胶片开始曝光.当第一组叶片末片与第二组叶片首片间的缝隙达到预定值时,第二组叶片即被释放,并迅速向下展开,遮挡片窗.以同样速度复位的两组叶片,就以缝隙扫过整个片窗.当曝光结束后,第一组叶片全部叠合在片窗下方,第二组叶片全部展开,将片窗遮严.

焦点平面快门的速度较高,现在最高速度可以达到 1/12000s.使用闪光灯摄影时,受到快门速度的限制,只有速度较慢的快门挡方可实现闪光同步,一般可以在 1/125s 或 1/100s 以下进行闪光灯的摄影.

【实验内容】

1. 设置图像格式

数码相机储存拍摄照片的格式,对应于文件名后缀就是 *.jpg、*.tif,有许多数码相机还提供了 RAW 数码相机原始记录格式,其实严格地说 RAW 并非一种图像格式,不能直接编辑,RAW 是相机的 CCD 或 CMOS 将光信号转换为电信号的原始数据的记录,单纯地记录了数码相机内部没有进行任何处理的图像数据,将其存储下来.RAW 是未经处理的、也未经压缩的格式,可以把 RAW 概念化为“原始图像编码数据”或更形象地称为“数码底片”,将其比作“底片”是因为想通过“底片”获得完美照片,是需要后期“电子暗房”工作支持的.RAW 像

TIFF 格式一样，是一种“无损失”数据格式，对于 500 万像素的数码相机，一个 RAW 文件保存了 500 万个点的感光数据. 而 TIFF 格式在相机内部就处理过，有些数码相机以色彩艳丽著称，有些数码相机在人像上色彩把握很稳重等，这些都是影像处理器对色彩特别处理的结果. 而 RAW 格式则是“原汁原味”未经处理的数据，像我们所用的 JPEG、TIFF 等文件是数码相机在 RAW 格式基础上，调整白平衡和饱和度等参数生成的图像数据.

(1)JPEG 图像格式. 全称为 Joint Photographic Experts Group. JPEG 是一个可以提供优异图像质量的文件压缩格式，设置为 JPEG 格式的所拍摄的照片在相机内部通过影像处理器已经加工完毕，可以直接出片，而且在大部分数码相机中，这个“加工”功能还是很出色的. JPEG 是一个值得相信的存储格式. 虽然 JPEG 是一种有损压缩格式，一般情况下，只要不追求图像过于精细的品质(普通消费级 DC 也很难谈上追求图像的极致)，你会发现 JPEG 有诸多值得考虑的优势. 所谓压缩格式就是：JPEG 获得一个图像数据，通过去除多余的数据，减少它的储存大小，但在压缩过程中丢掉的原始图像的部分数据是无法恢复的，通常压缩比率在 10∶1 至 40∶1 之间，这样 JPEG 可以节省很大一部分存储卡的空间，从而大大增加了图片拍摄的数量，并加快了照片存储的速度，也加快了连续拍摄的速度，所以广泛用于新闻摄影. 如此之多的好处，对于大多数人和普通家庭来说，低压缩率(高质量)的 JPEG 文件是一个不错的选择.

(2)TIFF 图像格式. 全称是 Tagged Image File Format. TIFF 是一种非失真的压缩格式(最高 2～3 倍的压缩比). 这种压缩是文件本身的压缩，即把文件中某些重复的信息采用一种特殊的方式记录，文件可完全还原，能保持原有图颜色和层次，优点是图像质量好，兼容性比 RAW 格式高，但占用空间大.

(3)FPX 图像格式. 它是一个拥有多重解像度的图像格式，即图像被储存成一系列高低不同的解像度，而这种格式的好处是当图像被放大时仍可保持图像的质量. 另外，修改 FPX 图像时只会处理被修改的部分，而不会把整个图像一并处理，从而减轻处理器的负担，令图像处理时间减少.

(4)GIF 图像格式. 它在压缩过程中，图像的像素资料不会被丢失，然而丢失的却是图像的色彩. GIF 格式最多只能储存 256 色，所以通常用来显示简单图形及字体. 有一些数码相机会有一种名为 Text Mode 的拍摄模式，就可以储存成 GIF 格式. GIF 图像还可以存储动画图像.

(5)RAW 图像格式. RAW 是一种无损压缩格式，它的数据是没有经过相机处理的原文件，因此它的大小要比 TIFF 格式略小.

目前相当一部分数码相机已开始使用 RAW 格式拍摄照片，RAW 文件是“毛坯”，我们可以任意的调整色温和白平衡，进行创造性的类似“暗房”的制作，而且不会造成图像质量的损失，保持了图像的品质. 摄影人通过后期对图像色彩的调节，提高整张照片的图像色彩质量，存储文件大小也只有相对应 TIFF 文件的一半左右，从存储空间节省上讲要比 TIFF 有明显的优势. 相机通过场景拍摄，RAW 只会记录光圈、快门、焦距、ISO 等数据，并未对所拍摄的图片进行任何加工，为图像保存了完整的数据，RAW 格式能够给每个像素点更深的数字深度，为摄影人的创作保留了很大的空间. 我们如何能获取到 RAW 格式的图片呢？首先必须有一台支持 RAW 格式的数码相机，在拍摄前将数码相机图像格式设置为 RAW 格式，设置完 RAW 格式后，相机除了 ISO、快门、光圈、焦距之外，其他设定对 RAW 文件一律不起作用，因为色彩空间、锐化值、白平衡、对比度、降噪等所有操作将在计算机中由你自己控制调整.

为何我们所拍摄的 RAW 格式的图片不能用浏览器直接打开? 这是因为 RAW 数据没有进行图像处理,没有生成普通的通用图像文件,所以想打开 RAW 文件,只能利用数码相机附带的 RAW 数据处理软件,将其转换成 TIFF 等普通格式. 由于各厂家 CCD 或 CMOS 的排列和转换方式及影像处理器的运算方法不同,RAW 数据的记录方式也不同,所以只有通过厂家所提供的数据处理软件才能将其转换成通用格式.

如果只是想浏览 RAW 格式的图片,只需要在网上下载一个 RAW Image Thumbnailer 的软件,装上之后能够方便地浏览 RAW 格式的图片,而且显示速度很快. Photoshop CS8. 0 版可以打开不同品牌相机 RAW 格式,但由于各品牌新品相机上市太快,所以需要到 Adobe 公司官方网站下载相应相机的插件,也就是我们俗称的"补丁",打好补丁后 CS 就可以正常打开 RAW 文件了. 不过还是建议使用原厂家所提供的数据处理软件,因为相机厂商不会把 CCD 的排列及运算等核心技术提供给 Adobe 公司,所以 Photoshop 是通过反解数据的方法打开 RAW 格式的,在反解运算的过程中会有部分误差,如奥林巴斯的 RAW 格式在 Photoshop 中打开时明显图片整体颜色偏"品",白色部分呈现的却是粉红色. 但哈苏、徕卡等品牌采用 Adobe 的 DNG 格式 RAW 文件标准,不需要任何插件就可以在 Photoshop 中直接打开.

2. 设置分辨率

数码相机能够拍摄比较大的图片,也就是这台数码相机的最高分辨率,通常以像素为单位. 在相同尺寸的照片(位图)下,分辨率越高,图片的面积越大,文件(容量)也越大. 通常,分辨率表示成每一个方向上的像素数量,如 640×480 等. 图像包含的数据越多,图形文件的长度就越大,也能表现更丰富的细节. 但更大的文件也需要耗用更多的计算机资源、更多的内存、更大的硬盘空间等. 另外,假如图像包含的数据不够充分(图形分辨率较低),就会显得相当粗糙,特别是把图像放大为一个较大尺寸观看的时候. 所以在图片创建期间,我们必须根据图像最终的用途决定正确的分辨率. 这里的技巧是要首先保证图像包含足够多的数据,能满足最终输出的需要,同时也要适量,尽量少占用一些计算机的资源.

分辨率和图像的像素有直接的关系,我们来算一算,一张分辨率为 640×480 的图片,它的分辨率就达到了 307×200,也就是我们常说的 30 万像素,而一张分辨率为 1600×1200 的图片,它的像素就是 200 万. 这样,我们就知道,分辨率的两个数字表示的是图片在长和宽上占的点数的单位. 一张数码图片的长宽比通常是 4∶3.

分辨率是用于度量位图图像内数据量多少的一个参数,通常表示成 ppi(每英寸像素,pixel per inch)和 dpi(每英寸点数). ppi 和 dpi 经常都会出现混用现象. 从技术角度说,"像素"(p)只存在于计算机显示领域,而"点"(d)只出现于打印或印刷领域. 请读者注意分辨.

3. 设置白平衡

物体颜色会因投射光线颜色产生改变,白平衡的英文名称为 white balance. 在不同光线的场合下拍摄出的照片会有不同的色温. 例如,以钨丝灯(电灯泡)照明的环境拍出的照片可能偏黄,一般来说,CCD 没有办法像人眼一样会自动修正光线的改变. 平衡就是无论环境光线如何,让数码相机默认"白色",就是让它能认出白色,而平衡其他颜色在有色光线下的色调. 颜色实质上就是对光线的解释,在正常光线下看起来是白颜色的东西在较暗的光线下看起来可能就不是白色，还有荧光灯下的“白”也是“非白”. 对于这一切，如果能调整白平衡，则在所得到的照片中就能正确地以“白”为基色来还原其他颜色. 现在大多数的商用级数码相机均提供白平衡调节功能. 正如前面提到的白平衡与周围光线密切相关，因而，启动白平衡功能时闪光灯的使用就要受到限制，否则环境光的变化会使得白平衡失效或干扰正常的白平衡. 一般白平衡有多种模式，适应不同的场景拍摄，如自动白平衡、钨光白平衡、荧光白平衡、室内白平衡、手动调节.

4. 设置测光模式

(1) 中央重点测光.

就是以中央区域为重点来测光，主要是测量取景屏画面中央长方形或圆形(椭圆形)范围内的亮度，画面其他区域则给以平均测光，对测光结果的影响较小. 其作为测光重点的中央面积因相机不同而异，有的约占全画面的 2/3，有的占全画面的 20%～30%. 这种测光方式的精度一般都高于平均测光.

(2) 点测光.

点测光模式以中央极小范围的区域作为曝光基准点，测光范围是取景器画面中央占整个画面 2%～3%面积的区域，相机把在这个较窄区域中测得的光线作为曝光的依据. 点测光只对很小的区域准确测光，区域外景的明暗对测光无影响，所以测光精度很高. 与其他测光方式相比，这种测光方式具有较高的灵敏度和精度.

(3) 矩阵测光.

这种测光也称智能化测光，是一种高级的测光模式，它将取景画面分割为若干个测光区域，不同的相机划分的形状、方式也不同，对每个区域分别设置测光元件进行测量，然后通过相机内的微电脑对各个区域的测光信息进行运算、比较，并参照被摄主体的位置，推测出被摄体的受光状态是逆光还是一般的光线照射，从而决定每个区域的测光加权比重. 全部衡量后，计算出合适的曝光值.

5. 设置曝光模式

(1) TV 模式，速度优先，适合拍摄动感题材的片子.

(2) AV 模式，光圈优先，适合拍摄控制景深大小的片子.

(3) P 模式，程序曝光.

(4) M 模式，手动曝光，根据需要任意调整光圈快门大小.

6. 影像拍摄

(1) 变换快门速度的大小，拍摄一组动感的物体，学会用快门速度表现动感.

(2) 变换镜头光圈的大小，拍摄一组纵深构图的照片，学会用光圈控制景深的大小.

(3) 变换相机感光度的大小，拍摄一组片子，理解感光度、快门、光圈在拍摄中如何达到最佳配合.

(4) 分别用中央重点测光、点测光、矩阵测光拍摄一组片子，学会在不同的环境条件下使用正确的测光方法.

【数据记录】

表 5.8.2

光圈	景深	物距	景深	焦距	景深	速度	动感	感光度	速度	速度	中央重点测光	点测光	矩阵测光
22		1000		18		1/4000		6400	1/4000	30			
18		500		20		1/3200		5000	1/3200	5			
16		200		40		1/2500		3000	1/2500	1/10			
11		100		60		1/2000		2000	1/2000	1/15			
8		50		80		1/500		1000	1/500	1/100			
5.6		20		100		1/100		500	1/100	1/500			
4.5		10		120		1/15		300	1/15	1/2000			
4		0.5		180		1/10		100	1/10	1/2500			
3.5		0.1		200		5		50	5	/3200			
2.8						30			30	1/4000			

【注意事项】

(1)数码相机上所有的开关、按钮、拨盘都要轻轻地进行操作.

(2)不要用手触摸镜头或随意进行擦拭.

(3)插拔相机连线及储存硬盘必须关闭相机电源.

【思考题】

(1)传统相机与数码相机的区别有哪些?

(2)数码相机的镜头焦距与传统相机的镜头焦距为何不同?

(3)不远的将来传统相机会被数码相机完全替代吗?

5.9 迈克耳孙干涉仪测折射率

【实验目的】

利用干涉现象测量透明薄片的折射率.

【实验仪器】

迈克耳孙干涉仪、待测薄玻璃片、激光源、白光源、千分尺等.

【实验原理】

在"迈克耳孙干涉仪实验"中,我们详细研究了迈克耳孙干涉仪等倾定域干涉(详见"迈克耳孙干涉仪实验").下面研究一下迈克耳孙干涉仪等厚定域干涉及其应用.由等效光路图(图 5.9.1)可知 M_1 和 M_2' 反射的两束光线到接收屏上任意一点 P 的光程差为

$$\delta = 2d\cos\theta \tag{5.9.1}$$

当两束相干光的夹角 θ 足够小时，两相干光的光程差可表示为

$$\delta = 2d\cos\theta = 2d\left(1-2\sin^2\frac{\theta}{2}\right)\approx 2d\left(1-\frac{\theta^2}{2}\right)=2d-d\theta^2 \tag{5.9.2}$$

若 M_1 和 M_2 不严格垂直，即 M_1 和 M_2' 不平行而是有一很小的夹角 φ，在 M_1 和 M_2' 相交处，由于 $d=0$，故光程差为零 $\delta=0$，由于有半波损失，在交线处观察到的是暗的直线条纹. 在交线附近，d 和 θ 均很小，式(5.9.2)中的 $d\theta^2$ 可忽略不计，光程差的变化主要取决于 d 的变化. 因此楔形膜上厚度相同的地方光程差相同，干涉条纹平行于两镜的交线. 在厚度 d 较大处，因 $d\theta^2$ 项的影响增大，干涉条纹逐渐变成弧形. 这时，干涉条纹的光程差不仅决定于厚度 d，还与 θ 有关. 当 θ 变大时，$\cos\theta$ 减小，由式(5.9.1)知，要保持相同的光程差 δ(同一级条纹)，d 值必须增加. 离交线越远，d 越大，干涉条纹弯曲得越明显. 如图 5.9.2 所示.

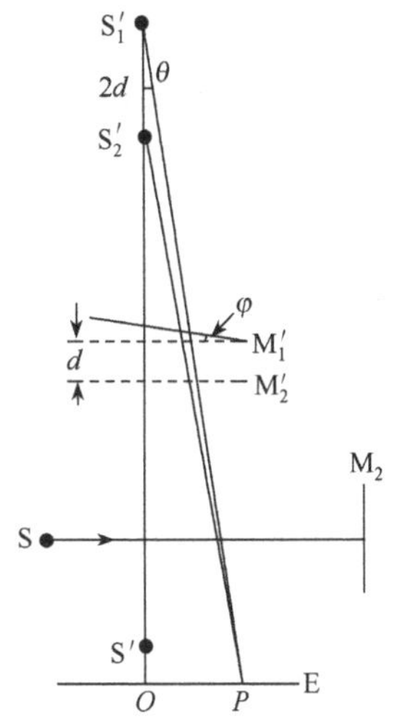

图 5.9.1　等效光路图

图 5.9.2　等厚干涉条纹

当用白光源照射时，由于不同波长的光产生的干涉条纹明暗交替重叠，通常看不到干涉条纹，而在 M_1 和 M_2' 的交线处，各种波长的光程差均为 $\delta=\lambda/2$($\Delta d=0$，有半波损失)，因此，中央直条纹为暗纹，两侧近处有彩色条纹. M_1 和 M_2' 的夹角越小，则条纹越疏，条纹的宽度也越大.

在第 2 条光路中插入折射率为 n、厚度为 h 的均匀透明介质时，此光路光程比通过厚度相同的空气大 $h(n-1)$ 倍，即此时光束 1 和光束 2 相遇时的附加光程差为

$$\delta' = 2h(n-1) \tag{5.9.3}$$

此时，白光干涉直条纹消失. 如果将动镜 M_1 向 G_1 板方向移动 $\Delta d=\delta'/2$，则光束 1 和光束 2 在相遇时的光程差恢复至原样，可以再次调出白光干涉直条纹.

$$\Delta d = h(n-1)$$

得

$$n = \frac{\Delta d}{h}+1 \tag{5.9.4}$$

若已知玻璃片厚度 h，测出 M_1 镜移动的距离 Δd 就可求出玻璃片的折射率 n. 同样，若已知玻璃片的折射率 n，可测量玻璃片的厚度 h.

【实验内容】

(1)自己设计实验步骤,测量薄玻璃片的折射率.

(2)自己设计数据记录表格,记录数据并处理.

(3)要采取措施,尽量减小测量误差,进行分析和计算.

【实验要求】

(1)观察等倾干涉、等厚干涉和白光干涉条纹.

(2)明确这几种干涉条纹的形成条件、变化规律,加深对干涉理论的理解.

(3)利用干涉现象测量透明薄片的折射率.

【思考题】

可否利用以上原理测量液体的折射率?若认为可以,设计出方案;若认为不可以,说明理由.

5.10 弹簧振子特性研究

【实验目的】

(1)进一步理解弹簧振子特性.

(2)学习掌握图解法和最小二乘法处理数据.

(3)学习自己设计简单实验.

【实验仪器】

支架、不同质量(质量未知)的重物若干、秒表、米尺等.

【实验要求】

(1)利用所给器具自己设计实验方法,验证振动周期与重物质量之间的关系

$$T=2\pi\sqrt{\frac{m+m_0}{k}}$$

式中 T 为弹簧振子的振动周期,k 为弹簧的劲度系数,m 为外加砝码的质量,m_0 为弹簧和标杆的等效质量.

(2)利用(1)的数据求出重力加速度 g 的值.

(3)写出实验原理和必要的推导过程.

(4)设计完整的实验步骤、数据记录表格.

(5)完整记录所有实验数据.

(6)分别用图解法和最小二乘法处理数据,写出计算公式及计算结果,绘制必要的图.

(7)实验中弹簧、标杆等的质量不能忽略.

5.11　金属丝直径的测量

光学非接触测量在现代测量技术中占有重要地位，利用衍射原理进行测量是相当广泛的，从光谱分析到金属丝直径的测量，可举出许多例子. 激光光源是光学测量中应用最多的光源之一，半导体激光器以其体积小巧、应用方便，得到人们的重视.

【实验仪器】

未知波长的半导体激光器、待测金属丝、光屏 1(中心带小孔)、光屏 2、CD 光盘、米尺、三角板、磁性表座、干板夹、光学平台等，如图 5.11.1 所示.

图 5.11.1　测试用主要器具

1. 半导体激光器；2. 中心带孔光屏 1；3. CD 光盘；4. 载有待测金属丝的光屏 2；5. 毛玻璃；6. 磁性表座；7. 光学平台

【实验内容】

(1)测量激光器的波长.

(2)测量待测金属丝的直径.

【实验要求】

(1)自己设计实验方法，根据需要从以上仪器与用具中选择合适的器材，采取适当方法和措施，尽量准确地测量.

(2)详细论述测量原理，画出测量光路图，准确地反映出各器件间的位置、角度等关系，在图中注明各量，与计算公式中的一致.

(3)论述为提高测量准确性所采取的办法和措施，以及具体操作方法.

(4)完整记录测量数据，写出计算公式、计算结果.

【说明】

(1)待测金属丝已装在光屏 2 的中心孔处.

(2)CD 光盘表面是一些在光滑平面上连续不断的“坑点”同心圆轨迹，其密度为每毫米 625 条.

(3)CD 光盘可以看作是一个反射光栅，利用对它的衍射现象的观测，可以测量激光的波长. 进而再利用单缝(单丝)衍射可以测量金属细丝的直径.

5.12　透镜焦距测量及选定透镜装成望远镜

常见的透镜的测量方法有物像公式法、二次成像法、自准直法、凸透镜辅助成像法等. 不同类型和焦距的透镜，根据实验条件的不同应选用不同的方法；望远镜根据选用目镜类型的不同而分为开普勒望远镜和伽利略望远镜，它们的成像特点有所不同. 几何光学实验中，共轴调节是非常重要的，通过一定的训练，掌握其调节技巧，可以快速、准确地完成测量工作. 本实验意在训练学生在给定实验条件下，如何选定最佳的方法、合理准确地使用器具、全面地考虑实验条件、快速准确地调整，最终获得尽可能好的测量结果.

【实验仪器】

照明光源、镜片筒 6 个(每个镜片筒内有一个透镜)、平面反射镜、镜片筒架、物屏、像屏、米尺(量程 1m)、长度不同的连接筒若干、待观测文字、图案(在墙上画框中下部)等. 实验用器具如图 5.12.1 所示.

镜片筒中分别有透镜 A(焦距为 225mm)、透镜 B(焦距为－60.0mm)、透镜 C(焦距为 60.0mm)，镜片筒中分别有透镜 D、E、F，焦距均未知. 镜片筒中透镜的位置未标出. 连接筒 H、I、J 外径与镜片筒内径一致，可将镜片筒连接起来组成手持光学系统.

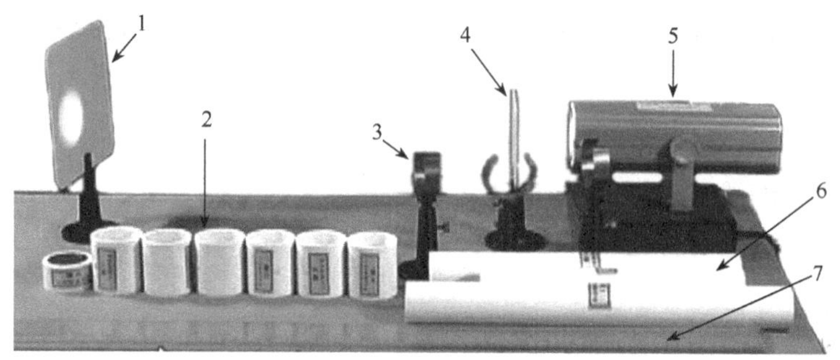

图 5.12.1　实验仪器和用具

1. 像屏；2. 镜片筒；3. 镜片架；4. 物屏；5. 光源；6. 连接筒；7. 米尺

【实验要求】

(1)利用透镜成像原理判断三个未知透镜的类型，估计其焦距的大小.

(2)用所给仪器和用具，根据被测透镜的类型、估计的焦距和所给实验条件，选择合适的方法，尽量准确地测量透镜 D、E、F 的焦距. 画出测量光路图，记录全部数据，求出结果.

(3)根据(2)的实验结果选择合适的镜片和连接筒，装成两个放大倍数最大、能观察极远处物体的望远镜(目镜分别用凸透镜(开普勒望远镜)和凹透镜(伽利略望远镜)各一). 画出两种望远镜的光路图，并计算所组成望远镜的放大倍数，写明选择镜片筒的理由.

(4)利用连接筒装成望远镜，观察 4m 左右远处悬挂画框下部中间的文字和图案，用凸-凸

(开普勒)望远镜观察文字,用凸-凹(伽利略)望远镜观察图案.记录观察结果(写出观察到的文字,尽量准确地绘出观察到的图案).

(5)要设法解决镜片在筒中位置未知带来的问题,论述其原理.

(6)简述实验中是如何保持镜片共轴的.

【实验提示】

(1)判断未知透镜的类型是否有比较简单的方法? 简述之.

(2)实验限定在 120cm×80cm 范围的台面上进行.

5.13　图像处理法测定工件体积

【实验仪器】

光电传感器系统实验仪、CCD 摄像机、工件(图 5.13.1、图 5.13.2)、CCD 图像法测试软件、画图软件.

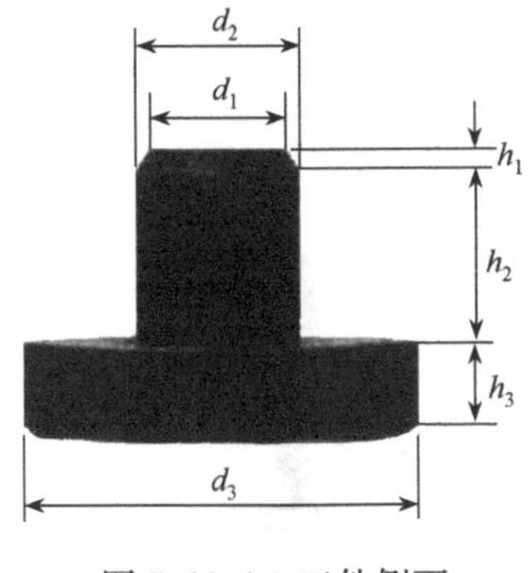

图 5.13.1　工件侧面

图 5.13.2　工件底面

【实验要求】

(1)自拟方法测定给定工件的体积.

(2)写出测量步骤.

(3)要求每步测量重复 3 组数据.

(4)转换实际尺寸并写出工件体积计算公式.

【实验提示】

(1)利用已知标准工件的底面尺寸(d_0=10.00mm)标定整个测量系统的测量常数 k,测出标准样块图像的底面直径 d_0,从而有

$$k=\frac{d_0}{10.00}(\text{pixel/mm})$$

(2)可借助画图软件或其他图像处理软件实现图像旋转.利用 CCD 图像法测试软件测定工件径向尺寸.

(3)在测量中保持摄像机位置不变,由于工件尺寸较小,可认为 k 不变.

(4)可参阅“CCD 摄像法测径实验”中的介绍.

【思考题】

(1)为保证有尽可能高的测量精度,应注意哪些地方?

(2)数字图像中样品的尺寸大小除像“CCD 摄像法测径实验”中,用利用面积求出直径的公式法获得小数的像素(亚像素)外,你还能想出其他的算法吗?

5.14 测量平板玻璃两面的楔角

看似平整的平板玻璃表面实际常常并不十分平,即使光学玻璃的两个面有时也不是严格平行的,这些都会影响光学仪器和光学实验的精度或效果.利用一些简单的仪器器具就可以方便地对平板玻璃两个面进行观测.

【实验仪器】

半导体激光器、凸透镜、中心带有小孔的观察屏、光学平台、磁性表座若干、三角板、米尺、千分尺、待测平板玻璃.

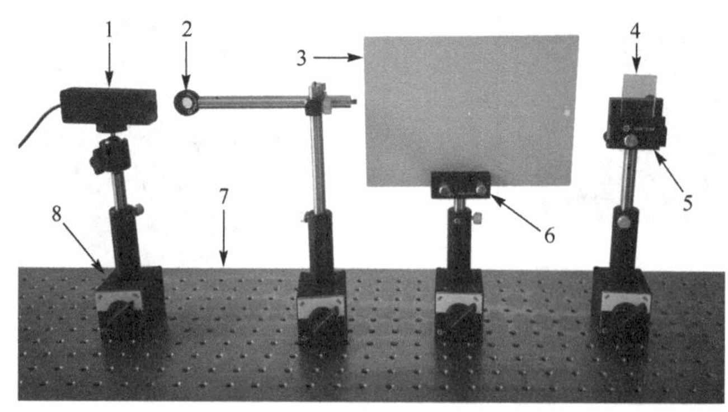

图 5.14.1 测试用主要器具

1. 半导体激光器;2. 凸透镜;3. 中心带孔光屏;4. 待测光学玻璃;5. 二维调整架;6. 干板架;7. 光学平台;8. 磁性表座

【实验内容】

利用给定的器具,设计实验方案,观察所给平板玻璃两个面的平整性,并测量两个面之间的楔角.

【实验要求】

(1)画出测量光路图,准确表示出各器件的位置关系.

(2)推导计算玻璃两个面夹角的公式.

(3)叙述光路共轴调节的过程、方法和达到的要求.

(4)绘出观察屏上的干涉条纹,分析平板玻璃的平整性.

(5)完整记录测量数据,计算夹角值,标出玻璃板增厚的方向.

【实验提示】

(1)将发散的球面波激光束照射到平板玻璃上时,玻璃的两个面分别反射回来的球面波将在反射空间叠加形成不定位干涉条纹,通过对干涉条纹形状和位置的分析,可对平板玻璃两个面的性质作一判断.

(2)已知玻璃的折射率 $n=1.50$.

5.15 测量球面曲率半径

【实验仪器】

球径仪、平板玻璃、凸透镜、游标卡尺.

【实验原理】

如图 5.15.1 所示,球径仪由具有三条腿的三脚架组成,三条腿均带有不锈钢尖端,并且形成一个边长 50mm 的等边三角形. 测微螺旋的尖端经过三脚架的中心,是被测量点. 一根竖尺指示由三脚架的三条腿尖端所决定的平面上的点到测量点的高度 h. 在沿着测微螺旋旋转的圆形刻度盘的辅助下,测定点读数可以精确到 1μm.

如图 5.15.2 所示,球径仪三条腿与球径仪中心的距离 r、待测的球体曲率半径 R 以及球体表面高度 h 之间的关系可以用下述方程表示

$$R^2=r^2+(R-h)^2 \tag{5.15.1}$$

距离 r 可通过由三条腿所形成的等边三角形的边长进行计算

$$r=\frac{s}{\sqrt{3}} \tag{5.15.2}$$

所以

$$R=\frac{s^2}{6h}+\frac{h}{2} \tag{5.15.3}$$

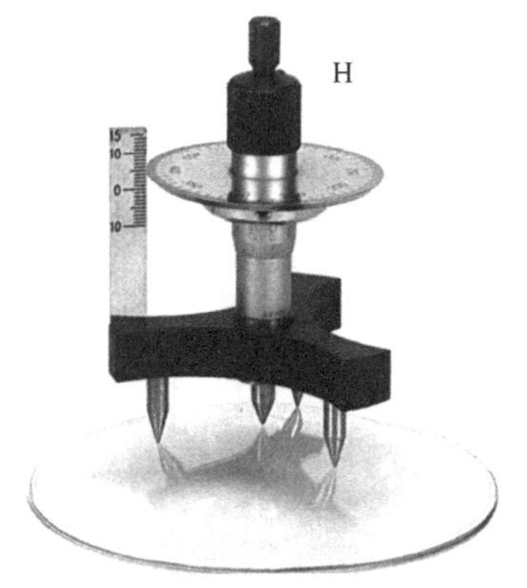

图 5.15.1 球径仪

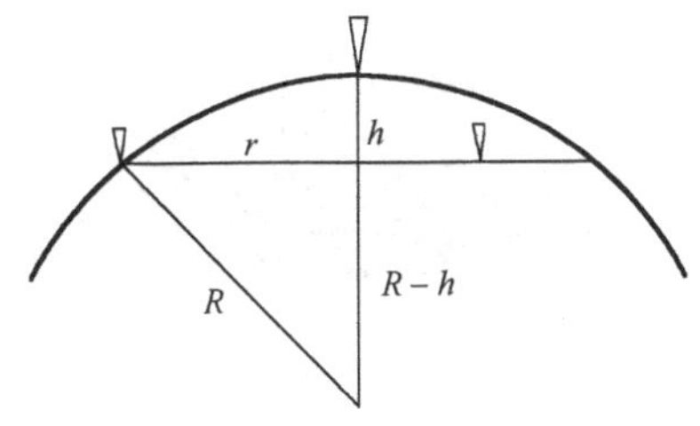

图 5.15.2 测定凸面物体的垂直剖面图

【实验内容】

(1)利用球径仪测量凸透镜曲率半径.

将球径仪置于平板玻璃上,转动测微手轮 H,使四足尖与平板玻璃接触,观察零点是否对齐,记录初读数 h_0. 将 H 向上转,置于凸透镜上. 转动 H,使四足尖与凸透镜接触,记下此时读数 h. 用游标卡尺量出两足尖之间距,记为 s. 重复上述测量步骤多次,计算凸透镜曲率半径,并分析测量误差.

(2)球形物体曲率半径的测量.

对球形待测物体,设计合理的测量方法,具体测量其曲率半径,并分析测量物体情况.

图 5.15.3 和图 5.15.4 为测量凹面物体的示意图.

【实验扩展】

利用球径仪测量球体的曲率半径是接触测量,对于透镜等表面,这会造成待测表面的损伤. 请设计非接触测量透镜表面的方法.

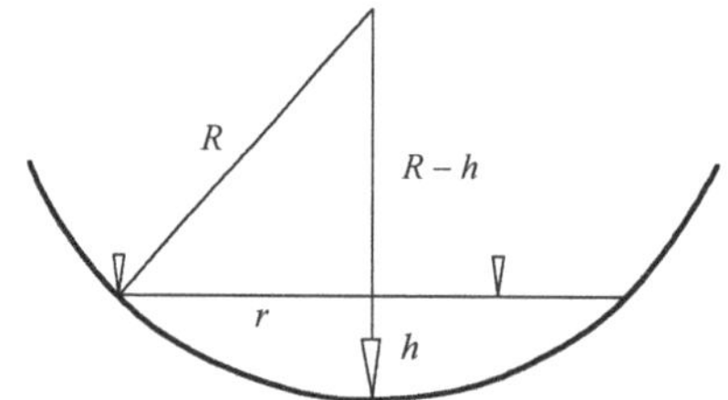

图 5.15.3 测定凹面物体的垂直剖面图

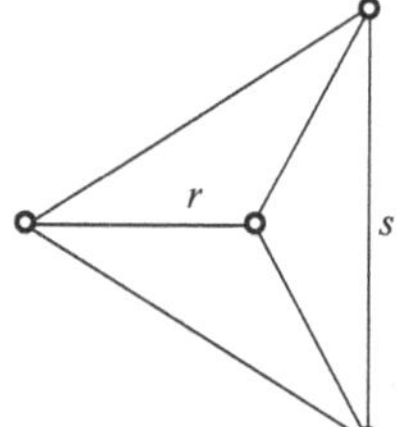

图 5.15.4 俯视图

5.16 光学自主设计实验

【实验仪器】

低压汞灯、低压钠灯、白光源、白色手写板、多射线投影仪、光测弹性演示仪、透镜组、劈尖、牛顿环、双棱镜、单缝、双缝、多缝、圆孔、方孔、多孔、光栅、波片、偏振片、双折射晶体、待测折射率的液体等. 图 5.16.1～图 5.16.5 是其中部分仪器的照片.

图 5.16.1 组合光学实验装置

导轨上装有光源、单缝、双缝、多缝、圆孔、方孔、多孔、光栅、波片、偏振片、双棱镜等光学元件供选择

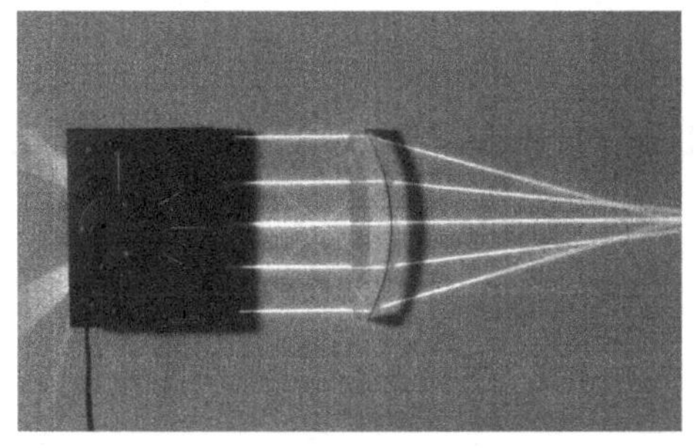

图 5.16.2　非薄透镜的误差

图 5.16.3　光的反射与折射

图 5.16.4　偏振实验

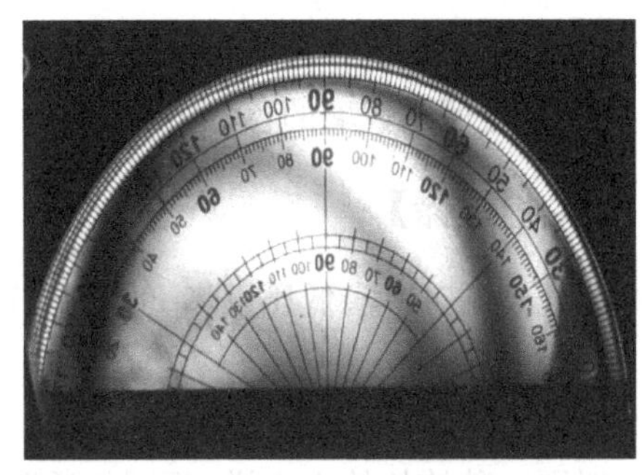

图 5.16.5　光弹仪上的色偏振

【实验要求】

熟悉实验仪器，自行设计实验步骤，选做下述内容，写出实验报告.

(1)单缝衍射缝宽改变时，衍射花样如何变化?

(2)双缝和多缝衍射的特点与单缝有何不同? 导致衍射花样发生变化的原理是什么?

(3)如果用低压汞灯或钠灯作光源，单缝、双缝或多缝衍射将出现何种衍射花样? 分析原因.

(4)用劈尖或牛顿环装置测液体折射率. 写出操作步骤、公式，得出数据.

(5)测定光栅常数.

(6)测量圆孔衍射的光强分布.

(7)光波是横波还是纵波? 由什么实验来确定?

(8)平面偏振光通过 $\lambda/2$ 波片时会出现什么现象?

(9)观察双折射现象.

(10)如何用波片产生圆偏振光和椭圆偏振光?

(11)观察方孔、多孔的衍射花样.

(12)验证几何光学的光的反射折射规律.

(13)观察双棱镜的干涉现象.

(14)观察光弹现象，了解其应用.

(15)透镜不再是薄透镜，光射线不再是近轴光线时的成像问题.

(16)观察光的色散现象.

注:

(1)请查阅大学物理教材的相关内容.

(2)本实验是一个全开放的实验,学生可根据自己的爱好选择实验项目,实验内容自己确定,在实验室开放期间做实验.

5.17 色散实验

【实验目的】

(1)通过测量最小偏向角来测量光学折射率.

(2)测定所用玻璃的色散方程.

【实验仪器】

分光计、三棱镜、低压汞灯、低压钠灯.

【实验原理】

对同一种波长的光来说,不同的透明材料对它的折射率不同;对同一种材料来说,它对不同波长的光的折射率也不同.波长越短的光,折射率越大,偏折得越厉害;波长越长的光,折射率越小,偏折也越少.这就是光的色散现象.

不同牌号光学玻璃的折射率不同,色散方程可表示为

$$n^2 = A + \frac{B}{\lambda^2} + \frac{C}{\lambda^4} \tag{5.17.1}$$

对不同的光学玻璃,系数 A、B、C 不相同,可以用实验的方法来确定.用低压汞灯作光源,测量三个波长对应的折射率之值,就可解出 A、B 和 C 的值.因此有

$$\begin{aligned} n_1^2 &= A + \frac{B}{\lambda_1^2} + \frac{C}{\lambda_1^4} \\ n_2^2 &= A + \frac{B}{\lambda_2^2} + \frac{C}{\lambda_2^4} \\ n_3^2 &= A + \frac{B}{\lambda_3^2} + \frac{C}{\lambda_3^4} \end{aligned} \tag{5.17.2}$$

测量折射率的方法很多,本实验采用最小偏向角法.参见实验"折射率的测定",按实验要求,用分光计测出顶角 α 和最小偏向角 $\varphi_{\min}$,利用下式就可计算出折射率 n.

$$n = \frac{\sin \frac{\alpha + \varphi_{\min}}{2}}{\sin \frac{\alpha}{2}} \tag{5.17.3}$$

因此,本实验需要测量顶角和最小偏向角,关键在于测量最小偏向角.

【实验要求】

(1)自己设计实验步骤和方法,测量紫光、蓝光、黄绿光、红光中任意三条谱线的最小偏向角,每种都要测量多次.写出三棱镜(透光介质)的色散方程,并求三棱镜对上述波长的折射率.

(2)利用实验中的原理,尝试设计一个实际应用的方案.

5.18　旋光实验

【实验仪器】

偏振片,盛有蔗糖水、葡萄糖水的圆柱形玻璃筒数个,低压钠灯,半导体激光器(波长650nm),半导体白光源(配有红、绿、蓝滤色片),带光电接收器的数字功率计1台(量程有0～199.9μW和0～1.999mW两挡),光具座,样品管支架及调节装置(图5.18.1).

图5.18.1　旋光实验仪

【实验原理】

线偏振光通过某些物质后,偏振面将旋转一定的角度 φ,这种现象称为旋光现象.旋转的角度称为旋转角或旋光度.

实验表明,振动面旋转的角度 φ 与偏振光在旋光介质中通过的距离 L 成正比.

对于固体,旋光度为

$$\varphi = \alpha L \tag{5.18.1}$$

对于有旋光性的溶液,旋光度 φ 不仅与偏振光在溶液中通过的距离有关,还与其浓度 c 成正比,即

$$\varphi = \alpha L c \tag{5.18.2}$$

式中 α 为比例系数,称为介质的旋光率.对同一介质,α 值与偏振光的波长有关,即对给定长度的旋光介质,不同波长的偏振光将旋转不同的角度,这种现象称为旋光色散.考虑到这一情况,通常采用钠黄光的D线($\lambda = 589.3\text{nm}$)来测定旋光率.固体介质的旋光率 α 在数值上等于单位长度的旋光介质所引起的偏振光振动面的旋转角度;溶液的旋光率 α 在数值上等于单位长度、单位浓度的溶液所引起的振动面旋转的角度.

实验还发现,偏振光振动面的旋转具有方向性.有些旋光性介质使振动面这样旋转:迎向光

源,偏振光的振动面沿顺时针向旋转,称为右旋;另一些旋光介质,偏振光的振动面沿逆时针向旋转,称为左旋.这样,就可以把旋光介质分为左旋和右旋两种.例如,葡萄糖为右旋,果糖为左旋.

旋光物质的这种物理性能被广泛地利用,如在制糖工业中测定糖溶液浓度,以及用于制药工业、药品检测及商品检测等部门.

【实验要求】

(1)自行设计操作步骤,测定 φ-c 曲线(溶液的旋光曲线).由曲线的斜率计算旋光率 α.测量未知糖溶液的浓度,模拟糖量计(自行配制溶液).

(2)改变入射光波长,重复上述步骤,观察偏振光的偏振面随入射光波长的不同而旋转不同的角度.

(3)观察偏振光的左旋和右旋现象.

【说明】

如果光源采用激光,在激光与起偏器之间要插入透镜进行扩束,光电计数器可以紧靠检偏器,用读数的大小来判断通光与消光的状态.

以上方法忽略了温度对旋光率的影响,实际上,旋光率 α 与温度及浓度均有关.

5.19 超声定位和形貌成像实验

每秒钟振动频率超过 20000Hz,人的耳朵听不到的振动声音就是超声波.能够发出超声波的器件叫超声波发生器,又叫换能器,它是发出超声波的声源.由声源发出的超声波通过耦合介质与弹性介质密切接触,就可将振动传播开来.与其他机械波一样,超声波在弹性介质中传播时,凡遇到相异介质,都会发生反射与折射,在介质中传播时还会随传播距离的增加而衰减.

【实验目的】

(1)利用脉冲回波测量水中声速.

(2)应用脉冲回波法对目标物体进行定位.

(3)利用脉冲回波法研究物体的运动状态.

(4)利用脉冲回波型声成像实验仪对给定目标物体进行扫描成像.

【实验仪器】

DH6001 超声定位综合实验仪由以下部分组成:超声换能器、DH6001-MC 直流电机控制器、水槽与测试架、VC++计算机数据处理软件、数据线以及计算机.

【实验原理】

1. 超声定位的基本原理

超声定位的基本原理是由超声波发生器向目标物体发射脉冲波,然后接收回波信号;当超声波发生器正对着目标物体时,接收到的回波信号强度将最大,这时得到发射波与接收波之间

的时间差 Δt，再根据脉冲波在介质中的传播速度 v 而得到目标物体与脉冲波发射点的距离. 这样就可以得出目标物体离脉冲波发射点的方位和距离，即图 5.19.1 中的 θ 和 S，$S=v\times\Delta t$.

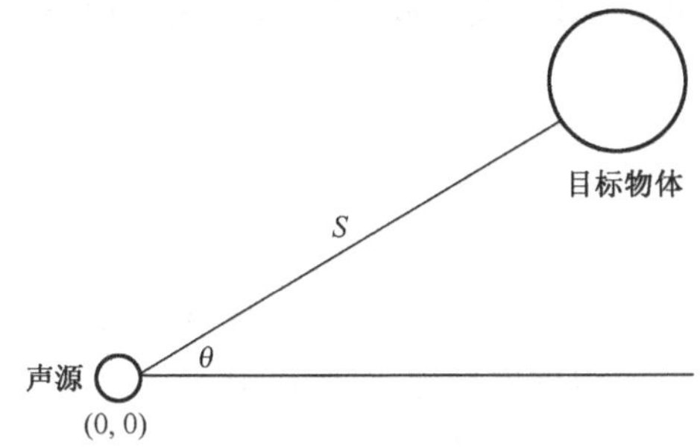

图 5.19.1　超声定位的基本原理

2. 水中声速的测量

用脉冲回波法测量水中声速的原理：改变目标物体与脉冲声源的距离得到不同的接收回波时间差，用时差法来测量水中声速. 假设目标物体到声源的垂直距离为 S_1 时，脉冲发射波到接收波的时间为 t_1；改变目标物体到声源的垂直距离为 S_2，此时脉冲发射波到接收波的时间为 t_2；这样，水中的声源传播速度为

$$v = 2\frac{|S_2 - S_1|}{|t_2 - t_1|} = 2\frac{\Delta S}{\Delta t}(\text{m/s})$$

具体如图 5.19.2 所示(说明：S 为声源离目标物体的垂直距离，t 为声源发射到接收到回波信号之间的时间).

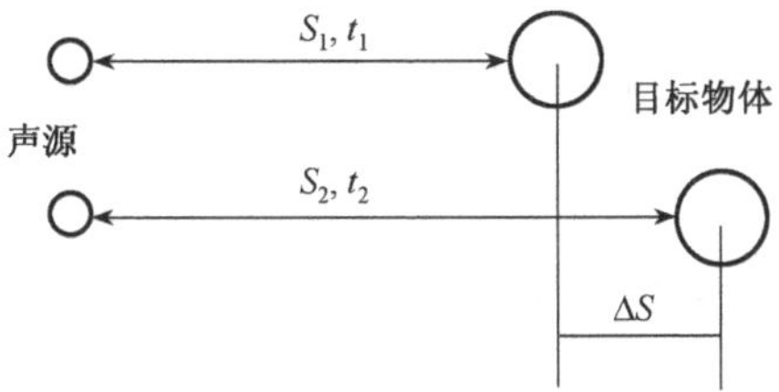

图 5.19.2　时差法测量水中声速

3. 超声成像的基本原理

超声成像(ultrasonic imaging)是使用超声波的声成像. 它包括脉冲回波型声成像(pulse echo acoustical imaging)和透射型声成像(transmission acoustical imaging). 前者是发射脉冲声波，接收其回波而获得物体图像的一种声成像方法；后者是利用透射声波获得物体图像的声成像方法. 目前，在临床应用的超声诊断仪都是采用脉冲回波型声成像. 而透射型声成像的一些成像方法仍处于研究之中，如某些类型的超声 CT 成像(computed tomography by ultrasound). 目前研究较多的有声速 CT 成像(computed tomography of acoustic velocity)和声衰减 CT 成像(computed tomography of acoustic attenuation).

本实验以脉冲回波型超声成像(也称反射式超声成像)为研究对象，介绍超声成像，也就是利用超声波照射物体，通过接收和处理载有物体组织或结构性质特征信息的回波，获得物体组织性质与结构的可见图像的方法和技术. 与其他成像技术相比，它有自己独特的优点，如装置较为简明、直观，容易理解成像的原理；没有放射性，实验者可以自己进行不同物体的形貌成像实验.

4. 超声成像的一般规律

所有脉冲回波型声成像凭借回声来反映物体组织的信息，而回声则来自组织界面的反射和散射体的后散射. 回声的强度取决于界面的反射系数、粒子的后散射强度和组织的衰减.

物体组成界面的组织之间声阻抗差异越大，则反射的回声越强. 反射声强还和声束的入射角度有关，入射角越小，反射声强越大，声束垂直于入射界面，即入射角为零时，反射声强最大，而入射角为 90°时，反射声强为零.

物体组织对声能的衰减取决于该组织对声强的衰减系数和声束的传播距离(检测深度). 物体衰减特征主要表现在后方的回声.

多重反射超声遇强反射界面，在界面后出现一系列的间隔均匀的依次减弱的影像，称为多次反射，这是声束在探头与界面之间往返多次而形成的.

【实验内容】

仔细阅读仪器使用说明书，然后进行以下实验内容：

(1)观察水中物体的回波波形.

(2)水中声速的测量.

(3)对水中目标物体进行定位.

(4)测量水中物体的运动状态.

(5)扫描成像物体组织结构剖面图或表面形貌.

【数据表格】

自己设计相关的数据记录表格，要规范、整洁.

【注意事项】

在通电时不要把换能器露出水面.

【思考题】

(1)普通的声波是否可以用来定位？超声波与之相比有什么优势？

(2)雷达和声呐的异同？

【应用提示】

1. 声呐

声呐就是利用水中声波对水下目标进行探测、定位和通信的电子设备(图 5.19.3)，是水声学中应用最广泛、最重要的一种装置.

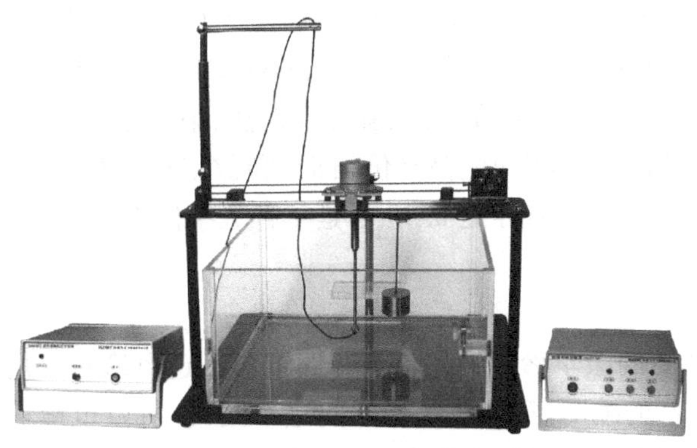

图 5.19.3 超声实验仪装置图

在水中进行观察和测量，具有得天独厚条件的只有声波. 这是由于其他探测手段的作用距离都很短，光在水中的穿透能力很有限，即使在最清澈的海水中，人们也只能看到十几米到几十米内的物体；电磁波在水中也衰减太快，而且波长越短，损失越大，即使用大功率的低频电磁波，也只能传播几十米. 然而，声波在水中传播的衰减就小得多，在深海声道中爆炸一个几千克的炸弹，在两万千米外还可以收到信号，低频的声波还可以穿透海底几千米的地层，并且得到地层中的信息. 在水中进行测量和观察，至今还没有发现比声波更有效的手段.

声呐技术(图 5.19.4)至今已有 100 多年历史，它是 1906 年由英国海军的刘易斯 · 尼克森所发明. 他发明的第一部声呐仪是一种被动式的聆听装置，主要用来侦测冰山. 这种技术到第一次世界大战时被应用到战场上，用来侦测潜藏在水底的潜水艇.

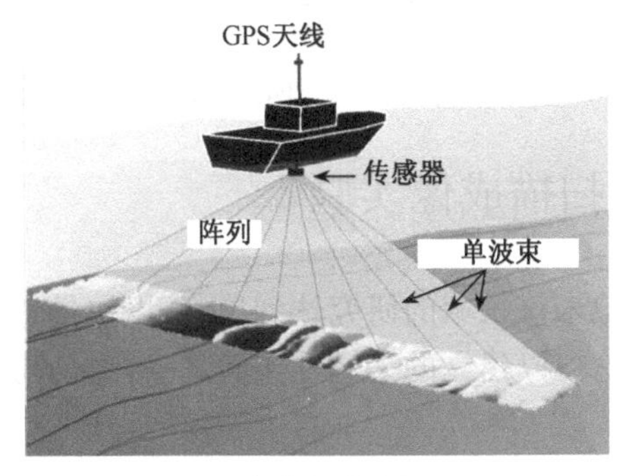

(a) 声呐水下探测

(b) 声呐水下声成像三维地貌图

图 5.19.4 声呐水下探测及成像

目前，声呐是各国海军进行水下监视使用的主要技术，用于对水下目标进行探测、分类、定位和跟踪；进行水下通信和导航，保障舰艇、反潜飞机和反潜直升机的战术机动及水中武器的使用. 此外，声呐技术还广泛用于鱼雷制导、水雷引信，以及鱼群探测、海洋石油勘探、船舶导航、水下作业、水文测量和海底地质地貌的勘测等.

2. 超声探伤

超声波检测是无损检测方法之一，无损检测是在不破坏的前提下，检查工件宏观缺陷或测量工件特征的各种技术方法的统称. 运用超声检测的方法来检测的仪器称为超声波探伤仪. 它的原理是:超声波在被检测材料中传播时,材料的声学特性和内部组织的变化对超声波的传播产生一定的影响,通过对超声波受影响程度和状况的探测,了解材料性能和结构变化的技术,称为超声检测.超声检测方法通常有穿透法、脉冲反射法、串列法等.

常用的探伤仪按照信号分有模拟信号(价格低)和数字信号(价格高,能自动计算保存数据)两类,常见的都是属于A型超声.图5.19.5是一种数字探伤仪.

3. 彩色超声诊断仪

B超是大家比较熟悉的医学诊断设备,目前,四维彩色超声诊断仪是世界上最先进的彩色超声设备."4D"是"四维"的缩写.第四维是指时间这个矢量,所以也被称为实时三维.4D超声技术就是采用3D超声图像加上时间维度参数,该革命性的技术能够实时获取三维图像,超越了传统超声的限制.它提供了包括腹部、血管、小器官、产科、妇科、泌尿科、新生儿和儿科等多领域的多方面应用.其结果是:能够显示未出生的宝宝的实时动态活动图像,或者其他人体内脏器官的实时活动图像.图5.19.6是一组四维彩超图像.

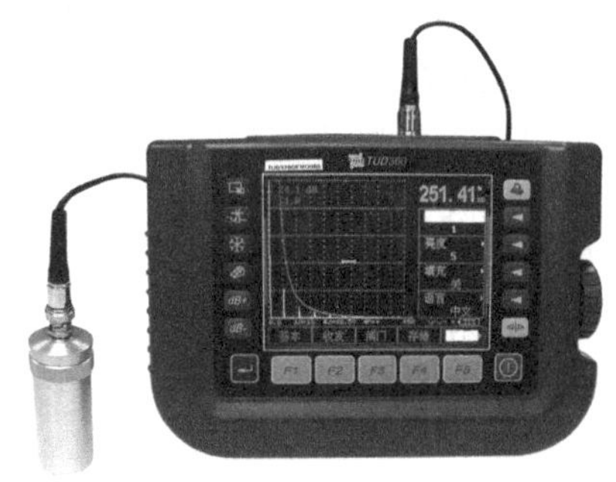

图5.19.5　数字探伤仪

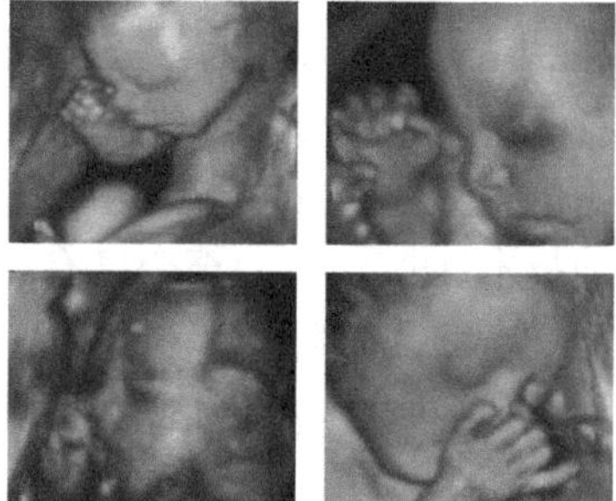

图5.19.6　四维彩超图像

5.20　热辐射与红外扫描成像实验

热辐射是19世纪发展起来的新学科,至19世纪末该领域的研究达到顶峰,以致量子论这个"婴儿"注定要从这里诞生.黑体辐射实验是量子论得以建立的关键性实验之一,也是高校实验教学中的重要实验之一.

【实验目的】

(1)了解黑体辐射最基础的概念、规律,完成相关常数的测量.

(2)了解斯特藩-玻尔兹曼定律,黑体空腔辐射器和红外传感器测量物体辐射本领与温度的关系(可以手动测量或采用数据采集器与计算机相连进行测量).

(3)热辐射扫描成像实验研究(采用数据采集器与计算机相连进行测量).

(4)自主设计其他实验.

【实验仪器】

DHRH-1测试仪、黑体辐射测试架、红外成像测试架、红外热辐射传感器、半自动扫描平台、光学导轨(60cm)、计算机软件以及专用连接线等.

【实验原理】

物体由于具有温度而向外辐射电磁波的现象称为热辐射，热辐射的光谱是连续谱，波长覆盖范围理论上可从 0 到∞，而一般的热辐射主要靠波长较长的可见光和红外线(图 5.20.1). 物体在向外辐射的同时，还将吸收从其他物体辐射的能量. 那么，物体辐射或吸收的能量与哪些因素有关？又有什么样的规律呢？

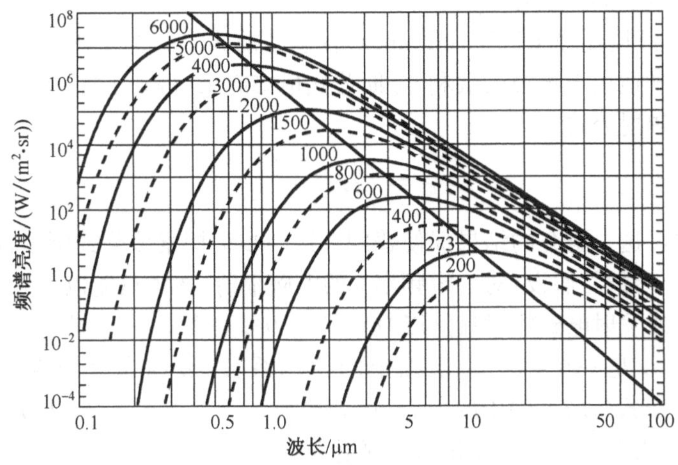

图 5.20.1　辐射能量与波长的关系

1859 年，基尔霍夫(G. R. Kirchhoff)从理论上导入了辐射本领、吸收本领和黑体概念，他利用热力学第二定律证明了一切物体的热辐射本领 $r(\nu,T)$ 与吸收本领 $\alpha(\nu,T)$ 成正比，比值仅与频率 ν 和温度 T 有关，其数学表达式为

$$\frac{r(\nu,T)}{\alpha(\nu,T)}=F(\nu,T) \tag{5.20.1}$$

式中 $F(\nu,T)$ 是一个与物质无关的普适函数. 1861 年，他进一步指出，在一定温度下用不透光的壁包围起来的空腔中的热辐射等同于黑体的热辐射. 1879 年，斯特藩(J. Stefan)从实验中总结出了黑体辐射的辐射本领 R 与物体绝对温度 T 的四次方成正比的结论；1884 年，玻尔兹曼对上述结论给出了严格的理论证明，其数学表达式为

$$R_T=\sigma T^4 \tag{5.20.2}$$

即斯特藩-玻尔兹曼定律，其中 $\sigma=5.673\times10^{-12}\,\mathrm{W/(cm^2\cdot K^4)}$ 为玻尔兹曼常量.

1888 年，韦伯(H. F. Weber)提出辐射能量极值的波长与绝对温度之积是一定的. 1893 年，维恩(Wilhelm Wien)从理论上进行了证明，其数学表达式为

$$\lambda_{\max}T=b \tag{5.20.3}$$

式中 $b=2.8978\times10^{-3}\,\mathrm{m\cdot K}$ 为一普适常数，随着温度的升高，绝对黑体光谱亮度的最大值的波长向短波方向移动，即维恩位移定律.

1896 年，维恩推导出黑体辐射谱的函数形式

$$r_{(\lambda,T)}=\frac{ac^2}{\lambda^5}\mathrm{e}^{-\beta c/(\lambda T)} \tag{5.20.4}$$

该公式与实验数据比较，在短波区域符合得很好，但在长波部分出现系统偏差. 为表彰维恩在

热辐射研究方面的卓越贡献，1911 年授予他诺贝尔物理学奖.

1900 年，英国物理学家瑞利(Lord Rayleigh)从能量按自由度均分定律出发，推出了黑体辐射的能量分布公式

$$r_{(\lambda,T)} = \frac{2\pi c}{\lambda^4}KT \tag{5.20.5}$$

该公式在长波部分与实验数据较相符，但在短波部分却出现了无穷值，而实验结果是趋于零. 这部分严重的背离，被称为“紫外灾难”.

1900 年，德国物理学家普朗克(M. Planck)在总结前人工作的基础上，采用内插法将适用于短波的维恩公式和适用于长波的瑞利-金斯公式衔接起来，得到了在所有波段都与实验数据符合得很好的黑体辐射公式

$$r_{(\lambda,T)} = \frac{c_1}{\lambda^5}\cdot\frac{1}{e^{c_2/(\lambda T)}-1} \tag{5.20.6}$$

式中 c_1，c_2 均为常数. 这一研究的结果促使普朗克进一步去探索该公式所蕴含的更深刻的物理本质. 他作出了如下“量子”假设：对一定频率 ν 的电磁辐射，物体只能以 $h\nu$ 为单位吸收或发射它. 也就是说，吸收或发射电磁辐射只能以“量子”的方式进行，每个“量子”的能量为 $E = h\nu$，称为能量子. 式中，h 是一个用实验来确定的比例系数，被称为普朗克常量，它的数值是 6.62559×10^{-34} J · s. 式(5.20.6)中的 c_1，c_2 可表述为 $c_1 = 2\pi hc^2$，$c_2 = ch/k$，它们均与普朗克常量相关，分别被称为第一辐射常数和第二辐射常数.

对物质发射电磁波和吸收电磁波接力式的不断深入研究，最终导致了量子力学的开端.

【实验内容】

研究物体温度对物体辐射能力的影响.

(1)将黑体热辐射测试架、红外热辐射传感器安装在光学导轨上，调整红外热辐射传感器的高度，使其正对模拟黑体(辐射体)中心，然后再调整黑体辐射测试架和红外热辐射传感器的距离为一较合适的距离，并通过光具座上的紧固螺丝锁紧.

(2)将黑体热辐射测试架上的加热电流输入端口和控温传感器端口分别通过专用连接线和 DHRH-1 测试仪面板上的相应端口相连；用专用连接线将红外热辐射传感器和 DHRH-1 面板上的专用接口相连；检查连线是否无误，确认无误后，开通电源，对辐射体进行加热，如图 5.20.2 所示.

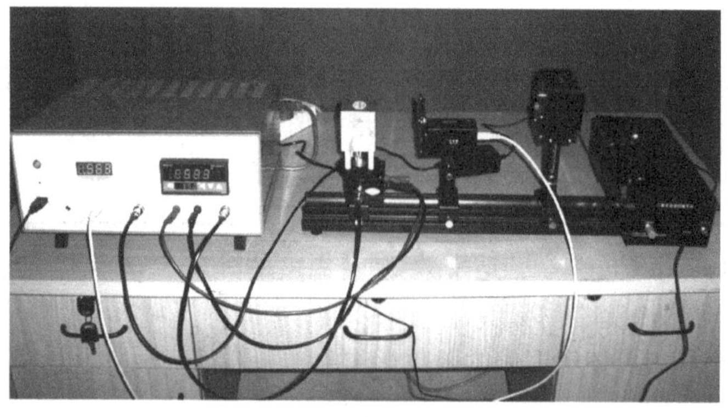

图 5.20.2 热辐射实验装置

(3)自己设计表格,记录不同温度时的辐射强度,并绘制温度-辐射强度曲线图.

(4)黑体温度与辐射强度计算机测量:用计算机动态采集黑体温度与辐射强度之间的关系时,先按照步骤(2)连好线,然后把黑体热辐射测试架上的测温传感器 PT100II 连至测试仪面板上的“PT100 传感器 II”,用 USB 电缆连接计算机与测试仪面板上的 USB 接口,启动配套的实验软件.

(5)了解红外成像的原理,利用配套软件测量发热物体的红外图像.

【数据表格】

自己设计相关的数据记录表格,要规范、整洁.

【注意事项】

(1)热辐射体温度有时较高,注意防止烫伤.

(2)连线并检查无误后方可通电.

【思考题】

(1)联系生活生产的实际需求,列举本实验原理的实际应用.

(2)查找红外图像,对图像增强感性认识.

(3)通过手工测量和计算机自动化测量,了解计算机能力对科研生产的作用.

【应用提示】

红外热成像技术在夜间及恶劣气候条件下目标的监控、防火监控、伪装及隐蔽目标的识别、红外热成像检验检疫等众多领域有着广泛的应用.

以人体红外热成像应用于医学检测为例:从物理学原理分析,人体就是一个自然的生物红外辐射源,能够不断向周围发射和吸收红外辐射.正常人体的温度分布具有一定的稳定性和特征性,机体各部位温度不同,形成了不同的热场.当人体某处发生疾病或功能改变时,该处血流量会相应发生变化,导致人体局部温度改变,表现为温度偏高或偏低.根据这一原理,通过热成像系统采集人体红外辐射,并转换为数字信号,形成伪色彩热图,利用专用分析软件,经专业医师对热图进行分析,判断出人体病灶的部位、疾病的性质和病变的程度,为临床诊断提供可靠依据.

参 考 文 献

陈守川. 2001. 大学物理实验教程. 杭州：浙江大学出版社
戴剑锋，李维学，王青. 2005. 物理发展与科技进步. 北京：化学工业出版社
丁慎训，张孔时. 2001. 物理实验教程(普通物理实验部分). 北京：清华大学出版社
范虹. 2004. 大学物理实验. 北京：人民邮电出版社
管立，等. 2001. 大学物理实验. 济南：山东科学技术出版社
侯宪春，等. 2005. 大学物理实验. 哈尔滨：哈尔滨工业大学出版社
江影，安文玉，王国荣，等. 2002. 普通物理实验. 哈尔滨：哈尔滨工业大学出版社
李秀燕，等. 2001. 大学物理实验. 北京：科学出版社
吕斯骅，段家忯. 2002. 基础物理实验. 北京：北京大学出版社
马文蔚，苏惠惠，陈鹤鸣. 2001. 物理学原理在工程技术中的应用. 2 版. 北京：高等教育出版社
倪新蕾，等. 2005. 大学物理实验. 广州：华南理工大学出版社
沈元华，陆申龙. 2003. 基础物理实验. 北京：高等教育出版社
汪建章，潘洪明. 2004. 大学物理实验. 杭州：浙江大学出版社
王云才，等. 2003. 大学物理实验教程. 北京：科学出版社
吴泳华，霍剑青，熊永红. 2001. 大学物理实验(第一册). 北京：高等教育出版社
武瑞兰. 1996. 大学物理实验. 北京：中国计量出版社
尹元成，等. 1993. 大学物理实验. 济南：山东大学出版社
张旭峰，等. 2003. 大学物理实验. 北京：机械工业出版社
周殿清. 2002. 大学物理实验. 武汉：武汉大学出版社
CSY 系列传感器系统实验仪实验指南. 浙江大学仪器系

附录 “最美丽”的十大经典物理实验

美国的物理学家最近评出的这些实验的共同之处是，它们都“抓”住了物理学家眼中“最美丽”的科学之魂，这种美丽是一种经典概念：最简单的仪器和设备，最根本、最单纯的科学结论，就像是一座座历史丰碑一样，人们长久的困惑和含糊顷刻间一扫而空，对自然界的认识更加清晰.

无论在加速器中裂解亚原子粒子，还是测序基因序列，或分析一颗遥远恒星的摆动，这些让世界瞩目的实验常常动辄耗资百万美元，产生出洪水般汹涌的数据，并需要超高速计算机处理几个月. 一些实验小组因此成长为一个个的小公司.

罗伯特·克瑞丝是美国纽约大学石溪分校哲学系的教员、布鲁克海文国家实验室的历史学家，他最近在美国的物理学家中作了一次调查，要求他们提名历史上最美丽的科学实验. 9月份出版的《物理学世界》刊登了排名前 10 位的最美丽实验，其中的大多数都是我们耳熟能详的经典之作. 令人惊奇的是，这十大实验中的绝大多数是科学家独立完成的，最多有一两个助手. 所有的实验都是在实验桌上进行的，没有用到什么大型计算工具如计算机一类，最多不过是把直尺或者是计算器.

所有这些实验的共同之处是它们都“抓”住了物理学家眼中“最美丽”的科学之魂，这种美丽是一种经典概念：最简单的仪器和设备，发现了最根本、最单纯的科学概念，就像是一座座历史丰碑一样，人们长久的困惑和含糊顷刻间一扫而空，对自然界的认识更加清晰.

从十大经典物理实验评选本身，我们也能清楚地看出 2000 多年来科学家们最重大的发现轨迹，就像我们“鸟瞰”历史一样.

《物理学世界》对这些实验进行的排名是根据公众对它们的认识程度，排在第一位的是展示物理世界量子特征的实验.

排名第一：托马斯·杨的双缝演示应用于电子干涉实验

牛顿和托马斯·杨对光的性质研究得出的结论都不完全正确. 光既不是简单地由微粒构成，也不是一种单纯的波. 20 世纪初，麦克斯·普朗克和阿尔伯特·爱因斯坦分别指出一种叫光子的东西发出光和吸收光，但是其他实验还是证明光是一种波动物. 经过几十年发展的量子学说最终总结了两个矛盾的真理：光子和亚原子微粒(如电子、光子等)是同时具有两种性质的微粒，物理上称它们为波粒二象性.

将托马斯·杨的双缝演示改造一下可以很好地说明这一点. 科学家们用电子流代替光束来解释这个实验. 根据量子力学，电粒子流被分为两股，被分得更小的粒子流产生波的效应，它们相互影响，以至于产生像托马斯·杨的双缝演示中出现的加强光和阴影. 这说明微粒也有波动的效应.

这一期《物理学世界》上另一篇由编辑彼特·罗格斯写的文章推测，直到 1961 年，某一位科学家才在真实的世界里做出了这一实验.

排名第二:伽利略的自由落体实验

在16世纪末,人人都认为重量大的物体比重量小的物体下落得快,因为伟大的亚里士多德已经这么说了.伽利略,当时在比萨大学数学系任职,他大胆地向公众的观点挑战.著名的比萨斜塔实验已经成为科学中的一个故事:他从斜塔上同时扔下一轻一重的物体,让大家看到两个物体同时落地.伽利略挑战亚里士多德的代价也许是他失去了工作,但他展示的是自然界的本质,而不是人类的权威,科学作出了最后的裁决.

排名第三:罗伯特·密立根的油滴实验

很早以前,科学家就在研究电.人们知道这种无形的物质可以从天上的闪电中得到,也可以通过摩擦头发得到.1897年,英国物理学家J.J.托马斯已经确立电流是由带负电的粒子即电子组成的.1909年,美国科学家罗伯特·密立根开始测量电流的电荷.

密立根用一个香水瓶的喷头向一个透明的小盒子里喷油滴.小盒子的顶部和底部分别连接一个电池,让一边成为正电板,另一边成为负电板.当小油滴通过空气时,就会吸一些静电,油滴下落的速度可以通过改变电板间的电压来控制.

密立根不断改变电压,仔细观察每一颗油滴的运动.经过反复试验,密立根得出结论:电荷的值是某个固定的常量,最小单位就是单个电子的带电量.

排名第四:牛顿的棱镜分解太阳光

艾萨克·牛顿出生那年,伽利略与世长辞.牛顿1665年毕业于剑桥大学的三一学院,后来因躲避鼠疫在家里待了两年,后来顺利地得到了工作.

当时大家都认为白光是一种纯的没有其他颜色的光(亚里士多德就是这样认为的),而彩色光是一种不知何故发生变化的光.

为了验证这个假设,牛顿把一面三棱镜放在阳光下,透过三棱镜,光在墙上被分解为不同颜色,后来我们称之为光谱.人们知道彩虹的五颜六色,但是他们认为那是因为不正常.牛顿的结论是:正是这些红、橙、黄、绿、青、蓝、紫基础色有不同的色谱才形成了表面上颜色单一的白色光,如果你深入地看看,会发现白光是非常美丽的.

排名第五:托马斯·杨的光干涉实验

牛顿也不是永远正确.在多次争吵后,牛顿让科学界接受了这样的观点:光是由微粒组成的,而不是一种波.1830年,英国医生、物理学家托马斯·杨用实验来验证这一观点.他在百叶窗上开了一个小洞,然后用厚纸片盖住,再在纸片上戳一个很小的洞,让光线透过,并用一面镜子反射透过的光线.然后他用一个厚约1/30in的纸片把这束光从中间分成两束.结果看到了相交的光线和阴影.这说明两束光线可以像波一样相互干涉.这个实验为一个世纪后量子学说的创立起到了至关重要的作用.

排名第六:卡文迪什扭矩实验

牛顿的另一伟大贡献是他的万有引力定律,但是万有引力到底多大?

18世纪末,英国科学家亨利·卡文迪什决定要找出这个引力.他将两边系有小金属球的

6ft(1ft=3.048×10^{-1}m)木棒用金属线悬吊起来，这个木棒就像哑铃一样. 再将两个 350lb (1lb=0.453592kg)重的铅球放在相当近的地方，以产生足够的引力让哑铃转动，并扭转金属线，然后用自制的仪器测量出微小的转动.

测量结果惊人地准确，他测出了万有引力恒量的参数，在此基础上卡文迪什计算地球的密度和质量. 卡文迪什的计算结果是：地球质量为 6.0×10^{24}kg，或者说 13 万亿磅.

排名第七：埃拉托色尼测量地球圆周长

在古埃及的一个现名为阿斯旺的小镇上，夏至日正午的阳光悬在头顶，物体没有影子，阳光直接射入深水井中. 埃拉托色尼是公元前 3 世纪亚历山大图书馆馆长，他意识到这一信息可以帮助他估计地球的周长. 在以后几年里的同一天、同一时间，他在亚历山大测量了同一地点的物体的影子. 发现太阳光线有轻微的倾斜，在垂直方向偏离大约 7°.

剩下的就是几何学问题了. 假设地球是球状，那么它的圆周应跨越 360°. 如果两座城市成 7°，就是 7°/360°的圆周，就是当时 5000 个希腊运动场的周长. 因此，地球周长应该是 25 万个希腊运动场. 今天，通过航迹测算，我们知道埃拉托色尼的测量误差仅在 5%以内.

排名第八：伽利略的加速度实验

伽利略继续提炼有关物体移动的观点. 他做了一个 6 米多长、3 米多宽的光滑直木板槽. 再把这个木板槽倾斜固定，让铜球从木槽顶端沿斜面滑下，并用水钟测量铜球每次下滑的时间，研究它们之间的关系. 亚里士多德曾预言滚动球的速度是均匀不变的：铜球滚动 2 倍的时间就走出 2 倍的路程. 伽利略却证明铜球滚动的路程和时间的平方成比例：2 倍的时间里，铜球滚动 4 倍的距离，因为存在恒定的重力加速度.

排名第九：卢瑟福发现核子实验

1911 年卢瑟福还在曼彻斯特大学做放射能实验时，原子在人们的印象中就好像是“葡萄干布丁”，大量正电荷聚集的糊状物质，中间包含着电子微粒. 但是，他和他的助手发现向金箔发射带正电的 α 粒子时有少量被弹回，这使他们非常吃惊. 卢瑟福计算出原子并不是一团糊状物质，大部分物质集中在一个中心小核上，现在叫作核子，电子在它周围环绕.

排名第十：米歇尔·傅科钟摆实验

去年，科学家们在南极安置一个摆钟，并观察它的摆动. 他们是在重复 1851 年巴黎的一个著名实验. 1851 年法国科学家傅科在公众面前做了一个实验，用一根长 220ft 的钢丝将一个 62lb 重的头上带有铁笔的铁球悬挂在屋顶下，观测记录它前后摆动的轨迹. 周围观众发现钟摆每次摆动都会稍稍偏离原轨迹并发生旋转时，无不惊讶. 实际上这是因为房屋在缓缓移动. 傅科的演示说明地球是在围绕地轴自转的. 在巴黎的纬度上，钟摆的轨迹是顺时针方向，30h 一周期. 在南半球，钟摆应是逆时针转动，而在赤道上将不会转动. 在南极，转动周期是 24h.

（原载于 2002 年 9 月 27 日《科学时报》，有改动）

附 表

附表 1 国际单位制(SI)

	物理量名称	单位名称	单位符号		用其他 SI 单位表示式
			中文	国标	
基本单位	长度	米	米	m	
	质量	千克(公斤)	千克(公斤)	kg	
	时间	秒	秒	s	
	电流	安培	安	A	
	热力学温标	开尔文	开	K	
	物质的量	摩尔	摩	mol	
	光强度	坎德拉	坎	cd	
导出单位	面积	平方米	米^2	m^2	
	速度	米每秒	米·秒$^{-1}$	$m \cdot s^{-1}$	
	加速度	米每秒平方	米·秒$^{-2}$	$m \cdot s^{-2}$	
	密度	千克每立方米	千克·米$^{-3}$	$kg \cdot m^{-3}$	
	频率	赫兹	赫	Hz	s^{-1}
	力	牛顿	牛	N	$m \cdot kg \cdot s^{-2}$
	压力、压强、应力	帕斯卡	帕	Pa	$N \cdot m^{-2}$
	功、能量、热量	焦耳	焦	J	$N \cdot m$
	功率、辐射通量	瓦特	瓦	W	$J \cdot s^{-1}$
	电量、电荷	库仑	库	C	$s \cdot A$
	电势、电压、电动势	伏特	伏	V	$W \cdot A^{-1}$
	电容	法拉	法	F	$C \cdot V^{-1}$
	电阻	欧姆	欧	Ω	$V \cdot A^{-1}$
	磁通量	韦伯	韦	Wb	$V \cdot s$
	磁感应强度	特斯拉	特	T	$Wb \cdot m^{-2}$
	电感	亨利	亨	H	$Wb \cdot A^{-1}$
	光通量	流明	流	lm	$cd \cdot sr$
	光照度	勒克斯	勒	lx	$lm \cdot m^{-2}$
	黏度	帕斯卡秒	帕·秒	$Pa \cdot s$	
	表面张力系数	牛顿每米	牛·米$^{-1}$	$N \cdot m^{-1}$	
	比热容	焦耳每千克开尔文	焦·千克·开$^{-1}$	$J \cdot kg^{-1} \cdot K^{-1}$	
	热导率	瓦特每米开尔文	瓦·米$^{-1}$·开$^{-1}$	$W \cdot m^{-1} \cdot K^{-1}$	
	电容率(介电常量)	法拉每米	法·米$^{-1}$	$F \cdot m^{-1}$	
	磁导率	亨利每米	亨·米$^{-1}$	$H \cdot m^{-1}$	

附表 2　基本物理常数

量	符号	数值	单位	不确定度/ppm
光速	c	299 792 458	$m \cdot s^{-1}$	(精确)
真空磁导率	μ_0	$4\pi \times 10^{-7}$	$N \cdot A^{-2}$	(精确)
真空介电常量$(1/(\mu_0 c^2))$	ε_0	$8.854\,187\,817\cdots \times 10^{-12}$	$F \cdot m^{-1}$	(精确)
牛顿引力常量	G	$6.672\,59(85) \times 10^{-11}$	$m \cdot kg^{-1} \cdot s^{-2}$	128
普朗克常量	h	$6.626\,075\,5(40) \times 10^{-34}$	$J \cdot s$	0.60
基本电荷	e	$1.602\,177\,33(49) \times 10^{-19}$	C	0.30
电子静止质量	m_e	$9.109\,389\,7(54) \times 10^{-31}$	kg	0.59
电子荷质比	$-e/m_e$	$-1.758\,819\,62(53) \times 10^{11}$	$C \cdot kg^{-1}$	0.30
质子质量	m_p	$1.672\,623\,1(10) \times 10^{-27}$	kg	0.59
里德伯常量	R_∞	$1.097\,373\,153\,4(13) \times 10^{7}$	m^{-1}	0.0012
精细结构常数	α	$7.297\,353\,08(33) \times 10^{-3}$		0.045
阿伏伽德罗常量	N_A, L	$6.022\,136\,7(36) \times 10^{23}$	mol^{-1}	0.59
摩尔气体常数	R	8.314 510(70)	$J \cdot mol^{-1} \cdot K^{-1}$	8.4
玻尔兹曼常量(R/N_A)	K	$1.380\,658(12) \times 10^{-23}$	$J \cdot K^{-1}$	8.4
摩尔体积(理想气体)				
$t=273.15K$，$p=101325Pa$	V_m	22.414 10(29)	$L \cdot mol^{-1}$	8.4
圆周率	π	3.141 592 65		
自然对数底	e	2.718 281 83		
对数变换因子	$\log_{10} e$	2.302 585 09		
热功当量	J	4.185 5		
冰的熔解热	λH_{10}	$3.334\,648 \times 10^{5}$	$J \cdot kg^{-1}$	
水在 100℃时的汽化热	LH_{20}	$2.255\,176 \times 10^{6}$	$J \cdot kg^{-1}$	

附表 3　在 20℃时金属的杨氏模量

金属	杨氏模量 $E/(\times 10^{11} N \cdot m^{-2})$	金属	杨氏模量 $E/(\times 10^{11} N \cdot m^{-2})$
铝	0.69～0.70	镍	2.03
钨	4.07	铬	2.35～2.45
铁	1.86～2.06	合金钢	2.06～2.16
铜	1.03～1.27	碳钢	1.96～2.06
金	0.77	康铜	1.60
银	0.69～0.80	铸钢	1.72
锌	0.78	硬铝合金	0.71

注：杨氏模量值与材料的结构、化学成分及其加工方法关系密切. 实际材料可能与表中所列数值不尽相同.

附表 4　海平面上不同纬度处的重力加速度

纬度/(°)	g/(cm·s^{-2})	纬度/(°)	g/(cm·s^{-2})	纬度/(°)	g/(cm·s^{-2})	纬度/(°)	g/(cm·s^{-2})
0	978.039	35	979.737	46	980.711	57	981.675
5	978.078	36	979.822	47	980.802	58	981.757
10	978.195	37	979.908	48	980.892	59	981.839
15	978.384	38	979.995	49	980.981	60	981.918
20	978.641	39	980.083	50	981.071	65	982.288
25	978.960	40	980.171	51	981.159	70	982.608
30	978.329	41	980.261	52	981.247	75	982.868
31	979.407	42	980.350	53	981.336	80	983.059
32	979.487	43	980.440	54	981.422	85	983.178
33	979.569	44	980.531	55	981.507	90	983.217
34	979.652	45	980.621	56	981.592		

附表 5　水在不同温度时的密度

温度/℃	密度 /(×10^{3}kg·m^{-3})	温度/℃	密度 /(×10^{3}kg·m^{-3})	温度/℃	密度 /(×10^{3}kg·m^{-3})
0	0.999 87	30	0.995 67	65	0.980 59
3.98	1.000 00	35	0.994 06	70	0.977 81
5	0.999 99	38	0.992 99	75	0.974 89
10	0.999 73	40	0.992 24	80	0.971 83
15	0.998 13	45	0.990 25	85	0.968 65
18	0.998 62	50	0.988 07	90	0.965 34
20	0.998 23	55	0.985 73	95	0.961 92
25	0.997 07	60	0.983 24	100	0.958 38

附表 6　某些气体的折射率(λ_D=589.3nm)

物质名称	折射率	物质名称	折射率	物质名称	折射率
空气	1.000 292 6	氧气	1.000 271	二氧化碳	1.000 488
氢气	1.000 132	水蒸气	1.000 254	甲烷	1.000 444
氮气	1.000 296				

附表 7　水的黏滞系数与温度的关系

温度/℃	η /(×10⁻³Pa·s)	温度/℃	η /(×10⁻³Pa·s)	温度/℃	η /(×10⁻³Pa·s)	温度/℃	η /(×10⁻³Pa·s)
0	1.787	25	0.8904	50	0.5468	75	0.3781
1	1.728	26	0.8705	51	0.5378	76	0.3732
2	1.671	27	0.8513	52	0.5290	77	0.3684
3	1.618	28	0.8327	53	0.5204	78	0.3638
4	1.567	29	0.8148	54	0.5121	79	0.3592
5	1.519	30	0.7975	55	0.5040	80	0.3547
6	1.472	31	0.7808	56	0.4961	81	0.3503
7	1.428	32	0.7647	57	0.4884	82	0.3460
8	1.386	33	0.7491	58	0.4809	83	0.3418
9	1.346	34	0.7340	59	0.4736	84	0.3377
10	1.307	35	0.7194	60	0.4665	85	0.3337
11	1.271	36	0.7052	61	0.4596	86	0.3297
12	1.235	37	0.6915	62	0.4528	87	0.3259
13	1.202	38	0.6783	63	0.4462	88	0.3221
14	1.169	39	0.6654	64	0.4398	89	0.3184
15	1.139	40	0.6529	65	0.4335	90	0.3147
16	1.109	41	0.6408	66	0.4273	91	0.3111
17	1.081	42	0.6291	67	0.4213	92	0.3076
18	1.053	43	0.6178	68	0.4155	93	0.3042
19	1.027	44	0.6067	69	0.4098	94	0.3008
20	1.002	45	0.5960	70	0.4042	95	0.2975
21	0.9779	46	0.5856	71	0.3987	96	0.2942
22	0.9548	47	0.5755	72	0.3934	97	0.2911
23	0.9325	48	0.5656	73	0.3882	98	0.2879
24	0.911	49	0.5561	74	0.3831	99	0.2848
						100	0.2818

附表 8　蒸馏水的表面张力系数与温度的关系(与空气接触)

温度/℃	表面张力系数 /(×10⁻³N·m⁻¹)	温度/℃	表面张力系数 /(×10⁻³N·m⁻¹)	温度/℃	表面张力系数 /(×10⁻³N·m⁻¹)	温度/℃	表面张力系数 /(×10⁻³N·m⁻¹)
−8	77.0	10	74.22	25	71.97	60	66.18
−5	76.4	15	73.49	30	71.18	70	64.40
0	75.6	18	73.05	40	69.56	80	62.60
5	74.9	20	72.75	50	67.91	100	58.90

附表 9　各种液体的表面张力系数

物质	接触气体	温度/℃	表面张力系数 /(×10⁻³N·m⁻¹)	物质	接触气体	温度/℃	表面张力系数 /(×10⁻³N·m⁻¹)
Ag	空气	970	800	Hg	H_2	19	470
Al	空气	700	840		真空	60	467
Au	H_2	1070	580～1000	K	CO_2	62	411
Bi	H_2	300	388	N_2	蒸汽	−183	6.6
	H_2	583	354		蒸汽	−203	10.53
	CO	700～800	346	Na	CO_2	90	294
Br_2	空气,蒸汽	20	41.5		真空	100	206
Cd	H_2	320	630		真空	250	200
Cl_2	蒸汽	20	18.4	Ne	蒸汽	−248	5.50
	蒸汽	−60	31.2	O_2	蒸汽	−183	13.2
Cu	H_2	1131	1103		蒸汽	−203	18.3
Ca	CO_2	30	358	Pb	H_2	350	453
H_2	蒸汽	−255	2.31		H_2	750	423
H_2O	空气	10	74.22	Pt	空气	2000	1819
	空气	30	71.18		H_2	750	368
	空气	50	67.91	Sb	H_2	750	350
	空气	70	64.4		H_2	640	526
	空气	100	58.9	Sn	H_2	253	508
He	蒸汽	−269	0.12		H_2	878	753
	蒸汽	−271.5	0.353	Zn	空气	477	708
Hg	真空	0	480		空气	590	24.05
	空气	15	487	C_2H_5OH	蒸汽	0	21.89

附表 10　钠灯光谱线波长表

颜色	波长/nm	相对强度
黄	588.99	强
	589.59	强

附表 11　部分液体的黏滞系数

液体	温度/℃	η/(×10⁻⁴Pa·s)	液体	温度/℃	η/(×10⁻⁴Pa·s)
汽油	0	1 788	甘油	−20	134×10^6
	18	530		0	121×10^5
甲醇	0	817		20	$1\,499\times10^3$
	20	584		100	12 945
乙醇	−20	2 780	蜂蜜	20	650×10^4
	0	1 780		80	100×10^3
	20	1 190	鱼肝油	20	45 600
乙醚	0	296		80	4 600
	20	243	水银	−20	1 855
变压器油	20	19 800		0	1 685
蓖麻油	10	242×10^4		20	1 544
葵花籽油	20	50 000		100	1 224

附表 12　各种气体的密度(1atm 的数值，不注明者均为 0℃)

物质	密度/(kg · m^{-3})	物质	密度/(kg · m^{-3})
Ar	1.783 7	Cl_2	3.214 0
H_2	0.089 9	NH_3	0.771 0
He	0.178 5	空气	1.293
Ne	0.900 3	乙炔 C_2H_2	1.173
N_2	1.250 5	乙烯 C_2H_6	1.356(10℃)
O_2	1.429 0	甲烷 CH_4	0.716 8
CO_2	1.977	丙烷 C_3H_5	2.009

附表 13　铜-康铜温差电偶的温差电动势(自由端温度 T_0=0℃)

T/℃ ε/mV T/℃	0	10	20	30	40	50	60	70	80	90	100
0	0.000	0.389	0.787	1.194	1.610	2.035	2.468	2.909	3.357	3.813	4.277
100	4.227	4.749	5.227	5.712	6.204	6.702	7.207	7.719	8.236	8.759	9.288
200	9.288	9.823	10.363	10.909	11.459	12.014	12.575	13.140	13.710	14.285	14.864
300	14.864	15.448	16.035	16.627	17.222	17.424	18.424	19.031	19.642	20.256	20.873

附表 14　金属和合金的电阻率及温度系数

金属或合金	电阻率/(×10^{-6}Ω · m)	温度系数/$℃^{-1}$	金属或合金	电阻率/(×10^{-6}Ω · m)	温度系数/$℃^{-1}$
铝	0.028	42×10^{-4}	锌	0.059	42×10^{-4}
铜	0.017 2	43×10^{-4}	锡	0.12	44×10^{-4}
银	0.016	40×10^{-4}	水银	0.958	10×10^{-4}
金	0.024	40×10^{-4}	武德合金	0.52	37×10^{-4}
铁	0.098	60×10^{-4}	钢(0.01%～0.15%碳)	0.10～0.14	6×10^{-3}
铅	0.205	37×10^{-4}	康铜	0.47～0.51	$(-0.04\sim+0.01)\times10^{-3}$
铂	0.105	39×10^{-4}	铜锰镍合金	0.34～1.00	$(0.03\sim+0.02)\times10^{-3}$
钨	0.055	48×10^{-4}	镍铬合金	0.98～1.10	$(0.03\sim0.4)\times10^{-3}$

附表 15　几种标准温差电偶

名称	分度号	100℃时的电动势/mV	使用温度范围/℃
铜-康铜(Cu55-Ni45)	CK	4.26	−200～300
镍铜(Cr9-10Si0.4Ni90)-考铜(Cu56-57Ni43-44)	EA-2	6.95	−200～800
镍铬(Cr9-10Si0.4Ni90)-镍硅(Si2.5-3C_0<0.6Ni97)	EV-2	4.10	1200
铂铑(Pt90Rh10)-铂	LB-3	0.643	1600
铂铑(Pt70Rh30)-铂铑(Pt94Rh6)	LL-2	0.034	1800

附表 16　某些固体和液体的比热容

物质	温度/℃	C/(×10^2J · kg^{-1} · C^{-1})	物质	温度/℃	C/(×10^2J · kg^{-1} · C^{-1})
铝(Al)	20	9.04	陶瓷	20～200	7.116～8.791
铁(Fe)	20	4.479	木材	20	12.558
金(Au)	18.15	1.296	水	25	41.73
银(Ag)	18.15	2.364	甲醇	20	24.7
铜(Cu)	18.15	3.850	乙醇	20	24.7
黄铜(Cu70Zn30)	0	3.696	乙醚	20	23.4
玻璃	20	5.9～9.2	变压器油	0～100	18.800
水泥	18～130	8.681	氟利昂-12	20	8.400

附表 17　部分电介质的相对介电常量

电介质	相对介电常数 ε_r	电介质	相对介电常数 ε_r
真空	1	乙醇(无水)	25.7
空气(1atm)	1.000 5	石蜡	2.0～2.3
氢(1atm)	1.000 27	硫磺	4.2
氧(1atm)	1.000 53	云母	6～8
氮(1atm)	1.000 53	硬橡胶	4.3
二氧化碳(1atm)	1.000 98	绝缘陶瓷	5.0～6.5
氦(1atm)	1.000 70	玻璃	4～11
纯水	81.5	聚氯乙烯	3.1～3.5

附表 18　部分物质、材料制品的导热系数

名称	容重/(kg·m^{-3})	导热系数/(J·s^{-1}·m^{-1}·K^{-1})
空气(0℃)		2.4×10^{-2}
氢气(0℃)		1.4×10^{-1}
铝		2.0×10^{2}
铜		3.9×10^{2}
钢		4.6×10
钢筋混凝土	2400	1.55
碎石混凝土	2000	1.16
粉煤灰矿渣混凝土	1930	0.70
大理石、花岗石、玄武石	2800	3.49
砂石、石英岩	2400	2.03
重石灰岩	2000	1.16
矿渣砖	1400	5.8×10^{-1}
砂(湿度<1%)	1600	8.1×10^{-1}
胶合板	600	1.7×10^{-1}
软木板	180	5.6×10^{-2}
沥青油毡	600	1.7×10^{-1}
石棉板	300	4.7×10^{-2}
聚氯乙烯(泡沫塑料)	18.0	3.0×10^{-2}
聚氨酯	32.4	2.0×10^{-2}

附表 19　某些液体的折射率

物质名称	温度/℃	折射率
水	20	1.333 0
乙醇	20	1.361 4
甲醇	20	1.328 8
苯	20	1.501 1
乙醚	22	1.351 0
丙酮	20	1.359 1
二硫化碳	18	1.625 5
三氯甲烷	20	1.446

附表 20 汞灯光谱线波长表

颜色	波长/nm	相对强度	颜色	波长/nm	相对强度
紫外部分	237.83	弱	紫外部分	292.54	弱
	239.95	弱		296.73	强
	248.20	弱		302.25	强
	253.65	很强		312.57	强
	265.30	强		313.16	强
	269.90	弱		334.15	强
	275.28	强		365.01	很强
	275.97	弱		366.29	强
	280.40	弱		370.42	弱
	289.36	弱		390.44	弱
紫	404.66	强	黄绿	567.59	弱
紫	407.78	强	黄	576.96	强
紫	410.81	弱	黄	579.07	强
蓝	433.92	弱	黄	585.93	弱
蓝	434.75	弱	黄	588.89	弱
蓝	435.83	很强	橙	607.27	弱
青	491.61	弱	橙	612.34	弱
青	496.03	弱	橙	623.45	强
绿	535.41	弱	红	671.64	弱
绿	536.51	弱	红	690.75	弱
绿	546.07	很强	红	708.19	弱
红外部分	773	弱	红外部分	1 530	强
	925	弱		1 692	强
	1 014	强		1 707	强
	1 129	强		1 813	弱
	1 357	强		1 970	弱
	1 367	强		2 250	弱
	1 396	弱		2 325	弱

附表 21 不同温度下蓖麻油的黏滞系数

温度/℃	黏滞系数/(Pa·s)	温度/℃	黏滞系数/(Pa·s)
0	5.300	30	0.451
5	3.760	35	0.312
10	2.418	40	0.231
15	1.514	60	0.080
20	0.950	80	0.030
25	0.621	100	0.017

附表 22　物质中的声速

物质	声速/($m \cdot s^{-1}$)	物质	声速/($m \cdot s^{-1}$)
氧气 0℃(标准状态)	317.2	NaCl14.8%水溶液 20℃	1542
氩气 0℃	319	甘油 20℃	1923
干燥空气 0℃	331.45	铅	1210
10℃	337.46	金	2030
20℃	343.37	银	2680
30℃	349.18	锡	2730
40℃	354.89	铂	2800
氮气 0℃	337	铜	3750
氢气 0℃	1269.5	锌	3850
二氧化碳 0℃	258.0	钨	4320
一氧化碳 0℃	337.1	镍	4900
四氯化碳 20℃	935	铝	5000
乙醚 20℃	1006	不锈钢	5000
乙醇 20℃	1168	重硅钾铅玻璃	3720
丙酮 20℃	1190	轻铝铜银冕玻璃	4540
汞 20℃	1451.0	硼硅酸玻璃	5170
水 20℃	1482.9	熔融石英	5760